A música dos números primos

Marcus du Sautoy

A música dos números primos

A história de um problema não resolvido na matemática

Tradução:
Diego Alfaro

ZAHAR

Em memória de Yonathan du Sautoy (21 de outubro de 2000)

Título original:
The Music of the Primes
(Why an Unsolved Problem in Mathematics Matters)

Tradução autorizada da edição inglesa
publicada em 2004 por Harper Perennial,
um selo de HarperCollins*Publishers*, de Londres, Inglaterra

Jorge Zahar Editor Ltda.
rua Marquês de S. Vicente 99 - 1º andar
22451-041 Rio de Janeiro, RJ
tel. (21) 2529-4750 / fax (21) 2529-4787
editora@zahar.com.br
www.zahar.com.br

Grafia atualizada respeitando o novo Acordo Ortográfico da Língua Portuguesa

Capa: Sérgio Campante

CIP-Brasil. Catalogação na fonte
Sindicato Nacional dos Editores de Livros, RJ.

Du Sautoy, Marcus, 1965-
D866m A música dos números primos: a história de um problema não resolvido na matemática / Marcus du Sautoy; tradução, Diego Alfaro. – Rio de Janeiro: Zahar, 2007.

il.

Tradução de: The music of the primes: why an unsolved problem in mathematics matters
Inclui bibliografia
ISBN 978-85-378-0037-9

1. Números primos. 2. Teoria dos números. I. Título.

CDD: 512.73
07-3180 CDU: 511.3

Sumário

1 O desafio de um milhão de dólares

"Sabemos qual é a sequência de números? Bem, podemos fazê-la de cabeça. ... 59, 61, 67 ... 71... Não são todos números primos?" Um murmúrio de entusiasmo percorreu a sala de controle. O rosto de Ellie revelou momentaneamente os traços de um sentimento profundo, rapidamente substituído pela sobriedade, um medo de perder o controle, uma apreensão por parecer tola, não científica.

Carl Sagan, *Contato*

Numa manhã quente e úmida de agosto de 1900, o professor David Hilbert, da Universidade de Göttingen, postou-se frente aos cientistas que lotavam a sala de conferências do Congresso Internacional de Matemáticos, realizado na Sorbonne, em Paris. Hilbert já era considerado um dos maiores matemáticos da época e havia preparado uma palestra ousada. Falaria sobre o desconhecido, e não sobre o que já fora provado. Essa abordagem era contrária a todas as convenções habituais, e a plateia pôde notar o nervosismo na voz de Hilbert quando ele começou a esboçar sua visão sobre o futuro da matemática. "Quem de nós não gostaria de levantar o véu que esconde o futuro, vislumbrando os próximos avanços de nossa ciência e os segredos de seu desenvolvimento nos séculos que virão?" Para anunciar o novo século, Hilbert desafiou a plateia com uma lista de 23 problemas que, segundo ele, ditariam o rumo dos exploradores matemáticos do século XX.

Durante as décadas seguintes encontraram-se respostas para muitos desses problemas, e seus descobridores passaram a integrar um ilustre grupo de matemáticos chamado de "classe de honra", que inclui nomes como Kurt Gödel e Henri Poincaré, ao lado de muitos outros pioneiros cujas ideias transformaram o panorama da matemática. Porém, um dos problemas, o oitavo da lista de Hilbert, parecia disposto a atravessar o século sem um vencedor: a hipótese de Riemann.

De todos os desafios lançados por Hilbert, o oitavo tinha algo de especial. Há um mito alemão sobre Frederico Barba-Ruiva, um imperador muito querido que morreu durante a Terceira Cruzada. Segundo a lenda,

Barba-Ruiva ainda estaria vivo, adormecido em uma caverna nas montanhas Kyffhauser, e só despertaria quando a Alemanha precisasse dele. Conta-se que alguém perguntou a Hilbert: "E se, como Barba-Ruiva, você pudesse acordar após 500 anos, o que faria?" Hilbert respondeu: "Eu lhe perguntaria: 'Alguém conseguiu provar a hipótese de Riemann?'"

Quando o final do século XX se aproximava, a maioria dos matemáticos havia se resignado à ideia de que essa pérola entre os demais problemas de Hilbert não sobreviveria apenas ao século – talvez continuasse sem resposta quando Hilbert despertasse de seu sono de 500 anos. Ele havia chocado a plateia do primeiro Congresso Internacional do século XX com sua palestra revolucionária, rica de desconhecido. Porém, uma nova surpresa aguardava os matemáticos que planejavam participar do último congresso do século.

Em 7 de abril de 1997, os computadores de todo o mundo matemático divulgaram uma notícia extraordinária. A página virtual do Congresso Internacional de Matemáticos, marcado para o ano seguinte em Berlim, anunciou que o Cálice Sagrado da matemática fora finalmente encontrado. A hipótese de Riemann havia sido provada. Essa notícia teria importantes efeitos, pois a hipótese de Riemann era um problema fundamental para toda a matemática. Os matemáticos liam seu correio eletrônico entusiasmados com a perspectiva de entender um dos maiores mistérios de sua disciplina.

O anúncio não poderia ter vindo de fonte mais confiável e respeitada – uma carta do professor Enrico Bombieri, um dos guardiões da hipótese de Riemann e membro do prestigiado Instituto de Estudos Avançados de Princeton, por onde já haviam passado Einstein e Gödel. Seu discurso é sereno, mas os matemáticos sempre escutam atentamente o que ele tem a dizer.

Bombieri cresceu na Itália, onde os prósperos vinhedos da família o ensinaram a apreciar as boas coisas da vida. Seus colegas chamam-no carinhosamente de "aristocrata matemático". Quando jovem, cultivava uma imagem arrojada nas conferências europeias das quais participava, muitas vezes chegando em extravagantes carros esporte, e gostava de espalhar o boato de que teria certa vez ficado em sexto lugar em um rali de 24 horas na Itália. Seus êxitos no circuito matemático foram mais concretos e, nos anos 1970, renderam-lhe um convite para ir a Princeton, onde se estabeleceu desde então. Bombieri trocou seu entusiasmo por ralis por uma paixão pela pintura, em particular por retratos.

Porém, o que realmente o fascina é a arte criativa da matemática, em especial o desafio da hipótese de Riemann. Bombieri é obcecado pela hipótese desde a primeira vez que leu a seu respeito, com apenas 15 anos de idade. As propriedades dos números já o fascinavam na época em que vasculhava os livros de matemática que seu pai, um economista, colecionava em uma extensa biblioteca. Bombieri descobriu que a hipótese de Riemann era considerada o problema mais profundo e fundamental da teoria dos números. Sua paixão pela questão cresceu ainda mais quando seu pai lhe prometeu comprar uma Ferrari se conseguisse resolver o problema – o pai de Enrico tentava desesperadamente fazer com que o rapaz parasse de pedir seu carro emprestado.

De acordo com seu e-mail, Bombieri perdera a disputa pelo prêmio. "A palestra de Alain Connes no IEA, na última quarta-feira, gerou um desenvolvimento fantástico", começava Bombieri. Vários anos antes, o mundo matemático ficara em alerta ao ouvir a notícia de que Alain Connes havia decidido se dedicar à solução da hipótese de Riemann. Connes é um dos revolucionários desse tema, um Robespierre benigno da matemática frente ao Luís XVI representado por Bombieri. É uma figura extremamente carismática, cujo estilo apaixonado destoa muito da imagem do matemático sério e canhestro. Tem a motivação de um fanático que está convencido de sua visão do mundo, e suas palestras são arrebatadoras. Seus seguidores praticamente o idolatram – adoram se unir em barricadas matemáticas para defender seu herói frente a qualquer contraofensiva das posições entrincheiradas do Antigo Regime.

No centro, Alain Connes, professor no Institut des Hautes Études Scientifiques e no Collège de France

Connes é membro do Institut des Hautes Études Scientifiques de Paris, a resposta francesa ao Instituto de Princeton. Desde sua chegada, em 1979, o matemático criou uma linguagem completamente nova para a compreensão da geometria. Ele não vê problemas em levar o assunto aos extremos da abstração. Embora os matemáticos em geral se sintam bastante à vontade com o modo altamente conceitual com que sua disciplina tende a enxergar o mundo, a maior parte deles se recusou a acompanhar a revolução abstrata proposta por Connes. Ainda assim, essa nova linguagem geométrica revela muitos indícios sobre o funcionamento do mundo real da física quântica, como Connes se encarregou de demonstrar àqueles que questionam a necessidade de uma teoria tão inóspita. Se isso semeou o terror nos corações das massas matemáticas, que assim seja.

Connes provocou surpresa e até espanto por acreditar que sua nova geometria poderia não só desmascarar o mundo da física quântica como também explicar a hipótese de Riemann – o maior mistério existente sobre os números. Sua audácia em penetrar no coração da teoria dos números e confrontar abertamente o mais difícil dos problemas pendentes da matemática revela sua falta de respeito pelas fronteiras convencionais. Desde que surgiu em cena, no meio da década de 1990, tem havido uma expectativa no ar, pois se há alguém capaz de dominar esse problema notoriamente difícil, esse alguém é Alain Connes.

Aparentemente, porém, a última peça do complexo quebra-cabeça não havia sido colocada por Connes. Bombieri continuava a carta contando que um jovem físico da plateia vira, "num relance", como utilizar seu mundo bizarro de "sistemas fermiônicos-bosônicos supersimétricos" para atacar a hipótese de Riemann. Não há muitos matemáticos familiarizados com esse coquetel de palavras estranhas, mas Bombieri explicou que ele descrevia "a física correspondente ao agrupamento próximo ao zero absoluto de uma mistura de ânions e trouxons com spins opostos". Ainda parecia bastante obscuro, mas vale lembrar que essa era a resposta para o problema mais difícil da história da matemática, portanto ninguém esperava uma solução simples. Segundo Bombieri, após seis dias de trabalho ininterrupto, e com a ajuda de uma nova linguagem de computador chamada Mispar, o jovem físico havia finalmente decifrado o pior problema matemático.

Bombieri concluía o e-mail com as palavras: "Caramba! Difundam esta notícia o máximo possível." Embora a prova da hipótese de Riemann por um jovem físico fosse um fato extraordinário, não constituiu uma grande surpresa. Nas últimas décadas, boa parte da matemática tem estado entrelaçada com a física. Apesar de ser um problema ancorado na teoria dos números, há alguns anos a hipótese de Riemann vem apresentando ressonâncias inesperadas com questões da física de partículas.

Os matemáticos começaram a alterar seus planos de viagem para poder ir a Princeton e presenciar o grande momento. Ainda havia memórias recentes da emoção sentida alguns anos antes, quando um matemático inglês, Andrew Wiles, anunciara uma prova do último teorema de Fermat em uma palestra realizada em Cambridge, em junho de 1993. Wiles provou que Fermat estava certo ao afirmar que a equação $x^n + y^n = z^n$ não tem soluções quando n é maior que 2. Quando Wiles largou o pedaço de giz ao final da palestra, estouraram garrafas de champanhe, e câmeras dispararam seus flashes.

Contudo, os matemáticos sabiam que a prova da hipótese de Riemann teria um significado muito maior para o futuro da matemática do que saber que a equação de Fermat não tem soluções. Como Bombieri aprendera em seus tenros 15 anos, a hipótese de Riemann tenta compreender os objetos mais fundamentais da matemática – os números primos.

Esses números são os próprios átomos da aritmética. São os números indivisíveis, que não podem ser representados pela multiplicação de dois números menores. Os números 13 e 17 são primos, ao contrário de 15, que pode ser expresso como 3 vezes 5. Os primos são as pérolas que adornam a vastidão infinita do universo de números que os matemáticos exploraram ao longo dos séculos. Eles despertam a admiração dos matemáticos: 2, 3, 5, 7, 11, 13, 17, 19, 23... – números eternos que existem em uma espécie de mundo independente de nossa realidade física. São um presente da natureza para o matemático.

A importância matemática dos primos se deve a sua capacidade de gerar todos os demais números. Todo número não primo pode ser formado pela multiplicação desses blocos de construção primos. Cada uma das moléculas do mundo físico pode ser composta por átomos da tabela periódica de elementos químicos. Uma lista dos primos é a tabela periódica do matemático. Os números 2, 3 e 5 são como o hidrogênio, o hélio e o lítio no laboratório do matemático. Ao dominar esses blocos de construção, o matemático tem a esperança de descobrir novos caminhos através da grande complexidade do mundo da matemática.

Ainda assim, apesar de sua aparente simplicidade e de seu caráter essencial, os números primos perduram como os objetos mais misteriosos já estudados pelos matemáticos. Em uma disciplina dedicada a encontrar padrões e ordem, os primos representam o desafio supremo. Observe uma lista de números primos, e você descobrirá que é impossível prever quando surgirá o próximo deles. A lista parece caótica, aleatória, não nos fornece qualquer pista sobre como determinar o próximo número. A sequência de primos é a pulsação da matemática, mas é uma pulsação tonificada por um forte coquetel de cafeína:

Os primos até o número 100 – a pulsação irregular da matemática.

Você consegue encontrar uma fórmula que gere os números dessa lista, alguma regra mágica que lhe diga qual será o 100º número primo? A questão tem atormentado as mentes matemáticas de todas as épocas. Depois de mais de dois mil anos de esforços, os primos parecem resistir a qualquer tentativa de encaixá-los em um padrão reconhecível. O tambor dos primos tem tocado sua sequência de números ao longo de gerações: duas batidas, seguidas por três batidas, cinco, sete, onze. O ritmo segue em frente, e torna-se fácil acreditar que seja causado por ruído branco aleatório, sem qualquer lógica interna. No centro da matemática, que é a busca pela ordem, só escutávamos o som do caos.

Os matemáticos não suportam admitir a possibilidade de que talvez não exista uma explicação para o modo como a natureza escolheu os primos. Se a matemática não tivesse uma estrutura, uma simplicidade bela, não valeria a pena estudá-la. Escutar ruído branco nunca foi um passatempo muito apreciado. Nas palavras do matemático francês Henri Poincaré, "o cientista não estuda a natureza por sua utilidade; ele o faz porque se deleita com ela, e esse deleite vem de sua beleza. Se a natureza não fosse bela, não valeria a pena conhecê-la, e se não valesse a pena conhecê-la, não haveria por que viver esta vida".

Poderíamos imaginar que a pulsação dos números primos se acalmasse após um início agitado. Não é bem assim – as coisas só parecem piorar à medida que a contagem aumenta. Estes são os primos que existem entre os 100 números anteriores e posteriores a 10.000.000; primeiro, os que antecedem 10.000.000:

9.999.901, 9.999.907, 9.999.929, 9.999.931, 9.999.937, 9.999.943, 9.999.971, 9.999.973, 9.999.991

Agora veja como há poucos primos entre os primeiros 100 números posteriores a 10.000.000:

10.000.019, 10.000.079

É difícil imaginar uma fórmula que seja capaz de gerar esse tipo de padrão. De fato, essa procissão dos primos se assemelha muito mais a uma sucessão de números aleatórios que a um belo padrão ordenado. Da mesma forma que saber os resultados das primeiras 99 vezes que jogamos uma moeda não ajuda muito na previsão do 100º lance, os primos também parecem desafiar qualquer previsão.

Os números primos representam para os matemáticos um dos dilemas mais estranhos de sua disciplina. Por um lado, cada número é ou não é primo. Lançar uma moeda não faz com que um número se torne subitamente divisível por outro número menor. Ainda assim, não se pode negar que a lista de primos parece ser uma sequência de números escolhidos aleatoriamente. Os físicos se acostumaram à ideia de que um dado quântico decide o destino do Universo, escolhendo aleatoriamente, em cada lance, o lugar onde os cientistas poderão encontrar matéria. Porém, é um pouco desconcertante ter de admitir que a natureza jogou uma moeda para determinar esses números fundamentais nos quais a matemática se baseia, decidindo lance a lance o destino de cada número. A aleatoriedade e o caos são anátemas para o matemático.

Apesar de sua aleatoriedade, os números primos – mais que qualquer outra parte de nossa herança matemática – têm um caráter atemporal, universal. Os primos existiriam mesmo que não houvéssemos evoluído o suficiente para reconhecê-los. Como disse o matemático de Cambridge G.H. Hardy em seu famoso livro *A Mathematician's Apology*, "317 é um primo não porque pensemos que o seja, ou porque nossas mentes estejam moldadas desta ou daquela maneira, mas *porque é assim*, porque a realidade matemática é construída dessa forma".

Alguns filósofos podem discordar de uma visão de mundo tão platônica – essa crença numa realidade absoluta e eterna além da existência humana –, mas acredito que é isso o que os torna filósofos, e não matemáticos. No livro *Conversations on Mind, Matter and Mathematics*, há um diálogo fascinante entre Alain Connes, o matemático citado no e-mail de Bombieri, e o neurobiólogo Jean-Pierre Changeux. Durante a conversa, nota-se um momento muito tenso quando o matemático defende a existência da matemática como algo externo à mente, enquanto o neurologista está determinado a refutar essa ideia: "Por que não veríamos 'π = 3,1416' escrito em letras douradas no céu, ou '$6{,}02 \times 10^{23}$' surgindo nas reflexões de uma bola de cristal?" Changeux manifesta sua frustração com a insistência de Connes de que, "independentemente da mente humana, existe uma realidade matemática crua e imutável", e no centro desse mundo encontramos a lista imutável de primos. A matemática, declara Connes, "é inquestionavelmente a única linguagem *universal*". Podemos imaginar a existência de diferentes químicas ou biologias do outro lado do Universo, mas os números primos continuarão sendo primos em qualquer galáxia em que os contemos.

No romance clássico de Carl Sagan, *Contato*, os alienígenas usam números primos para fazer contato com a vida na terra. Ellie Arroway, a heroína do livro, trabalha no programa Seti, sigla em inglês para "Busca por inteligência extraterrestre", escutando as crepitações do cosmo. Certa noite, quando são apontados em direção a Vega, os radiotelescópios subitamente captam pulsos estranhos sobrepostos ao ruído de fundo. Ellie reconhece imediatamente o ritmo desse sinal de rádio. Dois pulsos seguidos por uma pausa, então três pulsos, cinco, sete, onze e assim por diante, seguindo por todos os números primos até 907. Então a sequência recomeça.

Esse tambor cósmico tocava uma música que os terráqueos não deixariam de reconhecer. Ellie tinha certeza de que somente uma forma de vida inteligente poderia gerar esse ritmo: "É difícil imaginar algum plasma radioativo emitindo uma série regular de sinais matemáticos como esses. Os números primos foram escolhidos para chamar nossa atenção." Se a cultura extraterrestre houvesse transmitido os números vencedores da loteria alienígena dos últimos dez anos, Ellie não teria sido capaz de distingui-los do ruído de fundo. Embora a série de primos pareça ser tão aleatória quanto uma lista de bilhetes vencedores, sua constância universal determinou a escolha de cada número nessa transmissão alienígena. Essa é a estrutura que Ellie reconhece como o sinal de vida inteligente.

A comunicação através de números primos não se restringe à ficção científica. No livro *O homem que confundiu sua mulher com um chapéu*, Oliver Sacks relata o caso de dois irmãos gêmeos de 26 anos de idade, John e Michael, cuja forma mais profunda de comunicação consistia em um intercâmbio de números primos de seis algarismos. Sacks descreve a primeira vez em que os encontrou trocando números secretamente no canto de uma sala: "A princípio, pareciam dois *sommeliers* experientes, compartilhando sabores exóticos, apreciações sutis." Inicialmente, Sacks não consegue entender o que os gêmeos estão fazendo. Porém, assim que decifra o código, memoriza alguns primos com oito algarismos e os revela furtivamente durante a conversa da manhã seguinte. A surpresa dos gêmeos é seguida por um momento de concentração profunda, que se transforma em júbilo quando reconhecem outro número primo. Embora Sacks houvesse recorrido a tabelas de primos para descobrir seus números, o modo como os gêmeos geravam seus primos é um enigma impenetrável. Será possível que esses autistas-gênios conhecessem alguma fórmula secreta que passou despercebida por gerações de matemáticos?

A história dos gêmeos é uma das favoritas de Bombieri.

> Para mim, é difícil ouvi-la e não ficar pasmo e deslumbrado com o funcionamento do cérebro, mas não sei se meus amigos não matemáticos reagem da mesma maneira. Terão eles alguma ideia da natureza bizarra e fantástica, quase sobrenatural, desse talento singular que os gêmeos manifestavam tão naturalmente? Estarão cientes de que os matemáticos têm se esforçado durante séculos para conceber um modo de fazer o que John e Michael faziam espontaneamente: gerar e reconhecer números primos?

Antes que alguém conseguisse descobrir o segredo dos gêmeos, os médicos os separaram, aos 37 anos de idade, por acreditarem que essa linguagem numerológica privada estaria prejudicando seu desenvolvimento. Se houvessem escutado as conversas abstrusas que circulam pelos departamentos universitários de matemática, esses médicos possivelmente também recomendariam interditá-los.

É provável que os gêmeos estivessem utilizando um truque baseado no que é chamado de pequeno teorema de Fermat para testar se um número é primo. O teste é semelhante ao método que os autistas-gênios utilizam para determinar rapidamente que o dia 13 de abril de 1922, por exemplo, foi uma quinta-feira – façanha que esses gêmeos demonstravam regularmente em programas de TV. Ambos os truques dependem de algo conhecido como aritmética do relógio ou modular. Mesmo que não tivessem uma fórmula mágica para encontrar os primos, sua habilidade era extraordinária. Antes de serem separados, já haviam chegado a números de 20 algarismos, muito além dos valores atingidos pelas tabelas de primos de Sacks.

De modo semelhante à heroína de Sagan, que escutava a pulsação cósmica de números primos, e a Sacks espionando os gêmeos, há muitos séculos os matemáticos se esforçam em decifrar alguma ordem nesse ruído.

Porém, nada parecia fazer sentido, como ocorre quando ouvidos ocidentais escutam música oriental. Mas então, na metade do século XIX, foi feito um grande progresso. Bernhard Riemann passou a abordar o problema de uma forma completamente nova. Utilizando uma nova perspectiva, começou a compreender parte do padrão responsável pelo caos dos primos. Havia uma harmonia sutil e inesperada escondida sob o ruído externo dos primos. Apesar desse grande salto adiante, a nova música ainda ocultava muitos de seus segredos. Riemann, o Wagner do mundo matemático, foi audacioso e fez uma previsão ousada sobre a melodia misteriosa que havia descoberto. Essa previsão ficou conhecida como a hipótese de Riemann. Quem conseguir provar que a intuição de Riemann sobre a natureza dessa música estava correta, terá explicado por que os primos nos transmitem uma impressão tão convincente de aleatoriedade.

Riemann desenvolveu sua ideia original após descobrir um espelho matemático através do qual era possível observar os primos. O mundo de Alice foi virado de cabeça para baixo quando a menina atravessou o espelho. Já no estranho mundo matemático situado do outro lado do espelho de Riemann, aconteceu o contrário: o caos dos primos pareceu se tornar extremamente ordenado, revelando um padrão muito consistente. Assim, conjecturou que essa ordem sempre se manteria, por mais longe que fôssemos em nossa exploração do mundo infinito além do espelho. Sua previsão sobre a existência de uma harmonia interna do outro lado do espelho explicaria por que, vistos de fora, os primos parecem tão caóticos. A metamorfose provocada pelo espelho de Riemann, transformando o caos em ordem, parece quase um milagre para muitos matemáticos, e Riemann lhes deixou o desafio de provar que a ordem que ele acreditava observar realmente existia.

O e-mail de Bombieri de 7 de abril de 1997 prometia o início de uma nova era. Riemann se enganara com uma miragem. O "aristocrata matemático" instigava os matemáticos com uma possível explicação para o caos aparente dos primos. Todos estavam ansiosos por pilhar os grandes tesouros que certamente seriam revelados pela solução desse problema tão difícil.

Uma resposta para a hipótese de Riemann terá enormes implicações para muitos outros problemas matemáticos. Os números primos ocupam lugar tão fundamental na matemática que qualquer progresso na compreensão de sua natureza terá um impacto grandioso. A hipótese de Riemann parece ser um problema inevitável. Quando navegamos pelo terreno matemático, é como se todos os caminhos, em algum ponto, levassem necessariamente à mesma paisagem deslumbrante da hipótese de Riemann.

Muitas pessoas compararam a hipótese de Riemann à escalada do monte Everest. Quanto mais tempo passa sem que ninguém o consiga escalar, maior se torna o desejo de realizar a façanha, e o matemático que finalmente conseguir vencer o monte Riemann certamente será lembrado por mais tempo que Edmund Hillary. A conquista do Everest é fascinante, não porque o cume seja um lugar particularmente agradável, e sim pelo desafio que representa. Nesse sentido, a hipótese de Riemann é muito diferente da ascensão do pico mais alto do mundo. Queremos atingir o cume da montanha de Riemann porque já sabemos das paisagens que se abrirão caso consigamos chegar ao topo. A pessoa que provar a hipótese permitirá que se preencham as lacunas de milhares de teoremas que dependem de sua confirmação. Muitos matemáticos se viram obrigados a pressupor a veracidade da hipótese para atingir seus próprios objetivos.

Os matemáticos se referem ao problema de Riemann como uma hipótese, e não como uma conjectura, pela existência de muitos resultados que dependem de sua solução. A palavra "hipótese" tem uma conotação muito mais forte, pois representa uma premissa necessária que o matemático aceita para poder construir uma teoria. Uma "conjectura", por outro lado, representa apenas uma previsão do matemático sobre o modo como o mundo se comporta. Muitas pessoas tiveram de assumir sua incapacidade de resolver o enigma de Riemann e decidiram adotar sua previsão como uma hipótese de trabalho. Se alguém conseguir transformar a hipótese em teorema, todos esses resultados pendentes serão validados.

Ao recorrer à hipótese de Riemann, o matemático ameaça sua própria reputação na esperança de que, algum dia, alguém prove que a intuição de Riemann estava correta. Alguns fazem mais que adotá-la como uma simples hipótese de trabalho. Para Bombieri, o comportamento dos primos segundo a previsão da hipótese de Riemann é uma questão de fé. Ela praticamente se tornou a pedra angular da busca pela verdade matemática. Porém, se descobríssemos que a hipótese de Riemann era falsa, perderíamos toda fé que temos em nossa intuição para descobrir como as coisas funcionam. Adquirimos tanta confiança na previsão de Riemann que, para conceber uma hipótese alternativa, teríamos de rever radicalmente nosso pensamento matemático. Em particular, todos os resultados que acreditamos enxergar além da montanha de Riemann se desvaneceriam.

Uma prova da hipótese de Riemann teria um aspecto ainda mais significativo: forneceria aos matemáticos um procedimento muito rápido e seguro para localizar um número primo com, digamos, 100 algarismos, ou muitos mais. Naturalmente, você poderia muito bem perguntar, "E daí?", pois aparentemente esse resultado não causaria um grande impacto na vida de muitas pessoas, além da dos matemáticos.

Encontrar números primos com 100 algarismos parece ser algo inteiramente inútil. Embora a maioria das pessoas reconheça que a matemática está envolvida na construção de um avião ou no desenvolvimento de tecnologia eletrônica, poucos esperam que o mundo esotérico dos primos possa provocar um grande efeito em suas vidas. De fato, já na década de 1940, G.H. Hardy pensava da mesma forma: "Gauss e outros matemáticos menores não se equivocaram ao louvar esta ciência [a teoria dos números] que, por ser tão afastada das atividades humanas comuns, deverá se manter sempre nobre e limpa."

Entretanto, os números primos passaram recentemente ao primeiro plano do mundo vulgar e sujo do comércio. Não estão mais confinados à cidadela matemática. Nos anos 1970, os cientistas Ron Rivest, Adi Shamir e Leonard Adleman revolucionaram a busca por números primos, que deixou de ser uma brincadeira casual jogada na torre de marfim acadêmica para se tornar uma importante ferramenta de negócios. Explorando uma descoberta feita por Pierre de Fermat no século XVII, os três descobriram um modo de usar os primos para proteger nossos números de cartões de crédito enquanto passeamos pelos shopping centers eletrônicos do mercado globalizado. Quando a ideia foi lançada, nos anos 1970, ninguém podia imaginar as dimensões que o *e-business* ganharia. Porém, sem a força dos números primos, esse tipo de comércio jamais poderia existir hoje em dia. Sempre que fazemos compras pela internet, nossos computadores utilizam um sistema de segurança que depende da existência de números primos com 100 algarismos. Esse sistema é chamado RSA, em homenagem a seus três inventores. Até agora, já foram utilizados mais de um milhão de primos para proteger o mundo do comércio eletrônico.

A segurança de toda transação comercial na internet depende, portanto, de números primos com 100 algarismos. Com a expansão da internet, chegará o momento em que cada pessoa terá seus números primos exclusivos, com os quais será identificada. Subitamente, uma prova da hipótese de Riemann passou a ser comercialmente interessante, pois poderia nos ajudar a entender a distribuição dos primos ao longo do universo de números.

O extraordinário é que, embora a *geração* desse código dependa de descobertas sobre os primos feitas por Fermat há mais de 300 anos, para decifrá-lo dependemos de um problema que ainda não conseguimos resolver. A segurança do RSA se baseia em nossa incapacidade de responder questões básicas sobre os números primos. Nosso conhecimento sobre eles é suficiente para gerar esses códigos para a internet, mas não para decifrá-los. Entendemos uma metade da equação, mas não a outra. Contudo, à medida que desmistificamos os primos, os códigos se tornam mais inseguros. Esses números são as chaves dos cofres onde estão guardados os segredos eletrônicos do mundo. É por isso que empresas como AT&T e Hewlett-Packard financiam pesquisas para entender as sutilezas dos números primos e da hipótese de Riemann. O conhecimento gerado por essas investigações poderia ajudar a decifrar os códigos de números primos, tornando-os inseguros, e as empresas da internet querem ser as primeiras a saber disso. Essa é a razão pela qual a teoria dos números e o comércio se tornaram aliados, algo tão inimaginável no passado. O mundo dos negócios e as agências de segurança estão sempre atentos aos quadros-negros da matemática pura.

Portanto, os matemáticos não foram os únicos que se interessaram pelo anúncio de Bombieri. A solução da hipótese de Riemann causaria um colapso no *e-business*? Agentes da NSA, a Agência de Segurança Nacional dos Estados Unidos, foram enviados a Princeton para descobrir a resposta. Porém, enquanto matemáticos e agentes de segurança seguiam para Nova Jersey, muitas outras pessoas achavam que havia algo de estranho com o e-mail de Bombieri. As partículas fundamentais já receberam muitos nomes excêntricos – glúons, híperons em cascata, mésons charmosos ou quarks, estes últimos uma cortesia de *Finnegans Wake*, de James Joyce. Mas "trouxons"? Claro que não! Bombieri tem uma reputação imbatível na avaliação das minúcias da hipótese de Riemann, mas as pessoas mais próximas também conhecem seu perverso senso de humor.

O último teorema de Fermat fora alvo de uma brincadeira de 1º de abril, logo após a descoberta de uma falha na primeira prova proposta por Andrew Wiles em Cambridge. Com o e-mail de Bombieri, a comunidade matemática fora enganada novamente. Ansiosos por reviver a emoção da prova de Fermat, os matemáticos morderam a isca jogada por Bombieri, e o prazer de encaminhar mensagens de e-mail fez com que o 1º de abril desaparecesse da fonte original enquanto a mensagem se disseminava rapidamente. Além disso, como o e-mail foi lido em países que não conhecem a ideia do Dia da Mentira, a brincadeira teve muito mais sucesso do que Bombieri poderia imaginar. No fim das contas, ele teve de admitir que o e-mail era uma piada. O final do século XX se aproximava e ainda estávamos completamente no escuro sobre a natureza dos números mais fundamentais da matemática. Os primos riram por último.

Por que os matemáticos foram tão ingênuos, e acreditaram em Bombieri? Eles não costumam entregar os pontos tão facilmente. Para que um resultado possa ser considerado provado, deve passar por testes muito mais rigorosos do que aqueles exigidos em outras disciplinas. Completar 99% do quebra-cabeça não é suficiente, como aconteceu com Wiles ao ser encontrada uma lacuna em sua prova do último teorema de Fermat: a pessoa que puser a última peça é que será lembrada, e essa peça pode passar anos escondida.

A busca pela origem secreta dos primos já dura mais de dois milênios. Aflitos por encontrar a resposta desse enigma, os matemáticos se tornaram muito suscetíveis a peças como a que Bombieri pregou. Durante anos, muitos matemáticos temiam se aproximar desse problema notoriamente difícil, mas à medida que o final do século se aproximava, cada vez mais pessoas falavam em enfrentá-lo. A prova do último teorema de Fermat havia reavivado a esperança de que grandes problemas pudessem ser resolvidos.

A solução de Wiles para o problema de Fermat despertou a atenção pública para os matemáticos, o que certamente contribuiu para o desejo de acreditar em Bombieri. Subitamente, Andrew Wiles passou a receber propostas para posar como modelo, usando calças de marca. A sensação era boa. Ser um matemático parecia quase sensual. Os matemáticos passam muito tempo confinados em um mundo que os enche de entusiasmo e satisfação, mas raramente têm oportunidades de compartilhar essas sensações com as demais pessoas. Agora tinham a chance de levantar um troféu, de exibir os tesouros descobertos durante suas jornadas longas e solitárias.

Uma prova da hipótese de Riemann teria representado um clímax matemático muito apropriado para o final do século XX. O século foi aberto com a palestra de Hilbert aos matemáticos do mundo, desafiando-os diretamente a desvendar esse enigma. Dos 23 problemas da lista de Hilbert, a hipótese de Riemann foi o único que chegou ileso ao novo século.

Em 24 de maio de 2000, marcando o 100º aniversário do desafio de Hilbert, os matemáticos e a imprensa se reuniram no Collège de France, em Paris, para presenciar o anúncio de uma nova série de problemas que desafiariam a comunidade matemática no novo milênio. Esses sete problemas foram sugeridos por um pequeno grupo composto pelos melhores matemáticos do mundo, entre eles Andrew Wiles e Alain Connes. Todos eles eram novos, com exceção daquele que já aparecera na lista de Hilbert: a hipótese de Riemann. Em deferência aos ideais capitalistas que moldaram o século

XX, esses desafios ganharam um tempero especial. Desta vez, foi oferecida uma recompensa de um milhão de dólares para a solução da hipótese de Riemann e de cada um dos demais problemas. Era um bom incentivo para o jovem físico imaginário de Bombieri – como se a glória da descoberta já não fosse o suficiente.

A ideia dos problemas do milênio foi concebida por Landon T. Clay, um investidor de Boston que ficou rico negociando fundos mútuos em um mercado de ações em ascensão. Apesar de ter abandonado a faculdade de matemática que cursou em Harvard, ainda é apaixonado pelo assunto e deseja compartilhar esse sentimento. Ele sabe que a grande motivação dos matemáticos não é o dinheiro: "O que os incentiva é o interesse pela verdade e a admiração pela beleza, força e elegância da matemática." Mas Clay não é ingênuo e, como investidor, sabe que um milhão de dólares poderiam inspirar um outro Andrew Wiles a se unir à busca pelas soluções desses grandes problemas não resolvidos. De fato, a página virtual do Clay Mathematics Institute, onde foram publicados os problemas do milênio, recebeu tantas visitas no dia após o anúncio que não suportou o movimento e colapsou.

Os sete problemas do milênio têm um caráter diferente dos 23 escolhidos um século antes. Hilbert havia estabelecido um novo programa para os matemáticos do século XX. Muitos dos problemas eram originais e promoviam uma importante mudança de atitude em relação ao assunto. Em vez de se concentrarem em questões particulares, como o último teorema de Fermat, os 23 problemas de Hilbert inspiravam a comunidade a pensar mais conceitualmente. Sem se preocupar com os detalhes particulares do terreno matemático, Hilbert ofereceu aos matemáticos a oportunidade de alçar voo e observar a disciplina do alto, incentivando-os a compreender a estrutura geral da paisagem. Riemann foi um dos grandes responsáveis por essa mudança de atitude – 50 anos antes ele havia revolucionado a disciplina, afastando-se de uma matemática que tratava de fórmulas e equações e passando a lidar com ideias e teoria abstrata.

A escolha dos sete problemas do novo milênio foi mais conservadora. Os novos são os Turners da galeria matemática de problemas, enquanto as questões de Hilbert eram uma coleção de vanguarda, mais modernista. O conservadorismo dos novos problemas se deve, em parte, à necessidade de que suas soluções sejam suficientemente claras e diretas, para que se possa conceder o prêmio de um milhão de dólares ao descobridor. As questões dos problemas do milênio já são conhecidas há algumas décadas e, no caso da hipótese de Riemann, há mais de um século. São uma seleção clássica.

Os sete milhões de dólares de Clay não foram a primeira quantia em dinheiro oferecida em troca de soluções para problemas matemáticos. Em 1997, Wiles recebeu 75 mil marcos alemães por sua prova do último teorema de Fermat, graças a um prêmio oferecido por Paul Wolfskehl em 1908. Quando tinha apenas dez anos de idade, o jovem Wiles ficou impressionado com a história do prêmio de Wolfskehl, que atraiu sua atenção para o problema de Fermat. Clay acredita que, se puder fazer o mesmo pela hipótese de Riemann, terá sido um milhão de dólares muito bem gasto. Mais recentemente, duas editoras, Faber & Faber, do Reino Unido, e Bloomsbury, dos Estados Unidos, ofereceram um milhão de dólares pela prova da conjectura de Goldbach, como parte da campanha publicitária para promover a publicação do romance de Apostolos Doxiadis, *Uncle Petros and Goldbach's Conjecture*. Para receber o dinheiro, era preciso explicar por que todo número par pode ser expresso como a soma de dois números primos. Entretanto, os editores não deixaram muito tempo para que a charada fosse decifrada: a solução devia ser enviada antes da meia-noite de 15 de março de 2002 e, estranhamente, só era válida para habitantes dos Estados Unidos e da Grã-Bretanha.

Clay acredita que os matemáticos não são adequadamente recompensados ou reconhecidos por seu trabalho. Por exemplo, não existe um Prêmio Nobel da Matemática ao qual possam aspirar. A medalha Fields é considerada o prêmio máximo no mundo matemático. Ao contrário do Prêmio Nobel, que tende a ser concedido a cientistas no final de suas carreiras graças a descobertas feitas no passado, a medalha Fields só é entregue a matemáticos com menos de 40 anos de idade. O motivo para essa limitação não é a crença habitual de que os matemáticos se esgotam ainda jovens. John Fields, que concebeu a ideia e forneceu os recursos para o prêmio, queria que a recompensa incentivasse os matemáticos promissores a conquistas ainda maiores. As medalhas são concedidas a cada quatro anos durante o Congresso Internacional de Matemáticos. As primeiras foram distribuídas em Oslo, em 1936.

O limite de idade é estritamente respeitado. Apesar da façanha extraordinária de Andrew Wiles, provando o último teorema de Fermat, o comitê responsável pela Medalha Fields não pôde lhe conceder o prêmio no Congresso de Berlim de 1998, a primeira oportunidade depois que a prova final foi aceita, porque ele nasceu em 1953. Foi oferecida uma medalha especial para honrar o feito de Wiles, mas isso não se compara à entrada no ilustre clube de ganhadores da medalha Fields, que inclui muitos dos principais personagens de nossa narrativa: Enrico Bombieri, Alain Connes, Atle Selberg,

Paul Cohen, Alexandre Grothendieck, Alan Baker, Pierre Deligne. Esses nomes conquistaram quase um quinto de todas as medalhas já concedidas.

Contudo, os matemáticos não aspiram a essas medalhas graças ao dinheiro que as acompanham. Ao contrário das grandes somas concedidas com os prêmios Nobel, a quantia que acompanha uma medalha Fields é de modestos 15 mil dólares canadenses. Assim, os milhões oferecidos por Clay competirão com as gratificações em dinheiro do Prêmio Nobel. Ao contrário da medalha Fields e do prêmio Faber-Bloomsbury sobre a conjectura de Goldbach, o prêmio não depende da idade ou da nacionalidade do ganhador e não tem um limite de tempo para ser resolvido, a não ser pelo avanço do relógio da inflação.

Assim, o maior incentivo para o matemático que enfrenta um dos problemas do milênio não é a recompensa monetária, e sim a perspectiva inebriante de imortalidade que a matemática pode conferir. A solução de um dos problemas de Clay pode render um milhão de dólares, mas isso não é nada em comparação a ter o nome gravado no mapa intelectual da civilização. A hipótese de Riemann, o último teorema de Fermat, a conjectura de Goldbach, o espaço de Hilbert, a função tau de Ramanujan, o algoritmo de Euclides, o método do círculo de Hardy-Littlewood, as séries de Fourier, a numeração de Gödel, um zero de Siegel, a fórmula de Selberg para traços, o crivo de Erastótenes, os primos de Mersenne, o produto de Euler, os inteiros de Gauss – os matemáticos que desvendaram esses tesouros enquanto exploravam os primos foram imortalizados por suas descobertas. Muito depois que nomes como Ésquilo, Göethe ou Shakespeare tenham sido esquecidos, ainda nos lembraremos desses matemáticos. Conforme explicou G.H. Hardy, "as línguas morrem, as ideias matemáticas não. 'Imortalidade' pode parecer uma palavra tola, mas qualquer que seja seu significado, um matemático é a pessoa com mais chances de atingi-la."

Os matemáticos que tanto trabalharam nessa jornada épica para entender os primos não são apenas nomes gravados na história da matemática. As grandes reviravoltas que a história dos primos sofreu são o resultado de vidas reais, de *dramatis personae* muito ricas e variadas. Figuras históricas da Revolução Francesa e amigos de Napoleão cedem o passo a mágicos modernos e empreendedores da internet. As histórias de um funcionário indiano, de um espião francês poupado da execução e de um judeu húngaro que escapou da perseguição na Alemanha nazista se entrelaçam graças a uma obsessão pelos primos. Na tentativa de deixar sua marca na história da matemática, cada um desses personagens contribuiu com uma perspectiva singular. Os primos uniram matemáticos das mais variadas nacionalidades: China, França, Grécia, Estados Unidos, Noruega, Austrália, Rússia, Índia e Alemanha são apenas alguns dos países onde surgiram membros proeminentes da tribo nômade de matemáticos. A cada quatro anos eles convergem para contar as histórias de suas viagens em um congresso internacional.

O matemático não é movido apenas pelo desejo de gravar seu nome na história. Uma prova da hipótese de Riemann seria o início de uma nova jornada, semelhante àquela empreendida por Hilbert ao investigar o futuro desconhecido. Durante a conferência de imprensa no anúncio dos prêmios de Clay, Wiles fez questão de enfatizar que os problemas não eram o destino final:

> Existe um mundo matemático inteiramente novo, ainda não descoberto. Imagine, por exemplo, os europeus de 1600. Eles sabiam que, além do Atlântico, havia um Novo Mundo. Que tipo de prêmios poderiam ter oferecido para ajudar na descoberta e no desenvolvimento dos Estados Unidos? Não haveria prêmios pela invenção do avião, pela criação do computador, pela fundação de Chicago ou pelas máquinas que realizariam a colheita do trigo. Essas coisas se tornaram parte dos Estados Unidos, mas em 1600 não havia como imaginá-las. Não, eles teriam concedido prêmios pela resolução de problemas como o da longitude.

A hipótese de Riemann é o problema da longitude da matemática. Sua solução nos dará a perspectiva de mapear as águas nebulosas do grande oceano dos números, representando somente o início da nossa compreensão sobre esses elementos da natureza. Se conseguirmos desvendar o segredo da navegação pelos primos, quem sabe o que haverá mais além, ainda por descobrir?

2 Os átomos da aritmética

Quando as coisas se tornam muito complicadas, às vezes faz sentido parar e pensar: será que fiz a pergunta certa?
Enrico Bombieri, "Prime Territory", *The Sciences*

Dois séculos antes da brincadeira de 1º de abril de Bombieri, que provocou o mundo matemático, um outro italiano, Giuseppe Piazzi, anunciava notícias igualmente emocionantes. De seu observatório, Piazzi detectara um novo planeta que orbitava o Sol, em algum lugar entre as trajetórias de Marte e Júpiter. Ceres, como foi batizado, era muito menor que os outros sete planetas então conhecidos, mas todos consideraram sua descoberta, em 1º de janeiro de 1801, um grande prenúncio para a ciência do novo século.

O entusiasmo se transformou em desespero algumas semanas depois, porque o planeta se tornou invisível quando cruzou o lado oposto do Sol, que ofuscou sua fraca luz. Ceres estava novamente perdido no céu noturno, escondido entre a miríade de estrelas do firmamento. Conhecendo somente a curta trajetória que haviam conseguido acompanhar durante as primeiras semanas do século XIX, os astrônomos da época não possuíam as ferramentas matemáticas para calcular seu percurso completo a partir dali. O planeta parecia estar perdido, e não havia como predizer onde surgiria posteriormente.

Entretanto, cerca de um ano após a desaparição do planeta de Piazzi, um alemão de 24 anos de idade, originário de Brunswick, anunciou que sabia onde os cientistas deveriam encontrar o objeto perdido. Sem dispor de quaisquer previsões alternativas, os astrônomos apontaram seus telescópios para a região do céu noturno que o jovem indicara. Como num passe de mágica, lá estava ele. Porém, essa previsão astronômica sem precedentes não era o feitiço misterioso de um astrólogo. O trajeto de Ceres fora calculado por um matemático que encontrara padrões onde outros só viam um planeta pequeno e imprevisível. Recolhendo os dados escassos que haviam sido registrados a respeito da órbita do planeta, Carl

Friedrich Gauss aplicou um novo método, que desenvolvera então recentemente, para estimar onde seria possível encontrar Ceres em qualquer data futura.

Com a descoberta do trajeto de Ceres, Gauss se tornou famoso da noite para o dia entre a comunidade científica. Sua façanha era um símbolo do poder antecipatório da matemática na florescente era científica do início do século XIX. Os astrônomos haviam descoberto o planeta por acaso – e o matemático foi quem lhes forneceu as habilidades analíticas necessárias para explicar o que aconteceria a seguir.

Embora o nome de Gauss fosse novo entre os astrônomos, ele já deixara um legado formidável para a comunidade matemática. Gauss havia previsto corretamente a trajetória de Ceres, mas sua verdadeira paixão era encontrar padrões no mundo dos números. Para Gauss, o universo numérico representava o maior dos desafios: encontrar estruturas e ordem onde os demais só enxergavam o caos. "Menino-prodígio" e "gênio matemático" são títulos proferidos em demasia, mas poucos matemáticos discordariam de que esses rótulos se aplicavam a Gauss. A quantidade de descobertas e ideias originais que ele produziu antes dos 25 anos de idade parece inconcebível.

Gauss nasceu em uma família de trabalhadores de Brunswick, na Alemanha, em 1777. Aos três anos de idade já corrigia a aritmética de seu pai. Aos 19, após descobrir uma bela construção geométrica de 17 lados, convenceu-se de que deveria dedicar sua vida à matemática. Antes de Gauss, os gregos haviam mostrado como construir um pentágono perfeito utilizando somente um compasso e uma régua. Desde então, ninguém conseguira demonstrar como utilizar esses equipamentos simples para construir outros polígonos perfeitos, chamados de regulares, com um número primo de lados. Gauss ficou muito entusiasmado ao descobrir a maneira de desenhar essa forma perfeita de 17 lados, o que o incentivou a iniciar um diário matemático que manteria por 18 anos. Esse diário, que permaneceu com sua família até 1898, tornou-se um dos documentos mais importantes da história da matemática, em boa medida porque confirmou que Gauss havia provado, mas deixara de publicar, muitos resultados que outros matemáticos só redescobririam bem mais adiante, no século XIX.

Uma das grandes contribuições precoces de Gauss foi a invenção da calculadora-relógio. Esse instrumento era uma ideia, e não uma máquina física, que possibilitava a realização de cálculos com números considerados demasiadamente extensos. O princípio da calculadora-relógio é idêntico ao de um relógio comum. Se um relógio marca nove horas, e adicionamos quatro horas, o ponteiro das horas avança até uma hora. Assim, a calculadora-relógio de Gauss nos daria a resposta 1, e não 13. Se Gauss quisesse fazer um cálculo mais complicado, como 7 × 7, a calculadora-relógio indicaria o resto obtido ao se dividir 49 = 7 × 7 por 12. O resultado seria, novamente, uma hora.

O potencial e a velocidade da calculadora-relógio se tornam evidentes no momento em que Gauss deseja calcular o valor de 7 × 7 × 7. Em vez de multiplicar novamente 49 por 7, Gauss pode simplesmente multiplicar a última resposta (que era 1) por 7, obtendo o resultado 7. Assim, sem ter que calcular o valor de 7 × 7 × 7 (que vem a ser 343), ele sabia, com pouco esforço, que o resultado deixaria resto 7 ao ser dividido por 12. A força da calculadora foi revelada quando Gauss passou a explorar grandes números situados além de seu alcance computacional. Embora não tivesse a menor ideia do valor de 7^{99}, sua calculadora-relógio lhe dizia que o número deixava resto 7 ao ser dividido por 12.

Gauss percebeu que relógios que continham 12 horas não tinham nada de especial. Assim, desenvolveu a ideia de se realizar a aritmética do relógio, também chamada de aritmética modular, com relógios que contivessem qualquer número de horas. Assim, por exemplo, se inserirmos o número 11 em uma calculadora-relógio dividida em 4 horas, a resposta será 3 horas, já que 11 deixa resto 3 ao ser dividido por 4. A descoberta desse novo tipo de aritmética revolucionou a matemática na virada do século XIX. Assim como o telescópio permitira aos astrônomos observar novos mundos, a invenção da calculadora-relógio ajudou os matemáticos a descobrir novos padrões no universo de números, que haviam estado escondidos durante gerações. Ainda hoje, esses

Carl Friedrich Gauss (1777-1855)

dispositivos de Gauss são essenciais para a segurança na internet, que utiliza calculadoras-relógio que contêm mais horas que o número de átomos no universo observável.

Gauss, filho de uma família pobre, teve a sorte de poder tirar proveito de seu talento matemático. Ele nasceu em uma época em que o interesse pela matemática ainda era um privilégio, financiado por cortes e mecenas ou praticado durante o tempo livre por amadores como Pierre de Fermat. O patrocinador de Gauss era o duque de Brunswick, Carlos Guilherme Ferdinando. A família de Ferdinando sempre financiara a cultura e a economia de seu ducado. De fato, seu pai havia fundado o Collegium Carolinum, uma das mais antigas universidades técnicas da Alemanha. Ferdinando havia herdado o ethos de seu pai, para quem a educação era a base do sucesso comercial de Brunswick, e estava sempre em busca de talentos que merecessem seu apoio. Ferdinando conheceu Gauss em 1791, e ficou tão impressionado com as habilidades do jovem que ofereceu financiar sua educação no Collegium Carolinum, para que pudesse concretizar seu evidente potencial.

Com muita gratidão, Gauss dedicou ao duque seu primeiro livro, publicado em 1801. Essa obra, chamada *Disquisitiones Arithmeticae*, compilava muitas das descobertas sobre as propriedades dos números que Gauss registrara em seus diários. O livro é geralmente considerado o nascimento da teoria dos números como uma disciplina própria, que deixou então de ser apenas uma coleção desordenada de observações sobre os números. Sua publicação foi responsável por transformar a teoria dos números na "Rainha da Matemática", como Gauss gostava de chamá-la. Para ele, as joias da coroa eram os primos, os números que haviam fascinado e intrigado gerações de matemáticos.

O primeiro indício impreciso do momento em que a humanidade se deu conta das qualidades especiais dos números primos é um osso datado de 6500 a.C., conhecido como o osso de Ishango, que foi descoberto em 1960 nas montanhas da África Central Equatorial. Nele estão inscritas três colunas contendo quatro série de entalhes. Em uma dessas colunas encontramos 11, 13, 17 e 19 entalhes, uma lista de todos os primos entre 10 e 20. As demais colunas também parecem ter uma natureza matemática. Não se sabe ao certo se esse osso, guardado no Instituto Real de Ciências Naturais, em Bruxelas, realmente representa as primeiras tentativas de nossos ancestrais de compreender os primos ou se as marcações são uma escolha aleatória de números que, por coincidência, são primos. Contudo, esse osso ancestral talvez seja um indício curioso e instigante das primeiras incursões pela teoria dos números primos.

Algumas pessoas acreditam que os chineses tenham sido a primeira cultura a escutar o ritmo do tambor dos primos. Eles atribuíam características femininas aos números pares e masculinas aos ímpares. Além dessa divisão conservadora, também existiam os números afeminados, formados pelos números ímpares que não são primos, como 15. Há indícios de que em 1000 a.C. os chineses já haviam desenvolvido um método bastante físico de entender o que torna os primos tão especiais em relação a todos os demais números. Se tomarmos 15 grãos, poderemos distribuí-los ordenadamente, num arranjo retangular formado por três colunas de cinco grãos. Entretanto, com 17 grãos, o único retângulo que conseguiremos formar consistirá em uma única fileira contendo os 17 grãos. Para os chineses, os primos eram números machões que resistiam a qualquer tentativa de separação em um produto de números menores.

Os gregos da Antiguidade também gostavam de atribuir qualidades sexuais aos números, mas foram eles que descobriram, no quarto século a.C., a capacidade dos primos de servir como blocos de construção para todos os números. Eles perceberam que todo número podia ser gerado pela multiplicação de números primos. Embora os gregos acreditassem erroneamente que fogo, ar, água e terra fossem os elementos constitutivos da matéria, foram precisos ao identificar os átomos da aritmética. Por muitos séculos, os químicos lutaram para identificar os constituintes básicos de sua disciplina, e a intuição dos gregos culminou finalmente na tabela periódica de Dmitri Mendeleiev, uma descrição completa dos elementos da química. Apesar do rápido sucesso dos gregos na identificação dos blocos de construção da aritmética, os matemáticos ainda têm dificuldades para entender a tabela de números primos.

Até onde sabemos, a primeira pessoa a produzir tabelas de números primos foi o diretor da biblioteca do grande instituto de pesquisa da Grécia Antiga, localizado em Alexandria. Como um Mendeleiev matemático ancestral, Erastótenes descobriu, no terceiro século a.C., um procedimento relativamente indolor para determinar quais números são primos em uma lista que inclua, por exemplo, os primeiros mil números. Erastótenes escrevia inicialmente uma lista com todos os números de 1 a 1.000. Em seguida, escolhia o primeiro primo, 2, e eliminava da lista todos os seus múltiplos. Como todos esses números eram divisíveis por 2, obviamente não eram primos. Logo, passava ao seguinte número que não fora eliminado, ou seja, o número 3, e eliminava também todos os seus múltiplos. Como todos eram divisíveis por 3, tampouco eram primos. Erastótenes foi em frente, escolhendo sempre o seguinte número que não havia sido retirado da lista e eliminando todos os números divisíveis por esse novo primo. Com esse processo sistemático ele produziu tabelas de primos. Mais tarde, o procedimento passou a ser chamado de *crivo de Erastótenes*. Cada novo primo gerava um "crivo" que Erastótenes utilizava para eliminar os números não primos. O tamanho do crivo se alterava em cada etapa, mas ao atingir o número 1.000, somente os números primos resistiam a todos os crivos.

Quando menino, Gauss recebeu um presente – um livro que continha a lista dos primeiros milhares de primos, provavelmente criada com o auxílio desses crivos numéricos ancestrais. Para Gauss, esses números pareciam estar espalhados aleatoriamente. Prever a trajetória elíptica de Ceres já era bastante difícil, mas o desafio dos primos se assemelhava mais à tarefa quase impossível de analisar a rotação de corpos como Hipérion, um dos satélites de Saturno, que tem a forma de um hambúrguer. Ao contrário da Lua terrestre, Hipérion não possui qualquer estabilidade gravitacional, girando caoticamente. Embora a rotação de Hipérion e as órbitas de alguns asteroides sejam caóticas, sabe-se ao menos que seu comportamento é determinado pela atração gravitacional do Sol e dos planetas. Entretanto, ninguém tinha a menor ideia de quais seriam as forças que puxavam e empurravam os primos. Ao observar sua tabela de primos, Gauss não enxergava nenhuma regra que lhe dissesse a que distância deveria saltar para encontrar o próximo primo. Seriam os matemáticos obrigados a aceitar o fato de que a natureza determinara esses números, espalhando-os como estrelas na noite sem qualquer razão aparente? Uma ideia como essa era inaceitável para Gauss. O que motiva a existência de um matemático é a descoberta de padrões, para encontrar e explicar as regras subjacentes à natureza e prever o que acontecerá a seguir.

Em busca de padrões

A jornada do matemático em busca de primos é ilustrada perfeitamente por uma das tarefas que todos tivemos que realizar na escola. Dada uma lista de números, encontre o número seguinte. Por exemplo, a seguir há três desafios:

1, 3, 6, 10, 15, ...
1, 1, 2, 3, 5, 8, 13, ...
1, 2, 3, 5, 7, 11, 15, 22, 30, ...

Muitas questões surgem na mente matemática frente a essas listas. Qual a regra por trás da criação de cada lista? Você consegue prever qual será o número seguinte? Você é capaz de encontrar uma fórmula que gere o 100º número de cada lista sem ter que calcular os primeiros 99?

A primeira das sequências acima é formada pelos números chamados de *triangulares*. O décimo número da lista é a quantidade de grãos necessária para se construir um triângulo contendo dez fileiras, com um grão na primeira fileira e dez na última. Assim, o N-ésimo número triangular é obtido pela soma dos primeiros N números: $1 + 2 + 3 + ... + N$. Se quisermos encontrar o 100º número triangular, podemos atacar o problema de frente, usando o método trabalhoso de somar os 100 primeiros números.

O professor de Gauss na escola gostava de propor esse problema a seus alunos, pois sabia que demoravam tanto tempo para resolvê-lo que ele tinha tempo para tirar uma soneca. Ao terminarem a tarefa, os alunos tinham que depositar suas lousas em uma pilha em frente ao professor, com a resposta escrita. Certa vez, enquanto os demais estudantes ainda começavam seus cálculos, o jovem Gauss, de dez anos de idade, já depositara em poucos segundos sua lousa na mesa. Furioso, o professor considerou a atitude de Gauss uma insolência. Porém, ao ver a lousa do rapaz, lá estava a resposta – 5.050 – sem quaisquer etapas de cálculo. O professor achou que Gauss houvesse trapaceado de alguma forma, mas o pupilo explicou que bastava inserir $N = 100$ na fórmula $\frac{1}{2} \times (N + 1) \times N$ para obter o 100º número da lista, sem ter que fazer qualquer outro cálculo no caminho.

Em vez de avançar de cabeça sobre o problema, Gauss pensara lateralmente. Ele argumentou que a melhor maneira de descobrir quantos grãos existem em um triângulo com 100 fileiras era utilizar um segundo triângulo de grãos que pudesse ser colocado de cabeça para baixo sobre o primeiro. Assim, Gauss obteve um retângulo com 101 fileiras, cada uma com 100 grãos. Era fácil calcular o número total de grãos nesse retângulo formado pelos dois triângulos: $101 \times 100 = 10.100$ grãos. Portanto, cada triângulo deveria conter a metade desse número, $\frac{1}{2} \times 101 \times 100 = 5.050$. O número 100 não tem nada de especial. Basta substituí-lo por N para encontrar a fórmula $\frac{1}{2} \times (N + 1) \times N$.

A figura a seguir ilustra esse argumento num triângulo de 10 fileiras, em vez de 100.

Uma ilustração da prova de Gauss,
em sua fórmula para os números triangulares

Em vez de abordar diretamente o problema do professor, Gauss observou a questão por um outro ângulo, utilizando o pensamento lateral – o ato de revirar o problema de cabeça para baixo na tentativa de vê-lo por uma nova perspectiva. Esse é um tema extremamente importante nas descobertas matemáticas, sendo um dos motivos pelos quais as pessoas que pensam como o jovem Gauss se tornam bons matemáticos.

Os números que compõem a segunda sequência proposta – 1, 1, 2, 3, 5, 8, 13, ... – são chamados de *números de Fibonacci.* Essa sequência é gerada calculando-se cada número pela soma dos dois anteriores, por exemplo, 13 = 5 + 8. Fibonacci, um matemático da corte de Pisa no século XIII, relacionou essa sequência aos hábitos de acasalamento de coelhos. Fibonacci tentava retirar a matemática europeia da Idade das Trevas pelo proselitismo das descobertas de matemáticos árabes, mas fracassou.

Por outro lado, os coelhos o imortalizaram no mundo matemático. Seu modelo da propagação dos coelhos previa que em cada nova estação o número de coelhos cresceria segundo um certo padrão, que se baseava em duas regras: cada par de coelhos maduros produziria um novo par em cada estação, e cada novo par levaria uma estação para atingir a maturidade sexual.

Entretanto, esses números não prevalecem somente no mundo dos coelhos. Essa sequência surge no mundo natural de inúmeras maneiras diferentes. A quantidade de pétalas de uma flor é invariavelmente um número de Fibonacci, assim como o número de espirais em uma pinha. O crescimento de conchas marinhas ao longo do tempo reflete a progressão de números de Fibonacci.

Haverá uma fórmula rápida, como a de Gauss para os números triangulares, que gere o 100º número de Fibonacci? À primeira vista, temos novamente a impressão de que será necessário calcular os primeiros 99 números, já que para obter o 100º teremos que adicionar os dois números anteriores. Será possível encontrar uma fórmula que nos forneça o 100º número, bastando simplesmente inserir o número 100º na fórmula? Neste caso a solução é bem mais intrincada, apesar da simplicidade da regra que gera esses números.

A fórmula para a geração dos números de Fibonacci se baseia em um número especial chamado de *razão áurea*, que começa com 1,618 03... Como ocorre com o número π, a expansão decimal da razão áurea continua ininterruptamente, sem apresentar qualquer padrão. Ainda assim, ao longo dos séculos, muitas pessoas consideraram que essa razão continha proporções perfeitas. Examinando-se as telas expostas no Louvre ou na Tate Gallery é possível notar que, com muita frequência, os artistas escolhem retângulos cujos lados apresentam uma proporção de 1 para 1,618 03... Pode ser demonstrado experimentalmente que a altura de uma pessoa, quando comparada à distância entre seus pés e seu umbigo, obedece à mesma relação. A ocorrência da razão áurea na natureza é bastante enigmática. Apesar de sua expansão decimal caótica, esse número também contém a chave para a geração dos números de Fibonacci. O N-ésimo número de Fibonacci pode ser expresso por uma fórmula gerada pela enésima potência da razão áurea.

Vou deixar a terceira sequência de números – 1, 2, 3, 5, 7, 11, 15, 22, 30, ... – como um desafio ao qual voltarei mais adiante. Suas propriedades ajudaram a consolidar a fama de um dos matemáticos mais intrigantes do século XX, Srinivasa Ramanujan, dono de uma capacidade excepcional de descobrir novos padrões e fórmulas em áreas da matemática onde outros tentaram e falharam.

Os números de Fibonacci não são os únicos que encontramos na natureza. O reino animal também conhece os números primos. Existem duas espécies de cigarra, chamadas *Magicicada septendecim* e *Magicicada tredecim*, que frequentemente vivem no mesmo ambiente. Elas possuem ciclos de vida de exatamente 17 e 13 anos, respectivamente. Durante toda a vida, exceto em seu último ano, essas cigarras permanecem no solo, alimentando-se da seiva de raízes das árvores. Então, no último ano, as ninfas sofrem metamorfose, transformando-se em adultos plenamente desenvolvidos, e emergem em massa do solo. A cada 17 anos, as *Magicicada septendecim* tomam a floresta em uma única noite, num evento extraordinário. Elas cantam alto, acasalam, comem, põem ovos e então morrem, seis semanas depois. A floresta permanece quieta por outros 17 anos. Mas por que cada espécie escolheu um ciclo de vida com um número primo de anos? Há algumas explicações possíveis. Como ambas as espécies desenvolveram ciclos de vida formados por números primos, só muito raramente se sincronizarão, emergindo no mesmo ano. De fato, elas só precisarão dividir a floresta a cada $221 = 17 \times 13$ anos. Imagine que houvessem escolhido números não-primos, como 18 e 12. Ao longo do mesmo período, estariam sincronizadas 6 vezes, precisamente nos anos 36, 72, 108, 144, 180 e 216. Esses são os anos que compartilham os blocos de construção primos de 18 e 12. Os números primos 13 e 17, por outro lado, permitem que as duas espécies de cigarra evitem competir com muita frequência.

Outra explicação é o surgimento de um fungo que emergia simultaneamente com as cigarras. O fungo era letal, portanto as espécies desenvolveram ciclos de vida que lhes permitia evitar o fungo. Adotando ciclos com números primos de 17 ou 13 anos, as cigarras se asseguraram de que emergiriam no mesmo ano que o fungo com menos frequência do que se tivessem um ciclo de vida não primo. Para as cigarras, os primos não são apenas uma curiosidade abstrata, mas a chave para a sobrevivência.

A evolução pode haver mostrado os primos às cigarras, mas os matemáticos queriam uma maneira mais sistemática de encontrar esses números. Entre todos os desafios numéricos, a lista de primos foi a que mais os instigou a desvendar alguma fórmula secreta. Porém, temos que ter cuidado ao procurarmos padrões e ordem em todas as partes do mundo matemático. Ao longo da história, muitas pessoas se perderam na tentativa vã de encontrar uma estrutura escondida na expansão decimal de π, um dos números mais importantes da matemática. Essa importância incentivou tentativas desesperadas de decifrar mensagens incrustadas em sua expansão decimal caótica. Embora a vida alienígena houvesse usado os primos para chamar a atenção de Ellie Arroway no início do livro *Contact*, de Carl Sagan, a mensagem derradeira estava profundamente sepultada na expansão de π, da qual emergia subitamente uma série de 0 e 1, mapeando um padrão cujo objetivo era revelar que "existe uma inteligência anterior ao Universo". O filme π, de Darren Aronofsky, também brinca com essa noção popular.

Como um aviso para os que forem cativados pela ideia de encontrar mensagens ocultas em números como π, os matemáticos já provaram que a maioria dos números decimais possui, escondida em alguma parte de suas expansões decimais, qualquer sequência que busquemos. Portanto, há uma boa probabilidade de que π contenha o código binário do livro do Gênese, se nos dedicarmos a analisá-lo por bastante tempo. Ao procurarmos padrões, devemos fazê-lo sob o ponto de vista apropriado. A importância de π não reside na presença de mensagens secretas em sua expansão decimal – ele se torna importante quando o examinamos a partir de uma perspectiva diferente. O mesmo vale para os primos. Armado com uma tabela de primos e seu talento para o pensamento lateral, Gauss estava buscando o ângulo e o ponto de vista corretos para observar os primos, de modo que alguma ordem previamente escondida emergisse por trás da fachada de caos.

A prova: o diário de viagem do matemático

Embora parte do trabalho de um matemático seja buscar padrões e estruturas no mundo dos números, outra parte consiste em *provar* que o padrão persistirá. O conceito de prova talvez marque o verdadeiro início da matemática como a arte da dedução, ao invés de mera observação numerológica – o ponto em que a alquimia matemática deu lugar à química matemática. Os gregos da Antiguidade foram os primeiros a entender a possibilidade de provar que certos fatos continuariam sendo verdadeiros, independentemente da extensão da contagem ou do número de casos examinado.

O processo criativo do matemático começa com uma suposição. Muitas vezes, essa suposição surge da intuição que ele desenvolve após anos explorando o mundo da matemática, cultivando um instinto para desvendar suas muitas idas e vindas. Às vezes, experimentos numéricos simples revelam um padrão, e supomos que essa ordem persistirá para sempre. Durante o século XVII, por exemplo, os matemáticos descobriram o que acreditavam ser um método infalível para determinar se um número N era primo: calcule 2 elevado à potência N e divida-o por N – se o resto for 2, então o número N será primo. Nos termos da calculadora-relógio de Gauss, esses matemáticos estavam tentando calcular 2^N em um relógio com N horas. Assim, o desafio é provar se essa suposição está certa ou errada. Essas suposições ou previsões são o que o matemático chama de "conjectura" ou "hipótese".

Uma suposição matemática só recebe o nome de "teorema" depois que seja encontrada uma prova. Esse movimento da "conjectura" ou "hipótese" para o "teorema" é o que marca a maturidade matemática de um assunto. Fermat deixou para a matemática uma profusão de previsões. Gerações subsequentes de matemáticos se dedicaram a provar se Fermat estava certo ou errado. Na verdade, o último teorema de Fermat nunca foi chamado de conjectura, e sim de teorema. Isso, porém, é incomum, e provavelmente surgiu da alegação feita por Fermat, em anotações que fez em sua cópia da *Aritmética*, de Diofanto, de que havia encontrado uma prova maravilhosa, mas que era muito grande para ser escrita na margem da página. Fermat não registrou essa suposta prova em lugar algum, e seus comentários marginais se tornaram a maior afronta na história da matemática. Até que Andrew Wiles fornecesse uma justificativa, uma prova do porquê da inexistência de soluções interessantes para as equações de Fermat, tratou-se de fato de uma hipótese – apenas uma questão de fé.

O episódio de Gauss na escola manifesta o movimento da suposição para o teorema, através da prova. Gauss previra que sua fórmula geraria qualquer número que escolhêssemos na lista de números triangulares.

Como poderia Gauss estar certo de que a fórmula funcionaria todas as vezes? Ele certamente não poderia testar todos os números da lista para saber se a fórmula lhe daria a resposta correta, pois a lista é infinita. Em vez disso, recorreu à poderosa arma da prova matemática. Seu método de combinar dois triângulos para formar um retângulo assegurou, sem que fosse necessário um número infinito de cálculos, que a fórmula sempre funcionaria. Ao contrário, o teste de números primos do século XVII, baseado em 2^N, foi finalmente eliminado do repertório matemático em 1819. O teste funciona corretamente para todos os números até 340, mas então indica que 341 é primo. Nesse momento o teste falha, pois 341 = 11 × 31. Essa exceção não foi descoberta até que uma calculadora-relógio de Gauss contendo 341 horas fosse utilizada para simplificar a análise de um número como 2^{341} que, em uma calculadora comum, tem mais de 100 algarismos.

O matemático de Cambridge G.H. Hardy, autor de *A Mathematician's Apology*, costumava comparar o processo de descoberta matemática ao mapeamento de paisagens distantes: "Sempre pensei em primeiro lugar no matemático como um observador, um homem que vislumbra montanhas distantes e anota suas observações." Após enxergar uma montanha longínqua, a segunda tarefa do matemático é descrever às pessoas o caminho até ela.

Começamos em um lugar em que a paisagem é familiar, onde não há surpresas. Dentro dessa terra conhecida estão os axiomas da matemática, as verdades autoevidentes sobre os números, ao lado das proposições que já foram provadas. Uma prova é como um caminho que nos leva desse território conhecido aos picos distantes, cruzando a paisagem matemática. O progresso é delimitado pelas regras da dedução, como os movimentos válidos de uma peça de xadrez, que prescrevem os passos permitidos na jornada. Às vezes chegamos ao que parece ser um impasse, sendo necessário dar o típico passo lateral, movendo-nos transversalmente, ou até mesmo para trás, até encontrarmos um caminho para seguir em frente. Outras vezes é preciso esperar pela invenção de novas ferramentas, como a calculadora-relógio de Gauss, para que possamos continuar subindo.

Nas palavras de Hardy, o observador matemático

> ... enxerga nitidamente o ponto *A*, mas o ponto *B* só pode ser visto em relances transitórios. Finalmente ele discerne uma crista que parte de *A* e, seguindo-a até o fim, descobre que ela culmina em *B*. Se desejar mostrá-la a outras pessoas, o matemático aponta para ela, diretamente ou através da cadeia de picos que o levaram a reconhecê-la. Quando seu pupilo também a enxerga, a pesquisa, o argumento, a prova está terminada.

A prova é o relato da viagem, o mapa que especifica as coordenadas do trajeto – o diário do matemático. Os leitores da prova terão a mesma sensação de compreensão experimentada pelo autor – não apenas enxergando o caminho até o cume, como também entendendo que nenhum acontecimento posterior destruirá a nova via. Muitas vezes, a prova não tenta pôr os pingos em todos os ii. Ela é uma descrição da viagem, e não necessariamente a repetição de cada passo. Os argumentos que o matemático fornece como provas têm o objetivo de gerar uma espécie de arrebatamento na mente do leitor. Hardy costumava descrever esses argumentos como "eloquências, floreios retóricos criados para afetar a psicologia, desenhos no quadro durante uma aula, instrumentos para estimular a imaginação dos alunos".

O matemático é obcecado pela prova, e não se satisfaz apenas com dados experimentais que corroborem uma suposição matemática. Essa atitude é alvo de admiração, e às vezes de escárnio, em outras disciplinas científicas.

A validade da conjectura de Goldbach foi verificada em todos os números até 400.000.000.000.000, mas ainda não foi aceita como um teorema. Quase todas as disciplinas científicas aceitariam tranquilamente esses acachapantes dados numéricos como argumentos convincentes, e então se preocupariam com outros assuntos. Se posteriormente surgissem novos indícios que exigissem uma reavaliação do cânone matemático, tudo bem. Se isso basta para as outras ciências, por que a matemática é diferente?

A maioria dos matemáticos teria náuseas só de pensar em uma heresia como essa. Nas palavras do matemático francês Andre Weil: "O rigor está para o matemático como a moral está para o homem." Parte do motivo é a grande dificuldade que muitas vezes temos em avaliar observações experimentais na matemática. Mais que qualquer outra parte da matemática, os primos levam muito tempo para revelar sua verdadeira face. Até Gauss foi iludido por dados contundentes que corroboravam um pressentimento que teve sobre os números primos, mas análises teóricas posteriores revelaram que ele fora enganado. Por isso as provas são essenciais: as primeiras impressões podem ser capciosas. Embora os preceitos de todas as demais ciências afirmem que não podemos confiar em nada além de observações experimentais, os matemáticos aprenderam a jamais confiar em dados numéricos sem uma prova.

Em alguns aspectos, a natureza etérea da matemática torna o matemático mais dependente da apresentação de provas, de modo que esse mundo essencialmente mental adquira algum senso de realidade. Os químicos podem investigar com tranquilidade a estrutura de uma molécula de buckminsterfulereno; o sequenciamento do genoma fornece ao geneticista um desafio concreto; até o físico consegue sentir a realidade da mais diminuta partícula subatômica ou de um distante buraco negro. Porém, o matemático depara com a tentativa de entender objetos que não possuem qualquer realidade física evidente, como formas em oito dimensões ou números primos tão grandes que excedem o número de átomos do Universo físico. Com uma paleta de conceitos tão abstratos, a mente pode nos pregar peças estranhas, e se não dispusermos de provas corremos o risco de construir um castelo de cartas. Nas demais disciplinas científicas, a observação e o experimento físico conferem ao assunto alguma garantia da realidade. Enquanto outros cientistas podem utilizar seus olhos para observar a realidade física, os matemáticos contam apenas com a prova matemática, como um sexto sentido, para lidar com sua disciplina invisível.

A busca por provas de padrões que já foram vislumbrados é também um grande catalisador de novas descobertas matemáticas. Para diversos matemáticos, talvez fosse melhor se muitos desses problemas fundamentais nunca fossem resolvidos, graças à matemática maravilhosa e original encontrada ao longo do caminho. Os problemas permitem um tipo de exploração que força os pioneiros a atravessar terras que jamais poderiam haver contemplado no início da viagem.

Entretanto, o argumento mais convincente para explicar por que a cultura matemática dá tanta importância à prova de uma assertiva é o fato de que, ao contrário das outras ciências, temos o privilégio de poder fazê-lo. Em que outra disciplina é possível encontrar algo semelhante à afirmação de que a fórmula de Gauss para os números triangulares *jamais* emitirá uma resposta equivocada? A matemática pode ser um assunto etéreo confinado à mente, mas essa ausência de realidade tangível é mais que compensada pela certeza que a prova fornece.

Ao contrário de outras ciências, nas quais os modelos do mundo podem desmoronar de uma geração para a seguinte, a prova matemática nos permite determinar, com 100% de certeza, que os fatos relacionados aos primos não se alterarão com base em descobertas futuras. A matemática é uma pirâmide na qual os avanços de cada geração se apoiam nas conquistas da anterior, sem qualquer possibilidade de colapso. Essa durabilidade é o que torna a vida matemática tão estimulante. Nenhuma outra ciência além da matemática pode afirmar que o que os gregos estabeleceram na Antiguidade ainda seja válido hoje. Podemos zombar da crença grega de que a matéria era formada por fogo, ar, água e terra. Será que as gerações futuras verão a lista de 109 átomos que formam a tabela periódica de Mendeleiev com tanto desdém como vemos hoje o modelo grego do mundo químico? Ao contrário, todos os matemáticos iniciam sua educação acadêmica aprendendo o que os gregos da Antiguidade provaram acerca dos números primos.

A certeza que a prova fornece ao matemático é ao mesmo tempo alvo de inveja e escárnio por membros de outros departamentos universitários. A permanência gerada pela prova matemática leva à imortalidade genuína, à qual Hardy se referia. É por isso que essa disciplina atrai tantas pessoas cercadas por um mundo de incertezas. O mundo matemático serve muitas vezes de refúgio às jovens mentes que anelam escapar de um mundo real com o qual não conseguem lidar.

Nossa fé na durabilidade das provas se reflete nas regras que governam os prêmios do milênio de Clay. A recompensa em dinheiro é concedida dois anos após a publicação da prova, com base na aceitação geral da comunidade matemática. Naturalmente, nada garante que não haja um erro sutil, mas em geral acreditamos que erros em provas podem ser detectados sem que seja necessário esperar muitos anos por novas evidências. Se houver algum erro, certamente estará bem na nossa frente.

Os matemáticos são arrogantes por acreditarem que têm acesso a provas absolutas? Seria possível derrubar uma prova de que todos os números são formados a partir dos primos, como ocorreu com a teoria da física newtoniana ou do átomo indivisível? Para a maioria dos matemáticos, os axiomas considerados verdades autoevidentes sobre os números jamais perecerão sob investigações futuras. Acredita-se que as leis da lógica usadas para construir o edifício matemático sobre essas fundações, se aplicadas corretamente, produzirão provas de assertivas sobre números que jamais serão refutadas por novos progressos. Isso talvez seja filosoficamente ingênuo, mas é com certeza o dogma central da seita dos matemáticos.

O mapeamento de novos caminhos pela paisagem matemática também é acompanhado por uma grande exaltação emocional. A descoberta de uma nova rota até o cume de alguma montanha distante, que já era visível há gerações, confere ao matemático um incrível sentimento de êxtase. É como criar uma maravilhosa história ou peça de música que consiga transportar a mente do conhecido para o desconhecido. O primeiro vislumbre da possível existência de uma montanha distante, como o último teorema de Fermat ou a hipótese de Riemann, é uma experiência fantástica – mas isso não se compara à satisfação de percorrer o trajeto até lá. Até mesmo os que seguirem as pegadas do pioneiro compartilharão do sentimento de elevação espiritual, da epifania que acompanhou a descoberta de uma nova prova. É por isso que os matemáticos valorizam a busca da prova mesmo que estejam profundamente convencidos de que questões como a hipótese de Riemann são verdadeiras – porque na matemática, o caminho é tão importante quanto o destino.

A matemática seria um ato de criação ou de descoberta? Muitos matemáticos vagam entre uma sensação de criatividade e a impressão de que desvendam verdades científicas absolutas. As ideias matemáticas frequentemente parecem ser muito pessoais e dependentes da mente criativa que as concebeu. Porém, seu caráter lógico nos faz acreditar que todos vivemos no mesmo mundo matemático, cheio de verdades imutáveis. Essas verdades apenas esperam o momento de serem reveladas, e o pensamento criativo não é capaz de afetar sua existência. Hardy apreendeu perfeitamente essa tensão entre a criação e a descoberta, que acomete todo matemático: "Acredito que a realidade matemática exista fora de nós, que nossa função seja descobri-la ou observá-la e que os teoremas que provamos e descrevemos com grandiloquência como nossas 'criações' sejam apenas as anotações do que observamos." Entretanto, em outros momentos ele esteve inclinado a uma descrição mais artística do processo matemático: "A matemática não é uma disciplina contemplativa, e sim criativa", como escreveu em *A Mathematician's Apology*, um livro que Graham Greene considera, juntamente com os cadernos de anotações de Henry James, a melhor descrição do que é ser um artista criativo.

Embora os primos, como outros aspectos da matemática, transcendam barreiras culturais, boa parte dessa disciplina é criativa, sendo um produto da psique humana. As provas, essas histórias que os matemáticos contam sobre seu trabalho, muitas vezes podem ser narradas de diferentes maneiras. A prova de Wiles do último teorema de Fermat provavelmente seria tão misteriosa para alienígenas quanto o *Ciclo do anel*, de Wagner. A matemática é uma arte criativa com restrições – como escrever poesia ou tocar blues. Os matemáticos são limitados pelas etapas lógicas que devem seguir ao forjar suas provas. Porém, dentro dessas restrições, ainda há bastante liberdade. Com efeito, a beleza de criar dentro de certas limitações está nas novas direções às quais elas nos impelem, levando-nos a descobertas que possivelmente jamais pensaríamos em pesquisar de outro modo. Os primos são como as notas de uma escala, e cada cultura decidiu tocá-las de maneira própria, o que revela outros aspectos históricos e influências sociais do que se poderia esperar. A história dos primos, além de ser uma descoberta de verdades atemporais, é um espelho social. A admiração crescente pelas máquinas durante os séculos XVII e XVIII se reflete em uma abordagem muito prática e experimental sobre os primos; ao contrário, a Europa revolucionária criou uma atmosfera em que novas ideias, abstratas e ousadas, foram aplicadas em sua análise. O modo como narramos a jornada pelo mundo matemático é uma escolha específica de cada cultura.

As fábulas de Euclides

Os primeiros a contar essas histórias foram os gregos da Antiguidade. Eles compreenderam o poder da prova como uma forma de demarcar caminhos permanentes para as montanhas do mundo matemático. Após alcançá-las, já não havia o temor de que fossem miragens matemáticas distantes. Por exemplo, como podemos realmente ter certeza de que não surgirá algum número pária que não possa ser gerado pela multiplicação de números primos? Os gregos foram os primeiros a idealizar um argumento que não lhes deixasse dúvidas, nem às futuras gerações, sobre a impossibilidade do surgimento de um número como esse.

Os matemáticos frequentemente descobrem provas selecionando uma instância particular da teoria geral que estão tentando provar e buscando entender por que a teoria é válida para esse exemplo. Espera-se que o argumento ou a receita que foi eficaz quando aplicada ao exemplo também funcione em qualquer outro caso particular que se decida analisar. Por exemplo, para provar que todo número é o produto de primos, considere inicialmente o caso particular do número 140. Suponha que verificamos que todos os números abaixo de 140 são primos ou são formados pela multiplicação de primos. E quanto ao número 140? Poderia ser um número pária, que não seja primo nem o produto de números primos? Em primeiro lugar, descobriríamos que o número não é primo. Como fazê-lo? Demonstrando que pode ser expresso pela multiplicação de números menores. Por exemplo, 140 é 4 × 35. Agora estamos em um ambiente familiar, pois já confirmamos que 4 e 35, números menores que nosso primeiro candidato a pária, 140, podem ser expressos pela multiplicação de primos: 4 é 2 × 2, e 35 é 5 × 7. Juntando essas informações, vemos que 140 é na verdade o produto 2 × 2 × 5 × 7. Portanto, 140 não é nenhum pária.

Os gregos compreenderam como poderiam transformar esse exemplo particular em um argumento mais geral, que pudesse ser aplicado a todos os números. É curioso notar que seu argumento se inicia fazendo-nos imaginar que *existem* números párias – aqueles que não são primos nem podem ser expressos pela multiplicação de primos. Se esses párias existem, então, ao caminharmos pela sequência de todos os números, em algum momento encontraremos o primeiro deles. Vamos chamá-lo de *N* (que é às vezes chamado de *criminoso mínimo*). Como esse número hipotético *N* não é primo, temos de ser capazes de expressá-lo pela multiplicação de dois números menores, *A* e *B*. Afinal, se isso não fosse possível, *N* seria primo.

Já que *A* e *B* são menores que *N*, nossa escolha de *N* implica que *A* e *B* podem ser expressos como produtos de primos. Portanto, se multiplicarmos todos os primos que formam *A* e todos os primos que formam *B*, obteremos o número original, *N*. Neste momento, demonstramos que *N* pode ser expresso pela multiplicação de números primos, o que contradiz nossa escolha original de *N*. Portanto, nossa suposição inicial de que existem números párias não é defensável. Assim, todos os números devem ser primos ou gerados pela multiplicação de primos.

Quando propus esse argumento em uma roda de amigos, acharam que eu havia trapaceado em algum ponto do caminho. Nosso estratagema inicial é um pouco ardiloso: supomos a existência das coisas que não queremos que existam e terminamos provando que elas não existem. Essa estratégia de pensar o impensável se tornou, para os gregos, uma ferramenta poderosa na construção de provas. Ela se baseia no fato lógico de que qualquer afirmação deve ser ou verdadeira ou falsa. Se supusermos que uma assertiva é falsa e chegarmos a uma contradição, poderemos inferir que nosso pressuposto estava errado e deduzir que a afirmação deveria ser, no fim das contas, verdadeira.

A prova grega recorre ao lado preguiçoso dos matemáticos. Em vez de tentarmos o impossível, enfrentando uma quantidade infinita de cálculos explícitos para provar que todos os números podem ser gerados a partir de primos, usamos um argumento abstrato para captar a essência de todas essas computações. É como aprender a subir uma escada infinita sem ter que o fazer fisicamente.

Euclides, dentre todos os matemáticos, é considerado o pai da arte da prova. Ele integrava o instituto de pesquisa estabelecido pelo líder grego Ptolomeu I em Alexandria ao redor de 300 a.C. Lá, Euclides escreveu uma das obras mais influentes da História: *Os elementos*. Na primeira parte do livro estabeleceu os axiomas da geometria, descrevendo a relação entre pontos e retas. Esses axiomas foram apresentados como verdades autoevidentes sobre os objetos geométricos, de modo que a geometria fosse uma descrição matemática do mundo físico. A seguir, utilizou as regras da dedução, produzindo quinhentos teoremas da geometria.

A parte central dos *Elementos* de Euclides lida com as propriedades dos números; nela se encontra o que talvez seja o primeiro momento brilhante de raciocínio matemático. Na proposição 20, Euclides explica uma verdade simples, porém fundamental, sobre os números primos: há um número infinito deles. A ideia começa pelo fato de que todo número pode ser gerado pela multiplicação de primos. Sobre essa afirmação, Euclides constrói

Euclides (c.350-300 a.C.)

a prova seguinte. Se esses primos são os blocos de construção de todos os números, será possível que só exista um número finito de blocos? A tabela periódica de elementos químicos foi produzida por Mendeleiev, e sua forma atual classifica 109 átomos diferentes a partir dos quais é formada toda a matéria. O mesmo poderia valer para os números primos? E se um Mendeleiev matemático apresentasse a Euclides uma lista de 109 primos e o desafiasse a provar a existência de primos que não estavam incluídos na lista?

Por que, por exemplo, não é possível construir todos os números simplesmente multiplicando-se diferentes combinações dos primos 2, 3, 5 e 7? Euclides pensou em maneiras de encontrar números que não fossem gerados por quaisquer desses primos. Você poderia dizer "mas isso é fácil – basta escolher o próximo primo, 11". É claro que esse número não pode ser gerado a partir de 2, 3, 5 e 7. Porém, cedo ou tarde essa estratégia falhará, precisamente porque, mesmo hoje, não fazemos ideia de como descobrir, com segurança, onde encontraremos o próximo primo. Por essa imprevisibilidade, Euclides precisava de um novo método de análise, que não dependesse do tamanho da lista de primos.

Não temos como saber se a ideia foi do próprio Euclides ou se ele apenas registrou as descobertas de outros pensadores de Alexandria. Em todo caso, demonstrou a maneira de se construir um número que não pudesse ser gerado por qualquer lista finita de primos que lhe fosse dada. Considere os primos 2, 3, 5 e 7. Euclides multiplicou-os, obtendo $2 \times 3 \times 5 \times 7 = 210$, e então – seu toque de gênio – adicionou 1 ao produto, obtendo 211. Euclides construíra esse número, 211, de modo que nenhum dos primos da lista, 2, 3, 5 e 7, pudesse dividi-lo exatamente. Adicionando 1 ao produto, ele tinha certeza de que a divisão por qualquer primo da lista sempre deixaria resto 1.

Porém, Euclides sabia que todos os números eram construídos pela multiplicação de primos. Assim, o que dizer do número 211? Como ele não pode ser dividido por 2, 3, 5 ou 7, deve haver outros primos, não incluídos na lista, que geram o número 211. Neste exemplo específico, o próprio 211 é primo. Euclides não alegava que o número criado sempre seria primo – apenas que era um número gerado por primos que não estavam na lista que nosso Mendeleiev matemático nos havia oferecido.

Por exemplo, poderíamos afirmar que todos os números podem ser formados a partir da lista finita de primos 2, 3, 5, 7, 11 e 13. O número de Euclides gerado por esses primos é $2 \times 3 \times 5 \times 7 \times 11 \times 13 + 1 = 30.031$. Esse número não é primo. Euclides simplesmente dizia que, dada qualquer lista contendo um número finito de primos, era possível gerar um número que só poderia ser formado por primos que não estavam na lista. Nesse caso específico, os primos necessários são 59 e 509, mas em geral não havia como determinar o valor preciso desses novos primos. Apenas se sabia que eles tinham que existir.

Foi um argumento maravilhoso. Euclides não fazia ideia de como gerar primos explicitamente, mas conseguiu provar que eles nunca se esgotariam. É notável que não saibamos se, dentre os números de Euclides, haverá uma quantidade infinita de primos, embora eles sejam suficientes para provar a existência de infinitos primos. Com a prova de Euclides, não havia mais como montar uma tabela periódica de todos os primos ou descobrir algo como seu genoma, codificando bilhões deles. Não existiria uma simples coleção de borboletas que nos permitisse entender esses números. Eis, novamente, o desafio máximo: o matemático, equipado com um arsenal limitado, enfrentando a extensão infinita de primos. Como poderíamos mapear um caminho por esse emaranhado caótico, encontrando algum padrão que pudesse prever seu comportamento?

A busca de primos

Durante gerações tentou-se, sem sucesso, aperfeiçoar o entendimento de Euclides sobre os primos, e foram feitas muitas especulações intrigantes. Contudo, como o professor Hardy gostava de dizer: "Qualquer tolo pode fazer perguntas sobre os primos que o mais sábio dos homens não consegue responder." A conjectura dos primos gêmeos, por exemplo, questiona se existe um número infinito de primos p tal que o número $p + 2$ também seja primo. Um desses pares é 1.000.027 e 1.000.029. (Observe que dois números primos não podem estar mais próximos que isso, já que N e $N+1$ não podem ser ambos primos – exceto quando $N = 2$ – pois ao menos um deles seria divisível por 2.)

Teriam os gêmeos autistas de Sacks algum talento especial para encontrar esses primos gêmeos? Euclides provou, dois milênios atrás, que havia uma quantidade infinita de primos, mas ninguém sabe se, após atingirmos um certo número, não haverá mais primos tão próximos. Acreditamos que exista um número infinito de gêmeos primos, mas isso é apenas uma suposição – a prova continua sendo o objetivo final.

Os matemáticos tentaram, com diferentes graus de êxito, encontrar fórmulas que, mesmo sem gerar todos os números primos, produzissem ao menos uma lista de primos. Fermat acreditava haver encontrado uma. Ele supôs que elevando-se 2 à potência 2^N e adicionando-se 1, o número resultante $2^{2^N} + 1$ seria primo. Esse número é chamado de *n-ésimo número de Fermat*. Por exemplo, se tomarmos $N = 2$ e elevarmos 2 à potência $2^2 = 4$, obteremos 16. Adicionando 1, encontraremos o número primo 17, o segundo número de Fermat. Ele acreditava que sua fórmula sempre emitiria um número primo, mas essa resultou ser uma de suas suposições erradas. O tamanho dos números de Fermat aumenta muito rapidamente. O quinto deles já possui 10 algarismos, estando fora do alcance computacional de Fermat. Esse é o primeiro número de Fermat não primo, sendo divisível por 641.

Gauss tinha uma afeição especial pelos números de Fermat. O fato de que 17 seja um dos primos de Fermat é fundamental para entender por que Gauss conseguiu construir seu polígono perfeito de 17 lados. No grande tratado *Disquisitiones Arithmeticae*, Gauss demonstra por que, se o N-ésimo número de Fermat for primo, é possível fazer a construção geométrica de um polígono de N lados usando apenas uma régua e um compasso. O quarto número de Fermat, 65.537, é primo, portanto esses instrumentos extremamente básicos permitem construir uma figura perfeita de 65.537 lados.

Até agora, a partir dos números de Fermat, só foi possível gerar quatro primos, mas ele foi mais eficaz na descoberta de algumas das propriedades muito especiais dos números primos. Fermat descobriu um fato curioso sobre os números primos que deixam resto 1 quando divididos por 4 – como 5, 13, 17 e 29. Esses primos sempre podem ser expressos pela soma de dois quadrados – por exemplo, $29 = 2^2 + 5^2$. Essa foi outra das provocações de Fermat: embora ele alegasse haver encontrado uma prova, não registrou seus detalhes.

No Natal de 1640, Fermat falou de sua descoberta – de que certos primos podiam ser expressos como a soma de dois quadrados – em uma carta que escreveu a um monge francês chamado Marin Mersenne. Mersenne não se interessava somente por questões litúrgicas. Ele era apaixonado por música e foi o primeiro a desenvolver uma teoria coerente sobre os harmônicos. Também adorava os números. Mersenne e Fermat se correspondiam regularmente, num intercâmbio de descobertas matemáticas, e Mersenne divulgava muitas das alegações de Fermat para um público mais amplo. Mersenne ficou conhecido por atuar como um divulgador científico internacional, disseminando as ideias de muitos matemáticos.

Mersenne também ficou cativado pela busca de alguma ordem nos primos, como ocorrera com muitas gerações anteriores. Embora não conseguisse formular um método para gerar todos os primos, deparou com uma fórmula que, a longo prazo, demonstrou ser muito mais eficaz na busca por primos que a de Fermat. Da mesma forma que Fermat, Mersenne começou considerando potências de 2. Porém em vez de adicionar 1, como fizera Fermat, Mersenne decidiu subtrair 1 da resposta. Assim, por exemplo, $2^3 - 1 = 8 - 1 = 7$, um número primo. É possível que a intuição musical de Mersenne o tenha ajudado. Ao duplicarmos a frequência de uma nota, ela se eleva uma oitava, portanto potências de 2 produzem notas harmônicas. Poderíamos esperar que um desvio de 1 gerasse uma nota muito dissonante, incompatível com qualquer frequência prévia – uma "nota prima".

Mersenne logo descobriu que sua fórmula não geraria primos todas as vezes. Por exemplo, $2^4 - 1 = 15$. Mersenne percebeu que se *n* não fosse primo, não havia nenhuma chance de que $2^n - 1$ também fosse primo. Porém, em seguida afirmou corajosamente que para *n* até 257, $2^n - 1$ seria primo precisamente se *n* fosse um dos seguintes números: 2, 3, 5, 7, 13, 19, 31, 67, 127, 257. Ele fez a incômoda descoberta de que mesmo que *n* fosse primo, ainda não havia qualquer garantia de que seu número $2^n - 1$ seria primo. Mersenne calculou $2^{11} - 1$ à mão e obteve 2.047, que é 23×89. Gerações de matemáticos ficaram maravilhadas com a capacidade de Mersenne de afirmar que um número do tamanho de $2^{257} - 1$ fosse primo. Esse número tem 77 algarismos. Teria o monge acesso a alguma fórmula aritmética mística que lhe informasse que esse número, situado além da capacidade computacional humana, era primo?

Os matemáticos acreditam que se continuarmos a lista de Mersenne, haverá um número infinito de escolhas de *n* que gerarão números primos $2^n - 1$. Porém, ainda não temos uma prova de que essa suposição seja verdadeira – estamos à espera de algum Euclides moderno que nos prove que os primos de Mersenne jamais se esgotarão, mas talvez esse pico distante seja apenas uma miragem matemática.

Muitos matemáticos da geração de Fermat e Mersenne brincaram com propriedades numerológicas interessantes dos primos, mas seus métodos não se igualaram ao antigo ideal grego da prova. Isso explica em parte por que Fermat não forneceu detalhes de muitas das provas que afirmava haver descoberto. Havia uma notável falta de interesse, durante esse período, em fornecer esse tipo de explicação lógica. Os matemáticos pareciam bastante satisfeitos com uma abordagem mais experimental de sua disciplina, pois, em um mundo cada vez mais mecanizado, os resultados se justificavam por suas aplicações práticas.

No século XVIII, porém, surgiu um matemático que daria nova ênfase ao valor da prova. O suíço Leonhard Euler, nascido em 1707, apresentou explicações para muitos dos padrões que Fermat e Mersenne descobriram mas deixaram de justificar. Posteriormente, os métodos de Euler teriam um importante papel na abertura de novas janelas teóricas para nosso entendimento sobre os primos.

Euler, a águia matemática

A metade do século XVIII foi uma época de mecenato. Era a Europa pré-revolucionária, em que as nações eram governadas por déspotas esclarecidos: Frederico o Grande em Berlim, Pedro o Grande e Catarina a Grande em São Petersburgo, Luís XV e Luís XVI em Paris. O patrocínio deles sustentou as academias responsáveis pelo desenvolvimento intelectual do Iluminismo; para eles, cortes cheias de intelectuais eram uma demonstração de grandeza. Além disso, conheciam muito bem o potencial das ciências e da matemática para alavancar as capacidades militares e industriais de seus países.

O pai de Euler era um clérigo, e esperava que seu filho também se unisse à Igreja. Porém, os talentos matemáticos precoces do jovem Euler chamaram a atenção dos poderosos da época. Euler logo passou a ser adulado pelas academias de toda a Europa. Viu-se tentado a entrar na Academia de Paris, que, naquele tempo, se tornara o centro mundial de atividade matemática. Porém, preferiu aceitar uma oferta feita em 1726, que o convidava a integrar a Academia de Ciências de São Petersburgo, a culminação de uma campanha de Pedro o Grande para melhorar a educação na Rússia. Lá ele se juntaria

Leonhard Euler (1707-83)

a amigos de Basel, que haviam estimulado seu interesse pela matemática durante a infância. Eles lhe escreveram de São Petersburgo, pedindo que levasse da Suíça sete quilos de café, meio quilo do melhor chá-verde, seis garrafas de conhaque, 12 dúzias de cachimbos finos e algumas dúzias de baralhos. Carregado de presentes, o jovem Euler levou sete semanas para completar a longa jornada de barco, a pé e de vagão postal, até que, em maio de 1727, chegou finalmente a São Petersburgo em busca de seus sonhos matemáticos. A produção subsequente de Euler foi tão fértil que, 50 anos após sua morte, em 1783, a Academia de São Petersburgo ainda publicava trabalhos armazenados em seus arquivos.

O papel do matemático da corte é perfeitamente ilustrado por uma história contada sobre os tempos de Euler em São Petersburgo. Catarina a Grande hospedava o famoso filósofo francês ateu Denis Diderot. Este sempre imprecava contra a matemática, declarando que não acrescentava nada à experiência e só servia para erguer um véu entre os seres humanos e a natureza. Catarina, entretanto, logo se cansou do hóspede, não pela opinião depreciativa de Diderot sobre a matemática, mas por suas fastidiosas tentativas de abalar a fé religiosa dos cortesãos. Euler foi logo chamado à corte para ajudar a silenciar o intolerável ateu. Por apreço a sua patrocinadora, Euler consentiu educadamente, dirigindo-se a Diderot num tom sério perante a corte reunida: "Senhor, $(a + b^n)/n = x$, portanto Deus existe; responda." Conta-se que Diderot recuou diante de tamanho aniquilamento matemático.

Essa história, contada pelo famoso matemático inglês Augusto De Morgan em 1872, provavelmente foi embalada para consumo popular e reflete o prazer que os matemáticos sentem ao depreciar filósofos. Porém, ela demonstra que as cortes reais europeias não se consideravam completas sem um grupo de matemáticos entre os corpos de astrônomos, artistas e compositores.

Catarina a Grande não estava muito interessada nas provas matemáticas da existência de Deus, e sim no trabalho de Euler sobre hidráulica, construção de navios e balística. O matemático suíço se interessava por uma ampla gama de assuntos da matemática da época. Além de trabalhar com a matemática militar, Euler também escreveu sobre teoria musical, mas, ironicamente, seu tratado foi considerado excessivamente matemático para os músicos e muito musical para os matemáticos.

Um de seus triunfos populares foi a solução do problema das pontes de Königsberg. Essa cidade, que nos tempos de Euler ficava na Prússia (hoje se situa na Rússia, sendo chamada Kaliningrado), é atravessada pelo rio Pregel, atualmente conhecido como Pregolia. O rio se divide, formando duas ilhas no centro da cidade, e os habitantes construíram sete pontes para atravessá-lo.

Entre os cidadãos havia se formado um desafio, que seria vencido por aquele que conseguisse caminhar pela cidade, atravessando cada ponte somente uma vez, e retornar ao ponto de partida. Foi Euler quem finalmente provou, em 1735, que a tarefa era impossível. Sua prova é muitas vezes citada como o início da topologia, em que as dimensões físicas do problema são irrelevantes. Na solução de Euler, o importante era a rede de conexões entre as diferentes partes da cidade, e não suas verdadeiras localizações ou distâncias – o mapa do metrô de Londres ilustra esse mesmo princípio.

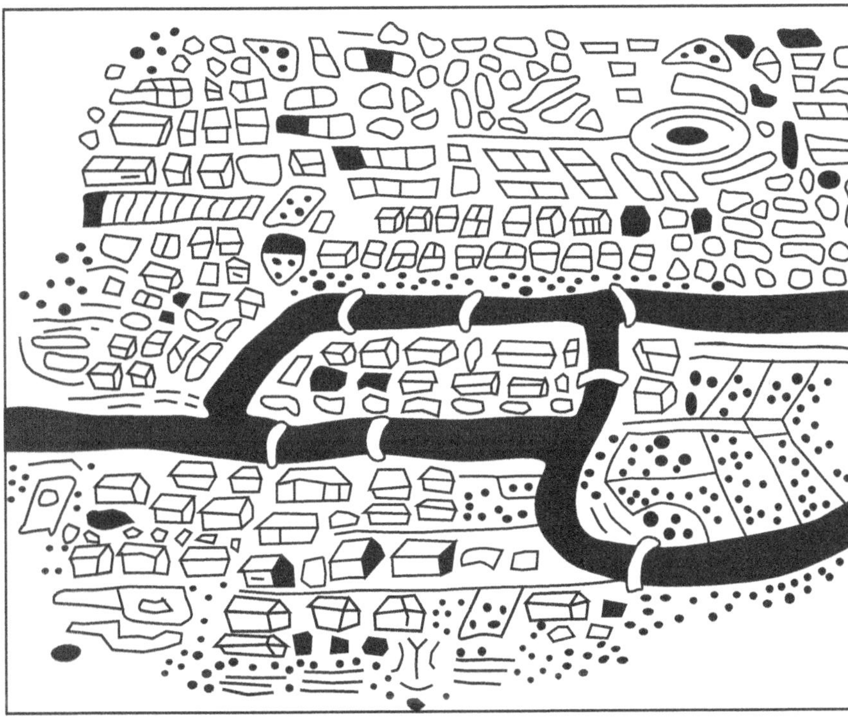

As pontes de Königsberg

Os números cativavam o coração de Euler mais que qualquer outra coisa. Como Gauss certa vez escreveu:

> As belezas peculiares deste campo atraíram todos aqueles que nele trabalham; mas ninguém expressou esse sentimento tantas vezes quanto Euler, que em praticamente todos os artigos sobre a teoria dos números menciona repetidamente o prazer que extrai dessas investigações e a agradável mudança de ares que lhe proporcionam, frente a tarefas mais relacionadas a aplicações práticas.

A paixão de Euler pela teoria dos números foi estimulada pela correspondência com Christian Goldbach, um matemático amador alemão que vivia em Moscou e estava empregado extraoficialmente como secretário da Academia de Ciências de São Petersburgo. Como o matemático amador Mersenne, Goldbach era fascinado por brincadeiras e experimentos numéricos. Foi a Euler que Goldbach comunicou sua conjectura de que todo número par poderia ser expresso como a soma de dois primos. Em troca, Euler pedia a Goldbach que testasse as diversas provas que desenvolvia para confirmar o misterioso catálogo de descobertas de Fermat. Ao contrário de Fermat, que relutava em expor suas supostas provas aos olhos do mundo, Euler não teve problemas em exibir para Goldbach sua prova da afirmação de Fermat de que certos primos podiam ser expressos pela soma de dois quadrados. Euler chegou a provar uma instância do último teorema de Fermat.

Apesar de sua paixão pela prova, Euler ainda era, em boa medida, um matemático experimental. Muitos de seus argumentos acompanhavam as tendências matemáticas da época, contendo etapas que não eram completamente rigorosas.

Isso não o preocupava, desde que chegasse a descobertas interessantes. Era um matemático com uma habilidade computacional extraordinária e grande adepto da manipulação de fórmulas matemáticas até que emergissem conexões estranhas. "Euler calculava sem esforço aparente, assim como os homens respiram ou as águias se sustentam no vento", observou o erudito francês François Arago.

Acima de tudo, Euler adorava calcular números primos. Ele produziu tabelas com todos os primos até um pouco mais de 100.000. Em 1732, também foi o primeiro a demonstrar que a fórmula de Fermat para os primos, $2^{2^N} + 1$, falhava quando $N = 5$. Utilizando novos conceitos teóricos, conseguiu encontrar uma maneira de partir esse número de dez algarismos em um produto de dois números menores. Uma de suas descobertas mais curiosas foi uma fórmula que parecia gerar um número incomum de primos. Em 1772, Euler calculou todas as respostas obtidas ao se inserir os números 0 a 39 na fórmula $x^2 + x + 41$, chegando à seguinte lista:

> 41, 43, 47, 53, 61, 71, 83, 97, 113, 131, 151, 173, 197, 223, 251, 281, 313, 347, 383, 421, 461, 503, 547, 593, 641, 691, 743, 797, 853, 911, 971, 1.033, 1.097, 1.163, 1.231, 1.301, 1.373, 1.447, 1.523, 1.601

Para Euler, conseguir gerar tantos primos com essa fórmula parecia muito estranho. Ele percebeu que o processo teria que falhar em algum ponto. Você pode ter notado que ao inserirmos o número 41, o resultado tem que ser divisível por 41. Além disso, $x = 40$ também resulta em um número não primo.

Ainda assim, Euler ficou bastante impressionado com a capacidade da fórmula de gerar tantos primos. Ele ponderou quais outros números serviriam, além de 41, e descobriu que para $q = 2, 3, 5, 11$ e 17 a fórmula $x^2 + x + q$ também emitia primos quando alimentada com números de 0 a $q - 2$.

Porém, até para o grande Euler foi difícil encontrar uma fórmula simples que gerasse todos os primos. Em 1751, ele escreveu que "há alguns mistérios nos quais a mente humana jamais penetrará. Para nos convencermos desse fato, basta fitarmos as tabelas de primos e perceberemos que ali não reina qualquer ordem ou regra". Parece paradoxal que os objetos fundamentais sobre os quais construímos nosso organizado mundo matemático se comportem de maneira tão irregular e imprevisível.

Posteriormente, ficaria claro que Euler tinha em mãos uma equação que romperia o impasse dos primos, mas seriam necessários outros cem anos, e outra grande mente, para demonstrar o que Euler não percebera. Essa mente pertencia a Bernhard Riemann. Entretanto, Gauss foi o responsável por inspirar a nova perspectiva de Riemann, introduzindo outro de seus clássicos passos laterais.

A tentativa de Gauss

Se após séculos de pesquisa ainda não havia sido possível descobrir alguma fórmula mágica que gerasse a lista de números primos, talvez fosse o momento de adotar uma estratégia diferente. Era nisso que Gauss pensava em 1792, aos 15 anos de idade, um ano depois que ganhou de presente um livro de logaritmos. Até poucas décadas atrás, todo adolescente que fizesse cálculos na escola estava familiarizado com tabelas de logaritmos. Com o advento das calculadoras de bolso, elas deixaram de ser uma ferramenta essencial na vida cotidiana, mas há centenas de anos todo navegante, banqueiro e mercador usava essas tabelas, transformando multiplicações difíceis em simples adições. Na contracapa do livro que Gauss ganhara havia sido publicada uma tabela de números primos. A presença dos primos e logaritmos no mesmo livro era curiosa, pois Gauss percebeu, após cálculos extensos, que esses dois tópicos aparentemente desconexos pareciam estar relacionados.

A primeira tabela de logaritmos foi concebida em 1614, em uma época na qual feitiçaria e ciência andavam lado a lado. Seu criador, o barão escocês John Napier, era tido pelos habitantes locais como um mágico que lidava com artes ocultas. Ele vagava por seu castelo vestido de preto, com um galo negro pousado no ombro, proferindo agouros de sua álgebra apocalíptica, que previa que o Juízo Final viria entre 1688 e 1700. Porém, suas habilidades matemáticas não tinham somente aplicações sinistras – elas lhe permitiram descobrir a mágica da função logarítmica.

Se digitarmos um número, digamos 100, em uma calculadora e apertarmos o botão "log", a calculadora responderá com um segundo número, o logaritmo de 100. A ação da calculadora consiste em solucionar um pequeno problema: procurar o número x que resolva a equação $10^x = 100$. Nesse caso, a resposta da calculadora é 2. Se digitarmos 1.000, um número dez vezes maior que 100, a nova resposta será 3. O logaritmo é acrescido de 1. Essa é a característica fundamental do logaritmo: transformar a multiplicação em adição. Todas as vezes que *multiplicamos* o número digitado por 10, obtemos a nova resposta *somando* 1 ao resultado anterior.

A noção de que era possível lidar com logaritmos de números que não fossem potências inteiras de 10 foi um avanço considerável. Por exemplo, Gauss podia procurar em suas tabelas o logaritmo de 128, descobrindo que ao elevar 10 à potência 2,107 21 encontraria um resultado bastante próximo de 128. Foram esses cálculos que Napier reuniu nas tabelas que produziu em 1614.

As tabelas de logaritmos ajudaram a acelerar o mundo do comércio e da navegação, que florescia no século XVII. Graças ao diálogo que criavam entre a multiplicação e a adição, as tabelas de logaritmos facilitaram a resolução de problemas complicados, que envolviam a multiplicação de dois grandes números, transformando-os na simples adição de seus logaritmos. Para multiplicar números extensos, os mercadores somavam seus logaritmos e então utilizavam as tabelas na direção oposta, encontrando o resultado da multiplicação original. O tempo que o navegante ou o vendedor ganhava com essas tabelas poderia evitar o naufrágio de um navio ou a perda de um negócio.

Porém, o que realmente fascinava o jovem Gauss era o suplemento que trazia a tabela de números primos na contracapa de seu livro de logaritmos. Ao contrário dos logaritmos, essas tabelas de primos não passavam de uma curiosidade para quem estivesse interessado na aplicação prática da matemática. (As tabelas de primos montadas em 1776 por Antonio Felkel eram consideradas tão inúteis que acabaram sendo usadas em cartuchos de munição na guerra da Áustria contra a Turquia!) Os logaritmos eram muito previsíveis; os primos, completamente aleatórios. Não parecia haver nenhuma maneira de prever quando esperar o primeiro primo após 1.000, por exemplo.

O grande avanço de Gauss foi fazer uma pergunta diferente. Em vez de tentar prever a localização precisa do próximo primo, ele buscou ao menos descobrir quantos primos haveria entre os primeiros 100 números, os primeiros 1.000 e assim por diante. Se tomássemos o número N, haveria alguma maneira de estimar quantos primos encontraríamos entre os números 1 e N? Por exemplo, existem 25 primos até o número 100. Portanto, temos uma chance de um em quatro de encontrar um primo se escolhermos um número aleatório entre 1 e 100. Como se altera essa proporção se buscarmos os primos de 1 a 1.000 ou de 1 a 1.000.000? Armado com tabelas de números primos, Gauss iniciou sua busca. Ao observar a proporção de primos no universo de números, notou o surgimento de um padrão à medida que a contagem se elevava. Apesar da aleatoriedade desses números, parecia ser possível entrever uma regularidade estonteante.

Se observarmos a tabela a seguir, que indica a quantidade de primos que encontramos até diversas potências de dez com base em cálculos mais modernos, torna-se fácil perceber essa regularidade.

N	Número de primos de 1 a N, frequentemente chamado de $\pi(N)$	Em média, quantos números precisamos contar até atingir um número primo
10	4	2.5
100	25	4.0
1.000	168	6.0
10.000	1.229	8.1
100.000	9.592	10.4
1.000.000	78.498	12.7
10.000.000	664.579	15.0
100.000.000	5.761.455	17.4
1.000.000.000	50.847.534	19.7
10.000.000.000	455.052.511	22.0

A tabela, que contém muito mais informações que aquelas de que Gauss dispunha, demonstra mais claramente a regularidade que ele descobriu. O padrão se manifesta na última coluna, que representa a proporção de primos entre todos os números considerados. Por exemplo, 1 em cada 4 números são primos quando contamos até 100, portanto nesse intervalo precisaríamos contar em média 4 números para passar de um primo ao seguinte. Entre os números até 10 milhões, 1 em cada 15 são primos. (Portanto, há uma chance de 1 em 15 de que um número de telefone com sete algarismos seja primo.) Para N maior que 10.000, essa última coluna parece estar aumentando aproximadamente 2,3 em cada etapa.

Portanto, todas as vezes que Gauss multiplicava por 10, tinha que adicionar cerca de 2,3 à razão entre os primos e todos os números. Essa ligação entre multiplicação e adição era justamente a relação representada pelos logaritmos. A conexão deve haver saltado aos olhos de Gauss, munido de seu livro de logaritmos.

A proporção de primos aumentava 2,3, e não 1, a cada multiplicação por 10 porque os primos seguem logaritmos cuja base não é uma potência de 10, e sim um número diferente. Ao apertar o botão "log" em uma calculadora após digitarmos 100, a resposta é 2, a solução para a equação $10^x = 100$. Porém, não é obrigatório que o número elevado à potência x seja 10. O apelo desse número vem da obsessão que temos com nossos dez dedos. O número 10 ocupa o que é chamado de *base* do logaritmo. Podemos falar do logaritmo de um número na base diferente de 10. Por exemplo, para calcular o logaritmo de 128 na base 2, em vez de 10, precisamos resolver um problema diferente, encontrando um número x tal que $2^x = 128$. Se tivéssemos um botão de "log na base 2" em nossa calculadora, obteríamos a resposta 7, porque é preciso elevar 2 à potência 7 para obter 128; $2^7 = 128$.

A descoberta de Gauss foi o fato de que os primos podem ser contados usando-se logaritmos cuja base é um número especial, chamado *e*, que, com 12 casas decimais, tem o valor de 2.718 281 828 459... (da mesma forma que π, esse número possui uma expansão decimal infinita sem padrões repetitivos). O número *e* é tão importante quanto π, ocorrendo em toda parte no mundo matemático. É por isso que os logaritmos na base *e* são chamados "naturais".

A tabela que Gauss criou aos 15 anos de idade o levou à seguinte conjectura: entre os números 1 a N, aproximadamente 1 em cada $\log(N)$ será primo (onde $\log(N)$ denota o logaritmo de N na base e). Assim, Gauss podia estimar que o número de primos entre 1 e N era de aproximadamente $N/\log(N)$. Gauss não estava afirmando que essa era a fórmula mágica que lhe indicaria o número exato de primos até N – apenas parecia ser uma estimativa razoavelmente precisa.

Posteriormente, ao redescobrir Ceres, Gauss aplicou uma filosofia semelhante. Seu método astronômico previu corretamente a pequena região do espaço que deveria ser observada, com base nos dados registrados. Gauss utilizou a mesma abordagem frente aos primos. Durante gerações, os matemáticos estiveram obcecados pela tentativa de prever a localização precisa do próximo primo, produzindo fórmulas que gerassem esses números. Sem se preocupar em saber quais números eram primos e quais não, Gauss deparou com uma espécie de padrão. Ao dar um passo atrás e fazer uma pergunta mais ampla, buscando descobrir a quantidade de primos entre um e um milhão em vez de localizar os primos com precisão, parecia surgir uma forte regularidade.

Gauss fizera um importante deslocamento psicológico na observação dos primos. Era como se as gerações anteriores houvessem escutado a música dos primos nota por nota, sendo incapazes de perceber a composição completa. Ao contrário, concentrando-se em descobrir a quantidade de primos que existem em uma contagem de números, Gauss encontrou uma nova maneira de escutar o tema dominante.

A partir de Gauss, surgiu o costume de expressar o número de primos que encontramos entre os números 1 a N através do símbolo $\pi(N)$ (este é apenas o nome dessa contagem, não tendo qualquer relação com o número π). É uma pena que Gauss tenha usado um símbolo que nos faz pensar em círculos e no número 3,1415... É melhor pensar nele como um novo botão em uma calculadora. Digitamos um número N e apertamos o botão $\pi(N)$, e a calculadora emite o número de primos até N. Assim, por exemplo, $\pi(100) = 25$, o número de primos até 100, e $\pi(1.000) = 168$.

Note que esse novo botão de "contar primos" também pode ser usado para identificar precisamente o momento em que encontramos um novo primo. Se digitarmos o número 100 e apertarmos esse botão, contando os primos entre 1 e 100, obteremos a resposta 25. Ao inserirmos o número 101, a resposta será acrescida de 1, ou seja, serão 26 primos, o que significa que 101 é um novo número primo. Portanto, sempre que houver uma diferença entre $\pi(N)$ e $\pi(N + 1)$, saberemos que $N + 1$ tem que ser um novo primo.

Para ilustrar a força do padrão descoberto por Gauss, podemos observar um gráfico da função $\pi(N)$, contando o número de primos de 1 a N. Este é um gráfico de $\pi(N)$ para os números N de 1 a 100:

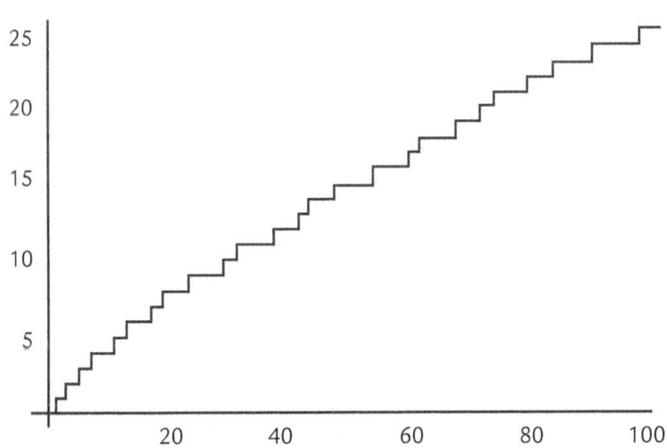

A escada dos números primos – o gráfico conta a quantidade cumulativa de primos até o número 100

Nessa pequena escala o resultado é uma escada irregular, em que é difícil prever por quanto tempo teremos que esperar para que surja o próximo degrau. Ainda estamos observando as minúcias dos primos, as notas individuais.

Porém, observe o resultado ao analisarmos a mesma função em uma escala maior, calculando *N* ao longo de uma faixa muito mais ampla de números, por exemplo, até 100.000:

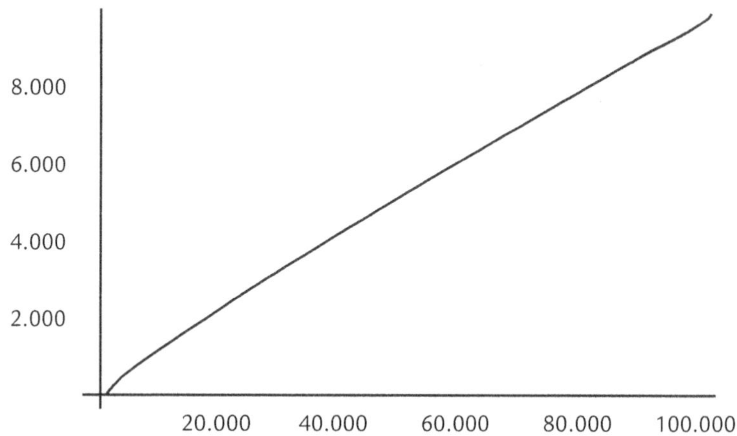

A escada dos números primos, contando-os até o número 100.000

Os degraus individuais se tornam insignificantes, e conseguimos discernir a tendência dominante dessa função. Esse foi o padrão que Gauss percebeu e conseguiu imitar usando a função logarítmica.

A revelação de que o gráfico parece subir tão suavemente, embora os primos sejam tão imprevisíveis, é um dos grandes milagres da matemática, e representa um ponto alto na história dos primos. Na contracapa de seu livro de logaritmos, Gauss anotou a descoberta dessa fórmula que registra o número de primos até *N* nos termos da função logarítmica. Porém, apesar da importância dessa descoberta, Gauss não a revelou a ninguém. Tudo o que se soube dessa descoberta foram suas misteriosas palavras, "você não tem ideia de quanta poesia existe em uma tabela de logaritmos".

A reticência de Gauss perante algo tão importante é um mistério. É verdade que ele só havia encontrado indícios de que existia uma conexão entre os primos e a função logarítmica. Gauss sabia que não tinha absolutamente nenhuma explicação ou prova para a conexão entre essas duas áreas da matemática. Não estava claro se esse padrão não desapareceria subitamente em contagens mais altas. A relutância de Gauss em anunciar resultados não provados marcou um ponto de mudança na história matemática. Embora os gregos houvessem desenvolvido a ideia da prova como um componente importante do processo matemático, os matemáticos antes de Gauss estavam muito mais interessados em especulações científicas sobre a matemática. Se a matemática funcionasse, não se preocupavam muito em encontrar uma justificativa rigorosa para isso. A matemática ainda era a ferramenta das demais ciências.

Gauss rompeu com o passado ao enfatizar o valor da prova. Para ele, apresentar provas era o objetivo principal do matemático, um princípio tido como fundamental até os dias de hoje. Se não pudesse provar a conexão entre os logaritmos e os primos, Gauss não considerava sua descoberta valiosa. A liberdade oferecida pelo mecenato do duque de Brunswick lhe permitia ser bastante seletivo, quase relapso, com a matemática que produzia. Sua principal motivação não era a fama ou o reconhecimento, e sim uma compreensão pessoal do assunto que adorava. O selo de Gauss trazia o lema *Pauca sed matura* ("Poucos, porém maduros"). A menos que um resultado atingisse sua maturidade plena, seria mantido como uma anotação em seu diário ou um rabisco na contracapa de um livro de logaritmos.

Para Gauss, a matemática era uma busca pessoal. Ele chegou a criptografar anotações em seu diário, usando uma linguagem secreta própria. Algumas são fáceis de decifrar. Por exemplo, em 10 de julho de 1796, Gauss escreveu a famosa declaração de Arquimedes, "Eureca!", seguida pela equação

$$\text{num} = \Delta + \Delta + \Delta,$$

indicando a descoberta de que todos os números podem ser expressos pela soma de três números triangulares, 1, 3, 6, 10, 15, 21, 28, ..., os números para os quais Gauss criara sua fórmula na escola. Por exemplo, 50 = 1 + 21 + 28. Contudo, outras anotações ainda são um mistério absoluto. Ninguém conseguiu desvendar o que Gauss quis dizer quando escreveu, em 11 de outubro de 1796, "Vicimus GEGAN". Algumas pessoas culpam Gauss de haver retardado em meio século o desenvolvimento da matemática pela sua relutância em disseminar as descobertas que fazia. Se houvesse se dado ao trabalho de explicar a metade das coisas que descobriu e não fosse tão misterioso nas explicações que dava, a matemática poderia ter avançado em um passo mais rápido.

Certas pessoas acreditam que Gauss guardou para si os resultados graças à rejeição de seu grande tratado sobre a teoria dos números, *Disquisitiones Arithmeticae*, pela Academia de Paris, que o considerou obscuro e denso. Ressentido, ele insistia em encontrar até a última peça do quebra-cabeça matemático antes de pensar em publicar qualquer trabalho, como forma de se proteger de novas humilhações. A aceitação de *Disquisitiones Arithmeticae* não foi imediata, em parte porque Gauss era hermético até no trabalho que decidiu expor à atenção pública. Ele sempre afirmava que a matemática é como uma obra arquitetônica. Um arquiteto nunca deixa os andaimes para que as pessoas vejam como o prédio foi construído. Esse tipo de filosofia não ajudava os matemáticos a penetrar na matemática de Gauss.

Porém, esse não foi o único motivo que dificultou a aceitação das ideias de Gauss em Paris. No final do século XVIII, a matemática de Paris se dedicava a suprir as demandas de um Estado cada vez mais industrializado. A Revolução de 1789 mostrara a Napoleão a necessidade de um ensino mais centralizado de engenharia militar, à qual respondeu fundando a Escola Politécnica, promovendo assim seus objetivos bélicos. "O progresso e o aperfeiçoamento da matemática estão intimamente ligados à prosperidade do Estado", declarou Napoleão. A matemática francesa estava dedicada à resolução de problemas de balística e hidráulica. Contudo, apesar dessa ênfase nas necessidades práticas do Estado, Paris ainda ostentava alguns dos maiores matemáticos puros da Europa.

Uma das grandes autoridades de Paris era Adrien-Marie Legendre, nascido 25 anos antes de Gauss. Os retratos de Legendre mostram um cavalheiro pomposo, com uma face redonda e rechonchuda. Ao contrário de Gauss, Legendre vinha de uma família de posses, mas perdeu a fortuna durante a Revolução e foi forçado a sobreviver à custa de seus talentos matemáticos. Ele também estava interessado nos primos e na teoria dos números, e em 1798, seis anos após os cálculos infantis de Gauss, anunciou a descoberta de uma conexão experimental entre os primos e os logaritmos.

Embora mais tarde ficasse provado que Gauss realmente havia vencido Legendre na descoberta, este de fato aperfeiçoou a estimativa do número de primos até N. Segundo a previsão de Gauss, havia aproximadamente $N/\log(N)$ primos até N. Embora fosse uma estimativa próxima, descobriu-se que ela se desviava gradualmente do número real de primos à medida que o valor de N se elevava. Esta é uma comparação da previsão de infância de Gauss, ilustrada na curva superior, com o número real de primos, na curva inferior:

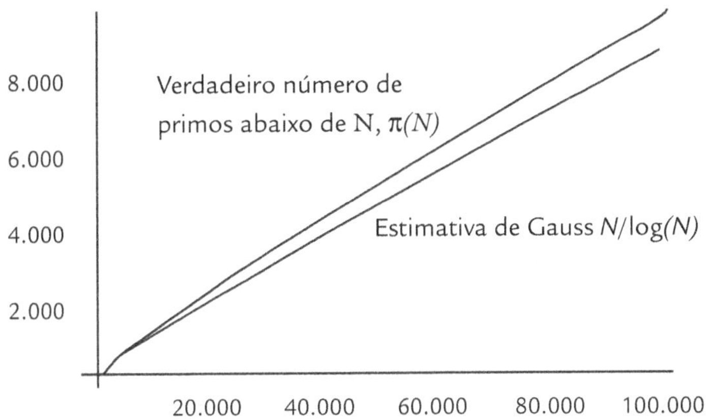

Comparação entre a estimativa de Gauss e o verdadeiro número de primos

O gráfico revela que Gauss estava próximo, mas ainda parecia haver espaço para melhorias. O aperfeiçoamento de Legendre consistiu em substituir a aproximação $N/\log(N)$ por

$$\frac{N}{\mathrm{Log}(N) - 1.083\,66},$$

introduzindo assim uma pequena correção que tinha o efeito de desviar a curva de Gauss em direção ao número verdadeiro de primos. Considerando-se os valores dessas funções situados dentro do alcance computacional, era impossível distinguir o gráfico de $\pi(N)$ da estimativa de Legendre. Imerso na preocupação predominante sobre a aplicação prática da matemática, Legendre relutava muito menos em se arriscar, fazendo previsões sobre a conexão entre primos e logaritmos. Ele não temia a publicação de ideias não provadas, ou até de provas que contivessem lacunas. Em 1808, publicou sua conjectura do número de primos em um livro sobre a teoria dos números chamado *Théorie des nombres*.

A controvérsia sobre quem foi o descobridor da conexão entre os primos e os logaritmos levou a uma amarga disputa entre Legendre e Gauss, que não se limitou à briga sobre os primos — Legendre chegou a alegar que fora o primeiro a descobrir o método de Gauss para determinar a órbita de Ceres. Por diversas vezes, declarações de Legendre sobre a descoberta de alguma verdade matemática foram confrontadas por Gauss, que afirmava já haver pilhado aquele tesouro. Em 30 de julho de 1806, Gauss comentou em uma carta a um colega astrônomo chamado Schumacher: "Pareço estar predestinado a coincidir com Legendre em quase todos os trabalhos teóricos."

Gauss foi muito orgulhoso para se envolver em batalhas abertas por prioridade durante sua vida. Quando os artigos e a correspondência de Gauss foram examinados após sua morte, tornou-se claro que o crédito era invariavelmente seu. Somente em 1849 o mundo soube que Gauss havia vencido Legendre na descoberta da conexão entre os primos e os logaritmos, pois Gauss a expusera em uma carta ao amigo matemático e astrônomo, Johann Encke, escrita na noite de Natal daquele ano.

Com base nos dados disponíveis no início do século XIX, a função de Legendre era muito melhor que a fórmula de Gauss para estimar o número de primos até algum número *N*. Porém, o termo de correção 1,089 66 era um tanto feio, fazendo com que os matemáticos acreditassem que deveria existir algo melhor e mais natural para apreender o comportamento dos primos.

Esses números feios podem ser muito comuns em outras ciências, mas os matemáticos têm uma notável preferência por construções mais estéticas. Como veremos, a hipótese de Riemann pode ser interpretada como o exemplo de uma ideologia geral entre os matemáticos, segundo a qual, dada uma escolha entre um mundo feio e outro estético, a Natureza sempre escolhe o segundo. Essa característica da matemática é uma fonte constante de admiração entre seus praticantes, explicando o deslumbramento que sentem pela beleza dessa disciplina.

Não é de surpreender que, posteriormente, Gauss tenha refinado sua estimativa, chegando a uma função ainda mais precisa, e também muito mais bela. Na mesma carta que escreveu a Encke na noite de Natal, Gauss explica como descobriu subsequentemente o modo de suplantar o aperfeiçoamento de Legendre, retornando às primeiras investigações que fizera na infância. Ele havia calculado que entre os primeiros 100 números, 1 em cada 4 era primo. Ao considerar os primeiros 1.000 números, a chance de que um número fosse primo caía para 1 em 6. Gauss percebeu que, quanto mais alta a contagem, menor era a chance de que um número fosse primo.

Assim, criou uma imagem mental do modo como a natureza teria decidido quais números seriam primos e quais não. Como a distribuição parecia tão aleatória, o lançamento de uma moeda talvez fosse um bom modelo para a escolha dos primos. Será que a decisão da natureza havia se baseado no lançamento de uma moeda – "cara" para os primos, "coroa" para os demais números? Porém, pensou Gauss, a moeda teria que ser viciada, de modo que não caísse em cara a metade das vezes, e sim com a probabilidade de $1/\log(N)$. Portanto, a chance de que o número 1.000.000 fosse primo deveria ser interpretada como $1/\log(1.000.000)$, que é cerca de 1/15. A probabilidade de que cada número N seja primo se reduz à medida que N cresce, porque a probabilidade $1/\log(N)$ de que a moeda caia em cara diminui progressivamente.

Esse é apenas um argumento heurístico, porque 1.000.000 ou qualquer outro número ou é primo ou não é. É impossível alterar esse fato pelo lançamento de uma moeda. Embora o modelo mental de Gauss não permitisse prever se um número seria primo, demonstrou ser muito útil na previsão da questão menos específica, isto é, saber quantos primos esperaríamos encontrar à medida que a contagem se elevava. Gauss o utilizou para estimar o número de primos que obteríamos após jogar a moeda de números primos N vezes. Com uma moeda normal, que caia em cara com probabilidade $\frac{1}{2}$, o número de caras deve ser $\frac{1}{2}N$. Porém, a probabilidade da escolha de primos se torna menor a cada jogada. No modelo de Gauss, a previsão do número de primos seria de

$$\frac{1}{\log(2)}+\frac{1}{\log(3)}+\ldots+\frac{1}{\log(N)}$$

Na verdade, Gauss foi um passo além, gerando uma função que chamou de integral logarítmica, denotada por $\mathrm{Li}(N)$. A construção dessa nova função se baseava em uma ligeira variação da soma de probabilidades acima, e resultou ser incrivelmente precisa.

Nessa época, já com mais de 70 anos, Gauss escreveu a Encke, contando-lhe que havia produzido tabelas de primos até 3.000.000. "Eu muitas vezes usava um quarto de hora ocioso para contar mais uma quilíade (um intervalo de 1.000 números)" em busca de números primos. Sua estimativa, usando a integral logarítmica, se desviava da perfeição por apenas 0,07 de 1%, nos números até 3.000.000. Legendre havia conseguido manipular sua fórmula feia de modo que $\pi(N)$ fosse preciso em valores baixos de N; portanto, com os dados disponíveis na época, sua fórmula parecia superior. Quando começaram a ser construídas tabelas mais extensas, ficou claro que a estimativa de Legendre se tornava muito menos precisa em relação aos primos acima de 10.000.000. Um professor da universidade de Praga, Jakub Kulik, passou vinte anos construindo sozinho tabelas de primos até o número 100.000.000. Os oito volumes desse esforço hercúleo, completados em 1863, jamais foram publicados, sendo depositados nos arquivos da Academia de Ciências em Viena. Embora o segundo volume tenha se perdido, as tabelas já demonstravam que o método de Gauss, baseado na função Li(N), mais uma vez superava o de Legendre. As tabelas modernas ilustram a superioridade da intuição de Gauss. Por exemplo, sua estimativa do número de primos até 10^{16} (isto é, 10.000.000.000.000.000) se desvia do valor correto por apenas um décimo de milionésimo de 1 por cento, enquanto o erro de Legendre já era de um décimo de 1 por cento. A análise teórica de Gauss havia triunfado sobre as tentativas de Legendre de manipular sua fórmula para se adequar aos dados disponíveis.

Gauss observou uma característica curiosa de seu método. Com base no que sabia sobre os primos até 3.000.000, percebeu que a fórmula Li(N) sempre parecia superestimar o número de primos. Ele conjecturou que isso sempre ocorreria. Quem ousaria contestar o palpite de Gauss, agora que as observações numéricas modernas confirmavam sua conjectura até 10^{16}? Certamente, qualquer experimento que produzisse o mesmo resultado 10^{16} vezes seria considerado bastante convincente na maioria dos laboratórios – mas não no de um matemático. Pela primeira vez, uma das estimativas intuitivas de Gauss resultou estar equivocada. Porém, embora os matemáticos já tenham provado que $\pi(N)$ terminará por ultrapassar Li(N), ninguém jamais observou esse fato, pois não somos capazes de atingir contagens tão elevadas.

Uma comparação entre os gráficos de $\pi(N)$ e Li(N) demonstra uma coincidência tão precisa que é praticamente impossível distingui-los ao longo de uma longa faixa. É preciso enfatizar que uma lupa aplicada a qualquer porção da figura mostraria que as funções são diferentes. O gráfico de $\pi(N)$ se parece a uma escada, enquanto Li(N) é um gráfico suave, sem saltos pronunciados.

Gauss havia descoberto indícios da moeda lançada pela Natureza na escolha dos primos. A moeda era viciada, de modo que um número N tinha uma chance de 1 em log(N) de ser primo. Porém, ainda não havia um método para prever exatamente os lances da moeda. Para isso, seriam necessários os avanços de uma nova geração.

Escolhendo uma nova perspectiva, Gauss havia percebido um padrão nos primos. Sua estimativa se tornou conhecida como a conjectura dos números primos. Para conquistar esse prêmio, os matemáticos teriam que provar que a porcentagem de erro entre a integral logarítmica de Gauss e o número real de primos se torna cada vez menor quanto mais elevada a contagem. Gauss havia visto a montanha distante, mas deixara para as gerações seguintes a descoberta de uma prova que indicasse o caminho até o cume, ou que revelasse que essa conexão era uma ilusão.

Para muitos, o surgimento de Ceres distraiu Gauss da busca pela prova de sua conjectura dos números primos. A fama que obteve da noite para o dia aos 24 anos o atraiu em direção à astronomia, e a matemática perdeu seu lugar de honra. Quando seu mecenas, o duque Ferdinando, foi morto por Napoleão em 1806, Gauss se viu obrigado a encontrar outro emprego para sustentar sua família. Apesar de receber propostas da Academia de São Petersburgo, que buscava um sucessor para Euler, ele decidiu aceitar a posição de diretor do Observatório de Göttingen, uma pequena cidade universitária na Baixa Saxônia. Gauss passou seu tempo perseguindo outros asteroides pelo céu noturno e realizando análises da terra para os governos de Hanover e da Dinamarca. No entanto, nunca deixou de pensar na matemática. Enquanto mapeava as montanhas de Hanover, ponderava sobre o axioma de Euclides sobre as retas paralelas, e ao voltar ao observatório continuava a expansão de sua tabela de primos. Gauss havia escutado o primeiro grande tema da música dos primos. Porém, um de seus alunos, Riemann, foi quem realmente desatou toda a força das harmonias ocultas por trás da cacofonia desses números.

3 O espelho matemático imaginário de Riemann

Não ouvem e sentem? Serei o único a escutar esta melodia tão bela e suave...

Richard Wagner, *Tristão e Isolda* (Ato III, Cena iii)

Em 1809, Wilhelm von Humboldt se tornou ministro da Educação do Estado da Prússia, no norte da Alemanha. Em uma carta que escreveu a Goethe em 1816, contava: "Tenho me ocupado bastante com a ciência por aqui, mas sinto intensamente a força que a Antiguidade sempre teve sobre mim. O novo me desagrada..." Humboldt era desfavorável à prática da ciência como meio para atingir certos objetivos; defendia um retorno a uma tradição mais clássica, em que a busca do conhecimento fosse um fim em si mesmo. Os sistemas educacionais anteriores tinham como objetivo formar servidores civis para impulsionar a glória da Prússia. A partir de Humboldt, mais ênfase seria dada a uma educação que servisse às necessidades do indivíduo, e não do Estado.

Cumprindo sua função de pensador e funcionário público, Humboldt promoveu uma revolução que teve efeitos profundos. Em toda a Prússia e no estado vizinho de Hanover foram criadas novas escolas, chamadas ginásios, em que os professores deixaram de ser membros do clero, como no antigo sistema educacional, passando a ser graduados das novas universidades e escolas politécnicas construídas durante esse período.

A joia da coroa era a Universidade de Berlim, fundada em 1810, durante a ocupação francesa. Humboldt a chamava de "mãe das universidades modernas". Situada no que fora o palácio do príncipe Henrique da Prússia, no grande bulevar Unter den Linden, essa universidade seria a primeira a promover a pesquisa, além da docência. "O ensino universitário permite não apenas a compreensão da unidade da ciência, como também seu progresso", declarou Humboldt. Apesar da paixão que tinha pelo Mundo Antigo, sob seu comando a universidade foi pioneira na inclusão de novas disciplinas para acompanhar as faculdades clássicas de direito, medicina, filosofia e teologia.

Pela primeira vez, uma importante parte do currículo dos novos ginásios e universidades incluiria o estudo da matemática. Os alunos eram estimulados a estudar a matemática como disciplina própria, não apenas como apoio às demais ciências. Esse sistema contrastava notavelmente com as reformas educacionais de Napoleão, para quem a matemática deveria estar comprometida com os objetivos militares da França. Carl Jacobi, um dos professores de Berlim, escreveu a Legendre, em Paris, em 1830, a respeito do matemático francês Joseph Fourier, que havia censurado a escola intelectual alemã por sua ignorância em relação a problemas mais práticos:

> É verdade que, na opinião de Fourier, o principal objetivo da matemática era seu uso público e a explicação de fenômenos naturais; mas um filósofo como ele deveria saber que o objetivo único da ciência é honrar o espírito humano, o que faz com que um problema da teoria dos números tenha tanto valor quanto um problema sobre o funcionamento do mundo.

Para Napoleão, a educação seria responsável por destruir finalmente as regras obscuras do Antigo Regime. Alguns dos grandes institutos de Paris, famosos até os dias de hoje, se estabeleceram graças ao preceito do imperador de que a educação seria a espinha dorsal da construção de sua nova França. As faculdades eram meritocráticas, permitindo a participação de alunos vindos de qualquer contexto social; além disso, a filosofia educacional enfatizava a necessidade de que a educação e a ciência servissem à sociedade. Um dos administradores regionais da França revolucionária escreveu a um professor de matemática em 1794, parabenizando-o por ministrar um curso de "aritmética republicana": "Cidadão. A Revolução não aprimora apenas nossa moral e pavimenta o caminho para nossa felicidade e a de futuras gerações, ela também solta as amarras que retardam o progresso científico."

A atitude de Humboldt frente à matemática era muito diferente dessa filosofia utilitarista que prevalecia do outro lado da fronteira. O efeito libertador da revolução educacional alemã teve um grande impacto na compreensão dos matemáticos sobre muitos aspectos de sua disciplina, permitindo-lhes instituir uma nova linguagem, mais abstrata que a anterior. O estudo dos números primos foi particularmente revolucionado.

Uma das cidades beneficiadas pelas iniciativas de Humboldt foi Lüneberg, em Hanover. Essa cidade, que já fora um próspero centro comercial, se encontrava agora em declínio. Os negócios de séculos anteriores já não agitavam suas ruas estreitas, calçadas de paralelepípedos. Porém, em 1829, foi erguido um novo edifício em meio às altas torres das três igrejas góticas de Lüneberg: o Gymnasium Johanneum.

No início da década de 1840, a nova escola estava em pleno florescimento. Seu diretor, Schmalfuss, era um entusiasta dos ideais neo-humanistas disseminados por Humboldt. Sua biblioteca refletia uma visão iluminista: não continha apenas os clássicos e as obras de escritores alemães modernos, mas também volumes de terras mais distantes. Schmalfuss se dedicou especialmente a obter livros vindos de Paris, a caldeira da atividade intelectual europeia durante a primeira metade do século.

Schmalfuss acabara de aceitar um novo rapaz no Gymnasium Johanneum, Bernhard Riemann. O moço era bastante tímido e tinha dificuldade em fazer novos amigos. Estudara no Gymnasium da cidade de Hanover, onde vivia com a avó, mas quando ela morreu, em 1842, foi forçado a se mudar para Lüneberg, onde poderia ficar alojado com um de seus professores. Tendo chegado à escola depois que seus colegas já haviam formado amizades, as coisas não foram fáceis para Riemann. O rapaz sentia muita saudade de casa, e as demais crianças zombavam dele. Preferia caminhar até a distante casa do pai, em Quickborn, que brincar com seus colegas.

O pai de Riemann, que era o pastor de Quickborn, tinha muitas expectativas em relação ao filho. Embora Bernhard fosse infeliz na escola, trabalhava firme e era muito dedicado e estava decidido a não decepcionar seu pai. Porém, tinha de lutar contra um perfeccionismo quase incapacitante. Os professores de Riemann muitas vezes se frustravam com sua dificuldade de entregar trabalhos. Precisavam estar perfeitos, pois o garoto não suportava a desonra de obter uma nota abaixo da máxima. Seus professores começaram a duvidar de que ele conseguiria passar nas provas finais.

Schmalfuss foi quem encontrou uma maneira de animar o jovem e explorar sua obsessão pela perfeição. O professor logo percebeu a habilidade matemática especial de Riemann, e se dispôs a estimular suas capacidades. Ofereceu a Riemann sua biblioteca, com uma ótima coleção de livros de matemática, onde o rapaz poderia escapar das pressões sociais dos colegas. A biblioteca foi um mundo novo para Riemann, um lugar em que se sentia em casa e no controle da situação. Subitamente, ele se viu em um mundo matemático perfeito e idealizado, em que a prova impedia o colapso da realidade ao seu redor, e os números se tornaram seus amigos.

A motivação de Humboldt para ensinar a ciência não como ferramenta prática, e sim a partir de uma noção estética do conhecimento, que deveria ser um fim em si mesmo, se difundira até a sala de aula de Schmalfuss. O professor desestimulava a leitura de textos matemáticos cheios de fórmulas e regras, que objetivavam suprir as demandas de um mundo em crescente industrialização, e orientou Riemann a conhecer os clássicos de Euclides, Arquimedes e Apolônio. Com a geometria, os gregos da Antiguidade tentavam compreender a estrutura abstrata de pontos e retas, sem se prender às fórmulas específicas contidas na geometria. Quando Schmalfuss deu a Riemann um texto mais moderno, o tratado de Descartes sobre geometria analítica – assunto repleto de equações e fórmulas –, percebeu que o método mecânico trabalhado no livro não correspondia ao interesse de Riemann pela matemática conceitual. "Já naquela época, qualquer professor se sentiria pequeno perto de um matemático como ele", relembrou Schmalfuss posteriormente, em carta a um amigo.

Na estante de Schmalfuss havia um livro então contemporâneo que o professor adquirira na França. Publicado em 1808, *Théorie des nombres*, de Adrien-Marie Legendre, foi o primeiro texto a registrar que parecia haver uma estranha conexão entre a função que contava o número de primos e a função logarítmica. Essa relação, descoberta por Gauss e Legendre, se baseava somente em observações experimentais. Ainda não estava claro se, em contagens mais elevadas, as funções de Gauss ou de Legendre sempre se aproximariam do número real de primos.

Apesar das 859 grandes páginas, Riemann o devorou, devolvendo o livro ao professor em apenas seis dias e declarando precocemente: "É um livro maravilhoso; já o sei de cor." O professor não pôde acreditar, mas quando avaliou Riemann nas provas finais, dois anos depois, o estudante conhecia seu conteúdo com perfeição. Isso marcou o início da carreira de um dos gigantes da matemática moderna. O livro de Legendre plantara na cabeça do jovem Riemann uma semente que mais tarde floresceria de maneira espetacular.

Após as provas finais, Riemann estava ávido por entrar em uma das novas e prósperas universidades que moviam a revolução educacional alemã. Contudo, seu pai tinha outros planos. A família de Riemann era pobre, e o pai de Bernhard esperava que o filho também entrasse na vida clerical, o que lhe daria uma fonte de renda regular com a qual poderia sustentar suas irmãs. A única universidade do Reino de Hanover que oferecia a cátedra de teologia – a Universidade de Göttingen – não era um desses novos estabelecimentos, havendo sido fundada mais de um século antes, em 1734. Assim, atendendo aos desejos de seu pai, Riemann rumou, em 1846, para a úmida Göttingen.

Göttingen é uma cidade pacata nas colinas da Baixa Saxônia. Em seu coração, encontra-se uma pequena vila medieval cercada de muralhas. Essa é a Göttingen que Riemann conheceu, e o lugar ainda mantém muitos de seus aspectos originais. As ruas estreitas serpenteiam entre casas de tabique cobertas por telhados de telhas vermelhas. Os Irmãos Grimm escreveram muitos de seus contos de fadas em Göttingen, e podemos imaginar João e Maria correndo por essas ruas. No centro se encontra a municipalidade medieval, em cujas paredes está inscrito o lema "Além de Göttingen não há vida". Na universidade, a sensação certamente era essa. A vida acadêmica era autossuficiente. Embora a teologia houvesse predominado nos primeiros anos da universidade, as mudanças no cenário acadêmico alemão estimularam o currículo científico de Göttingen. Quando Gauss assumiu os cargos de professor de astronomia e diretor do observatório, em 1807, a cidade já se tornava famosa pela ciência, e não pela teologia.

A paixão pela matemática que o professor Schmalfuss acendera no jovem Riemann ainda ardia com força. A vontade de seu pai de que estudasse teologia o levara a Göttingen, mas o grande Gauss e a tradição científica de Göttingen influenciaram o rapaz durante seu primeiro ano de estudos. Foi só uma questão de tempo até que as aulas de grego e latim passassem a um segundo plano frente à tentação dos cursos de física e matemática. Apreensivo, Riemann escreveu ao pai, sugerindo que gostaria de mudar de curso, de teologia para matemática. A aprovação do pai era tudo para ele. Aliviado, recebeu o apoio do pai e ingressou imediatamente na vida científica da universidade.

Göttingen logo pareceu se tornar pequena para um jovem tão talentoso. Após um ano, Riemann esgotara os recursos que podia aproveitar da universidade. Gauss, nessa altura um homem velho, havia ficado relativamente distante da vida acadêmica – desde 1828 só havia passado uma noite afastado do observatório, onde vivia. Na universidade, Gauss ensinava somente astronomia, em especial o método que o tornara famoso ao descobrir Ceres, o planeta "perdido", muitos anos antes. Riemann precisava buscar em outro lugar o estímulo necessário para dar o próximo passo de seu desenvolvimento, e Berlim parecia ser o local em que a atividade intelectual era mais intensa.

A Universidade de Berlim fora muito influenciada pelos renomados institutos de pesquisa franceses, como a École Polytechnique, fundada por Napoleão. Afinal, sua fundação ocorrera durante a ocupação francesa. Um dos principais embaixadores matemáticos era um cientista brilhante chamado Peter Gustav Lejeune-Dirichlet. Embora houvesse nascido na Alemanha, em 1805, a família de Dirichlet era de origem francesa. Um retorno a suas raízes o levara a Paris em 1822, onde passou cinco anos absorvendo a atividade intelectual que fervilhava nas academias. O irmão de Wilhelm von Humboldt, Alexander, um cientista amador, se encontrou com Dirichlet durante suas viagens e ficou tão impressionado que lhe reservou um cargo ao voltar à Alemanha. Dirichlet era uma espécie de rebelde. A atmosfera das ruas de Paris talvez lhe houvesse feito sentir o gosto do desafio à autoridade. Em Berlim, gostava de ignorar algumas das tradições antiquadas impostas pelas pomposas autoridades universitárias e frequentemente desconsiderava as exigências de que demonstrasse seu domínio do latim.

Göttingen e Berlim ofereciam climas contrastantes a novos cientistas como Riemann. Göttingen apreciava sua independência e isolamento. Poucos seminários eram apresentados por visitantes de fora da cidade, cuja autossuficiência e talentos internos geravam uma ciência de alta qualidade. Berlim, por outro lado, prosperava graças ao estímulo que vinha de fora da Alemanha. As ideias absorvidas da França se misturavam à atitude alemã progressista frente à filosofia natural, criando uma mistura enérgica e original.

As distintas atmosferas de Göttingen e Berlim acolhiam matemáticos diferentes. Alguns jamais teriam tido êxito sem o contato com novas ideias vindas de fontes externas, enquanto o sucesso de outros estava associado a um isolamento que os forçava a encontrar uma força interior, criando novas linguagens e modos de pensar. Riemann estava entre aqueles que se beneficiavam do contato com a riqueza das novas ideias que circulavam na época, e percebeu que Berlim seria seu lugar.

Mudou-se para lá em 1847, permanecendo na cidade por dois anos. Nesse período, conseguiu pôr as mãos em artigos de Gauss que pudera adquirir com seu reticente mestre em Göttingen. Assistia às aulas de Dirichlet, que posteriormente influenciaria as notáveis descobertas de Riemann sobre os números primos. Segundo a opinião geral, Dirichlet era um mestre inspirador. Um matemático que assistia às suas aulas o descreveu da seguinte maneira:

> A riqueza de material e a clareza de raciocínio de Dirichlet são insuperáveis. ... ele se senta em uma mesa alta, de frente para nós, coloca os óculos na testa, apoia a cabeça nas duas mãos e, ... dentro das mãos, enxerga um cálculo

> imaginário e o recita para nós — de modo que o entendemos tão bem como se também o estivéssemos vendo. Eu gosto desse tipo de aula.

Riemann fez amizade com muitos jovens pesquisadores que assistiam às aulas de Dirichlet e estavam igualmente motivados por sua paixão pela matemática.

Outras forças também fervilhavam em Berlim. A Revolução de 1848 que varreu a monarquia francesa se disseminou de Paris para boa parte da Europa, chegando às ruas de Berlim na época em que Riemann lá estudava. De acordo com relatos de seus contemporâneos, a Revolução exerceu um impacto profundo sobre Riemann. Em uma das poucas vezes nas quais se uniu a pessoas próximas sem motivações intelectuais, alistou-se na milícia de estudantes que defendia o rei no palácio de Berlim. Conta-se que passou um turno de 16 horas seguidas nas barricadas.

A resposta de Riemann à revolução matemática que as academias de Paris disseminavam não foi a de um reacionário. Além da propaganda política que importava de Paris, Berlim trazia muitas das revistas e publicações respeitadas que surgiam das academias. Riemann recebeu os volumes então mais recentes do famoso periódico *Comptes Rendus* e se enfurnou em seu quarto para esquadrinhar os artigos do revolucionário matemático Augustin-Louis Cauchy.

Cauchy era um filho da Revolução, nascido algumas semanas após a tomada da Bastilha, em 1789. Quando jovem, subnutrido por causa da escassez de alimentos daqueles anos, o franzino rapaz preferia exercitar a mente em vez do corpo. Como tantas vezes ocorre, o mundo matemático lhe serviu de refúgio. Um amigo de seu pai, o matemático Lagrange, reconheceu o talento precoce do menino e comentou com um contemporâneo, "Você está vendo aquele jovem? Bem, será um matemático maior que todos nós!" Porém, deu um conselho interessante ao pai de Cauchy: "Não deixe que ele toque num livro de matemática antes de cumprir 17 anos." Sugeriu que seria melhor estimular as habilidades literárias do menino, para que, quando voltasse à matemática, pudesse se expressar com a própria voz, e não com palavras emprestadas dos livros da época.

Foi um sábio conselho. Uma vez reabertos os portões que o protegiam do mundo exterior, a nova voz manifestada por Cauchy foi irreprimível. Sua produção se tornou tão vasta que a revista *Comptes Rendus* teve de impor um limite de páginas aos artigos que publicava - norma respeitada estritamente até hoje. Alguns dos contemporâneos de Cauchy não conseguiram lidar com sua nova linguagem matemática. O matemático norueguês Niels Henrik Abel escreveu em 1826: "Cauchy está louco. ... seus trabalhos são excelentes, mas muito nebulosos. No início eu não entendia praticamente nada do que ele escrevia; agora consigo enxergar algumas partes mais claramente." Abel prosseguia, comentando que, dentre todos os matemáticos de Paris, Cauchy era o único que fazia "matemática pura", enquanto os outros "se ocupavam exclusivamente com magnetismo e outros temas físicos... ele é o único que sabe como a matemática deve ser feita".

Cauchy teve problemas com as autoridades de Paris por desviar os estudantes das aplicações práticas da matemática. O diretor da École Polytechnique, em que Cauchy dava aulas, escreveu-lhe, criticando-o por sua obsessão com a matemática pura: "Muitas pessoas opinam que o ensino da matemática pura está indo longe demais na École, e que uma extravagância tão desnecessária é prejudicial às outras áreas." Assim, não é de surpreender que o jovem Riemann apreciasse o trabalho de Cauchy.

Essas novas ideias eram tão entusiasmantes que Riemann passou a viver praticamente em reclusão. Seus colegas quase não o viam enquanto ele destrinchava os trabalhos de Cauchy. Várias semanas depois, Riemann reapareceu, declarando que "esta é uma nova matemática". A imaginação de Cauchy e Riemann havia sido capturada pela força emergente dos números imaginários.

Números imaginários — uma nova paisagem matemática

A raiz quadrada de menos um, a estrutura básica dos números imaginários, esta parece ser uma contradição em termos. Para alguns, o que separa os matemáticos do resto das pessoas é o fato de admitirem a possibilidade de que existam números como esses. Para que tenhamos acesso a essa parte do mundo matemático, é necessário dar um salto criativo. À primeira vista, não aparentam ter qualquer relação com o mundo físico, que parece haver sido construído a partir de números cuja raiz quadrada é sempre um número positivo. Porém, os números imaginários não são apenas uma brincadeira abstrata — eles contêm a chave para o mundo das partículas subatômicas do século XX. Em última análise, os aviões não teriam chegado aos céus se os engenheiros não houvessem se aventurado pelo mundo dos números imaginários. Esse mundo novo nos fornece uma flexibilidade que é negada àqueles que se limitam aos números comuns.

A história da descoberta desses novos números se inicia com a necessidade de resolver equações simples. Os babilônios e egípcios já haviam notado que, se fosse necessário dividir sete peixes entre três pessoas, por exemplo, a equação precisaria utilizar frações — $\frac{1}{2}$, $\frac{1}{3}$, $\frac{2}{3}$, $\frac{1}{4}$ e assim por diante. No sexto século a.C., ao explorarem a geometria dos triângulos, os gregos descobriram que essas frações nem sempre eram capazes de expressar os comprimentos dos lados de um triângulo. O teorema de Pitágoras forçava-os a inventar novos números que não podiam ser expressos por frações simples. Por exemplo, Pitágoras poderia escolher um triângulo retângulo cujos lados menores medissem uma unidade. Então, seu famoso teorema lhe dizia que o lado maior tinha comprimento x, onde x é a solução da equação $x^2 = 1^2 + 1^2 = 2$. Em outras palavras, o comprimento é a raiz quadrada de 2.

As frações são números cuja expansão decimal apresenta um padrão repetitivo. Por exemplo, $\frac{1}{7} = 0{,}142\,857\,142\,857...$, ou $\frac{1}{4} = 0{,}250\,000\,000...$ Por outro lado, os gregos conseguiram provar que a raiz quadrada de 2 não era semelhante a uma fração. Se calcularmos a expansão decimal da raiz quadrada de 2, nunca chegaremos a um padrão repetitivo como esse. A raiz quadrada de 2 começa com 1,414 213 562... Durante os anos de Göttingen, Riemann costumava matar o tempo calculando cada vez mais dessas casas decimais. Seu recorde foi de 38 casas, feito nada desprezível sem um computador, mas essa distração talvez fosse, acima de tudo, um reflexo da monótona vida noturna de Göttingen e da personalidade tímida de Riemann. Ainda assim, por mais que calculasse, Riemann sabia que jamais poderia escrever o número inteiro ou descobrir um padrão repetitivo.

Para transmitir a impossibilidade de expressar esses números a não ser através de soluções para equações como $x^2 = 2$, os matemáticos os chamaram de *números irracionais*. O nome refletia o desconforto que os matemáticos sentiam frente à impossibilidade de descrever precisamente do que se tratavam esses números. Entretanto, os números irracionais ainda despertavam um senso de realidade, pois podiam ser *vistos* como pontos marcados em uma régua, ou no que os matemáticos chamam de reta numérica. A raiz quadrada de 2, por exemplo, é um ponto em algum lugar entre 1,4 e 1,5. Se pudéssemos desenhar um triângulo retângulo pitagórico perfeito, cujos lados menores medissem uma unidade, poderíamos determinar a localização desse número irracional medindo o lado maior com uma régua.

Os números negativos foram descobertos da mesma forma, a partir de tentativas de resolver equações simples, como $x + 3 = 1$. Os matemáticos indianos propuseram-nos no século VII. Os números negativos foram criados em resposta ao crescimento do mundo das finanças, pois eram úteis para descrever as dívidas. Foi necessário mais um milênio até que os europeus admitissem a existência desses "números fictícios", como eram chamados. Os números negativos assumiram seu lugar na reta numérica com sua extensão para a esquerda do zero.

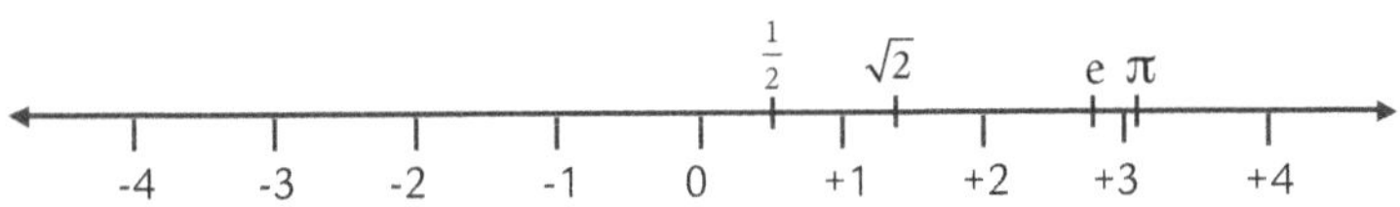

Os números reais – cada fração, número negativo ou número irracional é representado por um ponto na reta numérica

Os números irracionais e negativos nos permitem resolver muitas equações diferentes. A equação de Fermat $x^3 + y^3 = z^3$ tem soluções interessantes se não insistirmos, como Fermat, em que x, y e z devam ser números inteiros. Por exemplo, podemos escolher $x = 1$ e $y = 1$, encontrando z igual à raiz cúbica de 2, o que resolve a equação. Porém, havia ainda outras equações que não podiam ser resolvidas pela utilização de qualquer número da reta numérica.

Não parecia haver nenhum número que solucionasse a equação $x^2 = -1$. Afinal, qualquer número, positivo ou negativo, elevado ao quadrado é sempre um número positivo. Assim, um número que satisfaça essa equação não poderá ser um número comum. Porém, se os gregos conseguiam imaginar um número como a raiz quadrada de 2, que não podia ser expresso por uma fração, os matemáticos começaram a perceber que poderiam dar um salto imaginativo semelhante e criar um novo número que resolvesse a equação $x^2 = -1$. Esse número, a raiz quadrada de menos um, foi chamado de *número imaginário*, sendo indicado pelo símbolo i. Em contraposição, os números que podiam ser encontrados na reta numérica passaram a ser chamados de *números reais*.

Não estaríamos trapaceando ao criar uma resposta para essa equação, aparentemente tirada de lugar nenhum? Por que não aceitar que a equação $x^2 = -1$ não tem soluções? Essa é uma possibilidade, mas os matemáticos preferem ser mais otimistas. Ao aceitarmos a ideia de que existe um novo número que *realmente* resolve a equação, esse passo criativo apresenta vantagens que compensam amplamente nosso desconforto inicial. Uma vez que lhe damos um nome, sua existência parece inevitável. Não tem mais a aparência de um número criado artificialmente, e sim um número que sempre existiu, mas que não podia ser observado até que fizéssemos a pergunta certa. Os matemáticos do século XVIII relutaram em admitir a existência desses números. No século XIX, foram mais corajosos e acreditaram em novas maneiras de pensar, que desafiavam os consensos constitutivos do cânone matemático.

Na realidade, a raiz quadrada de -1 é um conceito tão abstrato quanto a raiz quadrada de 2. Ambas são definidas como soluções para equações. Mas seria necessário criar novos números para cada equação que surgisse? E se quiséssemos encontrar soluções para uma equação como $x^4 = -1$? Teríamos de usar novas letras para dar nome a cada nova solução? Foi um certo alívio quando Gauss finalmente provou, em sua tese de doutorado de 1799, que novos números não seriam necessários. Usando o novo número i, seria finalmente possível resolver qualquer equação com que deparássemos. Todas as equações tinham uma solução que consistia em alguma combinação de números reais comuns (as frações e os números irracionais) e do novo número i.

A chave da prova de Gauss estava em estender a imagem que já tínhamos dos números comuns, localizados sobre uma reta numérica: uma reta que corre de leste a oeste, em que cada ponto representa um número. Esses eram os números reais, com os quais todos os matemáticos, desde os gregos, estavam familiarizados. Porém, nessa reta não havia espaço para o novo número imaginário, a raiz quadrada de -1. Assim, Gauss ponderou a possibilidade de criarmos uma nova direção. O que ocorreria se uma unidade ao norte da reta numérica fosse usada para representar i? Todos os números necessários para resolver equações seriam combinações entre i e números comuns, por exemplo $1 + 2i$. Gauss percebeu que para cada número possível correspondia um ponto desse mapa bidimensional. Os números imaginários se transformaram em simples coordenadas de um mapa. O número $1 + 2i$ era representado pelo ponto atingido ao caminharmos uma unidade ao leste e duas ao norte.

Gauss interpretou esses números como conjuntos de direções no mapa do mundo imaginário. Somar dois números imaginários, como $A + Bi$ e $C + Di$, significava simplesmente seguir duas séries de direções, uma após a outra. Por exemplo, somando $6 + 3i$ e $1 + 2i$, obteríamos a localização $7 + 5i$.

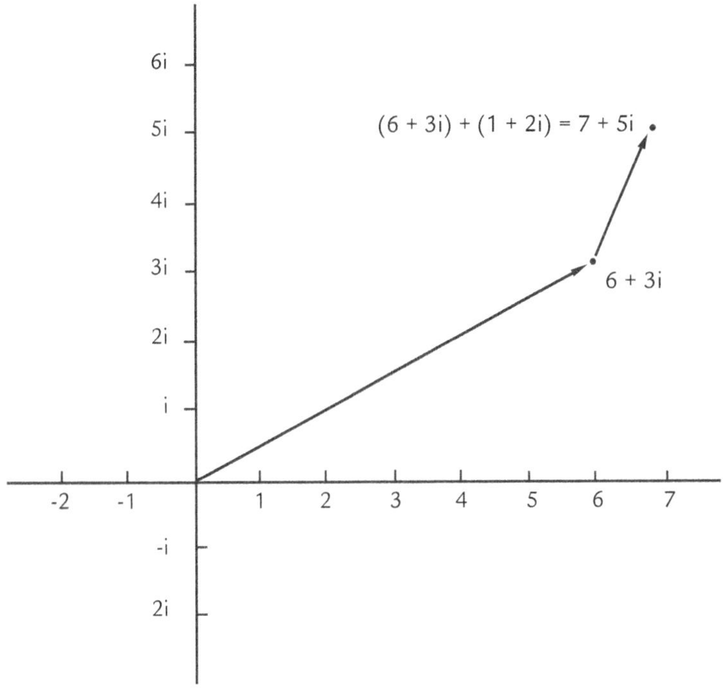

Seguindo direções – como somar dois números imaginários

Apesar dessa imagem convincente, Gauss manteve seu mapa do mundo imaginário escondido do público. Após terminar a prova, removeu seu arcabouço gráfico, para que não sobrassem vestígios de sua existência. Gauss sabia que, nessa época, as imagens eram vistas com certa suspeita na matemática. A hegemonia da tradição francesa durante a juventude de Gauss havia feito com que a linguagem preferencial para exprimir o mundo matemático fossem as fórmulas e equações, o que era consistente com a abordagem utilitarista da disciplina. Essa aversão às imagens também tinha outros motivos.

Durante muitos séculos, os matemáticos acreditaram que as imagens podiam ser enganosas. Afinal, a linguagem matemática fora desenvolvida para domar o mundo físico. No século XVII, Descartes havia tentado transformar o estudo da geometria em assertivas puras sobre números e equações. Seu lema era: "Percepções sensoriais são enganos sensoriais." Riemann não gostou dessa negação do quadro físico ao ler Descartes no conforto da biblioteca de Schmalfuss.

Perto do final do século XVIII, os matemáticos foram enganados por uma prova visual errônea de uma fórmula que descrevia a relação entre o número de vértices, arestas e faces de sólidos geométricos. Euler havia conjecturado que, se um sólido possui V vértices, A arestas e F faces, os números V, A e F deverão satisfazer a relação $V - A + F = 2$. Por exemplo, um cubo possui 8 vértices, 12 arestas e 6 faces. O jovem Cauchy também construiu, em 1811, uma "prova" baseada em sua intuição visual, mas ficou bastante chocado quando lhe mostraram um sólido que não satisfazia essa fórmula – um cubo com um orifício no centro.

A "prova" não considerara a possibilidade de um sólido que contivesse um orifício como esse. Seria necessário acrescentar um ingrediente à fórmula, que registrasse o número de orifícios no sólido. Após ser enganado pela capacidade das imagens de esconder perspectivas que não são imediatamente visíveis, Cauchy buscou refúgio na segurança que as fórmulas pareciam fornecer. Uma das revoluções que realizou foi criar uma nova linguagem matemática que permitisse discutir o conceito de simetria de maneira rigorosa sem que fosse necessário recorrer a imagens.

Gauss sabia que seu mapa secreto de números imaginários seria um anátema para os matemáticos do final do século XVIII, portanto o omitiu de sua prova. Os números deveriam ser somados e multiplicados, e não desenhados. Cerca de 40 anos depois, Gauss finalmente confessou que havia utilizado esse arcabouço em seu doutorado.

O mundo através do espelho

Mesmo sem o mapa de Gauss, Cauchy e outros matemáticos começaram a explorar o que ocorreria se estendessem a ideia das funções a esse novo mundo dos números imaginários, em vez de se restringirem aos números reais. Para sua surpresa, esses números abriam novas conexões entre partes aparentemente não relacionadas do mundo matemático.

Uma função é como um programa de computador, no qual inserimos um número; é feito um cálculo e outro número é emitido. A função pode ser definida por uma equação simples, como $x^2 + 1$. Quando inserimos o número 2, por exemplo, a função calcula $2^2 + 1$ e produz o resultado 5. Outras funções são mais complicadas. Gauss estava interessado na função que contava o número de primos. Inserimos um número x e a função nos diz quantos primos existem até x. Gauss havia expressado essa função por $\pi(x)$. Seu gráfico é uma escada em ascensão, como mostrado na p.59. Todas as vezes em que o número inserido é primo, o resultado sobe mais um degrau. Quando x passa de 4,9 a 5,1, o número de primos aumenta de dois a três, registrando o novo primo, 5.

Os matemáticos não tardaram a perceber que em algumas dessas funções, como naquela construída a partir da equação $x^2 + 1$, podiam ser inseridos números imaginários além de números normais. Por exemplo, se inserirmos $x = 2i$ na função, o resultado será calculado por $(2i)^2 + 1 = -4 + 1 = -3$. A ideia de inserir números imaginários em funções havia começado na geração de Euler. Já em 1748, ao vagar por esse mundo através do espelho, Euler havia deparado com estranhas conexões entre partes não relacionadas da matemática. Ele sabia que, ao inserir números comuns na função exponencial 2^x, o resultado era um gráfico que se eleva rapidamente. Porém, ao inserir números imaginários, a resposta foi bastante inesperada. Em vez de obter o gráfico que crescia exponencialmente, passou a observar ondulações semelhantes às que hoje associamos com, por exemplo, ondas sonoras. A função que gera essas ondas é chamada de *função seno*. A imagem dessa função é uma conhecida curva repetitiva, na qual a mesma forma reaparece a cada 360 graus. A função seno é utilizada agora em diversos cálculos realizados no dia a dia. Por exemplo, pode ser usada para medir a altura de um edifício a partir do nível do solo através da medição de ângulos. A geração de Euler descobriu que as ondas seno também eram fundamentais para a reprodução de sons musicais. Uma nota pura, como o lá produzido por um diapasão usado para afinar um piano, pode ser representada por uma dessas ondas.

Euler inseriu números imaginários na função 2^x. Para sua surpresa, obteve ondas que correspondiam a uma nota musical específica. Euler demonstrou que o caráter de cada nota dependia das coordenadas do número imaginário correspondente. Quanto mais ao norte, mais aguda era a nota. Quanto mais a leste, maior o volume do som. A descoberta de Euler foi a primeira indicação de que esses números imaginários poderiam abrir caminhos inesperados pela paisagem matemática. Seguindo as pegadas de Euler, os matemáticos passaram a viajar pela terra recém-descoberta dos números imaginários. A busca por novas conexões se tornou uma obsessão.

Riemann voltou a Göttingen em 1849 para completar sua tese de doutorado, que seria avaliada por Gauss. Esse foi o ano em que Gauss escreveu ao amigo Encke, contando-lhe da descoberta que fizera na infância sobre a conexão entre primos e logaritmos. Embora Gauss provavelmente houvesse discutido essa descoberta com integrantes da faculdade em Göttingen, Riemann ainda não se interessava pelos números primos. Estava ocupado com a nova matemática de Paris, ansioso por explorar as estranhas relações que emergiam ao inserirmos números imaginários em funções.

Euler havia arriscado os primeiros passos por esse novo território, e Cauchy estava empenhado na tarefa de transformá-los em uma disciplina rigorosa. Os franceses eram mestres em equações e na manipulação de fórmulas, mas Riemann desejava se aproveitar da visão de mundo mais conceitual para a qual o sistema educativo alemão havia se voltado. Em novembro de 1851, suas ideias se cristalizaram, e ele submeteu sua dissertação ao crivo da faculdade de Göttingen. Suas ideias obviamente ressoavam com as de Gauss, que saudou o doutorado de Riemann como a demonstração de "uma mente criativa, ágil e verdadeiramente matemática, cuja originalidade é gloriosamente fértil".

Riemann escreveu a seu pai, ávido por lhe contar do progresso que estava fazendo: "Acredito haver melhorado minhas perspectivas com esta dissertação. Espero também aprender a escrever com mais rapidez e fluência, especialmente se eu participar da sociedade." Porém, a princípio, a vida acadêmica de Göttingen não se comparava às emoções de Berlim. Era uma universidade relativamente maçante e insular, e Riemann carecia de autoconfiança para se associar à velha hierarquia intelectual. Em Göttingen havia menos alunos com quem ele conseguia se relacionar. As pessoas lhe inspiravam suspeitas, e Riemann nunca se sentia completamente à vontade

A Biblioteca da Universidade de Göttingen, cerca de 1854

no ambiente social. "Ele tem feito coisas muito estranhas por aqui, porque acredita que ninguém o suporta", escreveu seu contemporâneo Richard Dedekind. Riemann era hipocondríaco e tinha acessos de depressão. Escondia o rosto na segurança de uma barba preta cada vez maior. Suas finanças o deixavam extremamente ansioso; ele sobrevivia da incerteza de meia dúzia de bolsas estudantis voluntárias. A sobrecarga de trabalho, combinada às pressões da pobreza, levaram-no a um colapso temporário em 1854. Porém, seu ânimo melhorava sempre que Dirichlet, o astro da tradição matemática de Berlim, visitava Göttingen.

Um professor de Göttingen com quem Riemann conseguiu fazer amizade foi o eminente físico Wilhelm Weber, que havia colaborado com Gauss em diversos projetos durante o tempo que passaram juntos em Göttingen. Tornaram-se uma espécie de Sherlock Holmes e dr. Watson científicos; Gauss provia o suporte teórico que Weber colocava então em prática. Uma de suas invenções mais famosas foi a possibilidade de comunicação à distância por eletromagnetismo. Eles conseguiram erguer uma linha de telégrafo entre o observatório de Gauss e o laboratório de Weber, e a utilizavam para trocar mensagens.

Embora Gauss visse a invenção apenas como uma curiosidade, Weber percebeu claramente o que sua descoberta desencadearia. "Quando o globo estiver coberto por uma rede de ferrovias e linhas de telégrafo", escreveu, "essa rede proverá serviços comparáveis aos do sistema nervoso no corpo humano, em parte como um meio de transporte, em parte como uma forma de propagação de ideias e sensações na velocidade da luz." A rápida disseminação do telégrafo, com a posterior implementação da calculadora-relógio de Gauss na segurança dos computadores, faz com que os dois sejam considerados os avós do comércio eletrônico e da internet. Sua colaboração foi imortalizada por uma estátua da dupla na cidade de Göttingen.

Um visitante que Weber recebeu em Göttingen o descreveu como o típico inventor com traços de loucura: "Um camarada pequeno e curioso, de voz estridente, desagradável e hesitante. Fala e gagueja sem parar; não resta opção além de escutá-lo. Às vezes ele ri sem motivo algum, e sentimos pena de não poder acompanhá-lo." Weber carregava um pouco mais de rebeldia que seu colaborador Gauss. Ele havia sido um dos "sete de Göttingen" demitidos temporariamente da faculdade por protestarem contra o governo arbitrário do rei de Hanover, em 1837. Após completar sua tese, Riemann trabalhou por algum tempo como assistente de Weber. Durante esse estágio, Riemann sentiu-se atraído pela filha de Weber, mas suas investidas não foram correspondidas.

Em 1854, Riemann escreveu ao pai, contando-lhe que "Gauss está gravemente doente e os médicos temem que sua morte seja iminente". Riemann temia que Gauss morresse antes de examinar sua habilitação, o grau necessário para que se tornasse professor em universidades alemãs. Por sorte, Gauss viveu o suficiente para escutar as ideias de Riemann sobre geometria e sua relação com a física, que haviam germinado durante o trabalho com Weber. Riemann estava convencido de que todas as questões fundamentais da física poderiam ser respondidas usando-se apenas a matemática. Os avanços da física nos anos seguintes acabariam por confirmar sua fé na matemática. Muitas pessoas veem a teoria geométrica de Riemann como sua contribuição mais significativa para a ciência, e ela se tornaria uma das bases da revolução científica lançada por Einstein no início do século XX.

Um ano depois, Gauss faleceu. Embora o homem não estivesse mais presente, suas ideias mantiveram os matemáticos das gerações seguintes ocupados. Ele havia deixado sua conjectura sobre a conexão entre os primos e a função logarítmica para que a geração seguinte a remoesse. Os astrônomos imortalizaram o grande cientista nos céus, batizando um asteroide de Gaussia, e seu cérebro ainda se encontra na coleção anatômica da Universidade de Göttingen, conservado para a eternidade. Dizia-se que nenhum cérebro dissecado anteriormente possuía tantas convoluções quanto aquele.

Dirichlet, a cujas aulas Riemann assistira em Berlim, foi indicado para a cadeira ocupada por Gauss. Ele levaria a Göttingen parte do entusiasmo intelectual que Riemann presenciara ao passar por Berlim. Um matemático inglês registrou a impressão que teve de Dirichlet ao visitar Göttingen nessa época: "É um homem relativamente alto, delgado, com barba e bigode a ponto de se tornarem grisalhos... com uma voz algo áspera e relativamente surdo: era cedo, ele não estava asseado nem barbeado, usava seu *schlafrock* (roupão) e pantufas, nas mãos uma xícara de café e um charuto." Apesar dessa aparência boêmia, em seu interior ardia um desejo pelo rigor e pela prova sem paralelo naquela época. Seu contemporâneo de Berlim, Carl Jacobi, escreveu ao primeiro patrocinador de Dirichlet, Alexander von Humboldt, contando-lhe que "nem eu, nem Cauchy, nem Gauss – somente Dirichlet sabe o que é uma prova perfeitamente rigorosa, mas todos aprendemos com ele. Quando Gauss diz que provou alguma coisa, é muito provável que o tenha feito; quando Cauchy o afirma, as chances são meio a meio; quando Dirichlet o faz, é uma certeza".

A chegada de Dirichlet a Göttingen sacudiu a rede social da pequena cidade. A esposa de Dirichlet, Rebecka, era irmã do compositor Felix Mendelssohn. Rebecka detestava a entediante vida social de Göttingen, e dava muitas festas tentando reproduzir a atmosfera de salão de Berlim que fora forçada a abandonar.

A postura mais informal de Dirichlet frente à hierarquia educacional permitiu que Riemann discutisse matemática abertamente com o novo professor. Riemann se tornara um tanto isolado ao retornar de Berlim a Göttingen. A personalidade austera de Gauss no final da vida, combinada à timidez de Riemann, fez com que discutisse pouco com o grande mestre. Por outro lado, os modos descontraídos de Dirichlet eram perfeitos para Riemann, que, em um ambiente mais propício ao debate, passou a se abrir. Riemann contou a seu pai sobre o novo mentor: "Na manhã de ontem Dirichlet esteve comigo durante duas horas. Ele leu minha dissertação e foi muito simpático — algo que eu jamais poderia esperar, dada a enorme distância de grau que existe entre nós."

Por sua vez, Dirichlet apreciava a modéstia de Riemann e também reconhecia a originalidade de seu trabalho. Algumas vezes, Dirichlet até conseguiu arrastar Riemann para fora da biblioteca, para que o acompanhasse em caminhadas pelos campos ao redor de Göttingen. Num tom quase apologético, Riemann escreveu a seu pai, explicando-lhe que esses escapes da matemática lhe traziam mais benefícios científicos que se houvesse ficado em casa remoendo seus livros. Foi durante uma dessas discussões com Riemann, enquanto caminhavam pelos bosques da Baixa Saxônia, que Dirichlet inspirou o passo seguinte do jovem, que abriria uma perspectiva inteiramente nova sobre os números primos.

A função zeta — o diálogo entre a música e a matemática

Durante seus anos em Paris, na década de 1820, Dirichlet ficara fascinado com o grande tratado escrito por Gauss na juventude, *Disquisitiones Arithmeticae*. Embora o livro marcasse a fundação da teoria dos números como disciplina independente, o texto era difícil, e poucos conseguiam penetrar no estilo conciso de Gauss. Dirichlet, entretanto, estava mais que satisfeito em ter de se esforçar para superar cada um dos difíceis parágrafos. À noite, colocava o livro sob o travesseiro, na esperança de que a leitura da manhã seguinte subitamente ganhasse sentido. O tratado de Gauss havia sido descrito como um "livro dos sete selos", mas graças ao trabalho e aos sonhos de Dirichlet, esses selos se romperam e os tesouros ali contidos ganharam a ampla distribuição que mereciam.

Dirichlet estava especialmente interessado na calculadora-relógio de Gauss. Ele se intrigava em particular com uma conjectura que retomava um padrão observado por Fermat. Se tomarmos uma calculadora-relógio com N horas e nela inserirmos números primos, dizia a conjectura de Fermat, o resultado de 1 hora surgirá infinitas vezes. Assim, por exemplo, em um relógio com 4 horas, Fermat previa que haveria um número infinito de primos que deixariam resto 1 ao serem divididos por 4. A lista começa com 5, 13, 17, 29, ...

Em 1838, aos 33 anos de idade, Dirichlet havia deixado sua marca na teoria dos números ao provar que o palpite de Fermat estava de fato correto. Ele fez isso misturando ideias de diversas áreas da matemática que não pareciam ter qualquer relação umas com as outras. Em vez de utilizar um argumento elementar, como a prova engenhosa de Euclides de que havia um número infinito de primos, Dirichlet usou uma função sofisticada, que só havia surgido no circuito matemático nos tempos de Euler, chamada *função zeta* e denotada pela letra grega ζ. A equação a seguir forneceu a Dirichlet a regra para calcular o valor da função zeta, quando nela era inserido o número x:

$$\zeta(x) = \frac{1}{1^x} + \frac{1}{2^x} + \frac{1}{3^x} + \ldots + \frac{1}{n^x} + \ldots$$

Para calcular seu resultado, Dirichlet precisava realizar três etapas matemáticas. Primeiro, calcular os número exponenciais $1^x, 2^x, 3^x, \ldots, n^x, \ldots$ Então, determinar os recíprocos de todos os números produzidos na primeira etapa. (O recíproco de 2^x é $1/2^x$.) Finalmente, somar todas as respostas da segunda etapa.

É uma receita complicada. O fato de que cada número 1, 2, 3, ... contribua para a definição da função zeta indica sua utilidade para o teórico dos números. O revés está em ter que lidar com uma soma infinita de números. Poucos matemáticos poderiam prever que essa função se tornaria uma ferramenta poderosa, a melhor maneira de estudar os primos. E ela foi descoberta praticamente por acidente.

A origem do interesse dos matemáticos por essa soma infinita veio da música, e data de uma descoberta feita pelos gregos. Pitágoras foi o primeiro a descobrir a conexão fundamental entre a matemática e a música. Ele encheu uma urna com água e a golpeou com um martelo, produzindo uma nota musical. Se removesse a metade da água e golpeasse a urna novamente, a nota teria subido uma oitava. Sempre que Pitágoras removia mais água, deixando apenas um terço, depois um quarto, as notas produzidas soavam em harmonia com a primeira nota. Outras notas, criadas pela remoção de qualquer outra quantidade de água, soavam em dissonância com a nota original. Havia uma beleza audível associada a essas frações. A harmonia que Pitágoras descobriu nos números 1, $\frac{1}{2}$, $\frac{1}{3}$, $\frac{1}{4}$, fez com que acreditasse que todo o Universo era controlado por música, motivo pelo qual cunhou a expressão "música das esferas".

Desde que Pitágoras descobriu a conexão aritmética entre a matemática e a música, as pessoas têm comparado as características estéticas e físicas das duas disciplinas. O compositor barroco francês Jean-Philippe Rameau escreveu, em 1722, que, "apesar de toda a experiência que eu possa haver adquirido pela música, por estar associado a ela por tanto tempo, devo confessar que foi somente com a ajuda da matemática que minhas ideias se tornaram claras". Euler tentava transformar a teoria musical em "parte da matemática e deduzir, de maneira ordenada, a partir de princípios corretos, tudo o que poderia se encaixar e tornar a mistura de tons agradável". Euler acreditava que os primos eram o que estava por trás da beleza de certas combinações de notas.

Muitos matemáticos possuem uma afinidade natural pela música. Euler relaxava após um dia de cálculos intensos tocando cravo. Os departamentos de matemática invariavelmente têm pouca dificuldade em montar uma orquestra a partir de seus integrantes. Existe uma conexão numérica evidente entre as duas, já que o ato de contar é que dá suporte a ambas. Segundo a descrição de Leibniz, "a música é o prazer que a mente humana experimenta ao contar sem se dar conta de que está contando". Porém, a ressonância entre as duas disciplinas é muito mais profunda.

A matemática é uma disciplina estética, na qual é lugar-comum falar em belas provas e soluções elegantes. Somente as pessoas com uma sensibilidade estética especial têm a capacidade de realizar descobertas matemáticas. O lampejo de iluminação que os matemáticos almejam muitas vezes se assemelha à sensação de golpear as teclas de um piano até que, subitamente, encontra-se uma combinação que contém uma harmonia interior diferente das demais.

G.H. Hardy afirmou que estava "interessado na matemática apenas como arte criativa". Mesmo para os matemáticos franceses das academias de Napoleão, o deleite da matemática não vinha de sua aplicação prática, e sim de sua beleza intrínseca. As experiências estéticas que temos ao praticar a matemática ou ao ouvir música têm muito em comum. Assim como podemos escutar uma peça musical muitas vezes, encontrando novas ressonâncias previamente despercebidas, os matemáticos frequentemente apreciam reler as provas, nas quais as nuances sutis, que fazem com que mantenha sem esforço sua estrutura, se revelam gradualmente. Hardy acreditava que o verdadeiro teste para uma prova matemática estava em que "as ideias se encaixassem de maneira harmoniosa. A beleza é o primeiro teste: a matemática feia não tem lugar permanente no mundo." Para Hardy, "uma prova matemática deve ser como uma constelação simples e definida, e não como uma Via Láctea esparramada".

Tanto a matemática como a música possuem uma linguagem técnica de símbolos que nos permite articular os padrões que criamos ou descobrimos. A música é muito mais que as mínimas e colcheias que dançam na pauta musical. Da mesma forma, os símbolos matemáticos ganham vida quando a matemática é tocada na mente.

Como demonstrado por Pitágoras, a música e a matemática não se sobrepõem apenas no plano estético. A própria física da música tem em seu âmago uma base matemática. Se soprarmos a boca de uma garrafa, ouviremos uma nota. Se soprarmos com mais força, e com alguma técnica, poderemos ouvir notas mais agudas – os harmônicos superiores, ou sobretons. Quando um músico toca uma nota em seu instrumento, está produzindo uma infinidade de harmônicos adicionais, da mesma forma que quando sopramos a boca da garrafa. Esses harmônicos extras ajudam a fornecer a cada instrumento seu som distintivo. As características físicas dos instrumentos fazem com que ouçamos diferentes combinações de harmônicos. Além da nota fundamental, a clarineta toca somente os harmônicos produzidos por frações ímpares: $\frac{1}{3}, \frac{1}{5}, \frac{1}{7}, \ldots$ A corda de um violino, por outro lado, vibra de modo a criar todos os harmônicos que Pitágoras produziu com sua urna – que correspondem às frações $\frac{1}{2}, \frac{1}{3}, \frac{1}{4}, \ldots$

Como o som da vibração de uma corda de violino é a soma infinita da nota fundamental e de todos os harmônicos possíveis, os matemáticos ficaram intrigados com seu análogo matemático. A soma infinita $1+\frac{1}{2}+\frac{1}{3}+\frac{1}{4}+\ldots$ ficou conhecida como a *série harmônica.* Essa soma é também a resposta que Euler obteve ao inserir o número $x = 1$ na função zeta. Embora seu valor só cresça muito lentamente ao serem adicionados novos termos, os matemáticos sabem há muito tempo, desde o século XIV, que terminará efetuando uma espiral até o infinito.

Portanto, a resposta da função zeta deve ser infinita quando inserido o número $x = 1$. Porém, se em vez de tomar $x = 1$ Euler inserisse nessa função um número maior que 1, a resposta não mais efetuaria uma espiral até o infinito. Por exemplo, com $x = 2$ a soma inclui todos os quadrados da série harmônica:

$$\frac{1}{1^2}+\frac{1}{2^2}+\frac{1}{3^2}+\frac{1}{4^2}+\ldots=1+\frac{1}{4}+\frac{1}{9}+\frac{1}{16}+\ldots$$

Esse é um número menor, pois não inclui todas as frações encontradas quando $x = 1$. Desta vez, estamos somando apenas algumas das frações, e Euler sabia que essa soma menor não atingiria o infinito, repousando em algum número específico. Nos tempos de Euler, tornara-se um desafio identificar um valor preciso para essa soma infinita quando $x = 2$. A melhor estimativa era algo próximo de $\frac{8}{5}$. Em 1735, Euler escreveu: "já se trabalhou tanto sobre essa série que parece bastante improvável que dela ainda surja qualquer coisa nova... Apesar de esforços repetidos, eu também não obtive nada além de valores aproximados de suas somas".

Contudo, encorajado por suas descobertas prévias, Euler começou a brincar com essa soma infinita. Revirando-a por todos os lados, como a um cubo mágico, a fórmula subitamente se transformou. Da mesma forma que as cores do cubo, esses números se reuniram lentamente, formando um padrão completamente diferente do inicial. Mais tarde, Euler descreveria: "... agora, entretanto, de maneira bastante inesperada, encontrei uma fórmula elegante dependente da quadratura do círculo" – em palavras atuais, uma fórmula que dependia do número $\pi = 3{,}1415\ldots$

Seguindo uma análise bastante impulsiva, Euler descobrira que essa soma infinita se dirigia ao quadrado de π dividido por 6:

$$1+\frac{1}{4}+\frac{1}{9}+\frac{1}{16}+\ldots=\frac{1}{6}\pi^2$$

A expansão decimal de $\frac{1}{6}\pi^2$ assim como a de π é completamente caótica e imprevisível. Até hoje, a descoberta de Euler sobre essa ordem dissimulada no número $\frac{1}{6}\pi^2$ é um dos cálculos mais intrigantes de toda a matemática, e ela encantou inteiramente a comunidade científica da época. Ninguém previra uma ligação entre a inocente soma $1+\frac{1}{4}+\frac{1}{9}+\frac{1}{16}+\ldots$ e o caótico número π.

Esse feito inspirou Euler a investigar melhor o poder da função zeta. Ele sabia que se nela inserisse qualquer número acima de 1, o resultado seria algum número finito. Após alguns anos de estudo solitário, conseguiu identificar seu resultado para qualquer número par. Porém, a função zeta tinha algo de insatisfatório. Sempre que Euler inserisse qualquer número menor que 1, o resultado seria infinito. Por exemplo, para $x = -1$ obtemos a soma infinita 1 + 2 + 3 + 4 + ... A função só se comportava bem com números maiores que 1.

A descoberta de Euler da expressão de $\frac{1}{6}\pi^2$ através de frações simples era o primeiro sinal de que a função zeta poderia revelar ligações inesperadas entre partes aparentemente díspares do cânone matemático. A segunda conexão estranha descoberta por Euler ocorreu a partir de uma sequência ainda mais imprevisível de números.

Reescrevendo a história grega dos primos

Os números primos entraram subitamente na história de Euler quando ele tentou aplicar uma base matemática sólida à sua frágil análise da expressão de $\frac{8}{5}$. Enquanto brincava com as somas infinitas, lembrou-se da descoberta grega de que todos os números podem ser expressos pela multiplicação de números primos, e percebeu que havia uma maneira alternativa de descrever a função zeta. Euler notou que todos os termos da série harmônica, por exemplo o número 6, podiam ser dissecados usando-se a ideia de que todos os números são construídos a partir de seus blocos de construção primos. Portanto, escreveu

$$\frac{1}{60}=\frac{1}{2}\times\frac{1}{2}\times\frac{1}{3}\frac{1}{5}=\left(\frac{1}{2}\right)^2\times\frac{1}{3}\times\frac{1}{5}$$

Em vez de registrar a série harmônica como uma soma infinita de todas as frações, Euler podia simplesmente tomar as frações construídas a partir de primos, como $\frac{1}{2}, \frac{1}{3}, \frac{1}{5}, \frac{1}{7}, \ldots$ e multiplicá-las. Sua expressão, conhecida até hoje como o *produto de Euler*, conectou os mundos da adição e da multiplicação. A função zeta aparecia em um dos lados da nova equação, e os primos, no outro. Uma das equações apreendia o fato de que todos os números podem ser expressos pela multiplicação de números primos:

$$\zeta(x)=\frac{1}{1^x}+\frac{1}{2^x}+\frac{1}{3^x}+\ldots+\frac{1}{n^x}+\ldots$$

$$=\left(1+\frac{1}{2^x}+\frac{1}{4^x}+\ldots\right)\times\left(1+\frac{1}{3^x}+\frac{1}{9^x}+\ldots\right)\times\ldots\times\left(1+\frac{1}{p^x}+\frac{1}{(p^2)^x}+\ldots\right)\times\ldots$$

À primeira vista, o produto de Euler não parece ajudar em nossa jornada pela compreensão dos números primos. Afinal, é apenas uma nova maneira de expressar algo que os gregos já sabiam há mais de dois mil anos. De fato, nem o próprio Euler captou o significado pleno de sua forma de reescrever essa propriedade dos primos.

Foram necessários mais 100 anos, e a compreensão de Dirichlet e Riemann, para que o significado do produto de Euler pudesse ser reconhecido. Revirando essa pedra preciosa grega e observando-a a partir da perspectiva do século XIX, brotou um novo horizonte matemático, que os gregos jamais poderiam ter imaginado. Em Berlim, Dirichlet estava intrigado pela forma como Euler usara a função zeta para expressar uma importante propriedade dos números primos, que os gregos haviam provado dois mil anos antes. Quando Euler inseria o número 1 na função zeta, o resultado $1+\frac{1}{2}+\frac{1}{3}+\frac{1}{4}+\ldots$ espiralava até o infinito. Euler percebeu que isso só poderia ocorrer se houvesse uma quantidade infinita de números primos. A chave para essa percepção era o produto de Euler, que conectava a função zeta e os primos. Embora os gregos houvessem provado, séculos antes, que havia um número infinito de primos, a prova original de Euler incorporava conceitos completamente diferentes daqueles utilizados por Euclides.

Às vezes, pode ser útil expressar conceitos familiares com uma nova linguagem. A reformulação de Euler inspirou Dirichlet a usar a função zeta para provar a previsão de Fermat de que um número infinito de primos geraria o resultado de 1 hora em uma calculadora-relógio. As ideias de Euclides não haviam ajudado a confirmar o palpite de Fermat. A prova de Euler, por outro lado, forneceu a Dirichlet a flexibilidade de contar somente os primos cujo resultado fosse 1 hora. Funcionou. Dirichlet foi o primeiro a usar as ideias de Euler para descobrir especificamente algo novo sobre os primos. Foi um grande passo na compreensão desses números singulares, mas o Cálice Sagrado ainda estava distante.

Com a transferência de Dirichlet para Göttingen, foi só uma questão de tempo até que seu interesse pela função zeta fosse transmitido a Riemann. Dirichlet provavelmente comentou com Riemann sobre o poder dessas somas infinitas. Porém, a cabeça de Riemann ainda estava ocupada com o estranho mundo dos números imaginários de Cauchy. Para ele, a função zeta representava simplesmente outra função interessante na qual seria possível inserir números imaginários, em contraposição aos números comuns com os quais seus contemporâneos haviam trabalhado.

Os olhos de Riemann começaram a vislumbrar uma nova e estranha paisagem. Quanto mais rabiscava as folhas que cobriam sua escrivaninha, mais entusiasmado ficava. Ele se viu sugado por um redemoinho que o levou do mundo abstrato das funções imaginárias ao terreno dos números primos. Subitamente, distinguiu um método que poderia explicar por que a estimativa de Gauss para o número de primos permaneceria tão precisa quanto o próprio Gauss previra. Usando a função zeta, a chave para a conjectura dos números primos de Gauss parecia estar ao alcance das mãos. Ela transformaria a intuição de Gauss na prova definitiva que ele próprio cobiçara. Os matemáticos poderiam por fim ter certeza de que a diferença percentual entre a integral logarítmica de Gauss e o número verdadeiro de primos realmente se tornava menor em contagens cada vez mais elevadas. As descobertas de Riemann foram muito além dessa ideia isolada. Ele se viu observando os primos a partir de uma perspectiva completamente diferente. A função zeta passou a tocar uma música que tinha o potencial de revelar os segredos dos primos.

O traço incapacitante de perfeccionismo que afetara Riemann na escola quase o impediu de registrar quaisquer de suas descobertas. Ele havia sido influenciado pela insistência de Gauss de que somente provas perfeitas, sem lacunas, deveriam ser publicadas. Ainda assim, sentiu-se compelido a explicar e interpretar parte dessa nova música que ouvia. Riemann acabara de ser eleito para a Academia de Berlim, e os novos associados deviam apresentar um relato de suas pesquisas recentes. Isso lhe deu prazo para produzir um artigo sobre suas novas ideias. Seria uma maneira bastante apropriada de demonstrar à Academia sua gratidão pela influência e orientação de Dirichlet e pelos dois anos que passara na universidade como seu aluno de doutorado. Afinal, Berlim era o lugar em que Riemann havia conhecido o poder dos números imaginários, que lhe abriam novos horizontes.

Em novembro de 1859, Riemann expôs suas descobertas em um artigo publicado no periódico mensal da Academia de Berlim. Essas dez páginas de densa matemática foram as únicas que Riemann publicou, em toda sua vida, sobre os números primos, mas o artigo teria um efeito fundamental sobre a maneira como eram percebidos. A função zeta forneceu a Riemann um espelho no qual os primos pareciam transformados. Como em *Alice no País das Maravilhas*, o artigo de Riemann transportou os matemáticos através da toca do coelho, levando-os do mundo familiar dos números para uma nova terra matemática, muitas vezes contraintuitiva. À medida que aprendiam a lidar com essa nova perspectiva, nas décadas seguintes, os matemáticos puderam perceber a inevitabilidade e o brilhantismo das ideias de Riemann.

Apesar de suas qualidades visionárias, esse artigo de dez páginas foi extremamente frustrante. Riemann, como Gauss, frequentemente cobria suas pegadas enquanto escrevia. Muitas de suas declarações surpreendentes vinham de resultados que Riemann afirmava poder provar, mas que, em seu ponto de vista, não estavam prontos para serem publicados. De certa forma, o fato de ele haver realmente escrito esse artigo sobre os primos foi quase um milagre, considerando-se as lacunas que continha. Se houvesse procrastinado ainda mais, poderíamos ter sido privados de uma conjectura que Riemann admitia não poder provar. Quase despercebido, escondido nesse documento de dez páginas, estava declarado o problema cuja solução possui hoje uma etiqueta com o valor de um milhão de dólares: a hipótese de Riemann.

Ao contrário de muitas das assertivas feitas nesse artigo, Riemann é bastante direto ao mencionar suas próprias limitações em relação à hipótese: "É claro que gostaríamos de ter uma prova rigorosa, mas deixei de lado essa busca após breves tentativas fracassadas, pois não é necessária para o objetivo imediato da minha investigação." O principal objetivo do artigo de Berlim era confirmar que a função de Gauss forneceria uma aproximação cada vez melhor do número de primos à medida que atingimos contagens mais elevadas. Embora houvesse descoberto as ferramentas que finalmente resolveriam a conjectura dos números primos de Gauss, até mesmo esta estava fora de seu alcance. Riemann não esclareceu todas as respostas, mas seu artigo apontava uma abordagem completamente nova para o assunto que definiria o rumo da teoria dos números até a atualidade.

Dirichlet, que teria ficado muito entusiasmado com a descoberta de Riemann, morreu em 5 de maio de 1859, poucos meses antes da publicação do artigo. A recompensa de Riemann por esse trabalho foi a cadeira universitária que Gauss havia ocupado, e que a morte de Dirichlet deixara vaga.

4 A hipótese de Riemann: de primos aleatórios a zeros ordenados

> A hipótese de Riemann é a afirmação matemática de que é possível decompor os primos em música. Dizer que existe música nos primos é uma forma poética de descrever esse teorema matemático. Contudo, é uma música extremamente pós-moderna.
>
> **Michael Berry**, Universidade de Bristol

Riemann havia encontrado uma passagem que comunicava o universo familiar dos números com uma matemática que teria sido completamente estranha aos gregos que estudaram os primos há dois mil anos. Misturando inocentemente os números imaginários com sua função zeta, Riemann descobriu, como um alquimista matemático, que dessa mescla de elementos surgiria o tesouro que era buscado há gerações. Ele compilou suas ideias em um artigo de dez páginas, mas estava plenamente consciente de que elas serviriam para abrir perspectivas radicalmente novas sobre os primos.

Riemann conseguiu despertar toda a força da função zeta graças a descobertas cruciais que fizera durante seus anos em Berlim, e mais tarde ao estudar para o doutorado em Göttingen. Gauss ficou muito impressionado com a tese de Riemann pela forte intuição geométrica que o jovem matemático demonstrava, inserindo números imaginários em funções. Afinal, Gauss havia feito uso de uma imagem mental para mapear os números imaginários antes de desmantelar o arcabouço conceitual que criara. O ponto de partida da teoria de Riemann sobre essas funções imaginárias foi o trabalho de Cauchy, para quem as funções eram definidas por equações. A seguir, Riemann acrescentou a ideia de que, embora a equação fosse o ponto de partida, a geometria do gráfico definido pela equação era o que realmente importava.

O problema era a impossibilidade de se desenhar o gráfico completo de uma função na qual eram inseridos números imaginários. Para ilustrar esse gráfico, Riemann precisava trabalhar em quatro dimensões. Mas o que os matemáticos querem dizer por "quarta dimensão"? Para alguém que leu obras de cosmólogos como Stephen Hawking, a resposta poderia ser "tempo". A verdade é que usamos dimensões para monitorar qualquer coisa em que estejamos interessados. Na física existem três dimensões para o espaço e uma quarta para o tempo. Os economistas que investigam a relação entre taxas de juros, inflação, desemprego e a dívida pública podem interpretar a economia sob uma perspectiva de quatro dimensões. Enquanto caminham ladeira acima na direção das taxas de juros, vão explorando o que ocorre com a economia nas demais dimensões. Embora não possamos de fato esboçar uma figura desse modelo quadridimensional da economia, ainda é possível analisar as colinas e vales dessa paisagem.

Para Riemann, a função zeta era descrita da mesma forma, por uma paisagem que existia em quatro dimensões. Há duas dimensões para monitorar as coordenadas dos números imaginários inseridos na função. A terceira e a quarta poderiam ser usadas para registrar as duas coordenadas que descrevem o resultado da função em números imaginários.

O problema é que nós humanos existimos em três dimensões espaciais, e não podemos contar com nosso mundo visual para tentar apreender esse "gráfico imaginário". Os matemáticos usam a linguagem da matemática para treinar a visão mental, aprendendo assim a "ver" essas estruturas. Porém, para os que não possuem essas lentes matemáticas, existem mecanismos que ajudam a conceber esses mundos com mais dimensões. Observar sombras é uma das melhores maneiras de entendê-los. Nossa sombra é uma imagem bidimensional de nosso corpo tridimensional. Em alguns ângulos ela nos fornece poucas informações, mas se ficarmos de perfil, por exemplo, uma silhueta pode nos fornecer dados suficientes sobre a pessoa em três dimensões para que reconheçamos seu rosto. Da mesma forma, podemos construir uma sombra tridimensional da paisagem quadridimensional que Riemann criou usando a função zeta, retendo informações suficientes para que entendamos suas ideias.

O mapa bidimensional de Gauss, contendo números imaginários, registra os números que inserimos na função zeta. O eixo norte-sul monitora quantos passos damos na direção imaginária, enquanto a direção leste-oeste registra os números reais. Podemos estender esse mapa em uma mesa plana. Nossa intenção é criar uma paisagem física situada no espaço acima desse mapa. Então, a sombra da função zeta se transformará em um objeto físico, cujos picos e vales poderemos explorar.

A altura acima de cada número imaginário do mapa registra o resultado da função zeta quando esse número é inserido. Ao plotarmos uma paisagem como essa perderemos inevitavelmente algumas informações no processo, de modo semelhante a uma sombra que mostra detalhes muito limitados de um objeto tridimensional. Ao girarmos esse objeto, obtemos diferentes sombras, que revelam diversos aspectos do objeto. Da mesma forma, existem muitas maneiras de se registrar a altura da paisagem acima de cada número imaginário do mapa sobre a mesa. Entretanto, uma das sombras que podemos escolher retém informações suficientes para que consigamos entender a revelação de Riemann. Essa é uma perspectiva que o auxiliou em sua jornada pelo mundo através do espelho. Desse modo, qual seria a aparência dessa sombra tridimensional específica da função zeta?

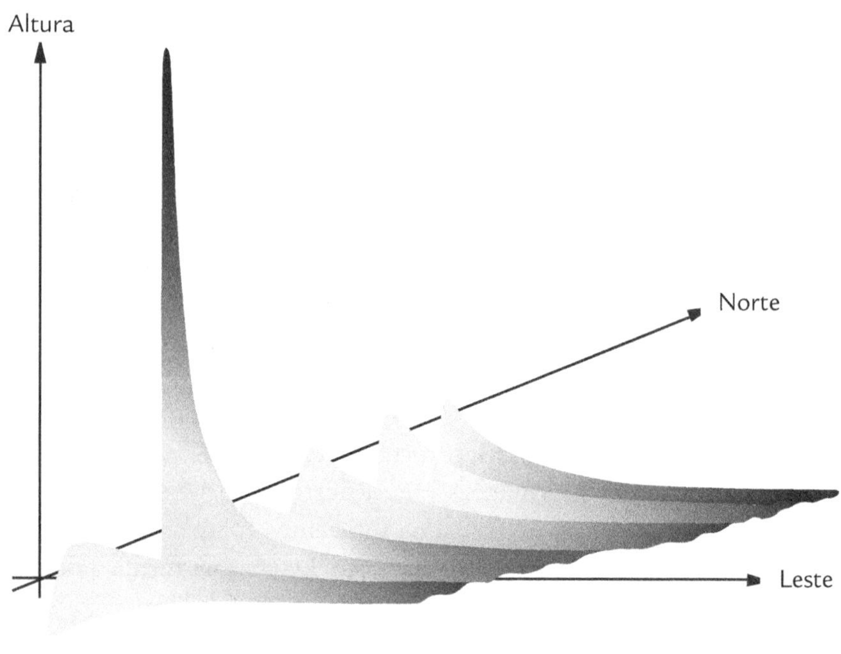

A paisagem zeta – Riemann descobriu o modo de estender esta imagem, encontrando um novo território a oeste

Enquanto Riemann explorava essa paisagem, deparou-se com algumas características fundamentais. Ao ficar em pé sobre o gráfico e olhar para o leste, a paisagem zeta se nivelava em um plano suave com altura de 1 unidade sobre o nível do mar. Se Riemann desse meia-volta e caminhasse para o oeste, veria uma cadeia de montanhas onduladas que corria de norte a sul. Os picos de todas essas montanhas se localizavam sobre a reta que cruzava o eixo leste-oeste através do número 1. Acima dessa interseção com o número 1 havia um enorme pico que subia até os céus. Na verdade, sua altura era infinita. Como Euler descobrira, ao inserir o número 1 na função zeta, o resultado espiralava para o infinito. Ao seguir para o norte ou para o sul desse pico infinito, Riemann encontrou outros picos. Porém, nenhum deles tinha altura infinita. O primeiro ocorria apenas 10 passos ao norte do número imaginário 1 + (9,986...)*i*, e tinha apenas cerca de 1,4 unidades de altura.

Se Riemann girasse a paisagem e mapeasse a seção transversal das montanhas que correm ao longo dessa direção norte-sul sobre o número 1, sua aparência seria semelhante a esta:

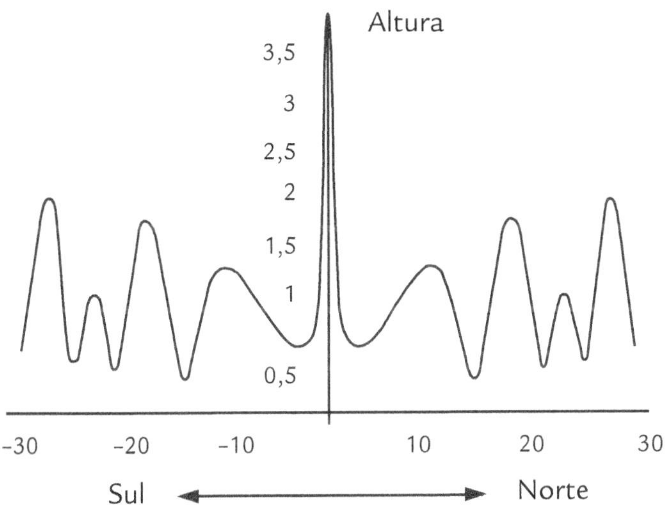

Corte transversal através das cristas das montanhas ao longo da linha crítica, com a coordenada leste-oeste fixada em 1 unidade a oeste

Um aspecto crucial da paisagem não escapou à atenção de Riemann. Não parecia haver meio de utilizar a fórmula da função zeta para construir a paisagem a oeste da cadeia de montanhas. Riemann se deparou com o mesmo problema observado por Euler ao inserir números comuns na função zeta. Quando era inserido um número a oeste de 1, a fórmula da função zeta espiralava para o infinito. Porém, nessa paisagem imaginária, apesar do pico infinito acima do número 1, parecia ser possível atravessar as demais montanhas sobre essa cadeia de norte a sul.

Por que elas não continuavam simplesmente ondulando, independentemente dos resultados da função zeta? A paisagem certamente não terminava ali, nessa reta norte-sul. Não haveria realmente nada a oeste dessa fronteira? Se confiássemos apenas nas equações, poderíamos acreditar que só seria possível construir a paisagem a leste de 1. As equações não faziam muito sentido quando eram inseridos números a oeste de 1. Riemann conseguiria completar a paisagem? Como fazê-lo?

Felizmente, Riemann não foi vencido pela aparente intratabilidade da função zeta. Sua educação o armara com uma perspectiva que faltava aos matemáticos franceses. Riemann acreditava que a equação subjacente a uma paisagem imaginária deveria ser considerada uma característica secundária. O mais importante era a própria topografia quadridimensional da paisagem. Embora as equações não fizessem sentido, a geometria do gráfico fornecia outras indicações. Riemann conseguiu encontrar uma outra fórmula que poderia ser usada para construir a paisagem que faltava a oeste. Essa nova geografia poderia então ser integrada harmonicamente à paisagem original. Um explorador imaginário conseguiria agora passar facilmente da região definida pela fórmula de Euler à nova paisagem gerada pela fórmula original de Riemann, sem sequer se dar conta de que havia cruzado uma fronteira.

Riemann havia obtido uma paisagem completa que cobria todo o mapa de números imaginários. Agora, estava pronto para o passo seguinte. Durante seu doutorado, Riemann havia descoberto dois fatos cruciais, e bastante contraintuitivos, sobre essas paisagens imaginárias. Em primeiro lugar, percebeu que elas tinham uma geometria extraordinariamente rígida. Só havia uma maneira possível de expandir a paisagem. A geometria do gráfico de Euler a leste determinava inteiramente o que era possível encontrar a oeste. Riemann não conseguiria manipular essa nova paisagem, criando montanhas onde bem entendesse. Qualquer alteração faria com que a emenda entre as duas paisagens se rompesse.

A inflexibilidade dessas paisagens imaginárias foi uma descoberta marcante. Qualquer pequena região da paisagem mapeada por um cartógrafo imaginário seria suficiente para reconstruir todo o resto da geografia. Riemann descobrira que as montanhas e vales de uma região continham informações sobre a topografia da paisagem completa. Isso era totalmente contraintuitivo. Não poderíamos esperar que um cartógrafo real, após haver mapeado as redondezas de Oxford, conseguisse deduzir a paisagem toda das Ilhas Britânicas.

Riemann fez uma segunda descoberta crucial sobre essa nova matemática, desvendando o que poderia ser considerado o DNA das paisagens imaginárias. Um cartógrafo matemático que soubesse como plotar, no mapa imaginário bidimensional, os pontos em que a paisagem caía até o nível do mar, poderia reconstruir a totalidade de sua geografia. As coordenadas desses pontos eram o mapa do tesouro de qualquer paisagem imaginária. Era uma descoberta fascinante. Um cartógrafo de nosso mundo real não poderia reconstruir os Alpes se lhe déssemos todas as coordenadas dos pontos no nível do mar ao redor do mundo. Porém, nessas paisagens imaginárias, a localização dos números imaginários em que a função resultava em zero informava tudo sobre o terreno. Esses locais são chamados de *zeros* da função zeta.

Os astrônomos estão habituados a deduzir a constituição química de planetas distantes sem precisar visitá-los. A luz que emitem pode ser analisada por espectrometria, contendo informações suficientes para revelar a estrutura química do planeta. Esses zeros se comportam como o espectro emitido por um composto químico. Riemann sabia que bastava marcar todos os pontos do mapa em que a altura da paisagem zeta era nula, e as coordenadas desses pontos no nível do mar lhe forneceriam informações suficientes para reconstruir todas as montanhas e vales acima.

Riemann não se esqueceu do ponto de partida de sua exploração. O big bang que criara a paisagem zeta era a fórmula de Euler para a função zeta, que podia ser construída a partir dos primos através do produto de Euler. Se esses dois elementos – os números primos e os zeros – geravam a mesma paisagem, Riemann sabia que deveria haver alguma conexão entre eles. Era o mesmo objeto, construído de duas maneiras diferentes. A genialidade de Riemann revelara que esses elementos eram os dois lados da mesma equação.

Primos e zeros

A conexão que Riemann encontrou entre os números primos e os pontos no nível do mar na paisagem zeta não poderia ser mais direta. Gauss tentara estimar quantos primos havia do número 1 a qualquer número *N*. Riemann, entretanto, conseguiu produzir uma fórmula *exata* para o número de primos até *N*, usando as coordenadas desses zeros. A fórmula visualizada por Riemann tinha dois ingredientes principais. O primeiro era uma nova função *R(N)* usada para estimar o número de primos menores que *N*, que aperfeiçoava substancialmente a primeira tentativa de Gauss. A nova função de Riemann, como a de Gauss, ainda gerava erros, mas seus cálculos revelaram que estes eram significativamente menores que os de antes. Por exemplo, a integral logarítmica de Gauss previa 754 primos a mais do que os que havia até 100 milhões. O refinamento de Riemann previa apenas 97 a mais — um erro de aproximadamente um milésimo de 1%.

A tabela a seguir mostra o maior nível de precisão da nova função de Riemann ao prever o número de primos até *N*, quando os valores de *N* vão de 10^2 a 10^{16}.

N	Número de primos $\pi(N)$ de 1 a N	Superestimação da função de Riemann $R(N)$	Superestimação da função de Gauss $\mathrm{Li}(N)$
10^2	25	1	5
10^3	168	0	10
10^4	1.229	-2	17
10^5	9.592	-5	38
10^6	78.498	29	130
10^7	664.579	88	339
10^8	5.761.455	97	754
10^9	50.847.534	-79	1.701
10^{10}	455.052.511	-1.828	3.104
10^{11}	4.118.054.813	-2.318	11.588
10^{12}	37.607.912.018	-1.476	38.263
10^{13}	346.065.536.839	-5.773	108.971
10^{14}	3.204.941.750.802	-19.200	314.890
10^{15}	29.844.570.422.669	72.218	1.052.619
10^{16}	279.238.341.033.925	327.052	3.214.632

A nova função de Riemann havia aperfeiçoado a de Gauss, mas ainda gerava erros. Entretanto, sua viagem ao mundo imaginário lhe dera acesso a algo com que Gauss jamais poderia haver sonhado — uma maneira de consertá-los. Riemann percebeu que, se utilizasse os pontos do mapa imaginário que marcavam os locais em que a paisagem zeta atingia o nível do mar, poderia se livrar dos erros e criar uma fórmula exata que contasse o número de primos. Esse era o segundo ingrediente fundamental da fórmula de Riemann.

Euler havia feito a descoberta surpreendente de que, ao inserirmos qualquer número imaginário na função exponencial, obtínhamos uma onda senoide. O gráfico em rápida ascensão geralmente associado à função exponencial se transformava, pela introdução desses números imaginários, em um gráfico ondulante do tipo que normalmente associamos às ondas sonoras. Sua descoberta desencadeou uma febre por explorar as estranhas conexões reveladas pelos números imaginários. Riemann percebeu que havia uma maneira de estender a descoberta de Euler, usando seu mapa para marcar os zeros na paisagem imaginária. Nesse mundo através do espelho, Riemann viu como cada um dos pontos podia ser transformado, através da função zeta, em sua própria onda especial. Cada onda se parecia a uma variação do gráfico de uma função seno ondulante.

O caráter de cada onda era determinado pela localização do zero responsável por ela. Quanto mais ao norte estivesse o ponto no nível do mar, mais rapidamente oscilava a onda correspondente a esse zero. Se pensarmos nos termos de uma onda sonora, a nota correspondente a cada zero soa mais aguda à medida que o zero se dirige ao norte na paisagem zeta.

Por que essas ondas eram úteis na contagem dos primos? Riemann fez a descoberta fascinante de que o modo de corrigir sua estimativa do número de primos estava codificado nas diferentes alturas dessas ondas. A função $R(N)$ lhe dava uma contagem razoavelmente boa do número de primos até N. Porém, ele descobriu que, ao acrescentar a essa estimativa a altura de cada onda sobre o número N, poderia obter o número exato de primos. O erro era completamente eliminado. Assim, Riemann descobriu o Cálice Sagrado que Gauss havia buscado: a fórmula exata para contar o número de primos até N.

A equação que expressa essa descoberta pode ser resumida em palavras muito simples, como "primos = zeros = ondas". A fórmula de Riemann para calcular o número de primos a partir dos zeros é tão essencial quanto a equação de Einstein $E = mc^2$, que revelou a relação direta entre massa e energia. Era uma fórmula de conexões e transformações. Passo a passo, Riemann presenciou a metamorfose dos primos. Esses números criam a paisagem zeta, e os pontos no nível do mar nessa geografia são a chave para decifrar seus segredos. Surge então uma nova conexão, em que cada um desses pontos no nível do mar gera uma onda, como uma nota musical. Por fim, Riemann fechou o círculo, demonstrando como essas ondas podiam ser usadas para contar os primos. Riemann deve ter se deslumbrado ao fechar o círculo de maneira tão espetacular.

Ele sabia que, assim como existia um número infinito de primos, havia um número infinito de pontos no nível do mar na paisagem zeta. Portanto, também havia um número infinito de ondas que controlam os erros. Há uma maneira muito visual de perceber como a adição de cada nova onda aperfeiçoa a fórmula de Riemann para a contagem do número de primos. Antes de acrescentarmos as ondas correspondentes aos zeros, o gráfico da função de Riemann *R(N)* não se parece nem um pouco com a escada que conta o número de primos. Um deles é liso, o outro escalonado.

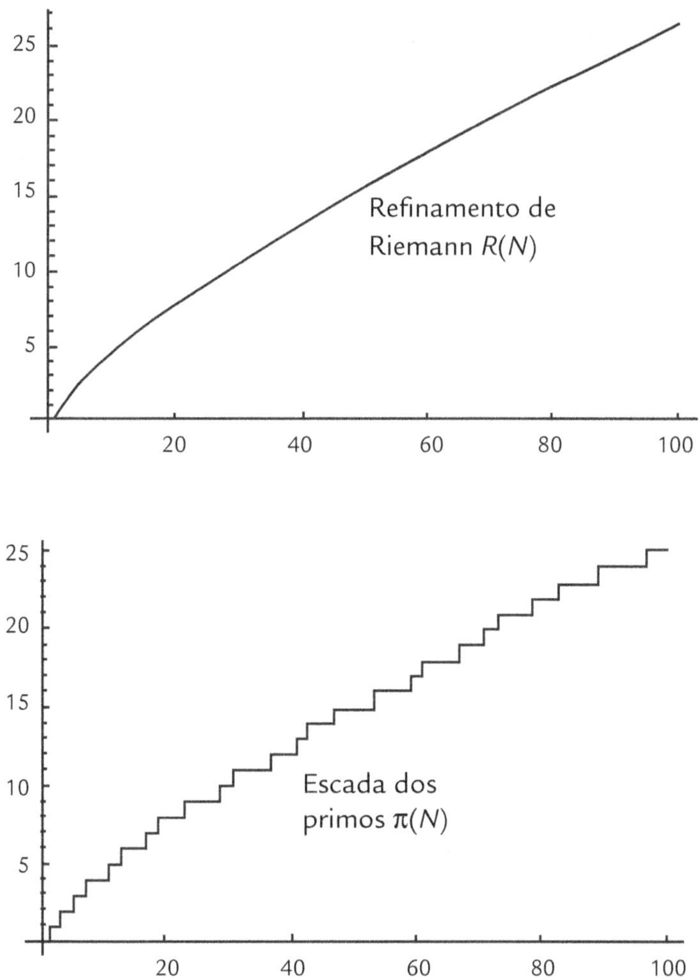

O desafio: passar do gráfico liso de Riemann (acima) ao gráfico escalonado, que conta o número de primos (abaixo)

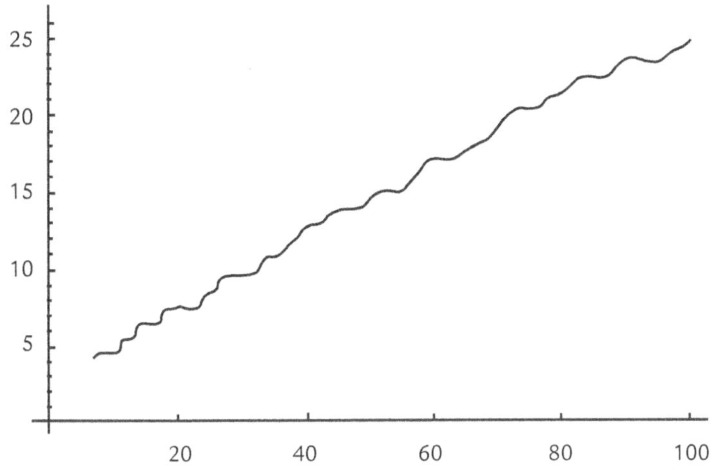

Efeito da adição das primeiras vinte ondas ao gráfico liso de Riemann

Acrescentando apenas os erros previstos pelas 30 primeiras ondas, geradas pelos primeiros trinta zeros que encontramos ao rumar a norte pela paisagem, observamos um efeito impressionante. O gráfico de Riemann já se transformou, deixando de ser a linha suave que corresponde a *R(N)* e assumindo uma aparência muito mais semelhante ao gráfico escalonado que descreve o número de primos.

Cada nova onda causa mais ondulações no gráfico. Riemann percebeu que, quando houvéssemos acrescentado o número infinito de ondas, uma para cada ponto que encontrara no nível do mar ao rumar para o norte através da paisagem zeta, o gráfico resultante corresponderia exatamente à escada de números primos.

Uma geração antes, Gauss havia descoberto o que acreditava ser a moeda que a Natureza lançara ao escolher os primos. As ondas encontradas por Riemann eram os próprios resultados lançados pela Natureza. A altura da onda sobre cada número *N* previa se a moeda de números primos havia caído em cara ou coroa naquela jogada. A descoberta de Gauss de uma conexão entre logaritmos e primos previa o comportamento geral destes números, mas Riemann havia encontrado o que controlava suas minúcias. Riemann havia descoberto os números vencedores da loteria dos primos.

A música dos primos

Durante séculos, os matemáticos escutavam os primos e só ouviam ruídos desorganizados. Esses números soavam como notas aleatórias rabiscadas anarquicamente sobre a pauta matemática, sem tom discernível. Riemann, porém, descobriu uma nova forma de escutar esses tons misteriosos. As ondas senoides que criou a partir dos zeros de sua paisagem zeta revelavam uma estrutura harmônica oculta.

Ao golpear sua urna, Pitágoras desvendou a harmonia musical escondida em uma sequência de frações. Mersenne e Euler, ambos mestres dos primos, foram responsáveis pela teoria matemática dos harmônicos. Porém, nenhum deles fazia ideia de que existiam conexões diretas entre a música e os primos. Era uma música que só poderia ser escutada com os ouvidos matemáticos do século XIX. O mundo imaginário de Riemann havia revelado ondas simples que, juntas, podiam reproduzir as sutis harmonias dos primos.

Na época, havia um matemático capaz de perceber, melhor que qualquer outro, como a fórmula de Riemann apreendia a música oculta dos primos: Joseph Fourier. Sendo órfão, Fourier foi educado em uma escola militar dirigida por monges beneditinos. Viveu sem rumo até os 13 anos de idade, quando ficou encantado pela matemática. Seu destino era ingressar na vida monástica, mas os acontecimentos de 1789 o libertaram das expectativas que a vida pré-revolucionária lhe havia imposto. Ele podia agora desfrutar de sua paixão pela matemática e pela vida militar.

Fourier foi um grande entusiasta da Revolução Francesa, e em pouco tempo chamou a atenção de Napoleão. O imperador estava montando as academias que deveriam formar os professores e engenheiros responsáveis por realizar sua revolução cultural e militar. Reconhecendo as habilidades excepcionais de Fourier, não só como matemático, mas também como professor, Napoleão o indicou para assumir a educação matemática da École Polytechnique.

Napoleão estava tão impressionado com as conquistas de seu protegido que fez com que Fourier integrasse a Legião da Cultura criada para "civilizar" o Egito após a invasão francesa de 1798. A expedição foi impelida pelo desejo de Napoleão de romper a crescente supremacia colonial britânica, mas a oportunidade de estudar o mundo antigo também fazia parte do programa. Seu exército de intelectuais foi posto em ação logo após embarcar na nau capitânia *L'Orient* de Napoleão, que rumou para a África do Norte.

Todas as manhãs, Napoleão anunciava com que assunto seus embaixadores acadêmicos o deveriam entreter naquela noite. Enquanto os marinheiros trabalhavam com as cordas e velas, sob o convés Fourier e seus colegas tratavam dos temas preferidos de Napoleão, que variavam desde a idade da Terra até questão da existência de vida em outros planetas.

Ao chegarem ao Egito, nem tudo saiu como programado. Após tomar o Cairo pela força na batalha das pirâmides, em julho de 1798, Napoleão ficou frustrado ao descobrir que os egípcios não pareciam apreciar a aculturação forçada oferecida por pessoas como Fourier. Quando 300 de seus homens tiveram as gargantas cortadas durante um enfrentamento noturno, Napoleão decidiu reduzir as baixas e retornar à agitação que fermentava em Paris. Ele abandonou seu exército de intelectuais sem aviso. Fourier foi deixado desamparado no Cairo, e sua patente não lhe permitia escapar sem correr o risco de ser fuzilado por deserção, sendo forçado a ficar no deserto. Conseguiu retornar à França em 1801, depois que os franceses decidiram deixar a tarefa de "civilizar" o Egito nas mãos dos britânicos.

Enquanto esteve no Egito, Fourier se acostumou ao calor intenso do deserto. Ao voltar a Paris, mantinha os aposentos tão quentes que seus amigos os comparavam às fornalhas do inferno. Ele acreditava que o calor extremo ajudava a manter o corpo saudável e até curava certas doenças. Seus amigos o encontravam transpirando, envolto como uma múmia egípcia em um quarto tão quente quanto o Saara.

A predileção de Fourier pelo calor se estendeu aos seus trabalhos acadêmicos. Ele conquistou um lugar na história da matemática graças à análise que fez da propagação do calor, em um trabalho descrito pelo físico britânico Lord Kelvin como "um grande poema matemático". Os esforços de Fourier foram incentivados pelo anúncio da Academia de Paris de que ofereceria seu Grand Prix des Mathématiques de 1812 a quem conseguisse desvendar os mistérios da propagação do calor através da matéria. O prêmio foi concedido a Fourier em reconhecimento à originalidade e importância de suas ideias. Porém, ele também teve que suportar algumas críticas ao seu trabalho, formuladas por Legendre e outros. Os juízes do Grand Prix notaram que boa parte de seu tratado continha erros, e que a explicação matemática estava longe de ser rigorosa. Fourier ficou muito ressentido com as críticas da Academia, mas reconheceu que ainda havia trabalho por fazer.

Ao se empenhar na correção dos erros de sua análise, Fourier tentou entender a natureza dos gráficos que representavam os fenômenos físicos – por exemplo, o gráfico que demonstrava a evolução da temperatura ao longo do tempo, ou o que representava uma onda sonora. Ele sabia que o som podia ser representado por um gráfico no qual o eixo horizontal representa o tempo e o eixo vertical controla o volume e a altura do som a cada instante.

Fourier começou com um gráfico que representava o som mais simples. Se fizermos vibrar um diapasão, veremos, ao plotar a onda sonora resultante, que se trata de uma onda senoide pura, perfeita. Fourier passou a explorar o modo como poderiam ser produzidos sons mais complicados, através de combinações dessas ondas senoides puras. Se um violino tocar a mesma nota que um diapasão, o som é muito diferente. Como vimos (p.88), a corda do violino não vibra somente na frequência fundamental, determinada por seu comprimento. Existem notas adicionais, os harmônicos, que correspondem a frações simples do comprimento da corda. Os gráficos de todas essas notas adicionais também são ondas senoides, porém de frequências mais elevadas. A combinação de todas essas notas puras, dominadas pela nota fundamental, mais grave, é o que cria o som de um violino, cujo gráfico se assemelha aos dentes de uma serra.

Por que o som de uma clarineta é tão caracteristicamente diferente do de um violino que toque a mesma nota? O gráfico da onda sonora criada pela clarineta se parece a uma função de onda quadrada, como as ameias no topo da muralha de um castelo, ao invés do gráfico espiculado do violino. Essa diferença ocorre porque a clarineta é aberta em uma das extremidades, enquanto a corda do violino é fixa nas duas pontas. Assim, os harmônicos produzidos pela clarineta são distintos dos do violino, portanto o gráfico que representa seu som é formado por ondas senoides que oscilam em frequências diferentes.

Fourier percebeu que até mesmo o mais complicado dos gráficos, representando o som de uma orquestra inteira, podia ser desmembrado nas ondas senoides simples da nota fundamental e dos harmônicos de cada um dos instrumentos. Como todas as ondas sonoras puras podiam ser reproduzidas por um diapasão, Fourier provou que se tocássemos uma enorme quantidade de diapasões simultaneamente, poderíamos criar o som de uma orquestra inteira. Alguém que tivesse os olhos vendados não conseguiria diferenciar uma orquestra verdadeira de uma combinação de milhares de diapasões. Esse princípio essencial é utilizado na codificação do som em um CD: o CD instrui os alto-falantes sobre o modo como devem vibrar para criar todas as ondas senoides que constituem o som da música. Essa combinação de ondas senoides nos dá a sensação miraculosa de termos uma orquestra ou uma banda tocando ao vivo em nossa sala de estar.

O som dos instrumentos musicais não era o único que podia ser reproduzido somando-se ondas senoides puras de diferentes frequências. Por exemplo, o ruído branco criado por um rádio não sintonizado ou por uma torneira aberta pode ser representado por uma soma infinita de ondas senoides. Ao contrário das frequências distintas necessárias para reproduzir o som de uma orquestra, o ruído branco é formado por uma extensão contínua de frequências.

As concepções revolucionárias de Fourier não se limitavam à reprodução de sons. Ele passou a compreender o modo de utilizar ondas senoides para plotar gráficos que ilustravam outros fenômenos físicos ou matemáticos. Muitos dos contemporâneos de Fourier duvidavam que gráficos tão simples como o da onda senoide pudessem ser usados como blocos básicos para a construção de outros complicados, como o do som de uma orquestra ou de uma torneira aberta. De fato, muitos dos matemáticos veteranos da França manifestaram sua oposição vigorosa às ideias de Fourier. Porém, encorajado por sua prestigiada associação com Napoleão, Fourier não hesitou em desafiar as autoridades. Ele demonstrou que uma escolha apropriada de ondas senoides, oscilando em diferentes frequências, poderia ser usada para criar uma grande gama de gráficos complicados. Ao somar as alturas das ondas senoides, poderíamos reproduzir as formas desses gráficos, da mesma maneira que um CD combina os tons puros de diapasões para reproduzir sons musicais complexos.

Foi exatamente isso o que Riemann conseguiu fazer em seu artigo de dez páginas. Ele reproduziu o gráfico escalonado que contava o número de primos exatamente da mesma forma, somando as alturas das funções de onda que derivou dos zeros da paisagem zeta. Por isso, Fourier teria reconhecido a fórmula de Riemann para a contagem do número de primos como a descoberta dos tons básicos que constituem o som dos primos. Esse som complexo é representado pelo gráfico escalonado. As ondas que Riemann criou a partir dos zeros, os pontos da paisagem situados no nível do mar, eram como os sons de diapasões, notas claras e simples, sem harmônicos. Quando tocadas simultaneamente, essas ondas básicas reproduziam o som dos primos. Então, como soaria a música dos primos de Riemann? Seria como o som de uma orquestra, ou mais parecido ao ruído branco de uma torneira aberta? Se as frequências das notas de Riemann estiverem em extensão contínua, os primos formarão ruído branco. Porém, se as frequências forem notas isoladas, o som dos primos se parecerá à música de uma orquestra.

Dada a aleatoriedade dos primos, poderíamos esperar que a combinação das notas tocadas pelos zeros da paisagem de Riemann não passasse de ruído branco. A coordenada norte-sul de cada zero determina a altura de sua nota. Se o som dos primos realmente fosse ruído branco, deveria haver uma concentração de zeros na paisagem zeta. Mas Riemann sabia, desde sua dissertação para Gauss, que essa concentração de pontos no nível do mar forçaria *toda* a paisagem a se manter no nível do mar. Isso claramente não acontecia. O som dos primos não tinha nada de ruído branco. Os pontos no nível do mar tinham que ser pontos isolados, portanto deveriam produzir um conjunto de notas distintas. A natureza havia escondido nos primos a música de uma orquestra matemática.

A hipótese de Riemann — ordem a partir do caos

O trabalho de Riemann consistiu em determinar cada um dos pontos situados no nível do mar no mundo imaginário. A partir de cada ponto ele criou uma onda, como uma nota de um instrumento matemático. Ao combinar todas as ondas, obteve uma orquestra que tocava a música dos primos. A coordenada norte-sul de cada ponto no nível do mar controlava a frequência da onda — a altura na qual soava a nota correspondente. Por outro lado, a coordenada leste-oeste controlava, como descobrira Euler, o volume de cada nota tocada. Quanto maior o volume, maiores eram as flutuações de seu gráfico ondulante.

Riemann estava intrigado por saber se algum dos zeros soaria em volume significativamente mais alto que os outros. O gráfico da onda produzida por esse zero flutuaria em uma altura maior que as demais, tendo assim um papel mais importante na contagem dos primos. Afinal, a altura dessas ondas era o que controlava a diferença entre a estimativa de Gauss e o verdadeiro número de primos. Havia algum instrumento nessa orquestra de números primos que tocasse um solo cujo volume fosse mais elevado que o dos demais? Quanto mais a leste se localizasse um ponto no nível do mar, maior seria o volume da nota. Para determinar o equilíbrio da orquestra, Riemann tinha que voltar atrás e observar as coordenadas de todos os zeros de seu mapa imaginário.

De maneira surpreendente, sua análise até então havia funcionado sem que fosse preciso conhecer a localização de nenhum dos pontos no nível do mar. Ele sabia que seria fácil encontrar alguns zeros localizados a oeste, mas sua contribuição não era interessante para o som dos primos, pois não geravam nenhuma nota. Com certo desdém, os matemáticos mais tarde os chamariam de zeros triviais. O que Riemann buscava era a localização dos demais zeros.

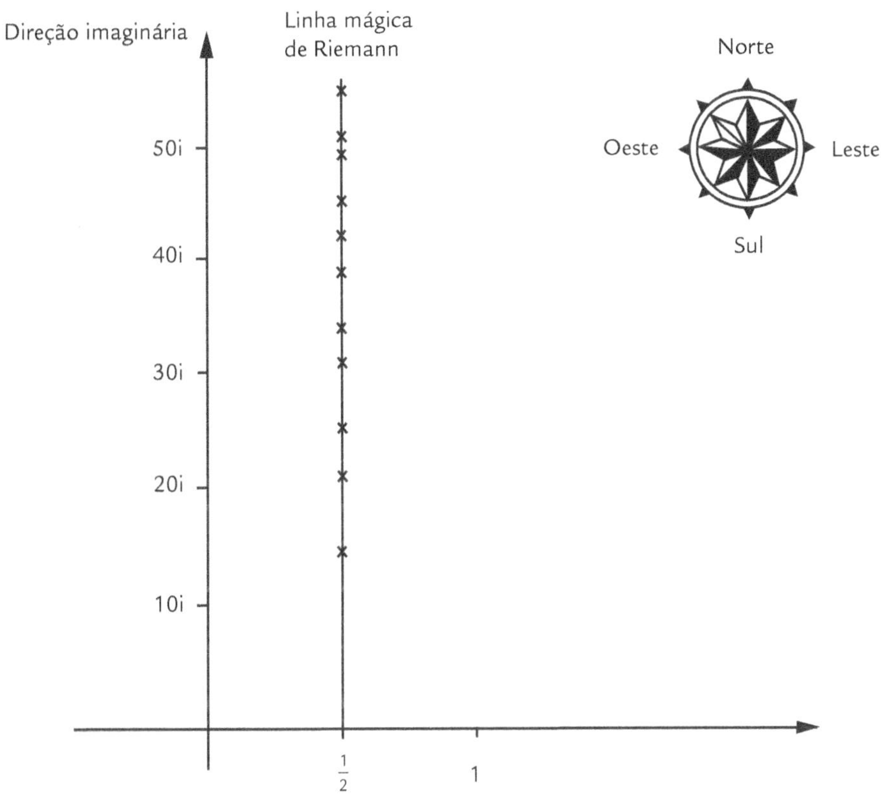

O mapa do tesouro de Riemann para os primos – as cruzes marcam as localizações dos pontos ao nível do mar na paisagem zeta

Quando começou a explorar a localização precisa desses pontos, teve uma grande surpresa. Em vez de se distribuírem aleatoriamente pelo mapa, fazendo com que algumas notas soassem com maior volume que outras, os zeros que calculou pareciam estar milagrosamente dispostos em uma linha reta que corria de norte a sul pela paisagem. Era como se todos os pontos no nível do mar tivessem a mesma coordenada leste-oeste, de valor $\frac{1}{2}$. Se isso realmente fosse verdade, as ondas correspondentes estariam perfeitamente equilibradas, sem que nenhuma nota se destacasse em relação às demais.

O primeiro zero que Riemann calculou tinha coordenadas ($\frac{1}{2}$, 14,134 725...): basta caminhar $\frac{1}{2}$ unidade em direção leste e 14,134 725 em direção norte. O zero seguinte tinha coordenadas ($\frac{1}{2}$, 21,022 040...). (O modo como ele conseguiu calcular a localização de qualquer desses zeros foi um mistério durante anos.) Riemann calculou um terceiro zero localizado em ($\frac{1}{2}$, 25,010 856). Esses zeros não pareciam estar espalhados aleatoriamente. Os cálculos de Riemann indicavam que eles se enfileiravam em uma espécie de linha mística que corria pela paisagem. Riemann especulou que o comportamento ordenado dos poucos zeros que conseguiu calcular não seria uma coincidência. Sua crença de que todos os pontos no nível do mar, em sua paisagem, se encontrariam nessa linha reta foi o que se tornou conhecido como hipótese de Riemann.

Riemann vislumbrou a imagem dos primos através do espelho que separava o mundo dos números de sua paisagem zeta. Enquanto observava, viu a distribuição caótica dos números primos de um lado do espelho se transformar na disposição estritamente ordenada dos zeros do outro lado. Riemann havia finalmente descoberto o padrão misterioso que os matemáticos haviam almejado encontrar ao olharem para os primos ao longo dos séculos.

A descoberta desse padrão foi totalmente inesperada. Riemann teve a sorte de ser a pessoa certa, no lugar certo e no momento certo: ele não poderia ter previsto o que o esperava do outro lado do espelho. Porém, o que encontrou ali transformou completamente a compreensão sobre os mistérios dos primos. Agora, os matemáticos tinham uma nova paisagem para explorar. Se pudessem navegar pela terra da função zeta e mapear os locais situados no nível do mar, os primos poderiam revelar mais de seus segredos. Riemann também havia encontrado indícios de uma espécie de linha mística que corria por essa paisagem, cujo significado chegava ao próprio coração da matemática. A importância da linha mística de Riemann pode ser julgada pelo nome que os matemáticos atuais lhe dão – a *linha crítica*. Subitamente, o quebra-cabeça da aleatoriedade dos primos no mundo real foi substituído pela tentativa de compreender a harmonia dessa paisagem imaginária através do espelho.

Como existe um número infinito de zeros, os pequenos indícios descobertos por Riemann pareciam fatos muito precários para servirem de base para uma teoria. Ainda assim, Riemann sabia que essa linha mística tinha um importante significado. Ele já sabia que o eixo leste-oeste representava uma linha de simetria para a paisagem zeta. Tudo o que ocorresse ao norte teria seu comportamento refletido ao sul. Outra descoberta muito mais significativa de Riemann foi o fato de que essa linha, que corria de norte a sul através do ponto $\frac{1}{2}$, também era uma importante linha de simetria. Isso poderia ter feito Riemann acreditar que a natureza também havia usado essa linha de simetria para ordenar os zeros.

Um fato extraordinário sobre os eventos que cercaram a grande descoberta de Riemann foi que seus cálculos sobre as localizações dos primeiros poucos zeros não aparecem em nenhuma parte do denso artigo sobre os números primos que escreveu para a Academia de Berlim. De fato, é difícil encontrar qualquer afirmação sobre essa descoberta no artigo publicado. Ele escreve que muitos dos zeros aparecem nessa linha reta, e que é "muito provável" que todos os demais também o façam. Mas Riemann admite nesse artigo que não se esforçou muito por provar sua hipótese.

Afinal, Riemann tinha como objetivo muito mais imediato provar a conjectura dos números primos de Gauss: demonstrar que a estimativa de Gauss para os primos se tornava mais precisa quanto mais elevada fosse a contagem. Embora essa prova também tenha se revelado esquiva, Riemann percebeu que, se seu palpite sobre a linha mística se mostrasse certo, isso implicaria que Gauss estava de fato correto. Conforme a descoberta de Riemann, os erros da fórmula de Gauss podiam ser descritos pela localização de todos os zeros. Quanto mais a leste estivesse um zero, mais elevado seria o volume da onda. Quanto maior seu volume, maior o erro. Aí se encontra a importância matemática da previsão de Riemann sobre a localização dos zeros. Se estivesse certo, e todos os zeros realmente se encontrassem sobre a linha mágica, então a estimativa de Gauss seria sempre incrivelmente precisa.

A publicação desse artigo de dez páginas marcou um breve período de felicidade para Riemann. Ele foi honrado com a cadeira que seus mentores Gauss e Dirichlet haviam ocupado. Suas irmãs se juntaram a ele em Göttingen, em 1857, depois da morte do outro irmão, que as havia sustentado. A companhia da família melhorou o ânimo de Riemann, que ficou menos propenso aos surtos de depressão que sofrera nos anos anteriores. Com um salário de professor, não tinha mais que suportar a pobreza de seus anos de estudante, e finalmente tinha condições de manter uma casa adequada e até mesmo uma criada, para que pudesse dedicar seu tempo à investigação das ideias que corriam por sua mente.

Contudo, Riemann nunca voltaria ao tema dos números primos. Ele seguiu sua intuição geométrica e desenvolveu uma noção da geometria do espaço que se tornaria uma das bases fundamentais para a teoria da relatividade de Einstein. Esse período de sorte culminou, em 1862, em seu casamento com Elise Koch, uma amiga de suas irmãs. Porém, menos de um mês depois, Riemann padeceu de pleurisia. A partir de então, sua saúde o molestaria constantemente, e em muitas ocasiões o matemático buscou refúgio nos campos da Itália. Ele ficou particularmente ligado a Pisa, e foi lá que nasceu, em agosto de 1863, sua única filha, Ida. Riemann apreciava as viagens à Itália não somente pelo clima ameno, mas também pelo ambiente intelectual que lá encontrava; durante sua vida, a comunidade matemática italiana foi a mais receptiva às suas ideias revolucionárias.

Em sua última visita à Itália, Riemann não estava fugindo da atmosfera úmida de Göttingen, mas de um exército invasor. Em 1866, os exércitos de Hanover e da Prússia colidiram em Göttingen. Riemann se viu desamparado em sua habitação — o velho observatório de Gauss, fora das muralhas da cidade. A julgar pelo estado em que deixou o lugar, Riemann fugiu às pressas para a Itália. O choque foi demasiado para sua constituição frágil. Sete anos após a publicação de seu artigo sobre os primos, Riemann morreu de tuberculose, com apenas 39 de idade.

Ao encontrar a desordem que Riemann deixara para trás, sua criada destruiu muitas de suas anotações não publicadas antes que os membros da faculdade de Göttingen interviessem. Os artigos que sobreviveram foram entregues à viúva de Riemann e desapareceram por muitos anos. É intrigante especular o que poderia ter sido encontrado se a criada não fosse tão dedicada na limpeza. Uma afirmação feita por Riemann no artigo de dez páginas indica que ele acreditava ser capaz de provar que a maioria dos zeros se encontrava sobre a linha mística. Seu perfeccionismo o impediu de elaborar melhor a ideia, e ele simplesmente escreveu que a prova ainda não estava pronta para ser publicada. A prova não chegou a ser encontrada entre seus artigos não publicados, e até os dias de hoje os matemáticos não foram capazes de reproduzir outra prova. As páginas perdidas de Riemann são tão instigantes quanto a alegação de Fermat de que tinha uma prova para seu último teorema.

Algumas anotações não publicadas que sobreviveram à fogueira da criada ressurgiram após 50 anos. São frustrantes, pois indicam que Riemann realmente tinha muitas provas não publicadas. Infelizmente, porém, muitos dos artigos que detalham os resultados que ele indicava compreender provavelmente se perderam para sempre no fogão de sua cozinha, aceso pela criada excessivamente dedicada.

5 A corrida matemática de revezamento: compreendendo a revolução de Riemann

> Um problema da teoria dos números é tão atemporal quanto uma verdadeira obra de arte.
>
> **David Hilbert**, Introdução de Legh Wilber Reid, *The Elements of the Theory of Algebraic Numbers*

Euclides em Alexandria. Euler em São Petersburgo. O trio de Göttingen – Gauss, Dirichlet, Riemann. O problema dos números primos passara de uma geração à outra, como o bastão de uma corrida de revezamento. As novas perspectivas de cada geração forneceram o ímpeto para outra arrancada. Cada onda de matemáticos deixou sua marca característica sobre os primos, um reflexo do ponto de vista particular de sua era sobre o mundo matemático. Entretanto, a contribuição de Riemann levou-os a um ponto tão adiante que seriam necessários quase 30 anos até que alguém tivesse condições de aproveitar seu arroubo de novas ideias.

Então, em 1885, sem qualquer aviso, parecia que o jogo chegara ao fim. Embora os rumores tenham circulado com menos velocidade que o e-mail de Bombieri, de 1º de abril, mais de um século depois, começaram a espalhar a notícia de que uma figura pouco conhecida não apenas havia tomado o bastão de Riemann, como também conseguira cruzar a linha de chegada. Um matemático holandês, Thomas Stieltjes, alegava possuir uma prova para a hipótese de Riemann – uma confirmação de que todos os zeros se encontravam sobre a linha mágica que passava por $\frac{1}{2}$.

Stieltjes era um azarão. Em seus tempos de estudante, fora reprovado três vezes nas provas da universidade, levando ao desespero seu pai, um integrante do Parlamento holandês e eminente engenheiro responsável por construir as docas de Rotterdam. Mas o fracasso de Thomas não podia ser atribuído à preguiça – ele simplesmente perdeu o foco, distraído pelo prazer de ler sobre a verdadeira matemática na biblioteca de Leiden, em vez de se empenhar no estudo dos exercícios técnicos exigidos nos exames.

Gauss era um dos autores preferidos de Stieltjes, que almejava seguir os passos do mestre. Stieltjes assumiu um cargo no observatório de Leiden, assim como fizera Gauss ao trabalhar no Observatório de Göttingen. O emprego havia surgido magicamente graças a uma conversa que o pai de Stieltjes teve com o diretor do Observatório, mas o rapaz não chegou a saber dessa pequena ajuda. Enquanto apontava seu telescópio para os céus, sua imaginação foi captada pela matemática dos movimentos celestes, e não pela medição das posições de novas estrelas. Suas ideias floresciam, e Stieltjes decidiu escrever a um dos eminentes matemáticos das famosas academias francesas, Charles Hermite.

Hermite nasceu em 1822, quatro anos antes de Riemann. Já com 60 anos, tornara-se entusiasta do trabalho de Cauchy e Riemann sobre as funções com números imaginários. A influência de Cauchy sobre Hermite não se limitava à matemática. Quando jovem, Hermite fora agnóstico, mas Cauchy, católico apostólico romano, o abordou em um momento delicado, durante uma doença grave, convertendo-o ao catolicismo. O resultado foi uma estranha mistura de misticismo matemático próximo ao culto pitagórico. Hermite acreditava que a existência matemática era um estado sobrenatural que os matemáticos mortais só conseguiam vislumbrar eventualmente.

Talvez por isso Hermite tenha respondido com tanto entusiasmo à carta enviada por um obscuro assistente do Observatório de Leiden, convencido de que esse astrônomo fora abençoado com uma visão matemática superior. Os dois logo passaram a manter uma intensa correspondência matemática em que foram trocadas 432 cartas ao longo de 12 anos. Hermite estava impressionado com as ideias do jovem holandês e, embora Stieltjes não possuísse um título, deu a ele seu apoio e esforçou-se para que fosse aceito como professor na Universidade de Toulouse. Ao comentar o trabalho de Stieltjes em uma carta, Hermite escreveu: "Você está sempre certo e eu estou sempre errado."

Foi durante essa correspondência que Stieltjes mencionou a extraordinária alegação de que teria provado a hipótese de Riemann. A fé de Hermite em seu protegido não lhe dava motivos para duvidar de que Stieltjes houvesse realmente descoberto uma prova. Afinal, ele já havia dado grandes contribuições em outras áreas da matemática.

Como a conjectura de Riemann ainda não tivera tempo para maturar, tornando-se o desafio aparentemente hermético que representa hoje, o anúncio de Stieltjes foi saudado com menos entusiasmo do que teria sido em nossos dias. Riemann não alardeara seu palpite sobre os zeros, enterrando-o profundamente em seu artigo de dez páginas, com poucos indícios experimentais para corroborá-lo. Seria necessário o advento de uma nova geração para apreciar a importância da hipótese de Riemann. Ainda assim, o anúncio de Stieltjes era emocionante, porque uma prova da hipótese de Riemann também comprovaria a "conjectura dos números primos de Gauss", que, naquele momento, era o Cálice Sagrado da teoria dos números. Até o número 1.000.000, a estimativa de Gauss para o número de primos se desviava do alvo em 0,17%. Em 1.000.000.000, a porcentagem de erro caía para 0,003%. Gauss acreditava que, à medida que a contagem se tornasse cada vez maior, a porcentagem de erro diminuiria. No final do século XIX, a conjectura de Gauss já rondava a matemática por um bom tempo, de modo que seu conquistador obteria muitas honras. As observações que corroboravam a estimativa de Gauss eram certamente bastante alentadoras.

Na época em que Stieltjes contou a Hermite sobre sua prova, o maior progresso na tentativa de se decifrar a conjectura de Gauss havia sido feito em 1850, em São Petersburgo, por onde passara Euler. O matemático russo Pafnuty Chebyshev não conseguiu provar que a porcentagem de erro entre a estimativa de Gauss e o número de primos realmente se tornava cada vez menor, mas foi capaz de demonstrar que o erro para o número de primos até N nunca seria maior que 11%, independentemente do tamanho de N. Isso pode soar ainda muito longe dos 0,003% que Gauss encontrara para o número de primos até um bilhão, mas o significado do resultado de Chebyshev estava na garantia de que, não importando a extensão da contagem, o erro não se tornaria subitamente muito grande. Antes do resultado de Chebyshev, a conjectura de Gauss havia se baseado unicamente em uma pequena quantidade de observações experimentais. A análise teórica de Chebyshev forneceu o primeiro suporte verdadeiro para a existência de uma conexão entre os logaritmos e os primos. Porém, ainda restava um longo caminho até que se provasse que a conexão permaneceria tão precisa quanto Gauss conjecturara.

Chebyshev conseguiu encontrar esse controle sobre o erro por meios puramente elementares. Riemann, trabalhando isoladamente em Göttingen com sua sofisticada paisagem imaginária, conhecia o trabalho de Chebyshev. Há indícios de que teria preparado uma carta para enviar a ele, descrevendo seu próprio progresso; as anotações de Riemann que sobreviveram contêm vários esboços nos quais ensaiava diversas grafias para o nome do russo. Não está claro se Riemann chegou a enviar a carta a ele. De qualquer maneira, o matemático russo jamais melhorou sua estimativa do erro na contagem dos primos.

Por isso, o anúncio de Stieltjes ainda era tão emocionante para os matemáticos da época. Ninguém ainda suspeitava como seria difícil provar a hipótese de Riemann, mas provar a conjectura de Gauss era uma conquista reconhecida. Hermite estava ansioso por ver os detalhes da prova de Stieltjes, mas o jovem se mostrava um tanto reticente. Sua prova ainda não estava inteiramente pronta. Apesar de ser bastante incentivado durante os cinco anos seguintes, Stieltjes não foi capaz de apresentar nada que sustentasse sua alegação. Para tentar contrabalançar a crescente frustração com a relutância de Stieltjes em explicar suas ideias, Hermite armou um subterfúgio inteligente para extrair a prova do jovem. Propôs que o Grand Prix des Sciences Mathématiques da Academia de Paris de 1890 fosse dedicado a uma prova da conjectura dos números primos de Gauss. Hermite sentou-se a esperar, confiante de que o prêmio seria concedido a seu amigo Stieltjes.

Esse era o plano de Hermite: para ganhar o prêmio não era necessário que Stieltjes fizesse algo tão impressionante quanto decifrar a hipótese de Riemann. Em vez disso, bastava mapear uma pequena seção da paisagem imaginária – a fronteira entre a paisagem de Euler e a extensão de Riemann. Bastava provar que não havia zeros nessa linha que corria de norte a sul pelo número 1. A paisagem de Riemann poderia ser usada para julgar os erros da fórmula de Gauss, que eram determinados pela distância a leste na qual se encontrava cada um dos zeros. Quanto mais a leste se encontrasse o zero, maior seria o erro. O erro seria muito pequeno se a hipótese de Riemann estivesse correta, mas a conjectura de Gauss continuaria verdadeira mesmo que a hipótese de Riemann fosse falsa – desde que todos os zeros se encontrassem estritamente a oeste da fronteira norte-sul que passa pelo número 1.

O prazo final para o prêmio já havia terminado, e Stieltjes continuava em silêncio. Mas Hermite não seria completamente decepcionado. De modo inesperado, seu aluno Jacques Hadamard se inscreveu no concurso. Embora o artigo de Hadamard não chegasse a conter uma prova completa, suas ideias foram suficientes para receber o prêmio. Incentivado pela conquista, em 1896 ele já conseguira preencher as lacunas de suas ideias anteriores. Hadamard não foi capaz de demonstrar que todos os zeros se situavam na linha crítica de Riemann sobre $\frac{1}{2}$, mas provou que não havia zeros a leste da fronteira que passa pelo número 1.

Finalmente, um século após a descoberta de Gauss sobre a conexão entre os primos e a função logarítmica, a matemática tinha uma prova da conjectura dos números primos de Gauss. Não mais uma conjectura, daí em diante passou a ser chamada de teorema dos números primos. A prova foi o resultado mais significativo sobre os primos desde que os gregos confirmaram que eles existiam em número infinito. Jamais seremos capazes de contar até os confins mais distantes do universo dos números, mas Hadamard provou que não haverá nenhuma surpresa esperando algum intrépido viajante. Os primeiros indícios experimentais descobertos por Gauss não eram um truque preparado pela natureza.

Hadamard nunca teria realizado sua conquista sem o empurrão inicial de Riemann. Suas ideias para a prova estavam permeadas pela análise de Riemann da paisagem zeta, mas ainda faltava muito para provar a conjectura de Riemann. No artigo em que explica sua prova, Hadamard reconhece que seu trabalho não se comparava ao feito de Stieltjes, que, até sua morte em 1894, ainda alegava ter uma prova da hipótese de Riemann. Stieltjes foi o primeiro de uma longa sequência de matemáticos respeitáveis que anunciaram provas mas não apresentaram os resultados.

Hadamard logo ficou sabendo que teria que compartilhar a glória da prova do teorema dos números primos. Simultaneamente, um matemático belga, Charles de la Vallée-Poussin, também encontrara uma prova. A grande façanha de Hadamard e de la Vallée-Poussin marcou o início de uma jornada que continuaria durante o século XX, com matemáticos ávidos por avançar na investigação da paisagem de Riemann. Os dois haviam estabelecido o acampamento-base, preparando a grande ascensão rumo à linha crítica de Riemann. Foi durante esse período que o problema assumiu sua posição como o Everest da exploração matemática, embora, ironicamente, sua prova dependesse da navegação dos pontos mais baixos da paisagem zeta. Agora que o teorema dos números primos de Gauss fora finalmente demarcado, chegava o momento para que o grande problema de Riemann emergisse da profundidade obscura de seu denso artigo de Berlim.

Um outro habitante de Göttingen, David Hilbert, foi quem chamou a atenção do mundo para a admirável concepção de Riemann. Esse matemático carismático foi o principal responsável por lançar o século XX em direção à conquista definitiva da hipótese de Riemann.

Hilbert, o Flautista de Hamelin da matemática

A cidade de Königsberg, na Prússia, havia conquistado alguma notoriedade matemática durante o século XVIII graças ao enigma das pontes, que Euler resolvera em 1735. No final do século XIX, voltou a figurar no mapa matemático por ser a cidade natal de David Hilbert, um dos gigantes da matemática do século XX.

Embora Hilbert gostasse muito de sua cidade, percebia que a chama matemática queimava com mais intensidade dentro das muralhas de Göttingen. Graças ao legado de Gauss, Dirichlet, Dedekind e principalmente Riemann, Göttingen se tornara a Meca da matemática. Talvez mais que qualquer outra pessoa na época, Hilbert apreciava a mudança de ares matemáticos que Riemann havia trazido. Riemann percebeu que tentar entender as estruturas e padrões que formavam a base do mundo matemático era mais proveitoso que se concentrar em fórmulas e cálculos maçantes. Os matemáticos passaram a escutar a orquestra matemática de uma nova maneira. Não mais obcecados com as notas individuais, começaram a ouvir a música subjacente aos objetos que estudavam. Riemann havia iniciado um renascimento do pensamento matemático, que se firmou durante a geração de Hilbert. Em 1897, Hilbert escreveu que pretendia implementar "o princípio de Riemann, segundo o qual as provas seriam impelidas unicamente pelo pensamento, e não pela computação".

Hilbert deixou sua marca nos círculos acadêmicos da Alemanha fazendo exatamente isso. Quando criança, aprendera que os gregos haviam provado a existência de um número infinito de primos, necessários para construir todos os números possíveis. Durante seus anos de estudante, Hilbert havia lido que as coisas se apresentavam de maneira diferente se considerássemos equações, e não números. No final do século XIX surgira o desafio de demonstrar que, diferentemente dos primos, havia um número finito de equações que poderiam ser usadas para gerar certas séries infinitas de equações. Os matemáticos da época de Hilbert tentavam provar essa afirmação construindo as equações com muito esforço. Hilbert chocou seus contemporâneos com uma prova de que essa série finita de blocos fundamentais deveria existir, embora ele não conseguisse construí-la. Da mesma forma que o professor da escola de Gauss, que ficara incrédulo ao ver que o aluno havia somado habilmente os números de 1 a 100, os superiores de Hilbert duvidavam seriamente de que fosse possível explicar a teoria das equações a não ser com trabalho manual.

Foi um desafio considerável à ortodoxia matemática da época. Se não era possível ver a lista finita, era difícil aceitar sua realidade, embora a prova confirmasse que ela deveria existir. Para os que ainda estavam ligados à tradição francesa de equações e fórmulas explícitas, era desconcertante ouvir que algo não podia ser visto, embora certamente existisse. Paul Gordan, um dos grandes nomes dessa área, declarou sobre o trabalho de Hilbert: "Isso não é matemática. É teologia." Hilbert manteve sua posição, embora ainda tivesse menos de trinta anos de idade. Por fim, aceitou-se que Hilbert estava certo, e até mesmo Gordan cedeu: "Tive que me convencer que a teologia tem seus méritos." Então, Hilbert se voltou para o estudo dos números, algo que descrevia como "um edifício de rara beleza e harmonia".

Em 1893, a Sociedade Matemática Alemã lhe pediu que escrevesse um relato sobre a situação da teoria dos números na virada do século. Era uma tarefa intimidante para alguém com pouco mais de 30 anos de idade. Cem anos antes, o assunto praticamente não existia como entidade coesa. O livro *Disquisitiones Arithmeticae* de Gauss, publicado em 1801, desvendara um campo tão fértil que, ao final do século, a teoria dos números havia florescido a ponto de se tornar hipertrofiada. Em busca de ajuda para domar o assunto, Hilbert juntou-se a um velho amigo, Hermann Minkowski. Os dois se conheciam desde o tempo em que estudaram juntos em Königsberg. Minkowski havia deixado sua marca na teoria dos números ao vencer o Grand Prix des Sciences Mathématiques aos 18 anos. Ele ficou muito satisfeito por trabalhar em um projeto que despertaria o que chamava de "melodias insinuantes dessa música poderosa". Sua colaboração instigou a paixão de Hilbert pelos primos, que, segundo Minkowski, seriam "completamente dissecados por sua análise".

A "teologia" de Hilbert lhe valeu um grande respeito entre influentes matemáticos europeus. Em 1895, recebeu uma carta de um professor de Göttingen, Felix Klein, que lhe oferecia um cargo na venerada universidade. Hilbert não hesitou, aceitando imediatamente. Durante a reunião para discutir sua indicação, a faculdade questionou o apoio de Klein e especulou que não estaria designando um homem submisso, que não fizesse jus à posição. Klein lhes assegurou que, ao contrário, havia "convidado a mais difícil das pessoas". Naquele outono, Hilbert seguiu para a cidade onde Riemann, sua fonte de inspiração, havia lecionado, esperando contribuir para o progresso da revolução matemática.

Em pouco tempo, os membros da faculdade perceberam que Hilbert não se contentava em desafiar apenas as ortodoxias matemáticas. As esposas dos professores ficaram chocadas com o comportamento do recém-chegado. Segundo uma delas, "ele está perturbando tudo por aqui. Fiquei sabendo que, certa noite, foi visto no fundo de um restaurante jogando bilhar com os alunos". Com o passar do tempo, Hilbert passou a ganhar os corações das damas de Göttingen, adquirindo uma reputação de mulherengo. Em sua festa de aniversário de 50 anos, seus alunos cantaram uma música com um verso para cada letra do alfabeto, detalhando as conquistas de Hilbert.

O professor boêmio comprou uma bicicleta, à qual ficou profundamente ligado. Muitas vezes podia-se vê-lo pedalar pelas ruas de Göttingen, levando flores de seu jardim para alguma de suas amantes. Dava aulas com camisa de mangas, algo nunca visto na época. Em restaurantes frios, pedia emprestadas as echarpes de plumas das mulheres. Não estava claro se Hilbert cultivava deliberadamente as controvérsias ou se apenas buscava a solução mais óbvia para cada problema. Porém, era evidente que sua mente estava mais centrada nas questões matemáticas que nas finesses da etiqueta social.

Hilbert montou um quadro-negro de seis metros em seu jardim. Nele, enquanto cuidava das flores e fazia acrobacias na bicicleta, rabiscava sua matemática. Hilbert adorava festas e sempre tocava música em alto volume, escolhendo a maior agulha possível para seu fonógrafo. Quando finalmente pôde presenciar Caruso cantando ao vivo, ficou frustrado: "Caruso canta com a agulha pequena." Mas a matemática de Hilbert era muito maior que suas excentricidades pessoais. Em 1898, sua atenção se desviou da teoria dos números para o desafio da geometria. Hilbert ficara intrigado com os novos tipos de geometria propostos por diversos matemáticos durante o século XIX, que alegavam violar um dos axiomas fundamentais da geometria proposta pelos gregos. Graças a sua firme crença no poder da abstração matemática, a realidade física dos objetos lhe era irrelevante, e Hilbert passou a estudar as conexões e estruturas abstratas subjacentes a essas novas geometrias. O que importava era a relação entre os objetos. Certa vez, Hilbert fez a famosa declaração de que a teoria geométrica faria sentido mesmo que os pontos, retas e planos fossem substituídos por mesas, cadeiras e canecas de cerveja.

Um século antes, Gauss havia refletido sobre o desafio proposto por esses novos modelos geométricos, mas hesitou em expressar seus pensamentos heréticos. Era simplesmente impossível que os gregos estivessem errados. Contudo, passou a questionar um dos axiomas fundamentais da geometria euclidiana, sobre a existência de retas paralelas. Euclides havia considerado a seguinte questão: se desenharmos uma reta, e então um ponto fora dessa reta, quantas retas paralelas à primeira passarão por esse ponto? Para Euclides, a resposta óbvia era que havia uma, e apenas uma, reta paralela.

Aos 16 anos de idade, Gauss já começara a especular sobre a possibilidade da existência de geometrias igualmente consistentes e válidas nas quais não existissem coisas como retas paralelas. Além da geometria de Euclides e dessa nova geometria sem retas paralelas, poderia haver até uma terceira classe de geometria, na qual existisse mais de uma reta paralela. Se assim fosse, nela, a soma dos ângulos de um triângulo não resultaria em 180 graus, algo que os gregos acreditavam ser impossível. Se havia diversas geometrias possíveis, pensou Gauss, qual delas descrevia melhor o mundo físico? Os gregos certamente acreditavam que seu modelo fornecia uma descrição matemática da realidade física. Porém, Gauss não estava nem um pouco convencido de que os gregos estivessem certos.

Quando mais velho, enquanto inspecionava o Estado de Hanover, Gauss usou algumas das medições que havia feito nas vizinhanças de Göttingen para descobrir se um triângulo formado por raios de luz emitidos a partir de três colinas não contradiria Euclides, por ter ângulos cuja soma fosse diferente de 180 graus. Gauss acreditava que a linha seguida por um raio de luz poderia se curvar no espaço. Talvez o espaço tridimensional fosse curvo, como a superfície bidimensional do globo terrestre. Ele tinha em mente os grandes círculos, como as linhas de longitude, ao longo dos quais é medido o menor caminho entre dois pontos na superfície da Terra. Nessa geometria bidimensional não existem linhas de longitude paralelas, pois todas se encontram nos polos. Ninguém havia considerado a ideia de que o espaço tridimensional também poderia se curvar.

Atualmente sabemos que Gauss trabalhava em uma escala muito pequena para conseguir observar qualquer curvamento significativo do espaço que pudesse se opor à visão de mundo euclidiana. A suposição de Gauss foi confirmada em 1919, durante o eclipse solar no qual Arthur Eddington observou o curvamento da luz vinda das estrelas. Gauss não chegou a publicar suas ideias, talvez porque suas novas geometrias não parecessem estar de acordo com o objetivo da matemática, que era representar a realidade física. Os amigos a quem Gauss chegou a mencionar suas ideias prometeram manter sigilo sobre a questão.

A ideia dessas geometrias só foi proposta publicamente na década de 1830, pelo russo Nikolai Ivanovic Lobachevsky e o húngaro János Bolyai. A descoberta dessas geometrias não euclidianas, como Gauss as chamava, não estremeceu as bases da matemática como ele temia; ao contrário, foi simplesmente descartada por ser excessivamente abstrata. Por isso, foram ignoradas por muitos anos. Contudo, na época de Hilbert já começavam a emergir como uma manifestação perfeita de sua abordagem mais abstrata do mundo matemático.

Alguns matemáticos alegavam que qualquer geometria que não satisfizesse a concepção de Euclides sobre as retas paralelas deveria conter alguma contradição oculta que causaria seu colapso. À medida que Hilbert explorava essa possibilidade, percebeu que havia uma estreita ligação lógica entre a geometria euclidiana e a não euclidiana. Ele descobriu que as geometrias não euclidianas só poderiam conter contradições se a geometria euclidiana também as contivesse. Isso parecia representar algum progresso. Os matemáticos da época acreditavam que a geometria de Euclides era logicamente coerente. A descoberta de Hilbert mostrava que os modelos não euclidianos tinham os mesmos fundamentos lógicos. Se uma das geometrias colapsasse, todas as demais seriam derrubadas com ela. Mas então, Hilbert teve um lampejo desconcertante. Ninguém jamais havia realmente *provado* que a geometria euclidiana não continha contradições.

Hilbert passou a pensar em maneiras de provar que a geometria de Euclides não continha contradições. Não havia sido encontrada nenhuma nos dois mil anos desde a época de Euclides, mas isso não significava que elas não existissem. Hilbert decidiu que a primeira coisa a fazer era remodelar a geometria nos termos de fórmulas e equações. Essa prática havia sido iniciada por Descartes (daí o nome geometria cartesiana) e adotada pelos matemáticos franceses do século XVIII. A geometria podia ser reduzida à aritmética pelo uso de equações que descreviam as retas e pontos, e os pontos podiam ser convertidos em números pela descrição de suas coordenadas no espaço. Os matemáticos acreditavam que a teoria dos números não continha contradições; assim, Hilbert esperava resolver a questão das contradições na geometria euclidiana ao substituir a geometria pelos números.

Porém, em vez de solucionar o problema, Hilbert descobriu algo ainda mais desconcertante: ninguém havia realmente provado que a teoria dos números não continha, ela própria, contradições. Hilbert ficou subitamente inquieto. O fato de que a matemática houvesse funcionado durante séculos, tanto em teoria quanto na prática, sem gerar contradições, havia dado aos matemáticos confiança no que faziam. "Vá em frente, e a fé virá até você" era a resposta dada por Jean Le Rond d'Alembert, um matemático francês do século XVIII, àqueles que questionavam os fundamentos da disciplina. Para os matemáticos, a existência dos números que estudavam era tão real quanto os organismos classificados pelos biólogos. Os matemáticos haviam se dedicado firmemente a seu trabalho, fazendo deduções a partir das concepções que julgavam ser verdades autoevidentes sobre os números. Ninguém havia considerado a possibilidade de que essas concepções pudessem levar a contradições.

Hilbert havia sido jogado cada vez mais para trás, e agora tinha que questionar as próprias bases sobre as quais a matemática fora construída. Uma vez feita a pergunta, era impossível ignorar esses problemas fundamentais. O próprio Hilbert acreditava que jamais seriam encontradas contradições, e que os matemáticos estavam equipados para dirimir quaisquer dúvidas, provando que a disciplina se apoiava em uma estrutura firme. Com sua pergunta, a matemática atingiu a maturidade. O século XIX havia observado uma transição na matemática, que deixara de ser um instrumento prático para a ciência, tornando-se a busca teórica por verdades fundamentais, mais parecida à filosofia de um antigo habitante de Königsberg, Immanuel Kant. A partir de suas deliberações sobre a própria base da disciplina, Hilbert lançou a nova prática da matemática abstrata. Sua nova abordagem caracterizaria a matemática do século XX.

No final do ano de 1899, foi dada a Hilbert a oportunidade perfeita para compilar as alterações profundas que suas ideias estavam provocando sobre a geometria, a teoria dos números e os fundamentos lógicos da matemática. Ele recebeu um convite para dar uma das principais palestras do Congresso Internacional de Matemáticos, que seria realizado em Paris no ano seguinte. Era uma grande honra para um matemático que ainda não havia completado 40 anos de idade.

Hilbert sentiu-se intimidado pela responsabilidade de se dirigir à comunidade matemática no início do novo século. Era um momento que exigia uma palestra realmente especial, que fizesse jus à ocasião. Ele consultou seus amigos sobre a ideia de usar a palestra para especular sobre o futuro da matemática. Essa abordagem não era nada convencional, contradizendo a regra tácita de que somente ideias completas e inteiramente formadas deveriam ser explicitadas. Seria necessária uma certa audácia para abrir mão da segurança conferida pela apresentação de provas de teoremas estabelecidos, voltando-se à especulação sobre as incertezas do futuro. Mas Hilbert nunca fora do tipo que se intimidava frente a controvérsias. Por fim, decidiu desafiar a comunidade internacional com o que ainda não havia sido provado, em vez de apresentar provas terminadas.

Hilbert ainda tinha dúvidas. Seria sensato usar aquela ocasião para tentar algo tão original? Talvez fosse melhor seguir as convenções e falar sobre suas conquistas, em vez de assuntos que não conseguira resolver. Devido a essa protelação, Hilbert perdeu o prazo para enviar o título de sua palestra, e não foi listado entre os palestrantes do congresso. No verão de 1900, seus amigos temiam que ele pudesse perder completamente essa oportunidade maravilhosa de apresentar suas ideias, mas por fim todos eles receberam em seus escritórios o texto da palestra de Hilbert. Chamava-se simplesmente "Problemas matemáticos".

Hilbert acreditava que os problemas eram a força vital da matemática, mas deveriam ser escolhidos com cuidado. "Um problema matemático deve ser difícil, de modo a nos desafiar", escreveu, "mas não completamente inacessível, ou zombaria de nossos esforços. Deve servir como uma referência pelos caminhos intrincados que levam às verdades ocultas, mas, em última análise, deve nos lembrar do prazer que encontramos em sua solução." Os 23 problemas que decidiu apresentar foram selecionados de modo a suprir perfeitamente esse critério estrito. No tórrido calor de agosto na Sorbonne, em Paris, Hilbert se levantou para proferir sua palestra e desafiar os exploradores matemáticos do novo século.

No final do século XIX, muitas áreas do conhecimento haviam sido influenciadas pelo movimento filosófico do proeminente fisiologista Emil du Bois-Reymond, que afirmava haver limites em nossa capacidade de compreender a natureza. O emblema dos círculos filosóficos era a frase "*Ignoramus et ignorabimus*" – somos ignorantes e continuaremos ignorantes. Porém, o sonho de Hilbert para o novo século era eliminar esse pessimismo. Ele terminou sua introdução aos 23 problemas com um grito de guerra animador: "Esta convicção na possibilidade de resolver todos os problemas matemáticos é um poderoso incentivo ao homem que trabalha. Escutamos, dentro de nós, o chamado perpétuo: existe um problema; busque sua solução. É possível encontrá-la através da razão pura, pois na matemática não há *ignorabimus*."

Os problemas que Hilbert deixou aos matemáticos do novo século apreenderam o espírito revolucionário de Bernhard Riemann. Os dois primeiros problemas da lista de Hilbert debatiam questões fundamentais com as quais ele havia ficado obcecado, mas os demais se estendiam ao longo de todo o horizonte matemático. Alguns deles eram projetos abertos, de longo prazo, em vez de questões que aparentassem ter respostas simples. Um deles estava relacionado ao sonho de Riemann de que seria possível responder as questões fundamentais da física usando-se apenas a matemática.

O quinto problema surgiu da noção de Riemann de que as diferentes áreas da matemática, tais como álgebra, análise e geometria, estavam intimamente relacionadas e não podiam ser compreendidas isoladamente.

Riemann havia demonstrado que era possível deduzir propriedades algébricas de equações a partir da geometria dos gráficos definidos por elas. Fora necessária alguma coragem para se opor ao dogma de que a álgebra e a análise deveriam ser afastadas do potencial enganador da geometria. É por isso que pessoas como Euler e Cauchy eram tão contrárias à representação gráfica dos números imaginários. Para eles, esses números eram soluções para equações como $x^2 = -1$, e não deveriam ser confundidos com imagens. Para Riemann, contudo, era óbvio que as disciplinas estavam conectadas.

Hilbert mencionou o último teorema de Fermat ao preparar o anúncio de seus 23 problemas. É curioso notar que, apesar da percepção do público, até mesmo no tempo de Hilbert, de que esse problema era uma das grandes questões não resolvidas da matemática, Hilbert não o incluiu como uma de suas escolhas. Para ele, esse era "... um exemplo marcante do efeito inspirador que um problema muito especial, e aparentemente sem importância, pode ter sobre a ciência". Gauss havia expressado o mesmo sentimento ao afirmar que poderíamos escolher diversas outras equações e nos perguntar se teriam ou não soluções. Não havia nada de especial na escolha de Fermat.

Hilbert se inspirou na crítica de Gauss ao último teorema de Fermat para enunciar seu décimo problema: existiria algum algoritmo (um procedimento matemático que funciona de modo semelhante a um programa de computador) que permitisse determinar, em uma quantidade finita de tempo, se qualquer equação tem soluções? Hilbert esperava que essa questão afastasse a atenção dos matemáticos de questões específicas e os convencesse a se concentrar no abstrato. Por exemplo, ele sempre apreciara o modo como Gauss e Riemann haviam inspirado uma nova perspectiva sobre os primos. Os matemáticos não estavam mais obcecados em estabelecer se um determinado número era primo — em vez disso, tentavam entender a música que fluía por todos os primos. Hilbert esperava que sua questão sobre as equações tivesse um efeito semelhante.

Embora um jornalista presente no congresso tenha descrito a discussão resultante como "errática", isso estava mais relacionado ao clima opressivo de agosto que ao interesse intelectual provocado pela palestra de Hilbert. Segundo um comentário de Minkowski, o melhor amigo de Hilbert, "com essa palestra, que certamente será lida por todos os matemáticos do mundo, sem exceção, a atração de Hilbert com relação aos jovens matemáticos aumentará". O risco que Hilbert correu ao apresentar uma palestra tão inusitada firmou sua reputação no século XX como o pioneiro de um novo pensamento matemático. Minkowski acreditava que esses 23 problemas teriam uma influência enorme, e disse a Hilbert: "Você realmente garantiu seu lugar na matemática do século XX." Essas palavras foram proféticas.

O oitavo item dessa lista de problemas amplos e abrangentes era bastante específico: provar a hipótese de Riemann. Em uma entrevista, Hilbert explicou que considerava a hipótese de Riemann o problema mais fundamental "não só da matemática – mas em termos absolutos". Na mesma entrevista, perguntaram-lhe qual seria, em sua opinião, o mais importante avanço tecnológico: "Capturar uma mosca na Lua. Pois os problemas auxiliares que teriam que ser resolvidos para atingir esse resultado implicariam a solução de quase todas as dificuldades materiais da humanidade." Uma análise visionária, dada a maneira como o século XX se desenvolveu.

Hilbert acreditava que uma prova para a hipótese de Riemann proporcionaria à matemática o mesmo que a captura da mosca lunar à tecnologia. Após apresentar a hipótese como o oitavo problema, explicou ao Congresso Internacional que a compreensão plena da fórmula de Riemann para os primos nos permitiria entender muitos outros mistérios desses números. Ele mencionou tanto a conjectura de Goldbach como o problema da existência de infinitos primos gêmeos. O interesse por provar a hipótese de Riemann tinha duas partes: além de fechar um capítulo da história da matemática, abriria muitas outras portas.

Hilbert acreditava que a hipótese de Riemann não resistiria a uma prova por tanto tempo. Em uma palestra que deu em 1919, declarou estar confiante de que viveria para vê-la decifrada, e afirmou que o integrante mais jovem da plateia talvez ainda presenciasse a prova do último teorema de Fermat. Porém, Hilbert previu corajosamente que nenhum dos presentes estaria vivo para presenciar a solução do sétimo problema de sua lista – saber se 2 elevado à raiz quadrada de 2 seria a solução de alguma equação. O poder de previsão de Hilbert não se comparava a suas grandes percepções matemáticas. Em dez anos, o sétimo problema já havia caído. É também improvável que algum jovem estudante que houvesse comparecido a sua palestra de 1919 tenha vivido para presenciar a prova de Andrew Wiles do último teorema de Fermat em 1994. Apesar do progresso estimulante observado nas últimas décadas, é possível que a hipótese de Riemann ainda não tenha sido resolvida quando Hilbert despertar, como Barba-Ruiva, de seu sono de 500 anos.

Houve uma ocasião em que Hilbert pensou que não teria que esperar tanto tempo. Certo dia, recebeu um artigo de um aluno que se propunha a provar a hipótese de Riemann. Em pouco tempo Hilbert encontrou uma falha na prova, mas o método o impressionou. Tragicamente, o estudante morreu um ano depois, e pediram a Hilbert que discursasse durante o velório. Ele louvou as ideias do rapaz, com a esperança de que algum dia pudessem estimular uma prova para a grande conjectura. Então, com as palavras "considere por um momento uma função definida por números imaginários...", em uma digressão completamente inapropriada que ilustra o estereótipo do matemático desligado da realidade social, Hilbert se lançou sobre os detalhes da prova incorreta. Verdadeira ou não, a história é plausível. Os matemáticos podem às vezes se tornar monotemáticos.

A palestra de Hilbert levantou a hipótese de Riemann rapidamente ao centro das atenções; ela passou a ser vista como um dos grandes problemas não resolvidos da disciplina. Embora a obsessão de Hilbert com a hipótese não tenha gerado qualquer contribuição direta para sua solução, o novo programa proposto para o século XX seria muito influente. Até mesmo suas questões sobre física e indagações essenciais sobre os axiomas da matemática ajudariam a aprimorar, ao final do século, nossa compreensão sobre os primos. Enquanto isso, porém, Hilbert foi responsável por levar a Göttingen um matemático que seria o seguinte a carregar o bastão passado de Gauss a Dirichlet, e posteriormente deste a Riemann.

Landau, o mais difícil dos homens

Com a trágica e precoce morte de Minkowski, o amigo mais próximo de Hilbert, abriu-se uma vaga em Göttingen. Com apenas 45 anos, Minkowski sofreu uma apendicite devastadora. Hilbert havia acabado de resolver o problema de Waring, relacionado à expressão de números como somas de cubos, quartas potências e assim por diante. Sabia que Minkowski apreciaria o resultado, pois era uma extensão do trabalho com o qual ele próprio ganhara o Grand Prix des Sciences Mathématiques da Academia Francesa com apenas 18 anos de idade. "Até no leito do hospital, à beira da morte, ele se preocupava por não poder comparecer ao próximo seminário, quando eu debateria minha solução para o problema de Waring."

A morte de Minkowski afetou Hilbert profundamente. Um estudante de Göttingen comentou sobre o fato: "Eu estava na aula quando Hilbert nos contou da morte de Minkowski, e Hilbert chorou. Pela posição elevada que os professores ocupavam naqueles dias, e à distância entre ele e os alunos, quase ficamos mais chocados em ver Hilbert chorar do que em saber da morte de Minkowski." Hilbert estava empenhado em encontrar um sucessor cuja paixão pela teoria dos números fosse tão grande quanto a de Minkowski.

O homem escolhido por Hilbert, Edmund Landau, não era uma pessoa fácil. O departamento estava dividido entre dar a vaga a ele ou a outra pessoa. Hilbert perguntou a seus colegas: "Qual dos dois é o mais difícil?" Quando lhe disseram que Landau era, sem dúvida, o mais difícil, Hilbert disse que ele deveria ser o escolhido para Göttingen. Naquele departamento não deveriam entrar homens submissos. Hilbert queria colegas que desafiassem tanto as convenções sociais quanto as matemáticas.

Landau era duro com seus alunos, e fez jus à fama de genioso. Os estudantes temiam aceitar os convites para passar finais de semana em sua casa, onde tinham de satisfazer a paixão do professor por jogos matemáticos. Um aluno recém-casado de Landau estava prestes a partir em lua de mel. O trem já deixava a estação de Göttingen quando Landau irrompeu pela plataforma, jogou o manuscrito de seu último livro pela janela do vagão e exigiu: "Quero vê-lo revisado quando você voltar!"

Landau não tardou em assumir o papel de sucessor da tradição de Riemann e Gauss, e foi a principal figura europeia a desenvolver o trabalho iniciado por de la Vallée-Poussin e Hadamard. Seu temperamento se

Edmund Landau (1877-1938)

adequava perfeitamente ao trabalho de partir do acampamento-base que os antecessores haviam estabelecido e arremeter em direção às alturas do monte Riemann. Para provar o teorema dos números primos de Gauss, Hadamard e de la Vallée-Poussin haviam demonstrado que não havia zeros na fronteira norte-sul que passava pelo número 1. Desta vez, o desafio era provar que não havia zeros antes de atingirmos a linha crítica de Riemann que passava por $\frac{1}{2}$.

Nessa expedição, Landau teve a companhia de Harald Bohr, que vivia em Copenhagne, mas era um dos peregrinos que regularmente cruzavam a Europa até Göttingen. O irmão de Bohr, Niels, terminaria por se tornar mundialmente famoso como um dos criadores da teoria da física quântica. Harald já ficara conhecido por ser um dos principais jogadores da equipe dinamarquesa de futebol, conquistando a medalha de prata nos Jogos Olímpicos de 1908.

Juntos, Landau e Bohr fizeram o primeiro avanço substancial na navegação dos pontos no nível do mar da paisagem de Riemann. Eles conseguiram demonstrar que a maior parte dos zeros estaria amontoada na linha crítica de Riemann. Os dois consideraram a quantidade de zeros que havia entre 0,5 e 0,51 e a compararam ao número de zeros fora dessa estreita faixa de terra, conseguindo provar que ali estava concentrada ao menos uma grande proporção dos zeros. Riemann havia previsto que todos os zeros estariam nessa linha que atravessa $\frac{1}{2}$. Landau e Bohr não foram capazes provar algo tão definitivo, mas fizeram algum progresso.

Para que o argumento funcionasse, a faixa não precisava ter necessariamente uma largura de 0,01. Por mais estreita que fosse, até mesmo com uma largura de, digamos, $1/10^{30}$, Landau e Bohr conseguiam provar que a maioria dos zeros estava dentro dessa banda vertical de terra. Ainda assim, para a frustração de ambos, isso não significava que a maioria dos zeros estaria realmente sobre a linha de Riemann que passa por $\frac{1}{2}$, o que Riemann alegava poder provar, embora nunca o tenha publicado. Isso pode parecer contraintuitivo. Se todos os zeros se encontram em uma faixa infimamente estreita, por que não podemos concluir que a maior parte se encontra de fato sobre a linha crítica? Esses são os mistérios da matemática. Suponhamos, por exemplo, que para cada número N existam 10^N zeros na banda estreita entre $\frac{1}{2} + 1/10^{N+1}$ e $\frac{1}{2} + 1/10^N$. Essa disposição teórica satisfaria o resultado determinado por Bohr e Landau sem que nenhum dos zeros precisasse estar sobre a linha crítica que cruza $\frac{1}{2}$.

Nessa época, Göttingen começava a fazer jus à frase inscrita na prefeitura da cidade, onde se lia que fora de suas muralhas medievais não havia vida. A influência de Hilbert, acima de tudo, transformara a tranquila cidade universitária de Riemann no grande motor matemático do início do século XX. Nos tempos de Riemann, Berlim era o lugar em que a energia intelectual se destacava, mas quando foi oferecido a Hilbert um cargo na Universidade de Berlim, ele o rejeitou. A pequena vila medieval imbuída da herança de Gauss era o ambiente perfeito para a atividade matemática.

Hilbert conseguiu levar a Göttingen os melhores matemáticos do mundo graças ao dinheiro doado por um professor de matemática, Paul Wolfskehl, que morreu em 1908. Em seu testamento, Wolfskehl havia deixado 100 mil marcos como prêmio à primeira pessoa que apresentasse uma prova do último teorema de Fermat. Esse foi o prêmio de que Wiles ouvira falar quando criança e que estimulou seu interesse por provar o enigma de Fermat. (O prêmio em dinheiro que Wiles recebeu por sua prova estava significativamente desvalorizado pela hiperinflação que ocorreu na Alemanha após as duas guerras mundiais.) O testamento de Wolfskehl estipulava que a cada ano passado sem que surgisse uma prova para o teorema, os juros gerados pelo dinheiro deveriam ser usados para custear a presença de visitantes a Göttingen.

Landau se responsabilizou por verificar as soluções enviadas à faculdade de Göttingen. A tarefa acabou por se tornar tão trabalhosa que Landau começou a repassar os manuscritos a seus alunos, juntamente com uma carta padrão de rejeição que deveriam completar. Ela dizia: "Obrigado por sua solução para o último teorema de Fermat. O primeiro erro ocorre na página ..., na linha ... ." Hilbert assumiu o trabalho, muito mais prazeroso, de gastar os juros gerados pelo prêmio em dinheiro não reclamado. Isso lhe deu flexibilidade para levar muitos matemáticos a Göttingen, a tal ponto que ele esperava que o último teorema de Fermat se mantivesse sem uma prova. "Por que iríamos matar a galinha dos ovos de ouro?", questionava.

Considerava-se que qualquer jovem matemático que quisesse ter um lugar no mundo deveria primeiro passar por Göttingen. Um estudante comparou a influência de Hilbert sobre a matemática com escutar "a doce melodia do Flautista de Hamelin ... seduzindo tantos ratos a acompanhá-lo para as profundezas do rio da matemática". Não é de surpreender que muitos desses ratos matemáticos viessem das academias da Europa Continental que haviam florescido durante as revoluções políticas e intelectuais que varreram o continente durante o século XIX.

Por outro lado, a Grã-Bretanha sofria de sua tradicional incapacidade em absorver boas ideias vindas do continente. Assim como o litoral inglês havia resistido de maneira notável à agitação política da Revolução Francesa, a matemática da Inglaterra deixou passar a revolução de Riemann. Os números imaginários ainda eram considerados uma perigosa noção continental. De fato, a matemática inglesa não florescera significativamente desde a disputa, no século XVII, entre Newton e Leibniz sobre quem receberia o crédito pela descoberta do cálculo. Embora Newton tenha sido o primeiro, o progresso matemático de seu país foi prejudicado por muitos anos pela sua recusa em reconhecer a superioridade do desenvolvimento de Leibniz quanto ao tema. Entretanto, as coisas estavam para mudar.

Hardy, o esteta matemático

Em 1914, Landau e Bohr completaram seu trabalho, no qual demonstravam que a maioria dos zeros estava pelo menos amontoada próximo à linha crítica de Riemann. Mas que progresso havia sido feito no mapeamento dos zeros que estavam sobre a linha? Entre os infinitos pontos que sabidamente se encontravam no nível do mar, somente 71 haviam sido identificados como alinhados sobre a linha crítica de Riemann.

Então, fez-se um importante progresso psicológico. Após dois séculos de isolamento, sem interesse pelas ideias do continente, um matemático inglês, G.H. Hardy, tomou o bastão de Riemann e conseguiu provar que havia um número infinito de zeros alinhados sobre a linha norte-sul que passa por $\frac{1}{2}$. Hilbert ficou muito impressionado com a contribuição de Hardy. De fato, quando soube que Hardy estava tendo problemas com as autoridades de Trinity College, em Cambridge, em relação a sua acomodação, Hilbert escreveu uma carta ao diretor. Segundo Hilbert, Hardy não era apenas o melhor matemático de Trinity, mas também da Inglaterra, devendo portanto ser acomodado nos melhores quartos da universidade.

A fama de Hardy fora dos círculos matemáticos se deve, em grande parte, a seu eloquente livro de memórias, *A Mathematician's Apology*, mas seu reconhecimento matemático se deveu à contribuição que fez à teoria dos números primos e à hipótese de Riemann. Se Hardy provara que havia um número infinito de zeros sobre a linha, seria o fim do jogo? Hardy teria provado a hipótese de Riemann? Afinal, se há um número infinito de zeros, e Hardy provara que havia uma quantidade infinita deles sobre a linha de Riemann, o quebra-cabeça não estava completo?

O infinito, infelizmente, tem um caráter ardiloso. Hilbert gostava de ilustrar os mistérios do infinito usando a ideia de um hotel com infinitos quartos. Podemos verificar todos os quartos de número ímpar e encontrá-los todos ocupados, mas mesmo que examinemos uma quantidade infinita de quartos, ainda teremos de lidar com todos os quartos de número par. No caso de Hardy, a verificação dos quartos para ver se estavam ocupados foi substituída pela análise dos zeros, para descobrir se estavam sobre a linha crítica. Infelizmente, Hardy não conseguira sequer provar que pelo menos a metade dos zeros estava sobre a linha. Ele havia investigado um número infinito de quartos, mas em proporção a todos os que restavam, isso representava zero por cento. A conquista de Hardy era extraordinária, mas ainda havia um longo caminho a percorrer. Hardy havia subjugado uma parte dos zeros, mas o que restava era tão descomunal e inacessível quanto antes.

Hardy ficou obstinado ao sentir o sabor dessa conquista. Nada o deixava tão obcecado quanto o desejo de provar que todos os zeros estavam na linha de Riemann – com a possível exceção de sua paixão pelo críquete e sua permanente batalha contra Deus. Como ocorria com Hilbert, a hipótese de Riemann estava no topo da lista de prioridades de Hardy, o que fica claro nas resoluções de Ano-Novo que escreveu em um dos muitos cartões que mandou a seus amigos e colegas:

(1) Provar a hipótese de Riemann.
(2) Fazer 211 pontos [o primeiro primo após duas centenas] sem ser eliminado no último turno da final do campeonato.
(3) Encontrar um argumento para a inexistência de Deus que convença o público geral.
(4) Ser o primeiro homem a atingir o topo do monte Everest.
(5) Ser proclamado o primeiro presidente da URRS, da Grã-Bretanha e da Alemanha.
(6) Assassinar Mussolini.

Os números primos haviam fascinado Hardy desde a juventude. Quando criança, entretinha-se na igreja decompondo os números dos hinos em seus blocos de construção primos. Ele adorava vasculhar livros que contivessem curiosidades sobre esses números fundamentais, que declarava serem "melhores que o noticiário de futebol para uma leitura leve ao café da manhã". De fato, Hardy acreditava que qualquer pessoa que gostasse de ler sobre futebol apreciaria os prazeres dos primos. "A teoria dos números tem a peculiaridade de que boa parte dela poderia ser publicada, e conquistaria novos leitores para o *Daily Mail*." Ele achava que os primos eram suficientemente misteriosos para intrigar o leitor, embora fossem bastante simples para que qualquer pessoa pudesse explorar sua mágica. Hardy, mais que qualquer outro matemático da época, trabalhava firme para transmitir sua paixão pelo tema, que não deveria ser um prazer exclusivo dos que habitavam as torres de marfim da academia.

Como pode ser notado pela terceira de suas resoluções de Ano-Novo, a igreja em que Hardy decompunha os números dos hinos em primos o influenciou profundamente. Desde pequeno, Hardy se opôs firmemente à ideia de um Deus e aos ornamentos da religião. Ele travou uma batalha contra Deus durante toda a vida, tentando provar sua impossibilidade. A luta se tornou tão pessoal que Hardy evocava paradoxalmente a própria figura cuja existência tentava negar com tanta veemência. Em viagens que fazia para assistir a jogos de críquete, levava uma bateria anti-Deus para repelir qualquer possibilidade de chuva. Embora o céu estivesse limpo, Hardy chegava com quatro casacos, um guarda-chuva e muitos papéis de trabalho embaixo do braço. Então, explicava aos espectadores vizinhos que estava tentando enganar Deus, fazendo-o pensar que esperava que chovesse, para que pudesse adiantar algum trabalho. Ele acreditava que Deus, seu inimigo pessoal, lhe mandaria um céu azul para frustrar seus planos de fazer matemática.

Certo dia de verão, decepcionou-se ao ver que a partida de críquete a que assistia foi subitamente interrompida quando o batedor se queixou de estar ofuscado por uma luz intensa, que emanava da arquibancada onde Hardy estava sentado. Sua raiva se transformou em júbilo quando pediram a um enorme padre que retirasse a grande cruz de prata que trazia no pescoço, que refletia a luz do sol. Hardy não se conteve, e passou todo o intervalo enviando cartões-postais a seus amigos, descrevendo a vitória do críquete sobre o clérigo.

Em setembro, ao final da temporada de críquete, Hardy frequentemente visitava Harald Bohr em Copenhague, antes do início do ano letivo inglês. Eles tinham um ritual diário de trabalho. Todas as manhãs, colocavam sobre a mesa um pedaço de papel no qual Hardy escrevia a tarefa do dia: provar a hipótese de Riemann. Hardy tinha a esperança de que as ideias desenvolvidas por Bohr durante suas visitas a Göttingen pudessem indicar o caminho para uma prova. Eles passavam o resto do dia caminhando e conversando, ou fazendo anotações. Suas tentativas de encontrar a brecha que Hardy buscava falharam repetidas vezes.

Então, pouco depois de Hardy voltar à Inglaterra para o início do novo ano acadêmico, Bohr recebeu um cartão. Seu coração se acelerou ao ler as palavras de Hardy: "Tenho prova da hipótese de Riemann. Cartão muito pequeno para a prova." Finalmente, Hardy havia rompido o impasse. Entretanto, o cartão tinha um ar familiar. Bohr se lembrou dos insinuantes comentários marginais de Fermat. Hardy era brincalhão demais para deixar passar a ironia contida no cartão. Bohr decidiu postergar a comemoração e esperar que Hardy elaborasse a ideia. Como era de se esperar, Hardy não havia feito a grande descoberta que Bohr cogitara – ele estava apenas praticando mais um de seus jogos com Deus.

Quando Hardy embarcou no navio que cruzaria o mar do Norte, da Dinamarca para a Inglaterra, o mar estava especialmente agitado. O navio não era muito grande, e Hardy começou a temer por sua vida. Então, decidiu recorrer a seu mecanismo de segurança pessoal. Foi nesse momento que escreveu o cartão em que anunciava sua descoberta fictícia a Bohr. Se a maior paixão de sua vida era provar a hipótese de Riemann, a segunda maior era sua batalha contra Deus. Hardy sabia que Deus nunca permitiria que o navio afundasse, deixando ao mundo a impressão de que ele e sua prova haviam se afogado, estando perdidos para sempre. Seu plano funcionou, e ele chegou à Inglaterra em segurança.

Pode-se dizer que a fixação de Hardy com a hipótese de Riemann, combinada a seu caráter jovial e carismático, ajudaram a impulsionar o problema para o topo da lista dos mais cobiçados da matemática. Sua escrita eloquente, ilustrada em *A Mathematician's Apology*, foi eficaz na promoção da importância da teoria dos números e do que ele considerava ser seu problema central. É surpreendente notar que, apesar do discurso de Hardy sobre a estética da matemática, a beleza das provas de sua autoria é frequentemente turvada pela enormidade de detalhes técnicos necessários para acompanhar essas provas até a conclusão. Na maior parte das vezes, seus êxitos não foram frutos de grandes ideias, e sim de trabalho duro.

O principal livro responsável pelo desejo de Hardy de se tornar um matemático não tratava absolutamente de matemática. Era uma história sobre os prazeres de uma vida nos altos círculos de Trinity College. Ele ficou fascinado ao ler a descrição da cena em que os cavalheiros bebem vinho do Porto na Sala de Professores e Alunos no romance *A Fellow of Trinity*. Hardy admitia haver escolhido a matemática por ser "realmente a única coisa que sabia fazer minimamente bem ... no início, eu via a matemática essencialmente como um meio para conseguir entrar em Trinity".

Para isso, sujeitou-se à extenuante rodada de provas que o sistema de Cambridge exigia. Hardy percebeu posteriormente que a ênfase que o sistema de exames dava à solução de problemas técnicos e enigmas matemáticos artificiais fazia com que, mesmo após a obtenção do título de matemático, poucos realmente compreendessem do que se tratava a disciplina. Em 1904, um dos professores de Göttingen parodiou os problemas que os estudantes britânicos tinham que resolver: "Sobre uma ponte elástica encontra-se um elefante de massa desprezível; sobre suas costas, um mosquito de massa *m*. Calcule as vibrações da ponte quando o elefante espanta o mosquito sacudindo o tronco." Esperava-se que os alunos citassem os *Principia* de Newton como se fossem a Bíblia. Os resultados obtidos eram numéricos, o que não permitia apreender seu real significado. Hardy acreditava que esse sistema havia contribuído para manter a Grã-Bretanha em seu isolamento matemático. Os matemáticos britânicos aprendiam a tocar as escalas matemáticas com cada vez mais rapidez, mas estavam completamente alheios à bela música matemática que poderiam tocar após dominarem as escalas.

O despertar matemático de Hardy se deveu ao livro do matemático francês Camille Jordan, *Cours d'analyse*, que abriu seus olhos para a matemática que florescia no continente. "Nunca me esquecerei da admiração com que li esse trabalho impressionante. ... com ele percebi pela primeira vez o que significava realmente a matemática."

A escolha de Hardy para Trinity, em 1900, o eximiu do fardo de fazer provas, libertando-o para explorar o verdadeiro mundo da matemática.

Littlewood, o matemático briguento

Em 1910, Hardy recebeu em Trinity a companhia de um matemático oito anos mais jovem, J.E. Littlewood. Juntos, os dois passaram os 37 anos que se seguiram explorando a nova terra que havia sido aberta no continente. Sua colaboração gerou quase uma centena de artigos em parceria. Bohr costumava brincar, dizendo que nessa época havia três grandes matemáticos ingleses: Hardy, Littlewood e Hardy-Littlewood.

Cada um colaborava com suas características pessoais. Littlewood era o garoto briguento, que atacava violentamente o problema, usando todas suas armas. Ele se deliciava com a satisfação de subjugar um problema difícil. Hardy, ao contrário, valorizava a beleza e a elegância. Isso era invariavelmente transmitido aos artigos que escreviam. Hardy recolhia o rascunho inicial de Littlewood e acrescentava o que chamava de "gás", criando a prosa elegante que sempre acompanhava suas provas.

Hardy e Littlewood no Trinity College, Cambridge, 1924

É interessante notar que os estilos desses dois matemáticos refletiam sua aparência física. Hardy era um homem belo, cuja aparência manteve os traços da juventude por muito tempo. Nos primeiros dias como professor de Trinity, era frequentemente desafiado por membros mais antigos na Sala de Professores e Alunos, que pensavam tratar-se de um aluno de graduação que se havia perdido no labirinto dos corredores da faculdade. Littlewood era mais rústico – "um personagem recém-saído de Dickens", na descrição de um matemático. Era forte e ágil, tanto mental quanto fisicamente. Como Hardy, adorava o críquete e era um forte batedor. Sua outra paixão era a música, algo pelo qual Hardy nunca se interessou. Quando adulto, aprendeu sozinho a tocar piano e era apaixonado pela música de Bach, Beethoven e Mozart. Para ele, a vida era muito curta para ser desperdiçada com compositores menores.

Outra coisa que os separava era a sexualidade. Hardy era provavelmente homossexual. Porém, guardava muita discrição, embora em Cambridge a homossexualidade fosse praticamente mais aceitável que o casamento.

Nessa época, os professores de Oxford e Cambridge tinham que abandonar seus postos caso se casassem. Littlewood dizia que Hardy era um "homossexual não praticante". Pelo que consta, Littlewood era um tanto mulherengo. Embora não chegasse a ser como Hilbert, teve uma amizade próxima com a esposa de um médico local, com quem passou as férias de verão na Cornualha. Muitos anos depois, um dos filhos da moça, ao se olhar no espelho, comentou sobre sua marcante semelhança com tio John. "Não é de surpreender", respondeu ela, "ele é seu pai."

Como condiz a dois matemáticos, a colaboração entre Hardy e Littlewood se baseava em fundamentos axiomáticos muito claros:

Axioma 1: não importava se o que escreviam um ao outro estava certo ou errado.

Axioma 2: não havia obrigação de responder, ou mesmo de ler, qualquer carta que mandassem um ao outro.

Axioma 3: tentariam não pensar sobre as mesmas coisas.

E o mais importante de todos:

Axioma 4: para evitar qualquer conflito, todos os artigos seriam publicados em conjunto, mesmo que um deles não houvesse contribuído em nada com o trabalho.

Bohr resumiu assim sua relação: "Nunca houve uma colaboração tão importante e harmoniosa fundada em axiomas aparentemente tão negativos." Ainda hoje os matemáticos falam em "usar as regras de Hardy-Littlewood" ao realizar trabalhos conjuntos. Bohr percebeu que Hardy se manteve fiel ao segundo axioma quando colaboraram em Copenhague. Ele se lembrava das longas cartas matemáticas de Littlewood que chegavam todos os dias, e Hardy as jogava calmamente para um canto da sala, sem lhes dar importância: "Acho que vou lê-las algum dia." Quando Hardy esteve em Copenhague, só tinha uma coisa na cabeça: a hipótese de Riemann. A menos que Littlewood lhe mandasse uma prova da hipótese, a carta voava para o canto da sala.

Há uma história contada por Harold Davenport, um aluno de Littlewood, segundo a qual Hardy e Littlewood quase brigaram por causa da hipótese de Riemann. Hardy havia escrito uma história de mistério e assassinato na qual um matemático prova a hipótese, mas é morto por um segundo matemático, que então reclama a autoria da prova. Littlewood ficou muito chateado. O problema não foi a violação do axioma 4 por Hardy, que não incluíra Littlewood como autor. Este tinha certeza de que havia servido de modelo para o assassino, e se opôs a ideia de que o manuscrito chegasse a ver a luz do dia. Hardy cedeu, e a matemática foi privada dessa pérola literária.

Littlewood havia surgido entre as fileiras de estudantes de graduação de Cambridge, aprendendo a realizar todos os truques exigidos pelo sistema de exames. Chegara ao topo da pirâmide, ganhando o cobiçado título de primeiro da turma, ao lado de outro estudante, Mercer. Os melhores alunos da turma se tornavam celebridades em Cambridge, e suas fotografias eram vendidas ao final do ano acadêmico. Talvez seus colegas já percebessem que esse seria apenas o início da carreira espetacular de Littlewood. Quando um amigo tentou comprar uma das fotografias, foi-lhe dito: "Desculpe, as do sr. Littlewood se esgotaram, mas ainda temos muitas do sr. Mercer."

Littlewood notou que as provas não tratavam da essência da matemática, simplesmente de uma espécie de jogo técnico que deveria dominar antes de passar ao estágio seguinte. "Eu tinha facilidade em jogar aquele jogo, e até certa satisfação em ser bem-sucedido nessa arte." Littlewood estava ansioso por praticar a arte que aprendera durante a graduação e aplicá-la de maneira mais criativa. Sua introdução à pesquisa matemática séria seria uma espécie de batismo de fogo.

Recém-saído das provas, Littlewood estava ávido por praticar pesquisa durante as longas férias de verão. Ele pediu a seu mentor, Ernest Barnes, um problema apropriado para atacar. Barnes, que mais tarde se tornaria bispo de Birmingham, pensou um pouco e se lembrou de uma função interessante, que ninguém havia dominado completamente. Talvez Littlewood pudesse investigar os pontos em que o resultado da função era zero. Barnes escreveu uma definição da função para que Littlewood levasse consigo durante o verão. "Chama-se função zeta", disse Barnes inocentemente. Littlewood deixou a sala de Barnes com o papel nas mãos, alheio ao fato de que Barnes havia acabado de sugerir que ele passasse o verão provando a hipótese de Riemann.

Barnes não falou a Littlewood do contexto histórico do problema, o que talvez pudesse indicar sua dificuldade. Talvez o tutor de Littlewood não estivesse realmente ciente de que havia conexões entre os zeros e os números primos, e pensou na questão apenas como um problema interessante: onde o resultado da função é zero? Segundo Peter Sarnak, uma das principais referências modernas nas investidas contra a hipótese de Riemann, "era realmente a única função analítica que os matemáticos ainda não compreendiam no início do século XX". Sir Peter Swinnerton-Dyer, um dos alunos de Littlewood, ponderou durante seu funeral que o fato de que "Barnes tenha considerado [a hipótese de Riemann] apropriada até mesmo para o mais brilhante dos estudantes de pesquisa e que Littlewood tenha avançado sobre ela sem hesitar" ilustrava o lamentável estado da matemática britânica antes da grande contribuição de Hardy e Littlewood.

Littlewood trabalhou todo o verão, lutando contra o problema aparentemente inocente que Barnes lhe dera. Apesar de não ter sorte na localização dos zeros, ficou muito satisfeito com uma descoberta com a qual deparou. Repetindo a descoberta de Riemann cerca de 50 anos antes, Littlewood percebeu que esses zeros poderiam ter algo a dizer sobre os números primos. Embora isso já fosse sabido na Europa do continente desde a época de Riemann, na Inglaterra a conexão entre a função zeta e os primos ainda não havia sido apreciada. Littlewood ficou entusiasmado com o que pensou ser uma nova conexão e, em setembro de 1907, relatou-a na dissertação que escreveu para solicitar uma bolsa de pesquisa em Trinity. A confiança de Littlewood na originalidade dessa ideia confirma ainda mais o estado de isolamento em que a matemática britânica se encontrava.

Hardy, um dos poucos ingleses cientes do progresso então recente feito por Hadamard e de la Vallée-Poussin, sabia que o resultado não era tão original quanto Littlewood esperava. Ainda assim, Hardy reconheceu o potencial de Littlewood e, embora o jovem não tenha sido aceito como pesquisador da faculdade, foi feito um acordo de cavalheiros para aceitá-lo na rodada seguinte. Ele se juntou a Hardy em Trinity em outubro de 1910.

Cambridge começava a florescer, abrindo suas portas para a tradição intelectual que vinha do outro lado do canal da Mancha. As viagens entre o continente e a Inglaterra se tornaram mais fáceis, e Hardy e outros acadêmicos se esforçavam em visitar os muitos centros de aprendizado europeus. Os contatos que fizeram estimularam o fluxo de novas revistas, livros e ideias estrangeiras. Trinity College, em particular, tornou-se uma comunidade extremamente ativa no início do século XX. A Sala de Professores e Alunos não era mais um clube de cavalheiros, mas um local de pesquisa. As conversas nos altos círculos não mais se confinavam ao Porto e ao clarete, passando a ser imbuídas das novas ideias da época. Também em Trinity, trabalhando ao lado de Hardy e Littlewood, estavam os dois maiores filósofos em atividade na Inglaterra: Bertrand Russel e Ludwig Wittgenstein. Ambos atacavam os mesmos problemas fundamentais da matemática com os quais Hilbert se preocupara. Enquanto isso, Cambridge estava em polvorosa com as novas descobertas da física, feitas por pessoas como J.J. Thomson, que recebeu um Prêmio Nobel pela descoberta do elétron, e Arthur Eddington, que confirmou a crença de Gauss e Einstein de que o espaço era realmente curvado e não euclidiano.

A grande colaboração entre Hardy e Littlewood foi estimulada pela chegada, no momento certo, de um livro sobre os números primos vindo de Göttingen, escrito por Landau. A publicação, em 1909, de seu trabalho em dois volumes, *Manual sobre a teoria da distribuição dos números primos*, promulgava as maravilhas das conexões entre os primos e a função zeta de Riemann. Antes do livro de Landau, a história de Riemann e dos primos era desconhecida para boa parte da comunidade matemática. Hardy reconheceu, no obituário de Landau (que escreveu juntamente com Hans Heilbronn), que "o livro converteu o assunto, que até então só era explorado por uns poucos heróis aventureiros, em um dos campos mais férteis dos últimos 30 anos". O livro de Landau inspirou, em 1914, a prova de Hardy de que existe um número infinito de zeros sobre a linha crítica de Riemann. Incentivado pela experiência que tivera ao investir contra a função zeta quando estudante, Littlewood também ganhou coragem para fazer a primeira de suas grandes contribuições sobre o tema.

Provar um teorema que Gauss julgava ser verdadeiro, mas que não conseguira provar, é considerado um autêntico teste do vigor de um matemático. Refutar um desses teoremas, contudo, coloca o matemático em um nível totalmente diferente. Não foram muitas as vezes em que uma intuição de Gauss resultou ser falsa. Ele havia gerado uma função, a integral logarítmica Li(N), que, conforme sua previsão, determinaria a quantidade de primos até qualquer número N, com precisão crescente à medida que N aumentava. Hadamard e de la Vallée-Poussin haviam gravado seus nomes na história da matemática ao provar que Gauss estava certo. Mas Gauss havia feito uma segunda conjectura: a de que sua estimativa sempre *superestimaria* o número de primos – ela nunca determinaria uma quantidade de primos menor que o número real na faixa entre 1 e N. Isso contradizia o refinamento de Riemann, que oscilava entre superestimar e subestimar o número correto de primos.

Quando Littlewood começou a refletir sobre a segunda conjectura de Gauss, sua veracidade havia sido confirmada em todos os números até

10.000.000. Qualquer cientista experimental teria aceito 10 milhões de observações como evidências absolutamente convincentes da precisão da estimativa de Gauss. As ciências menos obcecadas com provas e com mais respeito pelos resultados experimentais aceitariam com perfeita tranquilidade a conjectura de Gauss como uma pedra fundamental sobre a qual poderiam construir novas teorias. Na época de Littlewood, cerca de 100 anos depois, o edifício matemático já poderia haver se elevado muito acima dessa base. Porém, em 1912, Littlewood descobriu que, ao contrário das expectativas, a hipótese de Gauss era uma miragem. A pedra fundamental se reduziu a pó sob sua investigação. Ele provou que, ao atingirmos contagens mais elevadas, chegaríamos finalmente a regiões de números em que a estimativa de Gauss deixaria de superestimar o número de primos, passando a subestimá-lo.

Littlewood também teve êxito na demolição de outra ideia que estava começando a se firmar. Muitos acreditavam que o refinamento de Riemann sempre seria mais preciso que a estimativa de Gauss sobre o número de primos. Littlewood demonstrou que o refinamento de Riemann poderia parecer mais preciso ao contarmos os primeiros milhões de números, mas nas regiões mais distantes do universo numérico a estimativa de Gauss nos forneceria ocasionalmente uma previsão melhor.

As descobertas de Littlewood foram particularmente chocantes porque a estimativa de Gauss só passa a subestimar o número de primos em regiões de números que provavelmente nunca seremos capazes de calcular. Littlewood não conseguiu sequer prever a distância que teríamos de percorrer para poder observar qualquer desses fenômenos. Na verdade, até os dias atuais ninguém atingiu as distantes regiões de números em que a estimativa de Gauss subestima os primos. Somente através da análise teórica de Littlewood e da força da prova matemática podemos ter certeza que, em algum momento, a previsão de Gauss será refutada.

Alguns anos depois, em 1933, um estudante de pós-graduação de Littlewood chamado Stanley Skewes estimou que, ao contarmos os primos até $10^{10^{10^{34}}}$ presenciaríamos o momento em que a estimativa de Gauss finalmente subestima o número de primos. Esse número é ridiculamente grande. Encontros com grandes números muitas vezes suscitam comparações com o número de átomos do Universo visível, que, segundo as melhores estimativas, aproxima-se de 10^{78}, mas o número sugerido por Skewes é ainda muito maior. É um número que começa com um 1, e a seguir tem tantos zeros que, se escrevêssemos um 0 em cada átomo do Universo, ainda assim não chegaríamos nem perto de seu valor. Hardy declarou que o número de Skewes, como se tornou conhecido, era certamente o maior já contemplado em uma prova matemática.

A prova da estimativa de Skewes era interessante por outro motivo. É uma das milhares de provas que começam com "suponha que a hipótese de Riemann esteja correta". Skewes só foi capaz de criar sua prova ao supor que a hipótese de Riemann era verdadeira: ou seja, que todos os pontos no nível do mar da paisagem zeta se encontravam sobre a linha que cruza $\frac{1}{2}$. Sem essa suposição, os matemáticos da década de 1930 não poderiam ter certeza do número que teriam que atingir para que a estimativa de Gauss subestimasse a quantidade de primos. Nesse caso em particular, os matemáticos encontraram finalmente uma maneira de evitar a escalada do monte Riemann. Em 1955, Skewes gerou um número ainda maior, que serviria mesmo que a hipótese de Riemann resultasse ser falsa.

É curioso notar que, ao contrário da relutância que tiveram em aceitar a segunda conjectura de Gauss, os matemáticos estavam começando a ter fé na veracidade da hipótese de Riemann, a ponto de estarem dispostos a desenvolver ideias baseadas nessa conjectura, mesmo não estando provada. A hipótese de Riemann estava se tornando um componente estrutural fundamental do edifício matemático. Porém, tratava-se tanto de fé como de pragmatismo. Cada vez mais matemáticos se deparavam com a hipótese de Riemann como um obstáculo que impedia seu progresso matemático. Somente ao suporem que era verdadeira conseguiam fazer algum progresso. Contudo, como Littlewood demonstrou em relação à segunda conjectura de Gauss, os matemáticos devem estar preparados para o possível colapso de tudo o que for construído sobre as bases da hipótese de Riemann, caso alguém descubra um zero fora da linha.

A prova de Littlewood teve um enorme efeito psicológico sobre a percepção da matemática, em especial sobre a apreciação dos primos. Ela enviou um aviso peremptório a qualquer pessoa que se impressionasse com um vasto acúmulo de observações empíricas, revelando que os números primos são mestres da dissimulação. Eles escondem sua essência nas regiões mais remotas do universo de números, em locais tão distantes que a capacidade computacional humana pode não ser suficiente para que presenciemos sua verdadeira natureza. Seu comportamento real só pode ser observado pelos olhos penetrantes da prova matemática abstrata.

A prova de Littlewood também forneceu as armas perfeitas para os que argumentavam que a matemática era uma ciência essencialmente diferente das demais. Os matemáticos não poderiam mais se contentar com o experimentalismo dos séculos XVII e XVIII, nos quais as teorias eram propostas após cálculos mínimos. O empirismo não era mais um veículo adequado para se navegar no mundo matemático. Milhões de observações experimentais podiam ser suficientes para a formulação de teorias nas demais ciências, mas Littlewood havia provado que, na matemática, este seria um jogo arriscado. Daquele momento em diante, a prova era tudo o que importava. Não se podia confiar em nada que não fosse demonstrado conclusivamente.

À medida que um número crescente de matemáticos se via forçado a pressupor a verdade da hipótese de Riemann, tornava-se mais indispensável que nunca ter certeza de que não haveria zeros fora da linha crítica em alguma parte distante da paisagem. Até que isso fosse feito, os matemáticos viveriam sempre com medo de que a hipótese pudesse ser refutada.

6 Ramanujan, o místico matemático

Não vejo sentido em uma equação a menos que expresse um pensamento de Deus.

Srinivasa Ramanujan

Enquanto Hardy e Littlewood batalhavam na exploração da estranha paisagem de Riemann, a cerca de oito mil quilômetros, no escritório da Capitania dos Portos de Madras, na Índia, um jovem funcionário chamado Srinivasa Ramanujan se tornara obcecado pelos inebriantes meandros dos números primos. Em vez de se dedicar ao maçante trabalho de cuidar da contabilidade, para o qual havia sido contratado, ele passava dias inteiros enchendo cadernos com observações e cálculos, buscando a causa da pulsação desses estranhos números. Enquanto contava os primos, Ramanujan não tinha como saber da sofisticada perspectiva que se desenvolvia no Ocidente. Sem haver passado por uma educação formal, era alheio ao respeito que Littlewood e Hardy guardavam pela teoria dos números e particularmente pelos primos, aos quais Hardy se referia como "o mais difícil de *todos* os ramos da matemática pura". Desligado das restrições impostas pela tradição matemática, Ramanujan mergulhava nos primos com um entusiasmo quase infantil. Sua ingenuidade, combinada à aptidão extraordinária para a matemática, era sua grande força.

Em Cambridge, Hardy e Littlewood estudavam atentamente a bela história que se desenrolava no livro de Landau sobre os números primos. Na Índia, a obsessão de Ramanujan pelos primos fora inspirada por um livro muito mais elementar, que também teria importantes consequências. Há certos momentos de mudança na vida de um jovem cientista que representam a base para seu desenvolvimento futuro. No caso de Riemann, foi do livro de Legendre que recebeu ainda na escola. Esse livro plantou a semente que germinaria mais adiante em sua vida. Para Hardy e Littlewood, o livro de Landau foi igualmente influente. A inspiração de Ramanujan veio aos 15 anos, em 1903, quando deparou com uma cópia de *A Synopsis of Elementary Results in Pure and Applied Mathematics*, de George Carr. A não ser por sua conexão com Ramanujan, essa obra e seu autor têm pouca importância, mas a estrutura

Srinivasa Ramanujan (1887-1920)

do livro era interessante. Tratava-se de uma lista de cerca de 4.400 resultados clássicos – apenas os resultados, sem provas. Ramanujan assumiu o desafio de passar os anos seguintes estudando o livro e justificando cada uma das assertivas. Sem familiaridade com as provas ao estilo ocidental, Ramanujan foi forçado a criar sua própria matemática. Poupado da camisa de força dos modos convencionais de pensamento, estava livre para vagar. Em pouco tempo, enchia seus cadernos de ideias e resultados que superavam o livro de Carr.

Euler investira contra muitas das declarações não provadas de Fermat. Podemos perceber em Ramanujan o espírito de Euler na abordagem dos problemas. O indiano tinha uma intuição fantástica para revirar as fórmulas de um lado para o outro até que emergissem novas ideias. Ele ficou muito entusiasmado ao descobrir, por conta própria, que os números imaginários permitiam relacionar a função exponencial às equações que descreviam as ondas sonoras. O contentamento se transformou em desespero quando o jovem contador percebeu, alguns dias depois, que Euler havia antecipado sua grande descoberta em cerca de 150 anos. Humilhado e sem ânimo, Ramanujan escondeu seus cálculos no telhado de casa.

Na maior parte das vezes é realmente difícil compreender a criatividade matemática, mas o modo como Ramanujan trabalhava sempre foi uma espécie de mistério. Ele costumava afirmar que suas ideias lhe eram passadas em sonhos pela deusa Namagiri, a padroeira da família de Ramanujan e esposa do sr. Narasimha, o quarto avatar de Vishnu. Outras pessoas da pequena cidade de Ramanujan acreditavam que a deusa tinha o poder de exorcizar demônios. Para Ramanujan, ela era a explicação para os lampejos mentais que instigavam seu fluxo contínuo de descobertas matemáticas.

Ramanujan não foi o único matemático para quem o mundo dos sonhos tornou-se um território fértil de exploração matemática. Dirichlet deixava o *Disquisitiones Arithmeticae*, de Gauss, sob o travesseiro durante a noite, em busca de inspiração para entender as explicações contidas no livro, muitas vezes herméticas. É como se a mente se desfizesse das restrições do mundo real, livre para explorar os caminhos lacrados pelo estado de vigília. Aparentemente, Ramanujan conseguia induzir esse estado onírico durante as horas em que estava desperto. Esse transe é, de fato, muito próximo ao estado mental que os matemáticos geralmente tentam atingir.

Hadamard, que ficara conhecido ao provar o teorema dos números primos, sentia fascinação pelo que ocorria na mente de um matemático criativo. Expôs suas ideias em um livro chamado *The Psychology of Invention in the Mathematical Field*, publicado em 1945, no qual argumentava incisivamente sobre o papel do subconsciente. Os neurologistas estão cada vez mais interessados no funcionamento da mente matemática, pois isso esclareceria parte do funcionamento do cérebro. Muitas vezes, durante períodos de descanso ou até em sonhos, a mente se liberta para brincar com ideias que foram concebidas durante nossos períodos conscientes de trabalho.

Em seu livro, Hadamard dividia o ato da descoberta matemática em quatro estágios: preparação, incubação, iluminação e verificação. Embora Ramanujan tivesse o dom do terceiro estágio, o quarto lhe era particularmente ausente. A mera iluminação era suficiente para ele. Simplesmente não via sentido na verificação. Talvez, ao não se ver coagido pela responsabilidade da prova, Ramanujan tivesse liberdade para descobrir novos caminhos pelos campos matemáticos. Esse estilo intuitivo entrava em conflito com as tradições científicas do Ocidente. Littlewood, mais tarde, escreveu que "ele não compreendia o conceito de prova; se a mistura de observações e intuição lhe desse certeza, não tinha mais o que procurar".

As escolas indianas eram muito influenciadas pelas ideias dominantes no Império Britânico. Porém, o sistema de educação inglês, que havia servido tão bem a Littlewood e Hardy, foi especialmente ineficaz para o desenvolvimento de Ramanujan na Índia. Em 1907, enquanto a dissertação de Littlewood era muito bem acolhida em Cambridge, Ramanujan era reprovado nos exames para a faculdade pela terceira e última vez. Ele teria passado caso se limitassem à matemática, mas também tinha de estudar inglês, história, sânscrito e até fisiologia. Como brâmane ortodoxo, Ramanujan era vegetariano estrito, e dissecar rãs e coelhos estava fora de cogitação. Porém, seu fracasso, que o impediu de entrar na Universidade de Madras, não extinguiu a chama matemática que ardia em seu interior.

Em 1910, Ramanujan teve a satisfação de obter algum reconhecimento por suas ideias. Ficou particularmente entusiasmado ao descobrir uma fórmula que parecia contar os primos com precisão extraordinária. No início, havia passado pela frustração que quase todos sofrem ao tentar domar essa sequência selvagem de números. Mas Ramanujan conhecia a importância fundamental dos primos para a matemática, e não abandonou a crença de que deveria haver uma fórmula matemática que os explicasse. Ele ainda acreditava inocentemente que toda a matemática e seus padrões poderiam ser expressados com precisão pelo poder das equações e fórmulas. Littlewood posteriormente comentou: "Que grande matemático teria sido Ramanujan há 100 ou 150 anos; o que teria acontecido se ele houvesse entrado em contato com Euler no momento certo? ... Mas a grande época das fórmulas parece haver chegado ao fim." Ramanujan, contudo, não fora exposto às revoluções dos séculos XIX e XX, induzidas por Riemann. Ele estava em busca de uma fórmula que gerasse os primos. Após passar horas calculando tabelas de primos, observou o surgimento de um padrão, e desejava explicar seus achados experimentais a alguém que pudesse apreciar suas ideias.

Seus cadernos impressionantes e a força da rede de brâmanes haviam propiciado a Ramanujan um emprego como contador na Capitania dos Portos de Madras. Algumas de suas ideias já haviam sido publicadas no *Journal of the Indian Mathematical Society*, e nessa época seu nome já chamava a atenção das autoridades britânicas. C.L.T. Griffith, que trabalhava na Faculdade de Engenharia de Madras, percebeu que o trabalho de Ramanujan vinha de um "matemático admirável", mas não se sentiu capaz de acompanhá-lo ou criticá-lo. Portanto, decidiu solicitar a opinião de um dos professores com os quais havia tido aulas em Londres.

Sem receber treinamento formal, Ramanujan havia desenvolvido um estilo matemático muito pessoal. Assim, não é de surpreender que o professor Hill, do University College, em Londres, tenha desconsiderado os trabalhos enviados por Ramanujan, que alegava haver provado que

$$1+2+3+\ldots+\infty=-\frac{1}{12}$$

o que não parecia fazer sentido. Até para pessoas sem treinamento, essa fórmula parece ridícula. Obter uma fração negativa ao somar todos os números inteiros só pode ser trabalho de um louco! "O sr. Ramanujan caiu nas armadilhas do difícil tema das séries divergentes", escreveu o professor em resposta a Griffith.

Hill, contudo, não desprezou inteiramente as ideias do indiano. Seus comentários incentivaram Ramanujan o suficiente para que tentasse a sorte por conta própria, escrevendo diretamente a muitos matemáticos de Cambridge. Dois dos destinatários foram incapazes de penetrar a mensagem contida em sua estranha aritmética, e rejeitaram o pedido de ajuda. Mas, então, uma carta de Ramanujan caiu sobre a mesa de Hardy.

A matemática parece atrair os loucos. Talvez Fermat tenha sido parcialmente responsável por isso. A carta padrão de recusa de Landau demonstra o número de respostas disparatadas que recebia solicitando o prêmio de Wolfskehl pela solução do último teorema de Fermat. Os matemáticos estão bastante acostumados a receber cartas não solicitadas com teorias numerológicas insanas – Hardy muitas vezes se via saturado de manuscritos que, como lembrava seu amigo C.P. Snow, alegavam haver resolvido os mistérios proféticos da grande pirâmide ou decodificado os criptogramas que Francis Bacon escondera nas peças de Shakespeare.

Ramanujan havia recebido recentemente uma cópia de *Orders of Infinity*, de Hardy, que lhe fora dada por Ganapathy Iyer, um professor de matemática de Madras com quem regularmente discutia na praia, à noite. Ao ler Hardy, Ramanujan deve ter percebido que esse era um homem que poderia apreciar suas ideias, mas posteriormente admitiu temer que suas somas infinitas fizessem com que Hardy "dissesse que meu destino era o manicômio". Ramanujan ficou particularmente entusiasmado com a declaração de Hardy de que "ainda não foi encontrada nenhuma expressão definitiva para o número de primos abaixo de um número dado". Ramanujan acreditava haver descoberto uma expressão que capturava algo muito próximo desse número, e estava ansioso por saber o que Hardy achava da fórmula.

A primeira impressão de Hardy ao encontrar pela manhã um envelope de Ramanujan, repleto de selos indianos, não foi imediatamente favorável. Ele continha um manuscrito cheio de teoremas mirabolantes e fantásticos sobre a contagem dos primos, ao lado de resultados bem conhecidos, apresentados como se fossem descobertas originais. Na carta de apresentação, Ramanujan declarava haver "encontrado uma função que representa exatamente a quantidade de números primos". Hardy sabia que a alegação era audaz, mas não vinha acompanhada de nenhuma fórmula. E o pior de tudo – não havia nenhuma prova! Para Hardy, as provas eram tudo o que importava. Certa vez, ele havia dito a Bertrand Russell em uma discussão em Trinity: "Se eu puder provar, pela lógica, que você morrerá em cinco minutos, ficarei sentido por sua morte, mas meu sofrimento seria bastante mitigado pelo prazer da prova."

De acordo com C.P. Snow, após passar rapidamente os olhos sobre o trabalho de Ramanujan, Hardy "não ficou apenas entediado, mas também irritado. Parecia uma espécie curiosa de fraude". Porém, naquela noite a mágica desses teoremas mirabolantes começou a funcionar, e Hardy chamou Littlewood para uma discussão após o jantar. À meia-noite, haviam decifrado o mistério. Hardy e Littlewood, equipados com o conhecimento para decodificar a linguagem nada ortodoxa de Ramanujan, perceberam que aquilo não era manifestação de um louco, mas o trabalho de um gênio – sem treinamento, porém brilhante.

Os dois reconheceram que a lunática soma infinita de Ramanujan nada mais era que a redescoberta da definição da parte faltante da paisagem zeta de Riemann. A chave para decodificar a fórmula de Ramanujan estava em reescrever o número 2 como $1/(2^{-1})$ (2^{-1} é outra maneira de escrever $\frac{1}{2}$). Aplicando o mesmo truque a todos os números da soma infinita, Hardy e Littlewood reescreveram a fórmula de Ramanujan como

$$1+2+3+\ldots+n+\ldots=1+\frac{1}{2^{-1}}+\frac{1}{3^{-1}}+\ldots+\frac{1}{n^{-1}}+\ldots=-\frac{1}{12}$$

Eles estavam frente a frente com a resposta de Riemann para o cálculo da função zeta quando inserido o número -1. Sem treinamento formal, Ramanujan havia percorrido todo o caminho por conta própria, reconstruindo a descoberta de Riemann sobre a paisagem zeta.

A carta de Ramanujan não poderia ter chegado em melhor hora. Graças ao livro de Landau, tanto Littlewood como Hardy estavam fascinados pelas maravilhas da função zeta de Riemann e sua conexão com os primos. E ali estava Ramanujan, afirmando possuir uma fórmula incrivelmente precisa para a quantidade de primos em qualquer extensão de números. Naquela manhã, Hardy havia desconsiderado a alegação, certo de que Ramanujan era um lunático. Porém, o trabalho noturno havia posto a correspondência indiana sob uma perspectiva inteiramente nova.

Hardy e Littlewood devem ter ficado deslumbrados com a afirmação de Ramanujan de que sua fórmula poderia calcular o número de primos até 100.000.000, "geralmente sem nenhum erro, e em alguns casos com um erro de 1 ou 2". O problema era que a fórmula não havia sido enviada. Na verdade, a carta inteira era muito frustrante para os dois matemáticos, para quem provas rigorosas eram absolutamente essenciais. O manuscrito estava cheio de fórmulas e afirmações sem justificativas ou explicações sobre sua origem.

Hardy escreveu uma resposta muito positiva a Ramanujan, mas implorou que lhe enviasse provas e mais detalhes das fórmulas sobre os primos. Littlewood acrescentou uma nota, pedindo que mandasse a fórmula do número de primos, e "a maior quantidade possível de provas, o quanto antes". Ambos ficaram inquietos enquanto esperavam a resposta do indiano, e passaram muitos jantares tentando decifrar melhor a primeira carta de Ramanujan. Bertrand Russell descreveu a situação em uma carta a um amigo: "Encontrei Hardy e Littlewood em um estado de agitação, porque acreditavam haver descoberto um novo Newton, um funcionário indiano de Madras que ganhava 20 libras por ano."

Em pouco tempo chegou a segunda carta de Ramanujan, contendo muitas fórmulas para o número de primos, mas ainda poucas provas. "Uma carta nessas condições é enlouquecedora", escreveu Littlewood, especulando que Ramanujan poderia estar receoso de que Hardy roubasse suas descobertas. Enquanto Hardy e Littlewood se debruçavam sobre a segunda carta, descobriram que Ramanujan havia feito outra das descobertas fundamentais de Riemann. O refinamento de Riemann sobre a fórmula de Gauss para a contagem dos primos era muito preciso, e Riemann havia descoberto o modo de usar os zeros da paisagem zeta para remover os erros que sua fórmula ainda produzia. Ramanujan, absolutamente por conta própria, havia reconstruído a fórmula descoberta por Riemann 50 anos antes. A fórmula de Ramanujan incluía o refinamento de Riemann para a estimativa de Gauss sobre o número de primos, mas não continha as correções que Riemann construíra a partir dos zeros da paisagem.

Estaria Ramanujan dizendo que os erros que partiam dos pontos no nível do mar cancelavam miraculosamente uns aos outros? Fourier havia dado uma perspectiva musical a esses erros. Cada zero era como um diapasão, e quando todos eram tocados ao mesmo tempo, criavam o som dos primos. Às vezes, as ondas sonoras podem se combinar, gerando silêncio ao cancelarem umas às outras. Um avião reduz o ruído das turbinas criando ondas sonoras no interior da cabine, contrabalançando-o. Ramanujan estaria alegando que as ondas de Riemann a partir dos zeros poderiam gerar silêncio?

Durante o feriado de Páscoa, Littlewood levou consigo uma cópia da carta de Ramanujan em uma viagem à Cornualha com sua amante e família. "Caro Hardy", escreveu – eles nunca se chamavam pelo primeiro nome –, "aquela história sobre os primos está errada." Littlewood havia conseguido provar que era impossível que os erros das ondas cancelassem uns aos outros, o que justificaria a afirmação de Ramanujan sobre a precisão de sua reconstrução da fórmula de Riemann. Sempre haveria algum ruído, por mais elevada que fosse a contagem.

A análise feita por Littlewood, estimulada pela carta de Ramanujan, porém, levou de fato a uma nova e interessante percepção sobre o trabalho de Riemann. A hipótese de Riemann havia ganhado importância para a matemática porque determinava que a diferença entre a estimativa de Gauss e o verdadeiro número de primos até *N*, em relação ao tamanho de *N*, seria muito pequena – essencialmente, nunca seria maior que a raiz quadrada de *N*. Porém, se algum zero não estivesse sobre a linha crítica de Riemann, o erro seria maior. E ali, na carta de Ramanujan, estava a sugestão de que seria possível superar o próprio Riemann. Talvez, ao contarmos mais primos, o erro se tornasse ainda menor que a raiz quadrada de *N*. O trabalho de Littlewood na Cornualha havia destruído essa esperança. Littlewood conseguira provar que, em uma quantidade infinita de casos, o erro causado pelos zeros seria no mínimo tão grande quanto a raiz quadrada de *N*. A hipótese de Riemann era a melhor situação possível. Ramanujan estava simplesmente errado, mas Hardy ficou impressionado. Posteriormente, escreveu: "Às vezes me pergunto se, de certa forma, seu fracasso não foi mais maravilhoso que muitos de seus triunfos."

"Tenho uma vaga teoria sobre como surgiram seus equívocos." Littlewood especulou, em sua carta a Hardy, que Ramanujan deveria estar com a ilusão de que a paisagem zeta não possuía pontos no nível do mar. De fato, se isso fosse verdade, as fórmulas de Ramanujan seriam exatas. Ainda assim, Littlewood estava entusiasmado. "Acredito que ele seja no mínimo um Jacobi", declarou, comparando Ramanujan a uma das estrelas matemáticas da geração de Riemann. Hardy escreveu a Ramanujan: "Provar o que você diz ter descoberto teria sido o feito mais admirável de toda a história da matemática." Era evidente que, embora Ramanujan emanasse talento, precisava desesperadamente ser familiarizado com o estado atual do conhecimento. Littlewood escreveu a Hardy sobre essa intuição: "Não é de surpreender que ele se tenha enganado, sem aparentemente suspeitar da malícia inerente aos primos." Segundo o comentário de Hardy: "Ele carrega uma desvantagem insuperável, a mente de um indiano pobre e solitário enfrentando a sabedoria acumulada da Europa."

Eles decidiram fazer todo o possível para levar Ramanujan a Cambridge. Assim, enviaram à Índia E.H. Neville, um membro do Trinity, com a missão de persuadir Ramanujan a se juntar a eles. A princípio, o jovem relutou em deixar seu país; sendo brâmane ortodoxo, acreditava que, ao cruzar os mares, se tornaria apóstata. Um amigo, Narayana Iyer, percebeu que Ramanujan desejava partir para Cambridge, e engendrou um plano. Iyer estava convencido de que a devoção de Ramanujan à matemática e à deusa Namagiri poderia produzir uma revelação que convenceria Ramanujan a rumar para a Inglaterra. Assim, levou Ramanujan ao templo de Namagiri, em busca de inspiração divina. Depois de três noites dormindo no chão de pedra, Ramanujan despertou num sobressalto e sacudiu rapidamente o amigo: "Eu vi, num lampejo de luz brilhante, Namagiri ordenou-me cruzar o mar." Iyer sorriu. Seu plano havia funcionado.

Ramanujan também estava preocupado com a desaprovação da família. Porém, a deusa da família, Namagiri, interveio novamente. A mãe de Ramanujan sonhou que seu filho estava sentado em uma ampla sala cercado de europeus, e que a deusa Namagiri lhe ordenava que não se interpusesse no caminho dele. A última preocupação de Ramanujan foi saber se não seria submetido, em Cambridge, a novas provas humilhantes. Neville conseguiu dispersar esse último medo, e ficou tudo pronto para que o indiano trocasse o amontoado de casas minúsculas de Madras pelos grandes salões e bibliotecas de Cambridge, o cenário do sonho de sua mãe.

Choque de culturas em Cambridge

Ramanujan chegou a Cambridge em 1914, e assim começou uma das grandes colaborações da história da matemática. Hardy sempre falava apaixonadamente do tempo que passou trabalhando com ele. Os dois trocavam ideias matemáticas com grande satisfação, felizes por haverem encontrado alguém com quem compartilhar o amor que sentiam pelos números. Posteriormente, Hardy descreveria os anos com Ramanujan como os mais felizes de sua vida, e se referia àquela relação de maneira pungente, como "o grande incidente romântico de minha vida".

A parceria de Hardy e Ramanujan era como a clássica equipe de interrogatório: há sempre o bom rapaz e o vilão. O bom rapaz é o eterno otimista, cheio de propostas insanas. O vilão é o pessimista, que duvida de tudo, notando a carta escondida na manga. Ramanujan precisava do olho crítico de Hardy, que verificava seu entusiasmo selvagem enquanto interrogavam um suspeito matemático.

Encontrar pontos em comum, entretanto, nem sempre era fácil. Certamente tratava-se de um choque de culturas. Enquanto Hardy e Littlewood insistiam em provas rigorosas ao estilo ocidental, os teoremas de Ramanujan simplesmente seguiam adiante, inspirados pela deusa Namagiri. Hardy e Littlewood muitas vezes não faziam ideia de onde surgiam as ideias do novo colega. Hardy comentou que "parecia ridículo preocupá-lo com o modo como havia chegado a este ou aquele teorema conhecido, pois ele me mostrava meia dúzia de novos teoremas praticamente todos os dias".

Ramanujan teve de suportar mais que um simples choque de culturas matemáticas. O indiano estava sozinho em um estranho mundo de capelos e becas. Não encontrava comida vegetariana, portanto escreveu a seus familiares pedindo que enviassem tamarindo e óleo de coco. Se não fosse pelo mundo familiar da matemática, a transição teria sido impossível. Neville, o membro de Trinity que havia conquistado sua confiança na Índia, descreveu aqueles primeiros dias: "Ele sofreu as pequenas misérias da vida em uma civilização estranha – os vegetais eram impalatáveis por serem desconhecidos, os sapatos atormentavam seus pés, que viveram livres por 26 anos. Mas era um homem feliz, satisfeito por participar daquela comunidade matemática." Era possível encontrar Ramanujan todos os dias vagando pelo pátio da faculdade, calçado em sandálias, após ter se livrado, aliviado, dos sapatos ingleses. Porém, uma vez instalado no quarto de Hardy, com os cadernos abertos à sua frente, conseguia escapar para suas fórmulas e equações, enquanto Hardy fitava, absorto, a teia de teoremas encantadores tecida pelo colega. Ramanujan trocou o isolamento matemático da Índia pela solidão cultural de Cambridge, mas ganhou um companheiro em sua exploração do mundo matemático.

Para Hardy, educar Ramanujan exigia um equilíbrio difícil. Ele temia que, se insistisse excessivamente em fazer com que o rapaz gastasse energia provando seus resultados, "poderia destruir sua confiança ou romper o condão de inspiração". Hardy deixava a Littlewood o trabalho de familiarizar Ramanujan com a rigorosa matemática moderna. Littlewood descobriu que a tarefa era praticamente impossível. O que quer que tentasse ensinar a Ramanujan, a resposta era uma avalanche de ideias originais que impediam Littlewood de seguir adiante.

Embora as tentativas de Ramanujan de encontrar fórmulas exatas para contar os primos o tenham ajudado a partir em viagem para a Inglaterra, foi em áreas correlatas que o indiano terminou por deixar sua marca. Suas investidas diretas contra os primos foram desestimuladas após ler os comentários pessimistas de Hardy e Littlewood sobre a grande malícia contida nesses números. Só nos resta especular sobre o que Ramanujan poderia haver descoberto se não houvesse sido apresentado ao medo que o Ocidente guardava frente aos primos. Ainda assim, continuou a explorar as propriedades dos números com Hardy. As ideias que os dois desenvolveram contribuíram para o primeiro avanço feito sobre a conjectura de Goldbach – de que todos os números pares são a soma de dois números primos. Esse progresso veio de maneira indireta, mas o ponto de partida foi a crença inocente de Ramanujan de que deveria haver fórmulas precisas para expressar sequências importantes, como o número de primos. Na mesma carta em que alegava possuir uma fórmula para contar os primos, fez declarações indicando que acreditava entender o modo de gerar outra sequência até então não dominada: os números de partições.

De quantas maneiras diferentes é possível dividir cinco pedras em grupos separados? O número pode variar entre cinco grupos de uma pedra a um grupo de cinco, com outras possibilidades no caminho:

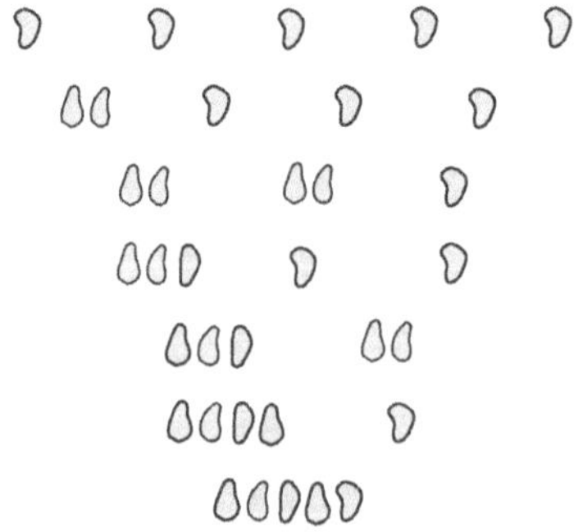

As sete partições possíveis de cinco pedras

Esses grupos são chamados de *partições* do número 5. Conforme a ilustração anterior, existem sete partições possíveis para o número 5. A seguir está indicado o número de partições entre os números 1 e 15:

Número	1	2	3	4	5	6	7	8	9	10	11	12	13	14	15
Partições	1	2	3	5	7	11	15	22	30	42	56	77	101	135	176

Essa é uma das sequências de números que encontramos no Capítulo 2. Seu surgimento no mundo físico é quase tão frequente quanto os números de Fibonacci. Por exemplo, a densidade dos níveis de energia de certos sistemas quânticos simples pode ser compreendida através do crescimento dos números de partições.

Os números não parecem estar distribuídos tão aleatoriamente quanto os primos, mas a geração de Hardy se negava a desistir da busca por uma fórmula exata que gerasse os números dessa lista. Os matemáticos acreditavam que deveria haver, no mínimo, uma fórmula para gerar uma estimativa que não se desviasse muito do número verdadeiro de partições de *N*, aproximadamente como a fórmula de Gauss, que fornecia uma aproximação razoável do número de primos até *N*. Mas Ramanujan jamais fora ensinado a temer essas sequências – ele estava em busca de uma fórmula que nos dissesse que havia exatamente cinco maneiras de dividir quatro pedras em diferentes grupos, ou que havia 3.972.999.029.388 maneiras de dividir 200 pedras em diversos conjuntos.

Embora Ramanujan houvesse falhado frente aos primos, teve um êxito espetacular com os números de partições. A combinação entre a técnica de Hardy para engendrar provas complexas e a insistência cega de Ramanujan de que deveria haver uma fórmula os levou a essa descoberta. Littlewood jamais entendeu "por que Ramanujan tinha tanta certeza de que haveria uma fórmula". Ao observarmos a fórmula – que envolve a raiz quadrada de 2, π, diferenciais, funções trigonométricas, números imaginários – é difícil não parar para pensar de onde terá sido invocada:

$$p(n)=\frac{1}{\pi\sqrt{2}}\sum_{1\le k\le N}\sqrt{k}\left(\sum_{h \bmod k}\omega_{h,k}e^{-2\pi i\frac{hn}{k}}\right)\frac{d}{dn}\left(\frac{\cosh\left(\frac{\pi\sqrt{n-\frac{1}{24}}}{k}\sqrt{\frac{2}{3}}\right)-1}{\sqrt{n-\frac{1}{24}}}\right)+O\left(n^{-1/4}\right)$$

Littlewood comentou posteriormente que "devemos o teorema à colaboração excepcionalmente feliz de dois homens, com dons bastante distintos, na qual o trabalho que cada um ofereceu foi o melhor, mais próprio e mais afortunado possível".

A história tem uma curiosidade. Em vez de fornecer um número exato, a complicada fórmula de Hardy e Ramanujan gera uma resposta que se torna correta quando arredondada para o número inteiro mais próximo. Assim, por exemplo, quando inserimos o número 200 na fórmula, obtemos um valor cujo número inteiro mais próximo é 3.972.999.029.388. Portanto, a fórmula é boa o suficiente para indicar a resposta correta, mas, de maneira um tanto frustrante, não apreende exatamente os números de partições. (Posteriormente, foi descoberta uma variação da fórmula que gerava a resposta exata.)

Embora Ramanujan não tenha conseguido encontrar um truque semelhante para os primos, seu trabalho com Hardy sobre os números de partições teve impacto sobre a conjectura de Goldbach, um dos grandes problemas não resolvidos da teoria dos números primos. A maioria dos matemáticos já havia desistido de sequer tentar resolver esse problema. Não havia ideias sobre novos caminhos que pudessem ser percorridos. Alguns anos antes, Landau havia declarado que o problema era simplesmente intratável.

O trabalho de Hardy e Ramanujan sobre a função de partições deu origem a uma técnica atualmente chamada de método do círculo de Hardy-Littlewood. O nome deriva dos pequenos diagramas que acompanhavam seus cálculos, ilustrando círculos no mapa de números imaginários ao redor dos quais Ramanujan e Hardy tentavam realizar integrações. O nome de Littlewood está ligado ao método, e não o de Ramanujan, graças ao uso que Littlewood e Hardy fizeram dele, realizando a primeira contribuição substancial em direção à prova da conjectura de Goldbach. Eles não foram capazes de demonstrar que todos os números pares podiam ser expressos como a soma de dois números primos, mas, em 1923, conseguiram provar o que estava logo abaixo na escala de prioridades dos matemáticos da época: que todos os números ímpares maiores que um certo número enorme que fixaram poderiam ser expressos como a soma de três números primos. Porém, para que a prova funcionasse, foi preciso impor uma condição – a hipótese de Riemann deveria ser verdadeira. Esse era mais um resultado que dependia de que a hipótese de Riemann se tornasse o teorema de Riemann.

Ramanujan ajudou a desenvolver essa técnica, mas infelizmente não viveu o suficiente para testemunhar o impressionante papel que ela desempenhou na matemática. Em 1917, ele estava cada vez mais deprimido. A Grã-Bretanha se misturava aos horrores da Primeira Guerra Mundial. A escolha de Ramanujan como membro de Trinity acabava de ser recusada. Russell fora desligado recentemente da instituição, pela sua posição contrária à guerra, e a faculdade não estava disposta a tolerar a inclinação pacifista de Ramanujan. Ele havia finalmente aprendido a comprimir seus pés em sapatos ocidentais e a ostentar um capelo e uma beca, mas sua alma ainda estava no sul da Índia.

Cambridge se transformava em uma prisão. Ramanujan estava acostumado à liberdade que a vida na Índia lhe proporcionava. O clima quente permitia que as pessoas passassem boa parte do tempo fora de casa. Em Cambridge, era preciso viver abrigado dentro das grossas paredes da faculdade, para se proteger do vento gelado que soprava do mar do Norte. A organização social dificultava o contato interpessoal além das interações formais da vida acadêmica. Ele também começava a sentir que a insistência de Hardy no rigor matemático impedia sua mente de percorrer livremente a paisagem matemática.

Ao declínio de seu estado mental seguiu-se a deterioração física. O Trinity College não compreendia as estritas necessidades dietéticas religiosas de Ramanujan. Na Índia, ele se acostumara à comida servida por sua esposa enquanto escrevia em seus cadernos. Embora as cozinhas da faculdade oferecessem esse serviço para membros efetivos como Hardy e Littlewood, para Ramanujan a comida servida na mesa comum era completamente dessaborosa. Ele simplesmente não conseguia sobreviver por conta própria e estava desoladamente só, havendo deixado a mulher e família na Índia. A desnutrição levou a uma suspeita de tuberculose, e Ramanujan foi sucessivamente internado em enfermarias.

Ramanujan tentou se manter firme pensando na matemática, mas não teve muito êxito. Seus sonhos estavam repletos de imagens matemáticas. Ele acreditava que a dor em seu abdome fosse causada pelo pico infinito da paisagem de Riemann, no local em que a função zeta espiralava para o infinito. Seria uma terrível punição por haver rompido a lei brâmane ao cruzar o oceano? Talvez não houvesse entendido a mensagem de Namagiri? Ramanujan não recebera nenhuma carta da esposa desde que chegara a Cambridge. A pressão se tornou insuportável.

Após uma recuperação parcial, ainda deprimido, ele tentou o suicídio, atirando-se na frente de um trem do metrô de Londres. Foi impedido pela intervenção de um guarda, que fez com que o trem parasse justo em frente a seu corpo prostrado. Em 1917, a tentativa de suicídio era um crime, mas graças à influência de Hardy, as acusações foram retiradas, desde que

Ramanujan fosse internado em um sanatório de Matlock, em Derbyshire, para supervisão médica em tempo integral durante 12 meses.

Agora ele estava preso há quilômetros de distância de qualquer parte, privado até do estímulo dos encontros diários com Hardy. "Já estou aqui há um mês", escreveu em uma carta a Hardy, "e não permitiram que eu acendesse o fogo nem uma única vez. Eles me prometeram que teria fogo no dia em que fizesse algum trabalho matemático sério. Esse dia ainda não veio, e estou abandonado neste quarto aberto, horrivelmente frio".

Hardy finalmente conseguiu fazer com que Ramanujan fosse transferido para uma enfermaria em Putney, em Londres. Apesar de sua declaração de que Ramanujan fora o verdadeiro amor de sua vida, a relação entre os dois não tinha muita emoção além do entusiasmo de trabalharem juntos. Em uma visita que fez a Ramanujan durante a doença, Hardy não foi capaz de expressar qualquer sentimento que o confortasse. Ao contrário, ofereceu-lhe o número do táxi em que havia chegado, 1.729, como exemplo de um número bastante desinteressante. Mesmo no leito do hospital, era impossível conter Ramanujan. "Não, Hardy! Não, Hardy! É um número muito interessante. É o menor número exprimível como a soma de dois cubos de duas maneiras diferentes." Ele estava certo: $1.729 = 1^3 + 12^3 = 10^3 + 9^3$.

A sorte de Ramanujan melhorou ao ser eleito para a Royal Society, a instituição científica de maior prestígio na Grã-Bretanha, e finalmente como membro de Trinity. A influência de Hardy nessas eleições era a única maneira pela qual conseguia expressar o amor de que falava. Mas a saúde de Ramanujan nunca melhorou. Quando a Primeira Guerra Mundial chegou ao fim, Hardy sugeriu que Ramanujan talvez devesse voltar à Índia por algum tempo, para se recuperar. Em 26 de abril de 1920, Ramanujan morreu em Madras, aos 33 anos; atualmente acredita-se que a causa tenha sido amebíase, que provocou uma infecção do intestino grosso, que Ramanujan provavelmente contraiu antes de partir para a Inglaterra.

Embora, em última análise, a tentativa de Ramanujan de dominar os primos tenha falhado, sua primeira carta para Hardy teve um efeito duradouro sobre a história desses números. Os matemáticos admitem que a resposta para o enigma não decifrado pode surgir a qualquer momento, de qualquer lugar. Uma nova ideia pode projetar um nome desconhecido para o centro das atenções. O caso de Ramanujan demonstrou que, às vezes, o conhecimento e as expectativas podem retardar o progresso. Os estudiosos educados nas vias tradicionais de aprendizado não são necessariamente os mais aptos a fazer inovações. Sempre existe a possibilidade de que algum matemático receba outra carta anunciando a chegada de um gênio desconhecido, pronto a transformar em realidade o sonho de Riemann de romper o enigma dos primos.

As ideias deixadas por Ramanujan estimularam o trabalho de gerações de matemáticos até os dias de hoje. De fato, pode-se dizer que o verdadeiro valor das ideias de Ramanujan só foi plenamente apreciado nas últimas décadas. Mesmo na época em que Hardy morreu, o significado real das fórmulas de Ramanujan não estava muito claro. O próprio Hardy desconsiderava uma das conjecturas de Ramanujan, comentando, em um artigo, que "parecemos nos ter encaminhado a um dos reveses da matemática". Porém, anos depois, a importância da conjectura Tao de Ramanujan, como se tornou conhecida, pôde ser apreciada graças à Medalha Fields de 1978, concedida a Pierre Deligne, que encontrou sua solução final. Um dos entusiastas de Ramanujan, Bruce Brendt, comparou-o a J.S. Bach, que foi amplamente ignorado durante anos após a morte.

Brendt dedicou boa parte de sua vida a deslindar os cadernos inéditos de Ramanujan. Ele segue uma linha de matemáticos que ficaram deslumbrados com a enorme quantidade de fórmulas e equações geradas pelo hindu. Enquanto explorava esses cadernos, Brendt descobriu uma tabela curiosa, detalhando o número de primos abaixo de 100.000.000. Ela está correta, ou contém pequenos erros, e é mais precisa que os números gerados pela primeira fórmula que Ramanujan enviou a Hardy. Mas não há indicações sobre como foram gerados.

Será que Ramanujan tinha acesso a alguma fórmula secreta para determinar os primos, tão eficaz quanto sua fórmula para a função de partições? Ainda haverá outras indicações escondidas em seus cadernos? Em 1976, a comunidade matemática ficou alvoroçada pela descoberta de um caderno perdido de Ramanujan, repleto de uma nova matemática. Essa descoberta ajudou a aumentar a especulação sobre a existência de novos tesouros guardados nos arquivos do Trinity College ou em caixas em Madras, que poderiam explicar a capacidade de Ramanujan de contar os primos com tanta precisão.

A morte de Ramanujan foi um grande choque para Hardy, que, apenas dois meses antes, havia recebido uma carta "bastante animada e cheia de matemática". Hardy ficou arrasado ao perder seu fascinante companheiro de viagens pelo terreno matemático. "Desde que o conheci, sua originalidade me serviu como fonte constante de inspiração, e sua morte foi um dos golpes mais duros que já sofri."

Ao envelhecer, Hardy também se viu assolado pela depressão. Ele sempre se enxergara como uma pessoa jovem. Agora, o aspecto de sua face envelhecida lhe causava repulsa, e Hardy insistia em virar todos os espelhos quando entrava em uma sala. Ele detestava o efeito da idade sobre sua habilidade matemática, e o livro *A Mathematician's Apology* é um relato assombroso de um matemático em final de carreira. Para fazer seu trabalho, "o matemático não deve ser muito velho. A matemática não é uma disciplina contemplativa, e sim criativa; ela não nos dá muito conforto depois que perdemos a capacidade ou o desejo de criar, e isso tende a ocorrer com os matemáticos em um tempo relativamente curto".

Assim como Ramanujan, Hardy também tentou acabar com a própria vida, mas com comprimidos, em vez de se jogar na frente de um trem. Porém, ele os vomitou, e acabou com um hematoma no olho. C.P. Snow relembra as visitas que fez a Hardy enquanto estava internado: "Ele zombava de si mesmo. Havia feito uma grande tolice. Quem já teria feito tolice maior?" O único consolo de Hardy, segundo o que escreveu no *Apology*, era Ramanujan. "Quando estou deprimido e me vejo forçado a escutar pessoas pomposas e maçantes, ainda penso com meus botões, 'Bem, eu fiz uma coisa que você jamais poderia ter feito – colaborar com Littlewood e Ramanujan de igual para igual.'"

7 Êxodo matemático: de Göttingen a Princeton

> Como as ciências matemáticas são tão vastas e variadas, é necessário localizar seu cultivo, pois toda atividade humana está ligada a lugares e pessoas.
>
> **David Hilbert**
> (em discurso durante a festa de comemoração pela chegada de Landau a Göttingen, em 1913, como professor)

O pai de Landau, Leopold, descobriu que um prodígio matemático vivia em sua rua em Berlim. Intrigado, mandou-lhe um convite para tomar chá em sua casa. Embora Carl Ludwig Siegel fosse um pouco tímido, concordou e foi encontrar o pai do grande matemático de Göttingen. Em sua biblioteca, o sr. Landau escolheu duas obras escritas por seu filho, que tratavam de números primos, e as entregou a Siegel. Explicou ao jovem que provavelmente seriam muito difíceis para ele naquele momento, mas talvez fosse capaz de lê-los mais tarde. Siegel guardou com apreço os livros dados por Edmund Landau, que teriam um efeito duradouro sobre seu desenvolvimento matemático.

A maturidade de Siegel coincidiu com o início da Primeira Guerra Mundial. A ideia de servir o exército aterrorizou o jovem e reticente rapaz. Ele passou a sentir um desprezo profundo por tudo o que era relacionado às questões militares. Apesar do interesse do pai de Landau em seu desenvolvimento matemático, Siegel optou inicialmente por estudar astronomia em Berlim, acreditando que essa disciplina não poderia ter relevância para a guerra. Mas o início do curso de astronomia se atrasou, e, para passar o tempo, ele assistiu a algumas aulas de matemática. Em pouco tempo Siegel foi cativado. A exploração do universo dos números se tornou sua paixão. Ele logo estaria preparado para compreender os volumes que discorriam sobre números primos que o pai de Landau lhe havia dado.

Em 1917, a guerra cruzou inevitavelmente a vida de Siegel e, ao se recusar a servir no exército, ele foi confinado em um sanatório mental como punição. O pai de Landau interveio para libertá-lo. "Se não fosse por Landau, eu teria morrido", admitiu Siegel posteriormente. Em 1919, ainda recuperando-se do tormento, o jovem se juntou a seu ídolo matemático, Landau, em Göttingen, onde floresceria seu talento matemático.

Siegel teve de aprender a lidar com a personalidade enervante de Landau. Certa vez, já no final da faculdade, fez-lhe uma visita em Berlim. O professor passou todo o jantar explicando com minúcia uma prova extremamente detalhada e técnica, insistindo em abordar cada pormenor. Siegel escutou com paciência, mas Landau terminou tão tarde que o fez perder o último ônibus para casa, o que o obrigou a caminhar todo o trajeto até o local onde estava hospedado. Durante o longo percurso, Siegel refletiu sobre a prova de Landau, que tratava de pontos no nível do mar em uma paisagem semelhante àquela construída por Riemann. Ao chegar em casa, já havia encontrado uma hábil prova alternativa, muito menos trabalhosa que aquela que o fizera perder o ônibus. No dia seguinte, numa atitude temerária, Siegel enviou a Landau um cartão-postal agradecendo o jantar e fornecendo os detalhes sucintos de sua prova alternativa — que cabiam todos no mesmo cartão.

Quando Siegel chegou a Göttingen, a Alemanha estava abatida pelos custos das reparações da guerra, e ele foi obrigado a se alojar com um dos professores do departamento. Outro professor lhe trouxe uma bicicleta, para que pudesse pedalar pelas vielas medievais da cidade. Inicialmente, sentiu-se intimidado pela hierarquia matemática de Göttingen, em especial pelo grande Hilbert. Assim, trabalhou sozinho e em silêncio, determinado a realizar algum progresso que impressionasse os grandes nomes com que cruzava nos corredores do departamento. Assistia às aulas de Hilbert, imbuindo-se das ideias daquele homem formidável. Ele sabia que encontrar a resposta para apenas um dos 23 problemas de Hilbert lhe daria o passaporte para o sucesso.

No início, Siegel estava por demais intimidado para expor suas ideias na presença de gigantes como Hilbert. Finalmente juntou coragem quando diversos integrantes destacados da faculdade fizeram uma viagem para nadar no rio Leine e o convidaram. Hilbert parecia bem menos intimidante em trajes de banho, e Siegel sentiu confiança para compartilhar suas ideias sobre a hipótese de Riemann. A resposta de Hilbert foi bastante entusiástica, e seu apoio ao tímido matemático lhe garantiu um cargo na Universidade de Frankfurt, em 1922.

As contribuições de Siegel ao longo da vida foram importantes para muitos dos problemas de Hilbert, mas uma descoberta pouco convencional sobre o oitavo problema, a hipótese de Riemann, deixou sua marca profundamente gravada no mapa matemático.

Repensando Riemann

Quando começou a se dedicar à solução do oitavo problema de Hilbert, Siegel tomou consciência da crescente desilusão de alguns matemáticos em relação à contribuição de Riemann sobre o assunto. O mentor de Siegel, Landau, talvez fosse o crítico mais obstinado do verdadeiro mérito do artigo de dez páginas de Riemann, publicado em 1859. Embora reconhecesse tratar-se de um "artigo brilhante e muito fértil", tinha suas ressalvas: "A fórmula de Riemann está longe de ser a coisa mais importante da teoria dos números. Ele apenas criou as ferramentas que, quando refinadas, permitiram provar muitas outras coisas posteriormente."

Enquanto isso, em Cambridge, Hardy e Littlewood se tornavam igualmente descrentes. No final da década de 1920, a incapacidade de Hardy solucionar a hipótese de Riemann começava a frustrá-lo. Littlewood também passou a considerar a ideia de que, se eles não conseguiam provar a hipótese, talvez ela não fosse realmente verdadeira:

> Acredito que seja falsa. Não há quaisquer indícios a seu favor. Não devemos acreditar em coisas para as quais não há evidências. Devo também registrar meu sentimento de que não há *razão* imaginável pela qual deveria ser verdadeira. ... Porém, a vida seria muito mais confortável se conseguíssemos acreditar firmemente que a hipótese é falsa.

Riemann realmente havia fornecido poucos indícios experimentais de que a localização dos zeros obedecesse à previsão da hipótese. No artigo de dez páginas não havia um único cálculo sobre a posição desses pontos no nível do mar. Hardy acreditava que o palpite de Riemann sobre os zeros da paisagem não passasse de especulação heurística.

O fato de que, no artigo, Riemann aparentemente não houvesse calculado a localização dos zeros contribuiu para sua imagem de um matemático pensador, um homem de ideias sem interesse em sujar as mãos em cálculos. Afinal, esse era o ethos da revolução iniciada por Riemann. Hilbert, da mesma forma, dedicara sua vida à promoção dessa nova abordagem matemática. Em um de seus artigos, escreveu: "Tentei evitar o enorme aparato computacional de Kummer [Ernst Kummer, o sucessor de Dirichlet em Berlim], para que aqui também se compreendesse o princípio de Riemann, segundo o qual as provas devem ser impelidas unicamente pelo pensamento, e não pela computação." O colega de Hilbert em Göttingen, Felix Klein, gostava de afirmar que Riemann trabalhava sobretudo com "grandes ideias gerais" e que "frequentemente confiava na intuição".

Hardy, no entanto, não se contentava com a intuição. Ele e Littlewood conseguiram desenvolver um método para calcular precisamente a localização de alguns dos primeiros zeros. Se a hipótese de Riemann fosse falsa, então, armados com sua fórmula, havia uma pequena chance de que conseguissem localizar rapidamente um zero situado fora da linha crítica de Riemann. O método que desenvolveram explorava a simetria descoberta por Riemann na paisagem, entre as terras a leste e a oeste da linha mística que passava por $\frac{1}{2}$. Eles usaram esse método combinado a um meio eficiente engendrado por Euler para aproximar o valor de somas infinitas de números. No final dos anos 1920, os matemáticos de Cambridge já haviam conseguido localizar 138 zeros. Obedecendo à previsão de Riemann, todos se encontravam na linha que cruzava $\frac{1}{2}$. Entretanto, ficou claro que a fórmula de Hardy e Littlewood perdia o fôlego. Determinar precisamente a localização de qualquer zero ao norte desses 138 zeros estava se tornando computacionalmente inviável.

Aparentemente, não havia como levar esses cálculos muito adiante. Hardy havia provado, pela análise teórica, que deveria haver um número infinito de zeros sobre a linha. Agora, crescia a sensação de que o primeiro zero fora da linha só poderia ser encontrado explorando-se o extremo norte da paisagem. Como Littlewood havia demonstrado, os números primos, mais que qualquer outra criatura do zoológico matemático, gostam de esconder sua verdadeira face nos distantes confins do universo de números. Por isso, os matemáticos começaram a desistir de localizar explicitamente os zeros e passaram a se concentrar em outras características da paisagem, mais teóricas, que pudessem revelar os mistérios do pensamento de Riemann.

Tudo isso mudou após uma descoberta completamente inesperada. Enquanto Siegel, em Frankfurt, debatia-se com suas ideias sobre a hipótese de Riemann, recebeu uma carta do historiador matemático Erich Bessel-Hagen, que estivera trabalhando com anotações não publicadas de Riemann. A esposa de Riemann, Elise, resgatara alguns dos papéis que sobreviveram à fogueira da zelosa criada. Dera a maior parte dos artigos científicos de Riemann ao contemporâneo Richard Dedekind, mas alguns anos depois se arrependeu de lhe haver entregado anotações que pudessem conter detalhes pessoais. Assim, pediu a Dedekind que os devolvesse. Elise queria ficar com qualquer manuscrito que tivesse detalhes pessoais, como uma lista de compras ou o nome de um amigo da família, mesmo que o restante consistisse quase inteiramente em matemática.

Os demais artigos foram finalmente depositados por Dedekind na biblioteca de Göttingen. Bessel-Hagen tentou entender a massa de papéis contidos nesses arquivos, mas teve pouco êxito. Como ocorre com a maior parte das anotações particulares dos matemáticos, tratava-se de um amontoado caótico de ideias e fórmulas pela metade. Bessel-Hagen ponderou que Siegel talvez tivesse mais sorte na decodificação desses hieróglifos.

Siegel escreveu ao bibliotecário de Göttingen, perguntando se poderia consultar o *Nachlass* de Riemann, como é atualmente conhecido. O funcionário providenciou o envio dos documentos à biblioteca de Frankfurt, onde morava Siegel, que estava contente com a tarefa pela frente: seria uma distração prazerosa das frustrações que vinha sofrendo com a falta de progresso em suas pesquisas. A encomenda chegou prontamente, e Siegel correu para a biblioteca na companhia de um colega que o visitava. Ao abrir o pacote, brotou uma pilha de papéis repletos de cálculos numéricos complicados. Essas páginas contradiziam a imagem com a qual Riemann havia sido rotulado por 70 anos, de um homem de intuição e conceitos, incapaz de fornecer muitos indícios sólidos para corroborar suas ideias. Apontando para a grande quantidade de cálculos, Siegel exclamou ironicamente: "Aqui estão as grandes ideias gerais de Riemann!"

Diversos matemáticos menores já haviam percorrido aquelas páginas em busca de uma pista para a hipótese de Riemann, mas nenhum deles conseguira abarcar a grande massa de equações fragmentadas. Ainda mais estonteante era a enorme quantidade de cálculos aritméticos puros e simples que Riemann parecia ter feito em seu tempo livre. O que representavam todas aquelas somas? Somente um matemático da estatura de Siegel conseguiria perceber o que Riemann estivera fazendo.

Ao fitar aquelas páginas, Siegel percebeu que Riemann se mantivera fiel ao princípio de seu professor. Gauss sempre ressaltara que um arquiteto remove os andaimes após erigir o edifício. As folhas quebradiças que Siegel tinha agora nas mãos estavam repletas de cálculos. Riemann fora pobre, tendo que sustentar as irmãs no final da vida, e só conseguia comprar papel de baixa qualidade, do qual utilizava até o último espaço. O pensador de Hilbert demonstrou ser um exímio calculador, e sobre esses cálculos construiu seu modelo conceitual do mundo, encontrando padrões nas observações experimentais que coletava. Alguns dos cálculos não eram inovadores, como a raiz quadrada de 2 calculada até 38 casas decimais, mas Siegel estava intrigado com outros que não pareciam com nada que houvesse visto antes. Enquanto explorava as páginas, o amontoado de cálculos aleatórios começou a ganhar algum sentido. Ele percebeu que Riemann estivera calculando zeros.

Siegel descobriu que Riemann usava uma fórmula extraordinária, que lhe permitia calcular as alturas da paisagem zeta com muita precisão. A primeira parte da fórmula se baseava em um truque que Hardy e Littlewood haviam descoberto. Riemann havia adiantado a contribuição deles em cerca de 60 anos. A segunda parte da fórmula era completamente nova: Riemann também encontrara uma maneira muito mais inteligente de somar o restante da adição infinita. Ao contrário dos métodos de Euler, que haviam sido usados para localizar os primeiros 138 zeros – os pontos no nível do mar na paisagem zeta –, a fórmula de Riemann mantinha seu fôlego ao calcular as regiões mais ao norte.

Sessenta e cinco anos após a morte de Riemann, o magnífico matemático ainda estava quilômetros à frente de seus competidores. Hardy e Landau haviam se equivocado ao pensar que o artigo de Riemann era apenas um conjunto admirável de concepções heurísticas. Ao contrário, baseava-se em cálculos sólidos e ideias teóricas que Riemann preferira não mostrar ao mundo. Poucos anos depois de ser descoberta por Siegel, a fórmula secreta de Riemann seria usada pelos alunos de Hardy em Cambridge para confirmar que os primeiros 1.041 zeros estavam sobre a linha de Riemann. Porém, foi com o início da era dos computadores que a fórmula realmente floresceu.

É um pouco curioso que os matemáticos tenham levado tanto tempo para perceber que as anotações de Riemann pudessem conter essas preciosidades. Certamente há indicações, em seu artigo de dez páginas, e em cartas que escreveu a outros matemáticos da época, de que fizera alguma grande descoberta. No artigo, Riemann mencionava uma nova fórmula, mas logo prosseguia dizendo: "Ainda não a simplifiquei o suficiente para anunciá-la." Os matemáticos de Göttingen se debruçaram sobre esse artigo durante 70 anos, sem saber que ali perto estava a fórmula mágica para localizar os zeros. Klein, Hilbert e Landau não hesitaram em emitir julgamentos sobre Riemann, mas nenhum deles sequer passou os olhos sobre o *Nachlass* não publicado.

Na verdade, um breve olhar sobre os rabiscos de Riemann é suficiente para que se perceba a magnitude da tarefa. Segundo Siegel, "nenhuma parte dos escritos de Riemann sobre a função zeta está pronta para publicação;

às vezes, encontramos fórmulas desconexas na mesma página; muitas vezes apenas um dos lados de uma equação foi anotado". Era como analisar o rascunho de uma sinfonia inacabada. A composição final deve muito ao virtuosismo matemático de Siegel, que extraiu as fórmulas das confusas anotações de Riemann. Ela merece inteiramente o nome pelo qual é conhecida – fórmula de Riemann-Siegel.

Graças à perseverança de Siegel, foi revelado um novo lado do caráter de Riemann. Ele claramente defendera a importância do pensamento abstrato e de conceitos gerais, mas sabia que não deveria negligenciar o poder da computação e do experimento numérico. Jamais esqueceu a tradição do século XVIII, da qual emergiu sua matemática.

O *Nachlass*, protegido na biblioteca de Göttingen, foi apenas uma parte dos escritos resgatados do fogo. Elise Riemann escreveu a Dedekind em 1º de maio de 1875, expondo parte do material pessoal que queria ter de volta entre as posses familiares, incluindo um pequeno livro preto que continha registros de uma temporada de Riemann em Paris, na primavera de 1860. Poucos meses antes, ele publicara seu grande artigo sobre os primos, apressando-se a imprimi-lo, para que coincidisse com sua eleição para a Academia de Berlim. Posteriormente, em Paris, passado o alvoroço da publicação, tinha tempo para desenvolver suas ideias. O clima estava hostil; granizo e neve impediam que Riemann explorasse a cidade. Portanto, sentou-se em seu quarto, anotando seus pensamentos. É razoável especular que, ao lado de opiniões pessoais sobre Paris, Riemann tenha registrado nesse "livro preto" suas ideias sobre os pontos no nível do mar na paisagem zeta. O livro jamais foi recuperado, embora existam algumas indicações sobre seu destino.

O genro de Riemann escreveu a Heinrich Weber, em 22 de julho de 1892, dizendo que, "inicialmente, Elise não conseguia conceber a ideia de que os papéis de Riemann não mais permanecessem em mãos privadas; para ela, são algo sagrado, e não gosta de pensar que fiquem ao alcance de qualquer estudante, que poderia então ler as anotações marginais, algumas delas inteiramente pessoais". Ao contrário de Fermat, cuja sobrinha publicara com muito entusiasmo as anotações marginais do tio, a família de Riemann relutava em tornar públicas as notas que ele nunca pretendera publicar. Portanto, parece que àquela altura o pequeno livro preto ainda estava nas mãos da família.

As especulações sobre a localização desse caderno são abundantes. Há indícios de que Bessel-Hagen tenha posteriormente adquirido parte do material não publicado, que permanecera nas mãos da família. Não está claro se ele o comprou em um leilão ou se o adquiriu por contato pessoal. Alguns dos papéis acabaram por chegar ao arquivo da Universidade de Berlim, mas parece que Bessel-Hagen decidiu manter consigo o restante da coleção. Ele morreu de inanição no inverno de 1946, no caos que se seguiu ao final da Segunda Guerra Mundial. Seus pertences jamais foram encontrados.

Segundo outra história, o pequeno livro preto seguiu até as mãos de Landau. Diz-se que, com a incerteza dos anos entre as duas guerras, ele deu o caderno a seu afilhado matemático, L.J. Schoenberg, que escapou para os Estados Unidos em 1930. Novamente a trilha se perde. Considerando-se que há um milhão de dólares em jogo, a busca pelo livro preto de Riemann se transformou em uma caça ao tesouro.

Sem as anotações de Riemann e a determinação de Siegel, quanto tempo teríamos levado para descobrir a fórmula mágica? Ela é tão sofisticada que talvez ainda hoje não a conhecêssemos. Que outras pérolas teremos perdido com o desaparecimento do livro preto? Riemann alegou poder provar que a maioria dos zeros estava sobre a linha crítica, mas ninguém ainda foi capaz de encontrar uma prova para essa afirmação. O que restará enterrado nos arquivos das bibliotecas da Alemanha? O livro preto teria rumado até os Estados Unidos? Será que sobreviveu à fogueira da criada, para então se perder no fogo da Segunda Guerra Mundial?

Em 1933, os matemáticos da Alemanha tinham cada vez mais dificuldades em se concentrar no estudo da disciplina. A suástica flamejava sobre a biblioteca de Göttingen. A faculdade abrigava muitos judeus e matemáticos de esquerda. As campanhas de rua da época se concentraram especificamente sobre o departamento de matemática, uma "fortaleza do marxismo", e, na metade da década, a maior parte do corpo docente havia perdido o emprego no expurgo que Hitler empreendeu sobre as universidades. Muitos cruzaram o oceano em busca de refúgio. Landau, embora fosse judeu, obteve permissão para ficar, pois havia sido indicado antes da eclosão da Primeira Guerra Mundial. A cláusula sobre não arianos nos serviços públicos da lei de abril de 1933 não se aplicava a professores de longa data ou àqueles que tivessem lutado na guerra.

As coisas pioraram. No inverno de 1933, as aulas de Landau eram interrompidas por piquetes de estudantes nazistas, incluindo um dos matemáticos mais brilhantes de sua geração, Oswald Teichmüller. Um professor judeu de Göttingen descreveu Teichmüller como "um homem muito jovem, cientificamente dotado, mas confuso e notoriamente louco". Certo dia, quando Landau chegou ao anfiteatro para dar uma aula, teve seu caminho bloqueado pelo jovem e diligente nazista. Teichmüller lhe disse que sua maneira judia de apresentar o cálculo era fundamentalmente incompatível com o modo de pensar ariano. Landau cedeu sob a pressão, demitiu-se do cargo e se retirou para Berlim. Ver negado seu direito de ensinar o magoou profundamente. Hardy convidou-o para ir a Cambridge dar algumas palestras. "Era um tanto triste observar seu deleite ao se ver mais uma vez em frente ao quadro-negro, e seu sofrimento quando essa oportunidade terminava", lembrou Hardy. Incapaz de lidar com o abandono de sua terra natal, Landau voltou à Alemanha, onde morreu em 1938.

Naquele ano, Siegel – que não tinha parentesco judeu – foi transferido de Frankfurt para Göttingen, na tentativa de resgatar a reputação do departamento de matemática. Em 1940, ele próprio se impôs um exílio nos Estados Unidos, em protesto contra os horrores da guerra. Após suas terríveis experiências de infância durante a Primeira Guerra Mundial, havia jurado jamais retornar à Alemanha se seu país entrasse novamente em guerra. Assim, passou os anos do conflito no Instituto de Estudos Avançados, em Princeton. Dos matemáticos que haviam sido responsáveis pela grande reputação de Göttingen, somente Hilbert permaneceu na Alemanha. Ele sempre fora um pouco obcecado com a dominância matemática de Göttingen. Já velho, não conseguia compreender a devastação que ocorria ao seu redor. Siegel tentou explicar a Hilbert por que muitos integrantes da faculdade haviam partido. Posteriormente, Siegel relembrou: "Senti que ele tinha a impressão de que estávamos tentando lhe pregar uma peça infeliz."

No espaço de poucas semanas, Hitler destruiu a grande tradição de Göttingen construída por Gauss, Riemann, Dirichlet e Hilbert. Alguém comentou que essa havia sido "uma das maiores tragédias presenciadas pela cultura humana desde a Renascença". Göttingen (e a própria matemática alemã) jamais se recuperou completamente da destruição sofrida na Alemanha nazista durante os anos 1930. Hilbert morreu no dia de São Valentim, em 1943, após sofrer uma queda nas ruas medievais de Göttingen. Sua morte marcou o fim da posição da cidade como a Meca da matemática.

Por toda a Europa, a matemática entrou em crise. As nações se preparavam para o inevitável confronto, e tornou-se impossível justificar a busca de ideias abstratas por si mesmas. Mais uma vez, a função da ciência europeia passou a ser conferir uma vantagem militar às nações. Muitos matemáticos seguiram Siegel e migraram da Europa para a América. A maior parte considerou que a prosperidade e o apoio recebido do outro lado do Atlântico geravam o ambiente perfeito para a pesquisa pura. Os Estados Unidos se beneficiaram dessa migração acadêmica, e a Europa nunca recuperou sua função de motor matemático do mundo.

Alguns matemáticos retornaram por fim do exílio. Quando a guerra terminou, Siegel voltou à Alemanha. Abrigado em Princeton, ele perdera completamente o contato com o desenvolvimento matemático europeu, e achava que poucas coisas poderiam ter ocorrido em sua ausência. Teve uma grande surpresa. Embora a maioria dos matemáticos houvesse fugido ou deixado de fazer matemática, houve de fato uma boa notícia. Siegel se encontrou com o amigo Harald Bohr, o colaborador de Hardy em investidas contra a hipótese de Riemann em Copenhague. "Então, aconteceu alguma coisa desde meu exílio em Princeton?", perguntou Siegel ao velho colega. Bohr simplesmente respondeu: "Selberg!"

Selberg, o escandinavo solitário

Em 1940, Siegel rumou para Princeton através da Noruega. Ele fora convidado a dar uma palestra na Universidade de Oslo. As autoridades alemãs aprovaram a visita, alheias ao fato de que Siegel usava a palestra como uma fachada. O principal propósito da viagem era escapar da Europa em um navio que deixaria Oslo e seguiria para a América. Enquanto o navio zarpava, Siegel observou a aproximação de uma frota de navios mercantes alemães. Posteriormente, ficou sabendo que aqueles navios eram um grupo avançado da força de invasão. Ele escapara, mas no departamento de matemática da Universidade de Oslo ficara um jovem matemático com o nome de Atle Selberg. O jovem talento se escondia na matemática, tentando ignorar a agitação ao seu redor.

Mesmo antes que a guerra dominasse a região, Selberg gostava de passar seus dias de trabalho em um isolamento que impusera a si mesmo. Uma existência reclusa muitas vezes força o matemático a seguir em direções completamente novas. Selberg já decidira trabalhar em uma área da matemática com a qual ninguém mais na região estava particularmente familiarizado. A falta de ajuda dos colegas nessas jornadas matemáticas não o deteve. Muito pelo contrário – ele parecia prosperar no isolamento. À medida que a guerra se aproximava, a Noruega se tornava cada vez mais isolada, impossibilitada de receber os jornais científicos estrangeiros. Selberg encontrou inspiração nesse silêncio. "Era como estar em uma espécie de prisão. Ficamos isolados.

Assim, tínhamos a oportunidade de nos concentrar em nossas próprias ideias, sem ser distraídos pelo trabalho de outras pessoas. Nesse sentido, considerei que a situação era bastante boa, em muitos aspectos, para que eu fizesse meu trabalho."

Essa autossuficiência caracterizou a vida matemática de Selberg. Ela havia sido cultivada durante a juventude, quando ficava sentado durante horas sem ser perturbado na biblioteca pessoal de seu pai, mergulhado nos muitos livros de matemática que havia nas prateleiras. Durante essas longas horas, Selberg deparou com um artigo sobre Ramanujan em uma revista da Sociedade Matemática Norueguesa. Ele lembra como as "estranhas e belas fórmulas ... me deixaram uma impressão muito profunda e duradoura". O trabalho de Ramanujan se tornou uma das muitas inspirações de Selberg. "Parecia uma revelação – um mundo completamente novo para mim, muito mais instigante para a imaginação." Seu pai lhe deu de presente os *Collected Papers* de Ramanujan, que Selberg ainda hoje carrega consigo. Autodidata, com a ajuda da grande coleção de livros de matemática do pai, ele já produzia trabalhos originais na época em que entrou na Universidade de Oslo, em 1935.

Selberg se sentia particularmente fascinado pela fórmula de Ramanujan para a sequência dos números de partições, que o matemático indiano descobrira com Hardy. Embora a fórmula de Ramanujan fosse reconhecida como uma conquista notável, era ligeiramente insatisfatória. A resposta gerada pela fórmula não era um número inteiro; o verdadeiro número de partições era o número inteiro mais próximo. Certamente devia haver uma fórmula que gerasse o número exato de partições. Selberg ficou extasiado quando, no outono de 1937, conseguiu superar o próprio Ramanujan, encontrando uma fórmula exata. Pouco após a descoberta, enquanto lia uma crítica sobre o primeiro de seus artigos, os olhos de Selberg foram atraídos para uma sinopse logo ao lado. Para sua grande frustração, Hans Rademacher já havia cruzado a linha de chegada, com um artigo publicado no ano anterior. Rademacher fugira de sua Alemanha natal para os Estados Unidos em 1934, depois que os nazistas o expulsaram de seu emprego em Breslau por suas inclinações pacifistas. "Na época foi um golpe para mim, mas posteriormente me acostumei a esse tipo de coisa!" O fato de que Selberg não tivesse ouvido falar da contribuição de Rademacher ilustra o grau de isolamento da Noruega em relação aos avanços realizados em outras regiões.

Para Selberg, a incapacidade de Hardy e Ramanujan em encontrar a fórmula exata sempre fora uma espécie de mistério. "Acredito firmemente que o responsável por isso tenha sido Hardy. ... Ele não confiava completamente nos vislumbres e na intuição de Ramanujan. ... Acho que se Hardy houvesse confiado mais em Ramanujan, inevitavelmente teriam deparado com a série de Rademacher. Não tenho dúvidas sobre isso." É possível, mas o caminho que escolheram resultou na contribuição de Hardy e Littlewood para a conjectura de Goldbach, o que poderia não ter acontecido de outra forma.

Selberg passou a ler tudo o que podia sobre o trabalho do trio de Cambridge – Ramanujan, Hardy e Littlewood. Sentiu-se particularmente atraído pelo trabalho sobre os primos e suas conexões com a função zeta. Uma assertiva feita em um dos artigos de Hardy e Littlewood o intrigava em especial. Eles haviam escrito que os métodos da época pareciam não oferecer qualquer esperança de que fosse possível provar que a maior parte dos zeros, os pontos no nível do mar na paisagem zeta, estariam sobre a linha crítica de Riemann. Hardy dera um grande passo ao provar que havia ao menos um número infinito de zeros sobre a linha, mas não conseguiu demonstrar que esse número infinito correspondia sequer a uma pequena fração do número total de zeros. Apesar de alguns avanços feitos com Littlewood, o número de zeros que demonstraram estar sobre a linha era soterrado pelos que não conseguiam localizar. Eles declararam audaciosamente que aquele resultado não poderia ser melhorado com os métodos que haviam desenvolvido.

Porém, Selberg não era tão pessimista quanto Hardy e Littlewood. Ele achava que suas ideias ainda podiam ser levadas mais adiante. "Eu estava observando uma passagem no artigo original de Hardy e Littlewood, na qual explicam, no final, por que seu método não poderia fornecer outras provas além daquelas encontradas. Li aquilo e pensei no assunto – e então percebi que o que diziam não fazia o menor sentido." A intuição de Selberg de que poderia suplantar Hardy e Littlewood estava correta. Embora ainda não conseguisse provar que todos os zeros estavam sobre a linha, pôde demonstrar que a porcentagem obtida por seu método não cairia a zero à medida que se viajava mais ao norte. Ele não estava muito certo sobre a fração exata do número total de zeros que capturara, mas essa foi a primeira vez que alguém conseguiu abocanhar um pedaço substancial do bolo. Em retrospecto, parece que ele teria provado que cerca de 5% a 10% dos zeros estavam sobre a linha. Então, ao contarmos ao norte, pelo menos essa proporção dos zeros obedecia à hipótese de Riemann.

Embora não fosse uma prova da hipótese, a mordida de Selberg representou um avanço psicológico – mas ninguém ainda tinha ouvido falar dele. O próprio Selberg não tinha certeza se poderia ter sido vencido na busca por aquele resultado. A guerra terminou, e ele foi convidado a dar uma palestra no Congresso Escandinavo de Matemática, em Copenhague, no verão de 1946. Selberg já havia se decepcionado ao ser vencido na descoberta da fórmula exata para o número de partições, portanto achou melhor verificar se seu resultado sobre os zeros já era conhecido ou não. No entanto, a Universidade de Oslo ainda não recebera as cópias dos jornais cuja distribuição fora interrompida durante a guerra. "Eu ouvira falar que a biblioteca do Instituto de Tecnologia de Trondheim havia recebido cópias. Então, fui para lá especificamente para isso. Passei cerca de uma semana na biblioteca."

Selberg não precisava se preocupar tanto – descobriu-se muito à frente de qualquer outra pessoa na apreciação dos zeros da paisagem zeta de Riemann. Sua palestra em Copenhague confirmou a declaração de Bohr aos visitantes que vinham dos Estados Unidos de que as notícias matemáticas da Europa remontavam a "Selberg!". O escandinavo falou de suas ideias sobre a hipótese de Riemann. Embora houvesse feito uma importante contribuição em direção a uma prova, enfatizou que a veracidade da hipótese ainda carecia de suporte. "Acredito que o motivo pelo qual fomos tentados a acreditar na hipótese de Riemann, na época, foi essencialmente o fato de ser a distribuição mais bela e simples que poderíamos ter. Temos a simetria ao longo da linha. Ela levaria à distribuição mais natural dos primos. Pensamos que deveria haver algo de certo neste universo."

Seus comentários foram mal interpretados por algumas pessoas, que pensaram que Selberg lançava dúvidas sobre a validade da hipótese de Riemann. Porém, ele não era tão pessimista quanto Littlewood, que acreditava que a falta de indícios experimentais significava que a hipótese era falsa. "Sempre acreditei firmemente na hipótese de Riemann. Nunca apostaria contra ela. Contudo, naquele estágio, eu defendia que ainda não tínhamos realmente quaisquer resultados numéricos ou teóricos que assinalassem sua verdade com muita força. Os resultados apenas indicavam que ela era, em boa medida, verdadeira." Em outras palavras, a maioria dos zeros estava provavelmente sobre a linha, tal como Riemann havia argumentado poder provar quase um século antes.

O avanço de Selberg durante a guerra foi o último suspiro da dominância europeia na matemática. Após sua conquista, foi recrutado por Hermann Weyl, um professor do Instituto de Estudos Avançados de Princeton, que escapara, em 1933, da decadente situação de Göttingen. Esse matemático solitário, que permaneceu na Europa e suportou as privações da Segunda

Guerra Mundial, sucumbiu aos atrativos que se apresentavam do outro lado do Atlântico. Selberg aceitou o convite para visitar o Instituto, entusiasmado com a perspectiva de novas inspirações. Chegou ao agitado porto de Nova York e seguiu para a monótona cidade de Princeton, situada um pouco ao sul de Manhattan.

Os Estados Unidos, que já haviam sido um centro secundário de atividade matemática, se beneficiariam imensamente do fluxo de talentos vindos do exterior, como Selberg, transformando-se aos poucos na grande potência que ainda representa. Hoje em dia, esse país é o principal polo matemático, atraindo cientistas de todo o planeta. Embora a reputação de Göttingen como a Meca da matemática tenha sido arrasada pela devastação trazida por Hitler e a Segunda Guerra Mundial, ela renasceria das cinzas no Instituto de Princeton.

O Instituto foi fundado em 1932, com a ajuda de uma doação de cinco milhões de dólares de Louis Bamberger e sua irmã, Caroline Bamberger Fuld. Seu objetivo era atrair os melhores estudiosos do mundo, oferecendo-lhes um abrigo pacífico e um salário farto – de fato, o lugar ganhou o apelido de Instituto de Embolsos Avançados. Lá, tentava-se reproduzir o ambiente universitário de Oxford e Cambridge, em que os estudiosos de todas as disciplinas podiam se beneficiar da interação mútua.

No entanto, ao contrário da atmosfera rançosa daquelas cadeiras ancestrais do aprendizado, Princeton tinha um ar jovem e fresco, fervilhando de vida e ideias. Embora em Oxford ou Cambridge fosse considerado gafe falar do próprio trabalho na mesa comum, Princeton não era regido por essas formalidades. Os integrantes do Instituto falavam abertamente de seus projetos, sempre que quisessem. Einstein o descreveu como um cachimbo ainda por fumar. "Princeton é um lugar maravilhoso, uma vila singular e cerimoniosa de pequenos semideuses brincando sobre pernas de pau. Porém, ignorando certas convenções sociais, fui capaz de criar para mim mesmo uma atmosfera propícia ao estudo e isenta de distrações. As vozes caóticas dos conflitos humanos praticamente não penetram nesta pequena cidade universitária."

Embora o Instituto tivesse sido fundado para abrigar todas as disciplinas, sua vida começou no antigo edifício de matemática da Universidade de Princeton. O departamento de matemática seria posteriormente transferido para o único arranha-céus de Princeton, levando seu nome – Fine Hall – com ele. O primeiro lar do Instituto provavelmente influenciou seus principais talentos, na matemática e na física. Acima da lareira do salão da faculdade estavam inscritas palavras frequentemente citadas por Einstein: "Deus é sutil, mas não malicioso". Os matemáticos, porém, guardavam certo ceticismo quanto à verdade dessa afirmação. Como Hardy explicara a Ramanujan, há uma "malícia diabólica inerente aos primos".

O Instituto foi transferido para suas novas instalações em 1940. Situado nos arredores de Princeton e cercado por bosques, estava isolado dos horrores que ocorriam no mundo exterior. Einstein descreveu seu exílio em Princeton como "uma expulsão para o paraíso. Desejei por toda minha vida este isolamento, e finalmente o encontrei aqui em Princeton". O Instituto imitava seu predecessor em Göttingen de muitas maneiras. Prosperava em seu isolamento. As pessoas vinham de muito longe e eram tragadas para sua comunidade autossuficiente. Para alguns, a autossuficiência de Princeton se transformou em autoadulação. Não havia apenas adotado os matemáticos de Göttingen, mas também parecia haver se apropriado do lema da cidade alemã: para os membros do Instituto, não havia vida fora de Princeton. Isolado entre os bosques, o Instituto fornecia o ambiente de trabalho perfeito para europeus banidos e foragidos.

Erdös, o mago de Budapeste

No Instituto havia um emigrado matemático vindo da Europa, cuja vida se entrelaçaria à de Selberg. Além de inspirar o jovem Selberg na Noruega, a história de Ramanujan também exercia sua magia sobre outra mente jovem. Paul Erdös, um húngaro, se tornaria um dos matemáticos mais intrigantes da segunda metade do século XX. Porém, Ramanujan não foi a única coisa a unir esses dois jovens matemáticos. Também houve controvérsia.

Enquanto Selberg gostava de trabalhar sozinho, Erdös prosperava em colaboração. Sua figura encurvada, vestindo terno e sandálias, já era conhecida nos salões matemáticos do mundo. Podia ser visto debruçado sobre um caderno, com um novo colaborador ao seu lado, enquanto desfrutava da paixão por criar e resolver problemas com números. Ele escreveu mais de 1.500 artigos ao longo da vida, uma marca fenomenal. O único matemático a escrever mais artigos foi Euler. Erdös era um monge matemático que compartilhava todas as suas posses pessoais, temendo que o distraíssem de sua missão. Ele distribuía qualquer dinheiro que ganhasse a seus alunos, ou então o oferecia como prêmios para as muitas questões que apresentava. Como ocorrera com Hardy, Deus desempenhava um papel fundamental, embora pouco convencional, em sua visão de mundo. O "Fascista Supremo" era o nome dado por Erdös ao custódio do "Grande Livro", que continha detalhes das mais elegantes provas de problemas matemáticos, resolvidos ou não. O maior elogio que Erdös podia fazer a uma prova era dizer que "essa saiu diretamente do Livro!" Ele acreditava que todos os bebês – ou "ípsilons", como os chamava, segundo a letra grega que os matemáticos utilizam para números muito pequenos – nasciam com o conhecimento da prova do Grande Livro para a hipótese de Riemann. O problema era que, após seis meses, eles a esqueciam.

Erdös gostava de trabalhar enquanto ouvia música, e muitas vezes era visto em concertos fazendo anotações em um caderno, incapaz de conter a exaltação de uma nova ideia. Embora fosse um grande colaborador e detestasse ficar sozinho, tinha uma certa repulsa ao contato físico. O prazer mental era o que o sustentava, impulsionado por uma dieta de café e comprimidos de cafeína. Certa vez fez uma famosa afirmação: "Um matemático é uma máquina de transformar café em teoremas."

Erdös, como tantos outros grandes matemáticos, teve a sorte de ter um pai que o expôs a ideias que estimulariam sua paixão pelos números. Certa vez, seu pai lhe mostrou a prova de Euclides de que havia um número infinito de primos – mas Erdös ficou fascinado quando o pai modificou o argumento de Euclides, provando que poderíamos encontrar seções de números, de extensão arbitrária, nas quais não haveria primos.

Se quisermos encontrar uma sequência de 100 números consecutivos onde não haja primos, basta tomar todos os números até 101 e multiplicá-los. O resultado é um número chamado de *fatorial* de 101, sendo escrito como 101!. Assim, 101! é obrigatoriamente divisível por todos os números de 1 a 101. Mas se N é qualquer desses números, então $101! + N$ será divisível por N, já que tanto 101! quanto N são divisíveis por N. Portanto, todos os números

$$101! + 2, 101! + 3, ..., 101! + 101$$

não são primos. Eis, então, uma lista de 100 números consecutivos entre os quais não há nenhum primo.

Isso instigou o interesse de Erdös. Por quanto tempo teria que contar a partir de 101!, ou qualquer outro número, até ter certeza de que encontraria um número primo? Euclides havia assegurado de que deveria haver um primo em algum lugar, mas seria necessário esperar um tempo arbitrariamente longo antes de encontrarmos o primo seguinte? Afinal de contas, se os primos eram selecionados pelo lançar de uma moeda da natureza, não havia como saber que distância separaria uma cara da outra. Naturalmente, lançar 1.000 coroas em sequência é muito improvável – mas não impossível. À medida que Erdös explorava essa ideia, percebeu que, nesse sentido, os primos *não* eram como o lançar de uma moeda. Eles podem se apresentar como um amontoado caótico de números, mas seu comportamento não é completamente aleatório.

Com efeito, um matemático francês, Joseph Bertrand, foi o primeiro a estimar, em 1845, o quanto teríamos que esperar até termos a certeza de encontrar um primo. Ele acreditava que se tomássemos qualquer número, por exemplo 1.009, e contássemos até duas vezes esse número, certamente encontraríamos um primo no caminho. Na verdade, existe um bocado de primos entre 1.009 e 2.018, sendo o primeiro deles 1.013. Isso seria verdade se Bertrand escolhesse qualquer número N? Ele não conseguiu provar que sempre encontraríamos um primo entre qualquer número N e seu dobro, $2N$, mas, com apenas 23 anos, fez a impressionante previsão de que isso sempre ocorreria, o que se tornou conhecido como o postulado de Bertrand.

Esse problema não tardou tanto tempo em ser resolvido quanto a hipótese de Riemann. Após sete anos, o matemático russo Pafnuty Chebyshev descobriu uma prova. Chebyshev usou ideias semelhantes às que havia empregado em suas primeiras incursões sobre o teorema dos números primos, quando provou que a estimativa de Gauss nunca se afastaria além de 11% do verdadeiro número de primos. Seus métodos não eram tão sofisticados quanto as poderosas ideias desenvolvidas por Riemann, mas foram eficazes. Assim, diferentemente do lançar de uma moeda, onde não há garantias sobre quando surgirá a próxima cara, Chebyshev provou que os primos guardavam uma certa previsibilidade.

Um dos primeiros resultados que Erdös publicou em 1931, com apenas 18 anos, foi uma nova prova do postulado de Bertrand. Porém, para seu desalento, alguém lhe indicou o trabalho de Ramanujan, e Erdös descobriu que sua prova não era tão nova como esperava. Uma das últimas descobertas de Ramanujan foi um argumento que simplificava em grande medida a prova de Chebyshev do postulado de Bertrand. Embora o jovem Erdös tenha ficado desapontado, foi mais que recompensado pela alegria de descobrir Ramanujan.

Erdös decidiu descobrir se poderia fazer melhor que Ramanujan e Chebyshev. Começou a pesquisar o tamanho que poderia ter o espaço entre os primos. O problema da diferença entre os primos fascinou Erdös por toda a vida. Ele era conhecido por oferecer prêmios em recompensa a quem provasse suas conjecturas. A segunda maior soma que ofereceu, dez mil dólares, correspondia a uma prova para sua conjectura sobre que tamanho teria realmente o espaço entre primos consecutivos. O problema continua sem solução até hoje, e o dinheiro ainda pode ser reclamado, embora Erdös não esteja mais vivo para apreciar a prova. Mas, como ele gostava de brincar, o trabalho que teria de ser feito para ganhar um de seus prêmios provavelmente violaria a lei do salário mínimo. Certa vez, Erdös ofereceu impetuosamente o fatorial de 10 bilhões de dólares por uma prova de uma conjectura que generalizava o teorema dos números primos de Gauss (o fatorial de 10 bilhões é o produto de todos os números de 1 a 10 bilhões). O fatorial de 100 já excede o número de átomos do Universo, e Erdös respirou aliviado quando, nos anos 1960, o matemático que produziu a prova não reclamou o prêmio.

Assim que Erdös chegou ao Instituto de Estudos Avançados, no final da década de 1930, deixou sua marca. Mark Kac era um imigrante polonês que estava se protegendo da tormenta que ocorria na Europa. Embora Kac estivesse interessado na teoria da probabilidade, anunciou uma palestra que despertou o interesse de Erdös. Kac discutiria uma função que registrava quantos primos diferentes dividem cada número à medida que a contagem aumenta. Por exemplo, $15 = 3 \times 5$, sendo divisível por dois primos diferentes, enquanto $16 = 2 \times 2 \times 2 \times 2$, sendo divisível por apenas um. Assim, cada número recebe um valor de acordo com o número de primos diferentes que o dividem.

Erdös se lembrou de que Hardy e Ramanujan haviam se interessado pela variação desses valores. Porém, somente um estatístico como Kac poderia perceber que essas pontuações se comportavam de maneira completamente aleatória. Kac notou que, se plotássemos um gráfico registrando os valores de cada número à medida que a contagem aumenta, seu formato seria a conhecida curva em forma de sino, que para os estatísticos é a assinatura da aleatoriedade. Embora Kac houvesse reconhecido o comportamento da função que contava o número de blocos de construção primos, não contava com os truques da teoria dos números necessários para provar seu palpite sobre essa aleatoriedade. "A primeira vez que citei a conjectura foi durante uma palestra em Princeton, em março de 1939. Felizmente para mim, e possivelmente para a matemática, Erdös estava na plateia e se animou imediatamente. Antes do final da palestra, ele havia completado a prova."

Esse êxito marcou o início de uma paixão que Erdös manteria pelo resto da vida: misturar a teoria dos números à da probabilidade. À primeira vista, os dois assuntos são como água e vinho. Hardy certa vez declarou com desdém que "a probabilidade não é uma noção da matemática pura, e sim da filosofia da física." Os objetos estudados pelos teóricos dos números foram determinados desde o início dos tempos, imóveis e imutáveis. Como dizia Hardy, 317 é um primo, queiramos ou não. A teoria da probabilidade, por outro lado, é o mais escorregadio dos temas. Nunca temos certeza sobre o que ocorrerá a seguir.

Zeros ordenados significam primos aleatórios

Embora Gauss tenha usado a ideia de lançar uma moeda de números primos para estimar sua quantidade, somente no século XX os matemáticos se sentiram à vontade para contemplar a união das diferentes disciplinas da probabilidade e da teoria dos números. Nas primeiras décadas do século, os físicos propuseram que o acaso seria uma parte essencial do mundo subatômico. Um elétron poderia se comportar como uma pequena bola de bilhar, mas nunca teríamos muita certeza sobre sua localização. Embora muitos físicos tenham relutado em admiti-lo, o lançamento de um dado quântico parece ser o que dita o local em que encontraremos o elétron. O efeito desconcertante da nova teoria da física quântica e seu modelo de mundo probabilístico talvez tenha ajudado a desafiar a noção de que o acaso não participaria de algo tão determinístico como os primos. Enquanto Einstein tentava negar que Deus jogasse dados com a natureza, em outra sala do Instituto, Erdös provava que o lançamento de um dado se encontrava no coração da teoria dos números.

De fato, nessa época os matemáticos começaram a entender como a hipótese de Riemann, que tratava do comportamento ordenado dos zeros da paisagem zeta, explicava por que os primos parecem ser tão aleatórios. A melhor maneira de entender essa tensão entre a ordem dos zeros e o caos dos primos é observar mais atentamente o modelo que representa a quintessência da aleatoriedade — o lançamento de uma moeda.

Se lançarmos uma moeda um milhão de vezes, deveríamos obter a metade de caras e a metade de coroas. Mas não esperamos encontrar um placar exato. Com uma moeda honesta — que se comporte aleatoriamente, sem qualquer vício — não nos surpreenderíamos se encontrássemos um erro de cerca de 1.000 para cada lado das 500.000 caras. A teoria da probabilidade forneceu uma medida do tamanho que esse erro pode ter se o experimento se origina de um processo aleatório. Se a moeda for lançada *N* vezes, haverá algum distanciamento das $\frac{1}{2}$ *N* caras – o "erro" – para um lado ou para o outro. Esse erro foi analisado em moedas honestas, e espera-se que seja da ordem da raiz quadrada de *N*. Assim, por exemplo, de cada 1.000.000 de lançamentos de uma moeda honesta, o número de caras provavelmente se encontrará entre 499.000 e 501.000 (1.000 é a raiz quadrada de 1.000.000). Se a moeda for viciada, esperamos que o erro seja consistentemente maior que a raiz quadrada de *N*.

O modelo de Gauss para estimar o número de primos se baseava no lançamento de uma moeda. A probabilidade de que a moeda caísse em cara na enésima jogada era de apenas $1/\log(N)$, em vez de $\frac{1}{2}$. Porém, assim como uma moeda convencional não cai precisamente a metade das vezes em cara e a metade em coroa, a moeda da natureza para os números primos não indicava exatamente o número de primos previsto por Gauss. Mas qual era o erro? Estaria ele dentro dos limites de uma moeda que se comportava aleatoriamente, ou haveria um forte viés para que fossem gerados primos em certas regiões dos números, deixando outras regiões desertas?

A resposta se encontra na hipótese de Riemann e em sua previsão sobre a localização dos zeros. Esses pontos ao nível do mar controlam os erros gerados pela estimativa de Gauss sobre o número de primos. Cada zero com coordenada leste-oeste igual a $\frac{1}{2}$ gera um erro de $N^{1/2}$ (que é outra maneira de escrever a raiz quadrada de *N*). Assim, se Riemann estivesse certo sobre a localização dos zeros, o erro entre a estimativa de Gauss para o número de primos abaixo de *N* e o verdadeiro número de primos seria de, no máximo, a raiz quadrada de *N*. Essa é a margem de erro esperada pela teoria da probabilidade, caso a moeda seja honesta e se comporte aleatoriamente, sem nenhum viés.

Se a hipótese de Riemann for falsa e houver zeros a leste da linha crítica de Riemann, esses zeros produzirão um erro muito maior que a raiz quadrada de *N*. Seria como se a moeda gerasse uma quantidade desproporcional de caras, em vez da divisão meio a meio que se espera da moeda honesta. Se a hipótese de Riemann for falsa, a moeda dos números primos não será nada honesta. Quanto mais a leste encontrarmos zeros fora da linha crítica de Riemann, mais viciada será a moeda dos números primos.

Uma moeda honesta produz um comportamento realmente aleatório, enquanto uma moeda viciada gera um padrão. A hipótese de Riemann, portanto, capta o motivo pelo qual os primos parecem tão aleatórios. Sua brilhante percepção revirou essa aleatoriedade de cabeça para baixo, encontrando a conexão entre os zeros da paisagem e os primos. Para provar que os primos são verdadeiramente aleatórios, teríamos de provar que, do outro lado do espelho de Riemann, os zeros estão ordenados ao longo de sua linha crítica.

Erdös gostava dessa interpretação probabilística da hipótese de Riemann. Em primeiro lugar, ela lembrava aos matemáticos por que haviam penetrado o mundo através do espelho de Riemann. Erdös queria estimular um retorno da teoria dos números ao seu propósito fundamental: números. Era notável que, desde que as ideias de Riemann haviam transportado os matemáticos para um novo mundo, cada vez menos teóricos dos números falavam de números – estavam muito mais preocupados em navegar a geometria da paisagem zeta de Riemann, em busca de pontos no nível do mar, do que em falar dos próprios primos. Erdös iniciou uma mudança de orientação, estudando os primos por eles mesmos. Logo descobriu que não estava sozinho nessa jornada de retorno.

Controvérsia matemática

Embora a fascinação de Selberg residisse sobretudo na paisagem zeta de Riemann, em Princeton seu interesse se afastou da função zeta e se concentrou mais diretamente nos próprios primos. Seu êxodo matemático para os Estados Unidos foi combinado a um retorno para o lado sólido do espelho de Riemann.

Desde a prova de de la Vallée-Poussin e Hadamard sobre o teorema dos números primos, os matemáticos estavam frustrados por não conseguirem encontrar um caminho mais fácil para provar a conexão entre os logaritimos e os primos. A prova da estimativa de Gauss sobre os números primos dependeria exclusivamente de ferramentas altamente sofisticadas, como a função zeta de Riemann e sua paisagem imaginária? Os matemáticos estavam dispostos a admitir que essas ferramentas poderiam ser necessárias para provar que a estimativa era tão boa quanto implicada pela hipótese de Riemann, ou seja, que o erro sempre seria pequeno, da ordem da raiz quadrada de N, mas acreditavam que deveria haver uma maneira mais simples de encontrar a estimativa aproximada prevista por Gauss. Havia a esperança de que fosse possível estender a abordagem elementar de Chebyshev, que provara que Gauss não se afastaria além de 11% da resposta correta. Porém, à medida que o tempo passava, e após 50 anos de tentativas fracassadas para descobrir uma prova mais simples, as pessoas começaram a pensar que as ferramentas sofisticadas introduzidas por Riemann e exploradas por de la Vallée-Poussin e Hadamard seriam simplesmente inevitáveis.

Hardy não acreditava que haveria uma prova elementar. Isso não significa que ele não desejasse encontrar uma; os matemáticos estão em uma busca permanente não apenas por provas, mas também por simplicidade. Hardy se tornava pessimista, duvidando de sua existência. Ele teria apreciado a contribuição feita por Erdös e Selberg, que, poucos meses depois de sua morte em 1947, descobriram um argumento elementar que ligava os primos aos logaritmos. Entretanto, a controvérsia que cercou o crédito por essa prova elementar o teria frustrado. A história foi contada em muitos lugares, pelo menos em duas biografias de Erdös. Dada a enorme rede de colaboradores e correspondentes que ele cultivava, juntamente com a reticência de Selberg, não é de surpreender que a maior parte dessas histórias tenha sido contada do ponto de vista de Erdös. Entretanto, é válido relembrar também o lado de Selberg na questão.

O primeiro a lidar com a ferramenta sofisticada da função zeta foi Dirichlet, que a usou para confirmar uma das suposições de Fermat. Ele provou que, se tomássemos uma calculadora-relógio com *N* horas e nela inseríssemos os primos, o resultado de uma hora ressurgiria infinitamente. Em outras palavras, há uma quantidade infinita de primos que deixa resto 1 após ser dividido por *N*. A prova de Dirichlet se baseou no uso sofisticado da função zeta. Sua prova catalisou as grandes descobertas de Riemann.

Porém, em 1946, quase 110 anos após a descoberta de Dirichlet, Selberg apresentou uma prova elementar do teorema de Dirichlet, de caráter mais próximo à prova de Euclides de que havia um número infinito de primos. Sua prova, que evitava a função zeta, foi um marco psicológico em uma época na qual muitos acreditavam ser impossível fazer qualquer novo avanço na teoria dos números primos sem utilizar as ideias de Riemann. A prova, embora sutil, não exigia o uso da sofisticada matemática do século XIX, e possivelmente teria sido compreendida pelos próprios gregos da Antiguidade.

Paul Turán, um matemático húngaro que visitou o Instituto de Princeton, ficara amigo de Selberg durante o tempo que passaram juntos. Ele também era um grande amigo de Erdös. De fato, um artigo que escreveu com Erdös foi a única identificação que conseguiu fornecer quando uma patrulha militar soviética o parou nas ruas da Budapeste liberada, em 1945. A patrulha ficou evidentemente impressionada, e Turán foi salvo de uma viagem até o *gulag*. Mais tarde, ele brincaria dizendo que foi "uma aplicação surpreendente da teoria dos números".

Turán desejava entender melhor as ideias contidas na prova de Selberg sobre o resultado de Dirichlet, mas teria que deixar o Instituto após terminada a primavera. Selberg se prontificou a lhe mostrar alguns dos detalhes, e até sugeriu que Turán desse uma palestra sobre a prova enquanto Selberg renovava seu visto durante uma viagem ao Canadá. Mas durante o debate com Turán, Selberg lhe mostrou um pouco mais do que havia planejado.

Durante a palestra, Turán mencionou uma fórmula extraordinária que Selberg havia provado, mas que não estava diretamente relacionada à prova do teorema de Dirichlet. Erdös encontrava-se na plateia e percebeu que essa fórmula era justamente o que precisava para aperfeiçoar o postulado de Bertrand, segundo o qual sempre haveria um primo entre N e $2N$. O que Erdös tentava descobrir era se realmente seria necessário dar um salto dessa dimensão, até 2 vezes N. Por exemplo, poderíamos sempre encontrar um primo entre N e 1,01 vezes N? Ele percebeu que isso não funcionaria para todos os N. Afinal, se N é 100, não há números inteiros, muito menos primos, entre 100 e 101 (que é 100 vezes 1,01). Mas Erdös acreditava que quando N fosse suficientemente grande, então, no espírito do postulado de Bertrand, sempre haveria um primo entre N e $1{,}01N$. Nada havia de especial em relação a 1,01. Erdös acreditava que o mesmo ocorreria com qualquer escolha entre 1 e 2. Após assistir à palestra de Turán, Erdös percebeu que a fórmula de Selberg lhe forneceria o elo perdido de sua prova.

"Quando voltei, Erdös me perguntou se eu tinha qualquer objeção a que ele utilizasse minha fórmula para criar uma prova elementar dessa generalização do postulado de Bertrand." Era um resultado sobre o qual o próprio Selberg havia pensado, mas não chegara a lugar algum. "Eu não estava trabalhando com aquilo, portanto disse que não havia nenhum problema." Na época, Selberg se distraía com uma enormidade de problemas práticos. Tinha de renovar seu visto, encontrar um lugar para viver em Siracusa, onde fora aceito para trabalhar no ano acadêmico seguinte, e preparar aulas para um curso de verão que daria para engenheiros. "De qualquer forma, Erdös sempre fora bastante ágil, e conseguiu encontrar uma prova."

Porém, havia certas coisas que Selberg não transmitira a Turán. Particularmente, ele havia pensado nessa generalização do postulado de Bertrand porque notou que a poderia encaixar em um quebra-cabeça para completar uma prova elementar do teorema dos números primos. Com o resultado de Erdös, Selberg tinha agora a peça final que lhe daria a prova.

Ele disse a Erdös que usara seu resultado para completar uma prova elementar do teorema dos números primos. Erdös sugeriu que apresentassem o trabalho ao pequeno grupo que estivera presente na palestra de Turán. Mas Erdös não conteve seu entusiasmo e passou a convidar muitas pessoas, prometendo que seria uma palestra muito interessante. Selberg não esperava uma plateia tão grande.

> Quando lá cheguei, ao final da tarde, em torno de quatro ou cinco horas, a sala estava lotada. Então me levantei e percorri o argumento, e pedi a Erdös que apresentasse sua parte. Por fim, expus o restante, que era necessário para completar a prova. Assim, a primeira prova foi obtida utilizando-se esse resultado intermediário que ele havia gerado.

Erdös propôs que escrevessem um artigo conjunto, explicando a prova. Mas, segundo a explicação de Selberg:

> Eu nunca publicara artigos conjuntos. Realmente queria publicar artigos separados, mas Erdös insistiu em que deveríamos fazer as coisas da mesma maneira que Hardy e Littlewood. Mas eu jamais quis trabalhar em conjunto. Quando vim para os Estados Unidos, havia feito toda minha matemática na Noruega. Fiz tudo sozinho, sem sequer falar com qualquer pessoa. ... Não, nunca fui um colaborador nesse sentido. Eu converso com as pessoas, mas trabalho sozinho, é assim que funciona meu temperamento.

A verdade é que se tratava de dois matemáticos com índoles completamente diferentes. Um deles era um solitário completamente autossuficiente que só havia escrito um único artigo conjunto em toda a vida, com o matemático indiano Saravadam Chowla, e ainda assim um pouco contrariado. O outro levava a colaboração a um ponto tão extremo que os matemáticos falavam sobre seu número de Erdös, o número de coautores que os ligam a um artigo com Erdös. O meu é 3, o que significa que escrevi um artigo com alguém que escreveu um artigo com alguém que escreveu um artigo com Erdös. Como Chowla era um dos 507 coautores de Erdös, o único artigo conjunto escrito por Selberg lhe dava um número de Erdös de 2. Outros cinco mil matemáticos possuem um número de Erdös de 2.

Após essa recusa, Selberg admite que "as coisas saíram do controle". Até 1967, Erdös havia formado uma extensa rede de colaboradores e correspondentes. Ele os mantinha atualizados sobre seu progresso matemático expedindo cartões-postais. Conta-se que, para Selberg, a gota d'água foi ter sido cumprimentado, em sua chegada a Siracusa, por um integrante da faculdade que lhe perguntou: "Você ficou sabendo da última notícia? Erdös e um matemático escandinavo produziram uma prova elementar do teorema dos números primos." A essa altura, Selberg havia encontrado um argumento alternativo que evitava a necessidade do passo intermediário fornecido por Erdös. Ele foi em frente e publicou o trabalho sozinho. Seu artigo apareceu no *Annals of Mathematics*, a publicação de Princeton geralmente considerada uma das três principais revistas de matemática do mundo, na qual Andrew Wiles finalmente publicou sua prova para o último teorema de Fermat.

Erdös ficou furioso. Pediu a Hermann Weyl que deliberasse sobre o assunto. Selberg relembra: "Fiquei satisfeito quando Hermann Weyl essencialmente passou para o meu lado no final, após ouvir a ambos." Erdös publicou sua prova reconhecendo o papel de Selberg, mas foi um episódio muito incômodo. Apesar da natureza etérea da matemática, os matemáticos ainda possuem egos que precisam ser massageados. Nada impulsiona melhor o processo criativo que a ideia de alcançar a imortalidade por termos nosso nome ligado a um teorema. A história de Selberg e Erdös ilustra a importância, na matemática – na verdade, em toda ciência –, do crédito e da prioridade. É por isso que Wiles passou sete anos sozinho em seu sótão trabalhando em segredo sobre o último teorema de Fermat, evitando ter de compartilhar a glória.

Embora os matemáticos sejam como os competidores de uma corrida de revezamento, passando o bastão de uma geração para a seguinte, ainda almejam o tempo todo a glória individual que obtêm ao cruzar a linha de chegada. A pesquisa matemática é um equilíbrio complexo entre a necessidade de colaboração em projetos que podem se estender ao longo de séculos e o anseio pela imortalidade.

Após algum tempo, ficou claro que a prova elementar de Selberg para o teorema dos números primos não representava a tão esperada inovação. Alguns acreditavam que as novas concepções poderiam fornecer um caminho elementar para provar a hipótese de Riemann. Afinal, poderiam ter demonstrado que a diferença entre a estimativa de Gauss e o verdadeiro número de primos jamais seria maior que a raiz quadrada de N, e todos sabiam que isso equivalia a dizer que os zeros cairiam sobre a linha reta de Riemann.

No final da década de 1940, Selberg ainda era o recordista na prova de quantos zeros se situavam sobre a linha de Riemann. Essa foi uma das conquistas que lhe valeram uma medalha Fields em 1950. Hadamard, então com 80 anos, estaria presente no Congresso Internacional de Matemática de Cambridge, em Massachusetts, que celebrou a premiação de Selberg. Ele estava particularmente interessado em conhecer o explorador que encontrou um caminho elementar para o acampamento-base que ele e de la Vallée-Poussin haviam estabelecido cerca de 50 anos antes. Porém, tanto Hadamard quanto Laurent Schwartz, o outro matemático que receberia uma medalha Fields, tiveram seus vistos negados por suas conexões soviéticas – o macarthismo começava a mostrar sua face feia. Foi necessária a intervenção do presidente Truman para que eles pudessem entrar nos Estados Unidos, poucos dias antes do congresso.

Posteriormente, outras pessoas estenderam os argumentos de Selberg sobre a porcentagem de zeros que era possível demonstrar sobre a linha crítica de Riemann, acrescentando outros mecanismos engenhosos. Algumas provas de teoremas matemáticos evoluem naturalmente após termos uma ideia da direção geral na qual seguir. Encontrar a primeira parte do caminho é o mais difícil. Porém, melhorar a estimativa de Selberg era diferente. As provas exigem uma análise muito delicada. Não basta uma grande ideia – é necessária uma perseverança formidável para conseguir levá-las até o final. O caminho está repleto de armadilhas. Basta um movimento em falso, e um número que acreditávamos ser maior que zero pode subitamente assumir uma postura negativa. Cada passo deve ser dado com muito cuidado, sendo fácil incorrer em equívocos.

Nos anos 1970, Norman Levinson aperfeiçoou as estimativas de Selberg e, em certo ponto, acreditou haver conseguido capturar até 98,6% dos zeros. Levinson deu a seu colega Gian-Carlo Rota, do MIT, uma cópia do manuscrito da prova, insinuando ironicamente que havia provado que 100% estavam sobre a linha – o manuscrito fornecia 98,6% dos zeros, e os demais 1,4 ficavam por conta do leitor. Rota achou que o amigo estava falando sério, e começou a espalhar a notícia de que Levinson havia provado a hipótese de Riemann. Naturalmente, mesmo que houvesse chegado até 100%, isso não significaria necessariamente que todos os zeros estão sobre a linha, pois estamos lidando com o infinito. Mas isso não impediu o boato de se espalhar.

Por fim, foi encontrado um erro no manuscrito, o que reduziu o número de zeros localizados a 34%. Ainda assim, essa foi a marca que se manteve por algum tempo, e causou ainda mais impacto porque Levinson já tinha mais de 60 anos de idade quando produziu seu melhor trabalho. Segundo

Selberg, "ele precisou de grande coragem para realizar esses cálculos numéricos, porque não era possível saber antecipadamente se levariam a alguma parte". Comentou-se que Levinson teria grandes ideias sobre como estender seus métodos, mas faleceu em consequência de um tumor cerebral antes que pudesse elaborá-los. A marca pertence atualmente a Brian Conrey, da Universidade de Oklahoma, que provou, em 1987, que 40% dos zeros deveriam estar sobre a linha. Conrey tinha algumas ideias sobre como melhorar sua estimativa, mas a grande quantidade de trabalho que exigiriam não parecia compensar a pequena porcentagem adicional. "Valeria a pena se eu pudesse levar a estimativa acima de 50%, pois assim poderíamos ao menos dizer que a maioria dos zeros estava sobre a linha."

Erdös ficou muito sentido com a controvérsia que cercou o crédito pela prova elementar, mas continuou produtivo por toda a vida, desafiando os mitos sobre o envelhecimento e o esgotamento matemático. Não tendo êxito em garantir um cargo permanente em Princeton, decidiu seguir a vida de matemático itinerante. Sem casa e sem trabalho, preferia visitar algum de seus muitos amigos ao redor do mundo para empreender sua paixão pela colaboração, frequentemente permanecendo várias semanas antes de seguir em frente, tão repentinamente quanto antes. Ele morreu em 1996, no ano do centenário da primeira prova do teorema dos números primos. Erdös ainda colaborava em artigos conjuntos aos 83 de idade. Pouco antes de morrer, disse que "passará mais um milhão de anos, no mínimo, antes que entendamos os primos".

Já grisalho e aos 90 anos, Selberg ainda lê as últimas notícias sobre a hipótese de Riemann e participa de conferências, nas quais oferece pérolas de sabedoria aos jovens participantes. Ainda se percebe em sua voz suave o sotaque de sua terra, a Noruega, mas ela traz comentários muitas vezes incisivos e afiados sobre o trabalho sob apreciação. Ele não tem muita paciência com tolices. Em 1996, durante um encontro em Seattle em comemoração ao centenário da prova do teorema dos números primos, sua palestra foi ovacionada por 600 matemáticos.

Selberg acredita que, apesar dos grandes avanços, ainda não temos uma verdadeira ideia sobre como provar a hipótese:

> Cabe a cada um julgar se estamos ou não próximos de uma solução. Algumas pessoas acreditam que estejamos nos aproximando. É claro que estamos nos aproximando à medida que o tempo avança – se é que encontraremos um dia uma solução –, mas outros creem que já possuímos os elementos essen-

> ciais para uma solução. Eu não vejo a coisa dessa forma. É muito diferente de Fermat; não houve um progresso correspondente. A hipótese poderá muito bem sobreviver a um bicentenário em 2059, mas é claro que não viverei para vê-lo. É impossível dizer por quanto tempo o problema perdurará. Acredito que finalmente encontraremos uma solução – não acho que seja um resultado impossível de provar. Talvez, contudo, a prova seja tão intrincada que o cérebro humano não consiga abarcá-la.

Na palestra que deu em Copenhague após a guerra, Selberg lançou dúvidas sobre a existência de dados que indicassem a veracidade da hipótese de Riemann. Na época, ela parecia apenas um devaneio promissor, mas atualmente as opiniões mudaram. Para Selberg, os dados que surgiram nos 50 anos após a guerra se tornaram bastante veementes. Mas a guerra, e em particular os decifradores de códigos de Bletchley Park, foram os responsáveis pelo desenvolvimento da máquina que geraria esses novos dados: o computador.

8 Máquinas da mente

Proponho que consideremos a seguinte questão: "As máquinas pensam?"

Alan Turing, *Computing Machinery and Intelligence*

Alan Turing sempre será lembrado como o decifrador do código de guerra da Alemanha, o Enigma. No conforto de uma casa de campo em Bletchley Park, a meio caminho entre Oxford e Cambridge, os decifradores de códigos de Churchill criaram uma máquina que conseguia decodificar as mensagens enviadas diariamente pela inteligência alemã. A combinação única entre lógica matemática e determinação de Turing ajudou a salvar muitas vidas da ameaça dos barcos U alemães, e sua história foi narrada em romances, peças de teatro e filmes. Porém, a inspiração para a criação de seus "Bombes", as máquinas para decifrar códigos, teve início no tempo em que Turing estudava matemática em Cambridge, quando Hardy e Hilbert ainda estavam em ascensão.

Antes que a Segunda Guerra Mundial tomasse a Europa, Turing já planejava máquinas que derrubariam dois dos 23 problemas de Hilbert. A primeira era uma máquina teórica, que existia apenas na mente, capaz de desfazer qualquer esperança de que as bases seguras do edifício matemático pudessem ser verificadas. A segunda era definitivamente real, feita de engrenagens e óleo, e com ela Turing esperava desafiar outra ortodoxia matemática. Ele sonhava com a ideia de que sua engenhoca giratória pudesse refutar o oitavo dos 23 problemas, o favorito de Hilbert: a hipótese de Riemann.

Depois de tantos anos observando os malogros de seus colegas ao tentarem provar a hipótese de Riemann, Turing acreditava que talvez fosse o momento de investigar se Riemann poderia estar errado. Talvez realmente houvesse um zero fora da linha crítica de Riemann, o que forçaria a existência de algum padrão na sequência dos primos. Turing percebeu que as máquinas se tornariam as ferramentas mais valiosas na busca pelos zeros que poderiam refutar a conjectura de Riemann. Graças a Turing, os matemáticos teriam agora a ajuda de um novo aliado mecânico para investigar a hipótese. Porém, as máquinas físicas de Turing não seriam as únicas a afetar a investigação dos primos pelos matemáticos. Suas máquinas da mente, inicialmente criadas para atacar o segundo problema de Hilbert, levariam, no final do século XX, a uma ramificação totalmente inesperada: uma fórmula para gerar todos os primos.

A fascinação de Turing por máquinas foi estimulada por um livro que ganhou em 1922, com apenas dez anos de idade. *Natural Wonders Every Child Should Know*, de Edwin Tenney Brewster, estava cheio de pérolas que atiçaram a imaginação do jovem Turing. Publicado em 1912, o livro ensinava que os fenômenos naturais tinham explicações, e não se limitava a fornecer observações passivas ao jovens leitores. Tendo em vista a paixão posterior de Turing pela inteligência artificial, a descrição de Brewster dos organismos vivos é em particular esclarecedora:

> Pois o corpo é, naturalmente, uma máquina. É uma máquina imensamente complexa, muitas e muitas vezes mais complicada que qualquer máquina já criada com as mãos; mas, ainda assim, uma máquina. Já foi comparado a uma máquina a vapor. Mas isso foi antes de conhecermos seu funcionamento tão bem como agora. Na verdade, é um motor a combustão, como o de um automóvel, um barco ou uma máquina voadora.

Já na escola, Turing era obcecado por inventar e construir coisas: uma câmera, uma caneta de tinta recarregável e até uma máquina de escrever. Essa paixão o acompanhou em Cambridge, onde chegou em 1931, para frequentar o curso de graduação em matemática no King's College. Embora fosse tímido e solitário, Turing encontrou conforto na certeza absoluta que a matemática lhe fornecia, como muitos outros antes dele. Mas ainda trazia sua paixão por construir coisas. Sempre tencionara encontrar a máquina física que decifraria o mecanismo de algum problema abstrato.

O primeiro trabalho de pesquisa de Turing, durante a graduação, foi a tentativa de entender uma das fronteiras na qual a matemática abstrata e os caprichos da natureza se tocam. Seu ponto de partida foi o problema prático do lançamento de uma moeda. A conclusão foi uma sofisticada análise teórica dos resultados produzidos por qualquer experimento aleatório. Turing ficou um pouco decepcionado ao apresentar sua prova, quando descobriu, como ocorrera com Erdös e Selberg, que sua primeira pesquisa fora a repetição do que havia sido feito cerca de dez anos antes por um matemático finlandês, J.W. Lindeberg, chamado de teorema do limite central.

Os teóricos dos números descobririam posteriormente que o teorema do limite central apresentava novos conceitos que ajudavam a estimar o número de primos. A hipótese de Riemann confirmava que o desvio entre o número real de primos e a estimativa de Gauss era semelhante àquele esperado no lançamento de uma moeda. Porém, o teorema do limite central revelava que a distribuição de primos não podia ser modelada perfeitamente pelo lançamento de uma moeda. A medida mais refinada da aleatoriedade, possível graças ao teorema do limite central, não é obedecida pelos primos. A estatística trata essencialmente dos diferentes ângulos pelos quais podemos julgar conjuntos de dados. Do ponto de vista de Turing e Lindeberg, e de seu teorema do limite central, os matemáticos puderam observar que, embora os primos e o lançamento de uma moeda tivessem muito em comum, não eram exatamente a mesma coisa.

Alan Turing (1912-54)

A prova de Turing para o teorema do limite central, apesar de não ser original, foi uma demonstração clara de seu potencial, e ele foi eleito membro efetivo de King's College na precoce idade de 22 anos. A natureza solitária de Turing se manteve ao entrar na comunidade matemática de Cambridge. Enquanto Hardy e Littlewood batalhavam com problemas clássicos da teoria dos números, Turing preferia trabalhar fora do cânone matemático. Em vez de ler os artigos de seus colegas, preferia chegar a suas próprias conclusões. Como Selberg, isolou-se das distrações da vida acadêmica convencional.

Apesar do isolamento que impôs a si mesmo, Turing não ignorava uma crise que a matemática atravessava. As pessoas em Cambridge comentavam o trabalho de um jovem matemático austríaco que havia lançado incertezas no coração da disciplina em que Turing encontrara uma promessa de segurança.

Gödel e as limitações do método matemático

Em seu segundo problema, Hilbert desafiava a comunidade matemática a encontrar uma prova de que a disciplina não continha contradições. Os gregos da Antiguidade haviam dado origem ao desenvolvimento da matemática como uma disciplina composta por teoremas e provas. O primeiro passo foram assertivas básicas sobre os números que pareciam ser verdades autoevidentes. Essas assertivas, os axiomas, são as sementes que deram origem a todo o jardim matemático. Desde as primeiras provas de Euclides sobre os primos, os matemáticos passaram a utilizar a dedução para estender o conhecimento sobre os números para além desses axiomas.

Porém, uma questão preocupante sobre diferentes tipos de geometria havia sido lançada pelo estudo de Hilbert. Temos realmente certeza de que jamais provaremos que uma afirmação é ao mesmo tempo verdadeira e falsa? Que garantia temos de que não existe uma sequência de deduções a partir dos axiomas que prove que a hipótese de Riemann é verdadeira, enquanto uma sequência alternativa prove sua falsidade? Hilbert tinha certeza de que a lógica matemática poderia ser usada para provar que a matemática não continha essas contradições. Para ele, o segundo dos 23 problemas era apenas uma questão de pôr ordem na casa matemática. A questão se tornou um pouco mais urgente depois que diversas pessoas, incluindo Bertrand Russell, o filósofo amigo de Hardy e Littlewood, geraram o que pareciam ser paradoxos matemáticos. Embora o *Principia Mathematica*, a obra monumental de Russell, encontrasse uma maneira de resolvê-los, ela serviu como alerta sobre a gravidade da questão de Hilbert.

No dia 7 de setembro de 1930, Hilbert teve o privilégio de ser proclamado cidadão honorário de Königsberg, sua querida cidade natal. Esse foi o ano em que se aposentou em Göttingen. Ele terminou seu discurso de agradecimento com uma conclamação a todos os matemáticos: "Nós temos que saber, nós saberemos." Após concluir seu discurso, foi levado a um estúdio de gravação para registrar a última parte, que seria transmitida por rádio. É possível detectar, entre os ruídos da gravação, o riso de Hilbert depois de declarar que "nós temos que saber". Hilbert não sabia, porém, que Kurt Gödel, um lógico austríaco de 25 anos, rira por último em uma conferência realizada não muito longe dali, na Universidade de Königsberg, ao fazer um anúncio que ia de encontro à visão de mundo de Hilbert.

Quando criança, Gödel fora apelidado de *Herr* Warum – sr. Por Quê – por suas séries incessantes de perguntas. Um ataque de febre reumática na infância o deixou com o coração fraco e uma hipocondria incurável. No final da vida, sua hipocondria se transformou em evidente paranoia. Ele estava tão convencido de que as pessoas tentavam envenená-lo que literalmente se suicidou por inanição. Porém, aos 25 anos, era ele quem envenenava o sonho de Hilbert e induzia um surto de paranoia em toda a comunidade matemática.

Para escrever sua dissertação, Gödel direcionou seu caráter inquisitivo à questão de Hilbert que penetrava no coração do empreendimento matemático. Gödel provou que os matemáticos jamais poderiam provar a existência das fundações seguras de que Hilbert tanto precisava. Era impossível usar os axiomas da matemática para provar que esses mesmos axiomas jamais levariam a contradições. Não seria possível corrigir o problema alterando-se os axiomas ou adicionando novos? Isso não funcionaria. Gödel demonstrou que, independentemente dos axiomas que escolhamos para a matemática, eles jamais poderiam ser usados para provar que não surgiriam contradições.

Os matemáticos consideram que uma série de axiomas é *consistente* quando estes não levam a contradições. Pode ser verdade que os axiomas que escolhemos não gerem contradições, mas jamais poderemos provar esse fato usando os mesmos axiomas. Pode ser possível provar a consistência utilizando-se uma outra série de axiomas, mas isso representaria apenas uma vitória parcial, pois então a consistência dessa outra escolha de axiomas seria igualmente questionável. É um caso semelhante à tentativa de Hilbert de provar que a geometria é consistente transformando-a em teoria dos números – ela apenas levou à questão sobre a consistência da aritmética.

A compreensão de Gödel lembra a descrição do Universo feita por uma velhinha no início do livro de Stephen Hawking, *Uma breve história do tempo*. A senhora se levanta ao final de uma palestra popular sobre astronomia e declara: "O que o senhor nos disse é uma bobagem. O mundo é na verdade um prato plano apoiado nas costas de uma tartaruga gigante." Gödel teria sorrido ao ouvir a resposta da senhora para a pergunta do palestrante, que indagou onde se apoiaria a tartaruga: "Você é muito esperto, meu jovem, muito esperto. Mas há tartarugas até lá embaixo."

Gödel fornecera à matemática uma prova de que o universo matemático estava construído sobre uma torre de tartarugas. Podemos ter uma teoria sem contradições, mas não podemos *provar* que dentro dessa teoria não haverá contradições. Tudo o que podemos fazer é provar a consistência dentro de outro sistema, cuja própria consistência não poderá ser provada. É irônico que a matemática possa ser usada para provar que existem limitações quanto ao que a própria prova é capaz de nos fornecer. O matemático francês Andre Weil resumiu a situação pós-Gödel com a seguinte pérola: "Deus existe, uma vez que a matemática possui consistência, e o Diabo existe, uma vez que não podemos prová-la."

Hilbert havia declarado, em 1900, que, na matemática, não existia o incognoscível. Trinta anos depois, Gödel provou que a ignorância é inerente à matemática. Hilbert só conheceu a bomba lançada por Gödel alguns meses após seu discurso em Königsberg. Aparentemente, ficou "um pouco irritado" ao ouvir a notícia. A declaração de Hilbert, "Nós temos que saber. Nós saberemos", feita no dia seguinte ao anúncio de Gödel, encontrou um lugar de repouso apropriado. Foi inscrita no túmulo de Hilbert, um sonho idealista do qual a matemática havia finalmente despertado.

Numa época em que os físicos se tornavam conscientes, graças ao princípio da incerteza de Heisenberg, de que havia limites ao conhecimento físico, a prova de Gödel significava que os matemáticos sempre teriam que conviver com a própria incerteza: poderiam subitamente descobrir que toda a matemática é uma miragem. É claro que, para a maioria dos matemáticos, o fato de que isso ainda não tenha acontecido é a melhor justificativa pela qual não ocorrerá. Temos um modelo eficaz que parece justificar sua consistência.

No entanto, como o modelo é, em última análise, infinito, não podemos ter certeza de que em algum ponto do caminho ele não contradirá nossos axiomas. Além disso, já descobrimos que coisas tão inocentes quanto os números primos podem guardar surpresas nos confins distantes do universo dos números, surpresas com as quais jamais teríamos deparado unicamente por meio do experimento e da observação.

Gödel não parou por aí. Sua dissertação continha uma segunda bomba. Se os axiomas da matemática *são* consistentes, então sempre haverá assertivas verdadeiras sobre os números que não poderão ser formalmente provadas a partir dos axiomas. Isso contradizia todo o ethos do significado matemático desde os tempos da Antiguidade grega. A prova sempre fora considerada o caminho para a verdade matemática. Agora, Gödel dizimava essa fé no poder da prova. Algumas pessoas esperavam que, ao acrescentar novos axiomas, seria possível escorar o edifício matemático – mas Gödel demonstrou que esses esforços seriam em vão. Independentemente de quantos novos axiomas acrescentássemos às fundações matemáticas, sempre restariam algumas assertivas verdadeiras sem provas.

Isso foi chamado de teorema da incompletude de Gödel – qualquer sistema axiomático consistente é necessariamente incompleto, pois sempre haverá afirmações verdadeiras que não poderão ser deduzidas a partir dos axiomas. Para empreender seu ato de terrorismo matemático, Gödel recrutou a ajuda de ninguém menos que os números primos. Ele usou os primos para dar a cada assertiva matemática seu próprio código numérico individual, chamado de número de Gödel. Ao analisar esses números, Gödel demonstrou que, para cada escolha de axiomas, sempre existiriam afirmativas verdadeiras que não poderiam ser provadas.

O resultado de Gödel foi um grande golpe para os matemáticos de toda parte. Havia muitas assertivas sobre os números, especialmente sobre os primos, que pareciam verdadeiras, mas que não tínhamos ideia de como provar. Goldbach: todos os números pares são a soma de dois números primos; primos gêmeos: existem infinitos primos que diferem por 2 unidades, como 17 e 19. Seriam essas as assertivas que não poderíamos provar a partir das fundações axiomáticas existentes?

Não há como negar que era uma situação desalentadora. Talvez fosse simplesmente impossível provar a hipótese de Riemann com nossa descrição axiomática atual do que entendemos por aritmética. Muitos matemáticos se consolaram com a crença de que qualquer coisa realmente importante deveria ser provável, de que as afirmações improváveis de Gödel se encontrariam apenas entre assertivas tortuosas, sem um conteúdo matemático valioso.

No entanto, Gödel não tinha tanta certeza. Em 1951, questionou se nossos axiomas atuais seriam suficientes para muitos dos problemas da teoria dos números:

> Deparamos com uma série infinita de axiomas que pode se estender indefinidamente, sem um final visível. ... É verdade que na matemática atual os níveis mais elevados dessa hierarquia praticamente não são usados, ... não é

inteiramente impossível que essa característica da matemática moderna possa ter algo a ver com sua incapacidade de provar certos teoremas fundamentais, como, por exemplo, a hipótese de Riemann.

Gödel acreditava que a matemática não havia tido êxito em provar a hipótese de Riemann porque seus axiomas não eram suficientes para isso. Pode ser necessário ampliar a base do edifício matemático para descobrirmos uma matemática na qual poderemos resolver esse problema: o teorema da incompletude de Gödel alterou drasticamente o modo de pensar das pessoas. Se problemas como os de Goldbach e Riemann eram tão difíceis resolver, talvez fossem simplesmente impossíveis de provar com as ferramentas lógicas e axiomas que estávamos utilizando para abordá-los.

Ao mesmo tempo, tínhamos de ter cuidado para não enfatizar excessivamente o significativo do resultado de Gödel. Ele não era uma sentença de morte para a matemática. Gödel não havia subjugado a verdade de nada do que já havia sido provado. Seu teorema apenas demonstrou que a realidade matemática não se restringe à dedução de teoremas a partir de axiomas: a matemática era mais que um jogo de xadrez. A evolução das fundações matemáticas sempre ocorreria em paralelo à construção contínua da parte superior do edifício. Ao contrário da natureza formal da construção acima da base, a evolução das fundações sempre contaria com a intuição dos matemáticos sobre quais novos axiomas acreditavam ser os que melhor descreviam o mundo matemático. Muitos celebraram o teorema de Gödel como a confirmação da natureza superior da mente sobre o espírito mecanicista que surgira desde a Revolução Industrial.

A miraculosa máquina da mente de Turing

A revelação de Gödel havia aberto uma questão inteiramente nova que passou a fascinar tanto Hilbert como o jovem Turing. Haveria alguma maneira de determinar a diferença entre assertivas verdadeiras que continham provas e as assertivas de Gödel que, apesar de verdadeiras, não tinham provas? Turing, com seu modo pragmático, passou a considerar a possibilidade de haver uma máquina que resgatasse os matemáticos da incerteza de tentar provar uma afirmação improvável. Seria possível conceber uma máquina que decidisse, quando suprida com uma assertiva, se ela poderia ser deduzida a partir dos axiomas da matemática, mesmo que não gerasse de fato a prova? Essa máquina poderia ser usada como um oráculo de Delfos, para nos assegurar de que ao menos vale a pena tentar encontrar uma prova da conjectura de Goldbach ou da hipótese de Riemann.

A questão da existência de um oráculo como esse não era muito diferente da décima pergunta formulada por Hilbert no alvorecer do século. Nesse problema, Hilbert havia especulado que poderia existir um método ou algoritmo universal que decidisse se alguma equação tinha ou não soluções. Ele estava chegando à ideia de um programa de computador antes mesmo que a ideia do computador houvesse sido de fato concebida. Hilbert visualizou um procedimento mecânico que pudesse ser aplicado à equação, respondendo "sim" ou "não" à pergunta "Esta equação possui soluções?", sem a necessidade de qualquer intervenção pessoal pelo operador.

Toda essa especulação sobre máquinas era puramente teórica. Ninguém ainda visualizava um objeto físico real. Tratava-se de máquinas da mente – métodos ou algoritmos que gerassem respostas. Era como ter a ideia do software antes que houvesse algum hardware onde o implementar. Mesmo que a máquina de Hilbert existisse, seria inútil na prática, pois o tempo que levaria para determinar se qualquer equação tinha soluções provavelmente excederia o tempo de vida do Universo. Para Hilbert, a existência dessa máquina tinha importância filosófica.

Muitos matemáticos tinham horror à ideia dessas máquinas teóricas. Elas fariam com que eles deixassem de ter qualquer utilidade. Não mais precisaríamos confiar na imaginação, na intuição perspicaz da mente humana para gerar argumentos inteligentes. O matemático poderia ser substituído por um autômato impensante que atravessaria novos problemas sem a menor necessidade de modos de pensamento sutis e originais. Hardy tinha absoluta certeza de que esse tipo de máquina não poderia existir. Toda sua existência se via ameaçada pela simples ideia desse mecanismo:

> É claro que não existe um teorema como esse, e é muito bom que assim seja, pois, se existisse, teríamos uma série mecânica de regras para a solução de todos os problemas matemáticos, e nossas atividades como matemáticos se encerrariam. Somente um leigo muito pouco sofisticado poderia imaginar que os matemáticos fazem descobertas girando a manivela de uma máquina milagrosa.

A fascinação de Turing pela complexidade das ideias de Gödel derivou de uma série de palestras apresentadas por Max Newman, um dos professores de Cambridge, na primavera de 1935. Newman fora cativado pelos problemas de Hilbert ao assistir ao grande matemático de Göttingen durante o Congresso Internacional de Matemáticos de Bolonha, em 1928. Pela primeira vez, desde a Primeira Guerra Mundial, uma delegação da Alemanha havia sido convidada a um Congresso Internacional. Muitos matemáticos alemães se recusaram a participar, ainda ultrajados por haverem sido excluídos do Congresso anterior, em 1924. No entanto, Hilbert se elevou acima dessas divisões políticas, liderando uma delegação de 67 matemáticos alemães. Quando entrou no salão para assistir à sessão de abertura, a plateia o aplaudiu de pé. Ele respondeu com um pensamento compartilhado por muitos matemáticos: "Construir diferenças com base em povos e raças é uma completa incompreensão de nossa ciência, e os motivos pelos quais isso foi feito são execráveis. A matemática não conhece raças, ... para a matemática, todo o mundo cultural é um só país."

Assim que Newman soube, em 1930, que o programa de Hilbert havia sido extensamente dizimado por Gödel, interessou-se por explorar a complexidade de suas ideias. Cinco anos depois, já se sentiu confiante para anunciar uma série de palestras sobre o teorema da incompletude de Gödel. Turing sentou-se nas palestras, absorto pelos meandros da prova de Gödel. Newman terminou com a pergunta que catalisaria a imaginação de Hilbert e Turing. Seria possível distinguir entre as assertivas que tinham provas e as que não? Hilbert batizou a questão de "problema da decisão".

Ao presenciar as aulas de Newman sobre o trabalho de Gödel, Turing se convenceu de que seria impossível construir uma máquina milagrosa que pudesse fazer essas distinções. Contudo, seria difícil provar que uma máquina como essa não poderia existir. Afinal, como podemos saber quais serão as limitações da perspicácia humana no futuro? Podemos provar que uma máquina em particular não produzirá respostas, mas estender esse resultado a todas as máquinas possíveis seria negar a imprevisibilidade do futuro. Ainda assim, Turing o fez.

Esse foi o grande avanço desenvolvido por Turing. Ele engendrou a ideia de máquinas especiais que pudessem ser criadas para se comportar efetivamente como qualquer pessoa ou máquina que realizasse cômputos aritméticos. Posteriormente, seriam chamadas de *máquinas de Turing*. Hilbert havia sido um pouco vago sobre o que entendia por uma máquina que pudesse determinar se as assertivas eram comprováveis. Agora, graças a Turing, a questão de Hilbert ganhara atenção. Se uma das máquinas de Turing não fosse capaz de distinguir o provável do improvável, nenhuma outra máquina seria. Então, suas máquinas conseguiriam enfrentar o desafio do problema da decisão de Hilbert?

Certo dia, enquanto passeava ao ar livre, correndo pelas margens do rio Cam, Turing teve um segundo vislumbre que o fez entender por que não seria possível criar uma máquina que conseguisse distinguir entre as assertivas que possuíam provas das que não. Ao parar para respirar, deitado em uma campina próxima a Granchester, percebeu que uma ideia que já fora usada com êxito para responder a uma questão sobre números irracionais poderia ser aplicada ao problema da existência de uma máquina para testar a probabilidade.

A ideia de Turing se baseava em uma descoberta fascinante feita em 1873 por Georg Cantor, matemático de Halle, na Alemanha. Cantor notou que existiam diferentes tipos de infinitudes. Esta pode parecer uma proposição estranha, mas na verdade é possível comparar duas séries infinitas e determinar que uma é maior que a outra. Quando Cantor anunciou sua descoberta, na década de 1870, ela foi considerada quase herética, ou, na melhor das hipóteses, apenas o devaneio de um louco. Para comparar duas infinitudes, imagine uma tribo que tem um sistema de contagem do tipo "um, dois, três, muitos". Eles ainda são capazes de determinar quem é o integrante mais rico da tribo, embora o valor numérico exato da riqueza não possa ser discernido. Se galinhas são o sinal da riqueza de uma pessoa, basta que duas pessoas emparelhem suas galinhas lado a lado. Quem ficar sem galinhas antes claramente será o mais pobre. Não precisam se preocupar em contar as galinhas para perceber que uma coleção é maior que a outra.

Usando essa ideia de parear objetos, Cantor demonstrou que, se compararmos todos os números inteiros com todas as frações (como $\frac{1}{3}$, $\frac{3}{4}$, $\frac{5}{111}$, ...) os membros das duas séries podem ser pareados exatamente. Isso parece contraintuitivo, pois deveria haver muito mais frações que números inteiros. Ainda assim, Cantor encontrou uma maneira de estabelecer uma correspondência perfeita, na qual todas as frações são pareadas. Ele também gerou um argumento engenhoso para demonstrar que, por outro lado, não havia como parear todas as frações com todos os números *reais*, que incluem números irracionais como π e $\sqrt{2}$, e números com expansões decimais não repetitivas. Cantor mostrou que, em qualquer tentativa de parear frações com números reais, necessariamente restaria algum número com expansão decimal infinita. Assim, Cantor ilustrava duas séries infinitas de diferentes tamanhos.

Hilbert reconheceu que Cantor estava criando uma matemática genuinamente nova, e declarou que as ideias de Cantor sobre as infinitudes eram "o mais fascinante produto do pensamento matemático, uma das mais belas realizações da atividade humana no domínio do puramente inteligível. ... ninguém nos expulsará do paraíso que Cantor criou para nós". Em reconhecimento a essas ideias pioneiras, dedicou o primeiro problema de sua lista de 23 a uma questão proposta por Cantor: existe uma série de números maior que a das frações, mas menor que a dos números reais?

A demonstração de Cantor de que os decimais infinitos são mais numerosos que as frações passou pela mente de Turing ao ficar ali deitado, banhando-se ao sol de Cambridge. Subitamente, percebeu por que esse fato poderia ser usado para demonstrar que o sonho de Hilbert de criar uma máquina para verificar se uma assertiva tinha provas era pura fantasia.

Turing começou por supor que uma de suas máquinas seria capaz de decidir se qualquer assertiva verdadeira tinha uma prova. Usando um método elegante, Cantor demonstrara que sempre restariam alguns números decimais, por mais frações que pareássemos com os números reais. Turing aproveitou essa técnica e a usou para produzir uma assertiva verdadeira "restante", para a qual a máquina de Turing não seria capaz de decidir se havia uma prova. A beleza do argumento de Cantor estava em que, se tentássemos adaptar a máquina para incluir a assertiva restante, sempre deixaríamos de lado uma outra assertiva, do mesmo modo como a prova de Gödel do teorema da incompletude demonstrava que adicionar um novo axioma apenas levaria a uma nova assertiva não provada.

Turing compreendeu que o argumento que propunha era algo ardiloso. Ao voltar para seu quarto no King's College, revirou-o na cabeça, em busca de algum aspecto fraco. Havia um aspecto preocupante. Ele demonstrara que nenhuma de suas máquinas de Turing poderia solucionar o problema da decisão de Hilbert, mas como poderia convencer as pessoas de que não havia alguma outra máquina que conseguiria respondê-lo? Essa foi sua terceira descoberta: a ideia de uma *máquina universal*. Turing idealizou uma máquina única que pudesse ser ensinada a se comportar como todas as máquinas de Turing, ou como qualquer outra máquina que conseguisse resolver o problema de Hilbert. Ele já começava a compreender a força de um programa capaz de ensinar sua máquina universal a se comportar como qualquer outra que conseguisse responder à pergunta de Hilbert. O cérebro também poderia ser uma máquina capaz de decidir entre o que pode e não pode ser provado, e isso incentivou as investigações posteriores de Turing sobre a possibilidade de uma máquina pensar. Por agora, estava concentrado em verificar todos os detalhes da solução que propunha para a questão de Hilbert.

Turing trabalhou durante um ano para ter certeza de que o argumento era sólido: ele sabia que, ao apresentá-lo, seria submetido a um escrutínio minucioso. Assim, decidiu que a melhor pessoa para testá-lo seria o homem que lhe havia explicado inicialmente o problema: Newman. A princípio, Newman se sentiu um pouco desconfortável com o argumento; parecia ser potencialmente enganador, levando a acreditar que algo era verdadeiro, quando na verdade não o era. Porém, ao revirar o argumento, ficou convencido de que Turing acertara em cheio. No entanto, não havia sido o único a fazê-lo.

Turing ficou sabendo que fora vencido na última hora por um matemático de Princeton. Alonzo Church chegara à mesma conclusão praticamente ao mesmo tempo que Turing, mas publicou antes sua descoberta. Turing, naturalmente, temeu que seu reconhecimento na selva acadêmica fosse frustrado pelo anúncio de Church. Porém, com o apoio de Newman, seu mentor em Cambridge, a publicação de sua prova foi aceita. Para seu desconsolo, recebeu pouco reconhecimento na época em que foi publicada. Entretanto, a ideia de uma máquina universal era mais tangível que o método de Church, e tinha consequências muito mais abrangentes. A fascinação de Turing por invenções reais tinha inspirado suas considerações teóricas. Embora a máquina universal existisse apenas na mente, sua descrição soava como o plano de construção de uma engenhoca real. Um de seus amigos brincou dizendo que, se alguma vez fosse construída, provavelmente ocuparia todo o Albert Hall.

A máquina universal marcou o alvorecer da era dos computadores, que equiparia os matemáticos com uma nova ferramenta para a exploração do universo dos números. Turing pôde apreciar, ainda em vida, o impacto que as máquinas de computação reais teriam sobre a investigação dos primos. Porém, ele não poderia prever o papel que sua máquina teórica desempenharia mais adiante, ao revelar um dos Cálices Sagrados da matemática. A análise extremamente abstrata de Turing sobre o problema da decisão de Hilbert se tornaria a chave, décadas depois, para a descoberta fortuita de uma equação que gera todos os primos.

Engrenagens, roldanas e óleo

O passo seguinte de Turing foi uma viagem pelo Atlântico, para visitar Church. Ele também esperava ter a chance de encontrar Gödel, que visitava o Instituto de Estudos Avançados de Princeton. Embora as máquinas teóricas ocupassem sua cabeça enquanto cruzava o Atlântico, Turing não perdera a paixão por equipamentos reais. Assim, distraiu-se durante a semana no navio usando um sextante para mapear seu avanço.

Turing ficou desapontado ao chegar a Princeton e descobrir que Gödel voltara para a Áustria. Gödel retornaria dois anos depois para assumir uma posição permanente no Instituto, escapando da perseguição na Europa. Uma das pessoas que Turing encontrou em Princeton foi Hardy, que casualmente visitava o Instituto na mesma época. Turing contou a sua mãe sobre o encontro com Hardy: "No princípio, ele se mostrou reservado, ou talvez tímido. Encontrei-o na sala de Maurice Pryce no dia em que cheguei, mas não me dirigiu a palavra. No entanto, está se tornando muito mais simpático agora."

Após ter preparado a publicação de sua prova do problema da decisão de Hilbert, Turing olhou ao redor, em busca de outro grande problema que pudesse atacar. A resolução do problema da decisão seria algo difícil de superar, mas se a ideia era enfrentar outro grande problema, por que não partir para o maior de todos os prêmios, a hipótese de Riemann? Turing conseguiu que seu colega Albert Ingham, de Cambridge, lhe enviasse os artigos mais recentes sobre a hipótese. Passou também a conversar com Hardy, para saber suas opiniões sobre o assunto.

Em 1937, Hardy estava se tornando mais pessimista em relação à validade da hipótese de Riemann. Após passar tanto tempo tentando prová-la, sempre sem sucesso, começava a pensar que talvez pudesse ser realmente falsa. Influenciado pelo humor de Hardy em Princeton, Turing acreditou ser capaz de construir uma máquina para provar que Riemann estava errado. Ele também ouvira falar da descoberta de Siegel sobre o método fantástico de Riemann para calcular os zeros. A fórmula descoberta por Siegel utilizava habilmente a adição de senos e cossenos para estimar com eficácia a altura da paisagem de Riemann. Em Cambridge, a proposta de Turing de criar uma máquina para solucionar o problema da decisão de Hilbert fora considerada definitivamente factível. Mas Turing percebeu que as máquinas também poderiam ajudar a esclarecer a fórmula secreta de Riemann. Ele reconheceu a existência de fortes semelhanças entre a fórmula de Riemann e as que eram utilizadas para prever fenômenos físicos periódicos, como as órbitas dos planetas. Em 1936, Ted Titchmarsh, um matemático de Oxford, já havia adaptado uma máquina, originalmente criada para calcular movimentos celestes, para provar que os primeiros 1.041 zeros da paisagem zeta estavam realmente sobre a linha crítica de Riemann. Mas Turing conheceu uma máquina ainda mais sofisticada, utilizada para prever outro fenômeno periódico natural: as marés.

As marés representavam um problema matemático complicado, por dependerem do cálculo do ciclo diário da rotação da Terra, do ciclo mensal da órbita da Lua ao redor da Terra e do ciclo anual da órbita da Terra ao redor do Sol. Turing vira uma máquina em Liverpool que fazia esses cálculos automaticamente. A adição de todas as ondas seno periódicas foi substituída pela manipulação de um sistema de correias e roldanas, e a resposta era indicada pelo comprimento de certas seções da corda no dispositivo. Turing escreveu a Titchmarsh, admitindo que, ao ver a máquina de Liverpool pela primeira vez, não tinha a menor ideia de como utilizá-la para investigar os números primos. Agora, sua mente estava agitada. Ele poderia construir uma máquina que calculasse a altura da paisagem de Riemann. Dessa maneira, talvez conseguisse encontrar um ponto no nível do mar fora da linha crítica de Riemann, provando que a hipótese era falsa.

Turing não foi o primeiro a considerar o uso de máquinas para acelerar cálculos entediantes. O avô da ideia das máquinas de computação foi outra pessoa formada em Cambridge, Charles Babbage. Em 1810, Babbage era estudante de graduação em Trinity e tinha a mesma fascinação de Turing por aparelhos mecânicos. Em sua autobiografia, ele relembra a gênese da ideia de uma máquina para calcular as tabelas matemáticas, fundamentais para que a Inglaterra conseguisse navegar os mares com perícia:

> Certa noite, eu estava sentado em uma das salas da Sociedade Analítica, em Cambridge, com a cabeça inclinada sobre a mesa em um estado algo sonhador, com uma tabela de logaritmos aberta à minha frente. Outro estudante, ao entrar na sala e me ver quase adormecido, chamou-me: "Bem, Babbage, com o que está sonhando?" E eu respondi: "Estou pensando em como fazer para que estas tabelas (apontando para os logaritmos) sejam calculadas por máquinas."

Somente em 1823, Babbage conseguiu começar a realizar o sonho de criar sua "máquina diferencial". No entanto, o projeto naufragou em 1833, após uma discussão financeira com seu engenheiro-chefe. Parte da máquina chegou a ser construída na época, mas somente em 1991, no bicentenário do nascimento de Babbage, sua visão foi finalmente concluída. Isso ocorreu quando, ao custo de 300 mil libras, uma máquina diferencial foi construída no Museu de Ciências de Londres, onde ainda está em exibição.

A ideia de Turing de uma máquina zeta era semelhante ao plano de Babbage para calcular logaritmos com a máquina diferencial. O mecanismo foi ajustado especificamente para o problema que calcularia. Essa não era uma das máquinas universais teóricas de Turing, que poderiam imitar qualquer cômputo. As propriedades físicas do aparelho refletiam o problema, tornando-o inútil para a resolução de outras questões. Turing admitiu essa deficiência à Royal Society, ao pedir dinheiro para iniciar a construção de sua máquina zeta: "O aparelho teria pouco valor permanente. ... Não consigo pensar em qualquer aplicação que não fosse ligada à função zeta."

O próprio Babbage contemplara as desvantagens de se criar uma máquina que só pudesse calcular logaritmos. Nos anos 1830, Babbage sonhava com uma máquina maior, que pudesse realizar uma variedade de tarefas. Ele se inspirou nos teares Jacquard franceses, usados em tecelagens de toda a Europa. Os hábeis operadores haviam sido substituídos por cartões perfurados que, quando inseridos no tear, controlavam sua operação. (Algumas pessoas se referiram a esses cartões como o primeiro software de informática.) Babbage ficou tão impressionado com a invenção de Jacquard que comprou um retrato do inventor sobre um pano de seda tecido com auxílio de um desses cartões perfurados. "O tear é capaz de tecer qualquer desenho que a imaginação humana possa conceber", comentou maravilhado. Se essa máquina podia gerar qualquer padrão, por que não seria possível construir uma máquina na qual pudéssemos inserir um cartão, instruindo-a a realizar qualquer cálculo matemático? Seu projeto da máquina analítica, como a batizou, foi um precursor do plano de Turing para a criação de uma máquina universal.

A filha do poeta Lord Byron, Ada Lovelace, foi quem reconheceu o enorme potencial de programação da máquina de Babbage. Enquanto traduzia ao francês uma cópia do artigo de Babbage descrevendo a máquina, não resistiu à tentação de acrescentar algumas notas adicionais para exaltar as capacidades da máquina. "Podemos dizer, com muita propriedade, que a máquina analítica tece padrões algébricos, assim como o tear Jacquard tece flores e folhas." Suas notas incluíam muitos programas diferentes que poderiam ser implementados na nova máquina de Babbage, embora ainda fosse puramente teórica, não havendo sido construída. Quando terminou a tradução, seus acréscimos haviam saído do controle de tal forma que a versão francesa era três vezes mais extensa que a inglesa. Atualmente, Lovelace é em geral considerada a primeira programadora de computadores do mundo. Ela morreu de câncer em 1852, em grande sofrimento, com apenas 36 anos de idade.

Enquanto Babbage trabalhava em suas ideias sobre máquinas na Inglaterra, Riemann desenvolvia conceitos matemáticos teóricos na Alemanha. Oitenta anos depois, Turing esperava unir esses dois temas. Ele já enfrentara a computabilidade abstrata do teorema da incompletude de Gödel, que formava a base de sua tese. Agora, enfrentaria a tarefa de cortar os dentes das engrenagens de sua máquina zeta. Graças ao apoio de Hardy e Titchmarsh, Turing conseguiu obter da Royal Society um financiamento de 40 libras para ajudá-lo a construir sua criação.

No verão de 1939, o quarto de Turing era "uma espécie de quebra-cabeça de rodas dentadas espalhadas pelo chão", segundo seu biógrafo Andrew Hodges. Contudo, o sonho de Turing de construir uma máquina zeta que unisse a paixão inglesa por máquinas, nascida no século XIX, com a teoria alemã seria bruscamente interrompido. O início da Segunda Guerra Mundial transformou essa unidade intelectual nascente entre os dois países em conflito militar. As forças intelectuais britânicas foram reunidas em Bletchley Park, e as mentes passaram da busca por zeros à decifração de códigos. O sucesso de Turing na criação de máquinas para decifrar o Enigma se deve, em parte, à prática com o cálculo de zeros da função zeta de Riemann. Sua complexa rede de rodas dentadas interconectadas não conseguiu descobrir os segredos dos primos, mas os novos dispositivos de Turing seriam espetacularmente eficazes em revelar os movimentos secretos da máquina de guerra alemã.

Bletchley Park era uma estranha mistura entre a torre de marfim e o mundo real. Era como a Universidade de Cambridge, com jogos de críquete disputados no gramado frontal; para Turing e os demais, paparicados em seu retiro no campo, as mensagens codificadas que chegavam todos os dias eram um substituto para as palavras cruzadas do *Times*, que poderiam estar fazendo em qualquer sala de Cambridge. Uma charada teórica – mas todos sabiam que muitas vidas dependiam da solução. Em uma atmosfera como essa, não é de surpreender que Turing continuasse a pensar em matemática enquanto ajudava a vencer a guerra.

Foi em Bletchley que Turing entendeu, como Babbage cerca de cem anos antes, que era melhor construir uma única máquina que pudesse ser instruída a realizar diferentes tarefas que criar um aparelho completamente novo para cada problema. Embora já conhecesse esse princípio, Turing teve de aprender, da pior maneira possível, que isso também deveria ser implementado na prática. Quando os alemães alteraram os modelos das máquinas Enigma usadas no campo de batalha, Bletchley Park afundou em semanas de silêncio. Turing percebeu que os decifradores precisariam de uma máquina que pudesse ser adaptada para lidar com qualquer alteração que os alemães fizessem em suas próprias máquinas.

Terminada a guerra, Turing passou a explorar a possibilidade de criar uma máquina universal de computação, que pudesse ser programada para realizar uma grande diversidade de tarefas. Após vários anos no Laboratório Nacional de Física da Grã-Bretanha, Turing foi trabalhar com Max Newman em Manchester, no então recém-criado Laboratório de Computação da Royal Society. Newman acompanhara Turing em Cambridge, durante o desenvolvimento da máquina teórica que dizimara a esperança de Hilbert de encontrar um algoritmo que pudesse determinar se uma assertiva verdadeira possuía provas. Agora, trabalhariam juntos para projetar e construir uma máquina real.

Em Manchester, Turing teve tempo de explorar a competência técnica que desenvolvera decifrando códigos em Bletchley, embora suas atividades ao longo da guerra fossem mantidas em arquivos secretos durante décadas. Ele retomou a ideia que o obcecara nos dias anteriores ao conflito: usar máquinas para explorar a paisagem de Riemann em busca de contraexemplos à sua hipótese – zeros fora da linha crítica. Mas, desta vez, em vez de construir uma máquina cujas propriedades físicas refletissem o problema que estava tentando resolver, Turing almejava criar um programa que pudesse ser implementado no computador universal que ele e Newman estavam construindo com tubos de raios catódicos e tambores magnéticos.

Naturalmente, as máquinas teóricas funcionam suavemente e sem esforço. As máquinas reais, como Turing descobriu em Bletchley Park, são bem mais temperamentais. Em 1950, sua nova máquina estava concluída e pronta para iniciar a navegação da paisagem zeta. Antes da guerra, o maior número de zeros sobre a linha de Riemann havia sido encontrado por um antigo aluno de Hardy, Ted Titchmarsh, que confirmou que os primeiros 1.041 pontos no nível do mar corroboravam a hipótese de Riemann. Turing foi além, fazendo com que sua máquina verificasse os primeiros 1.104 zeros. Então, conforme relatou, "infelizmente nesse ponto a máquina parou de funcionar". Mas outras coisas também estavam entrando em colapso.

A vida pessoal de Turing começava a desabar a seu redor. Em 1952, foi preso quando a política começou a investigar sua homossexualidade. Ele fora roubado e chamou a polícia; o ladrão era conhecido de um dos amantes de Turing. A polícia, além de perseguir o ladrão, prendeu-se ao depoimento de Turing, que admitira estar envolvido em (como a lei o descrevia) um "ato de repugnante indecência". Ele ficou extremamente apreensivo. Isso poderia levá-lo à prisão. Newman testemunhou a seu favor, dizendo que Turing se "envolvia completamente em seu trabalho, sendo uma das mentes matemáticas mais profundas e originais de sua geração". A sentença o poupou da prisão, com a condição de que se submetesse voluntariamente a um tratamento com drogas para controlar seu comportamento sexual. Turing escreveu a um de seus antigos tutores de Cambridge: "Supostamente reduzirá o impulso sexual enquanto o tratamento durar, mas presume-se que voltarei ao normal quando estiver terminado. Espero que estejam certos."

No dia 8 de junho de 1954, Turing foi encontrado morto em seu quarto, por intoxicação com cianeto. Sua mãe não conseguiu se conformar com a possibilidade de suicídio. Seu filho fizera experiências com substâncias químicas desde a infância, e nunca lavava as mãos. Ela insistia tratar-se de um acidente. Mas ao lado de Turing havia uma maçã, na qual encontraram várias mordidas. Embora a maçã não tenha sido analisada, há poucas dúvidas de que estava impregnada de cianeto. Uma das cenas de filme favoritas de Turing era aquela em que a bruxa de *Branca de Neve e os sete anões*, de Disney, cria a maçã que adormecerá Branca de Neve: "Quando esta maçã for mordida, o Sono da Morte virá."

Quarenta e seis anos depois de sua morte, no alvorecer do século XXI, correram rumores pela comunidade matemática de que as máquinas de Turing haviam realmente encontrado um contraexemplo para a hipótese de Riemann. Porém, como a descoberta fora feita em Bletchley Park durante a Segunda Guerra Mundial, nas mesmas máquinas que decifraram o Enigma, a Inteligência Britânica insistira em mantê-la secreta. Os matemáticos exigiram que os registros fossem abertos, para que pudessem localizar o zero fora da linha descoberto por Turing. Por fim, verificou-se que não passava de um boato, iniciado por um dos amigos de Bombieri que compartilhava o gosto do italiano por brincadeiras perversas de 1º de abril.

A máquina de Turing deixou de funcionar poucos zeros depois do recorde alcançado antes da guerra, mas já havia dado os primeiros passos em direção a uma era na qual o computador substituiria a mente humana na exploração da paisagem de Riemann. Passaria algum tempo até que fossem desenvolvidas "sondas de Riemann" eficientes, mas em breve esses exploradores não tripulados viajariam cada vez mais ao norte ao longo da linha crítica de Riemann, enviando-nos cada vez mais evidências – senão a prova final – de que, ao contrário do que acreditava Turing, Riemann estava certo.

Embora o impacto das máquinas reais de Turing sobre a hipótese de Riemann só viesse a ocorrer mais tarde, suas ideias teóricas contribuíram para um estranho incidente na história dos primos: a descoberta de uma equação para gerar todos os números primos. Turing jamais poderia imaginar que essa equação emergiria da devastação que ele e Gödel haviam trazido ao programa de Hilbert, que desejava equipar a matemática com fundações sólidas.

Do caos da incerteza a uma equação para os primos

Turing provara que sua máquina universal não poderia responder a todas as questões da matemática. Mas o que pensar de algo menos ambicioso: ela poderia dizer algo sobre a existência de soluções para equações? Esse era o núcleo do décimo problema de Hilbert, que em 1948 passou a obcecar Julia Robinson, uma talentosa matemática de Berkeley.

Com algumas exceções notáveis, as mulheres fizeram poucas aparições na história da matemática até as últimas décadas. A matemática francesa Sophie Germain se correspondia com Gauss, mas fingia ser homem, temendo que suas ideias fossem imediatamente descartadas se não o fosse assim. Ela descobrira tipos especiais de números primos relacionados ao último teorema de Fermat, atualmente chamados de primos de Sophie Germain. Gauss ficou muito impressionado com as cartas que recebia de "*Monsieur* le Blanc" e ficou maravilhado quando, após uma longa correspondência, descobriu que *monsieur* era uma *mademoiselle*. Ele lhe escreveu de volta:

> O gosto pelos mistérios dos números é raro. ... os encantos desta sublime ciência só revelam toda sua beleza àqueles que têm a coragem de perquiri-los. Mas quando uma mulher, pelo seu sexo, por nossos costumes e preconceitos, ... supera essas constrições e penetra aquilo que é mais recôndito, indubitavelmente teve a mais nobre coragem, talento extraordinário e gênio superior.

Gauss tentou persuadir Göttingen a conceder a Sophie um título honorário, mas Sophie Germain morreu antes que ele conseguisse obtê-lo.

Na Göttingen de Hilbert, Emmy Noether era uma algebrista excepcionalmente talentosa. Hilbert lutou a seu favor para revogar as regras arcaicas que negavam cargos a mulheres nas instituições acadêmicas alemãs. "Não vejo por que o sexo da candidata seja um argumento contra sua contratação", objetava ele. A Universidade, declarava Hilbert, não era "uma casa de banho". Noether, que era judia, finalmente teve de escapar de Göttingen para os Estados Unidos. Certas estruturas algébricas que permeiam a matemática foram nomeadas em sua homenagem.

Julia Robinson sempre foi vista como mais que uma matemática dotada. Ela também foi uma mulher dos anos 1960, e seu sucesso estimulou outras mulheres a buscar uma carreira na matemática. Posteriormente, relembrou o modo como, por ser uma das poucas mulheres da academia, sempre lhe pediam que respondesse a pesquisas. "Todos me têm em seu grupo cientificamente selecionado."

Robinson passou a infância no deserto do Arizona. Era uma vida solitária, tendo pouco mais que uma irmã e a terra como companhia. Ainda muito pequena, a menina encontrava padrões escondidos no deserto. Robinson relembra: "Uma de minhas primeiras memórias é a de ordenar pedrinhas à sombra de um saguaro gigante, ofuscada pela luz intensa do sol. Acho que sempre tive um gosto primordial pelos números naturais. Para mim, são a única coisa real." Aos nove anos de idade, ela adoeceu de febre reumática e teve que passar dois anos na cama.

Esse tipo de isolamento pode ser uma fonte de inspiração para jovens cientistas emergentes. Tanto Cauchy como Riemann haviam escapado de seus problemas físicos e emocionais da vida real para o mundo matemático. Embora Robinson não tenha passado suas horas confinada à cama concebendo teoremas, desenvolveu certas habilidades que a prepararam bem para as batalhas matemáticas que teria pela frente. "Sou da opinião de que o que aprendi naqueles anos na cama foi a ter paciência. Minha mãe dizia que eu era a criança mais teimosa que já conhecera. Pode-se dizer que minha teimosia foi, em grande parte, responsável por quaisquer êxitos que eu possa ter tido na matemática. De fato, é um traço comum entre matemáticos."

Quando conseguiu se recuperar da doença, Julia Robinson perdera dois anos escolares. Porém, após um ano de instrução particular, viu-se bem à frente de seus colegas. Certa vez, seu tutor lhe explicou que os gregos da Antiguidade já sabiam, há dois mil anos, que a raiz quadrada de 2 não poderia ser expressa exatamente por uma fração. Ao contrário da expansão decimal de uma fração, a da raiz quadrada de 2 não apresentava um padrão repetitivo. Para Julia Robinson, era admirável que isso pudesse ser provado. Como teríamos certeza de que, após milhões de casas decimais, não surgiria um padrão? "Fui para casa e usei minhas habilidades recém-adquiridas de extração de raízes quadradas para verificar aquele fato, mas finalmente, ao anoitecer, desisti." Apesar do fracasso, ela passou a apreciar a capacidade do argumento matemático em demonstrar de modo convincente que, independentemente da extensão do cálculo da expansão decimal da raiz quadrada de 2, jamais surgiria um padrão.

Julia Robinson (1919-85)

Essa força do argumento simples é o que cativa muitos dos que procuram a matemática. É um tipo de problema que a força bruta jamais conseguirá resolver, mesmo com a ajuda do computador mais potente; porém, o encadeamento de umas poucas ideias matemáticas, escolhidas com inteligência, revela o mistério dessa expansão decimal infinita. A tarefa impossível de verificar um número infinito de decimais é substituída por um pequeno argumento perspicaz.

Aos 14 anos, Julia Robinson começou a buscar na matemática algo que aliviasse seu tédio pela aritmética da escola. Escutava atentamente um programa de rádio chamado *Explorador universitário*. Ela ficou em particular intrigada com uma transmissão que narrava a história do matemático D.N. Lehmer e seu filho, D.H. Lehmer. O programa explicou que essa equipe matemática abordava problemas com máquinas de computação que criavam usando correntes e rodas dentadas de bicicletas. O jovem Lehmer foi o primeiro a tomar o bastão da mão de Turing, usando modernas máquinas de computação para demonstrar, em 1956, que os primeiros 25.000 zeros satisfaziam à hipótese de Riemann. Seu pai contava que a máquina que tinham antes da guerra "funcionava tranquilamente por alguns minutos, e então se tornava incoerente. A seguir, recompunha-se subitamente antes de se tornar novamente temperamental". Por fim, os matemáticos conseguiram localizar a causa daquele mau humor – um vizinho que escutava rádio. Seu problema matemático preferido era encontrar os blocos de construção primos de grandes números. Julia Robinson ficou tão entusiasmada com a descrição dessas máquinas que pediu à emissora a transcrição do programa.

Ela encontrou um pequeno artigo de jornal sobre a suposta descoberta de um número primo recorde, que recortou avidamente. Sob o título ENCONTRADO MAIOR NÚMERO, MAS NINGUÉM SE IMPORTA, lia-se:

> O dr. Samuel I. Krieger gastou seis lápis, usou 72 folhas de papel ofício e afetou seriamente seus nervos, mas conseguiu anunciar hoje que 231.584.178.474.632.390.847.141.970.017.375.815.706.539.969.331.281.128.078.915.826.259.279.871 é o maior número primo conhecido. Ele não soube dizer imediatamente quem se importava com isso.

Talvez a falta de interesse reflita o fato de que esse número é, na verdade, divisível por 47 (como o jornal teria descoberto, se houvesse verificado). Julia Robinson manteve o recorte pelo resto da vida, ao lado do roteiro do programa da máquina de calcular dos Lehmer e um panfleto que recebeu sobre os mistérios da quarta dimensão.

Estava pronta a base para a carreira matemática de Julia Robinson: ela se formou em matemática no San Diego State College e rumou para a Universidade da Califórnia, em Berkeley, onde um professor com quem depois se casaria, Raphael Robinson, despertou sua paixão pela teoria dos números. Enquanto ainda flertavam, Raphael descobriu que a matemática era o caminho para o coração de Julia, e começou a bombardeá-la com explicações sobre os últimos avanços matemáticos.

Uma descoberta que intrigou Julia em particular foi a descrição que Raphael fez dos resultados de Gödel e Turing. "A possibilidade de provar coisas sobre os números usando-se a lógica simbólica é muito impressionante e interessante", disse ela. Apesar da natureza desconcertante dos resultados de Gödel, os números continuaram a despertar o sentido de realidade que

Julia Robinson vivenciava quando criança, brincando com pedras no deserto. "Podemos conceber uma química diferente da nossa, ou uma biologia, mas é impossível vislumbrar uma diferente matemática dos números. O que se prova sobre os números será um fato em qualquer universo."

Apesar de ser dotada de grande habilidade matemática, Julia Robinson admitia que, sem o apoio do marido, teria sido difícil continuar na vida matemática em uma época na qual poucas mulheres seguiam a carreira acadêmica. As regras universitárias de Berkeley diziam que marido e mulher não poderiam ser membros do mesmo departamento. Em reconhecimento a sua capacidade investigativa, foi criado um cargo para Julia Robinson no Departamento de Estatística. A descrição que fez de seu trabalho ao apresentar sua candidatura ao cargo é uma representação clássica do dia a dia da maioria dos matemáticos: "Segunda-feira, tentei provar teorema; terça-feira, tentei provar teorema; quarta-feira, tentei provar teorema; quinta-feira, tentei provar teorema; sexta-feira, teorema falso."

Seu interesse pelo trabalho de Gödel e Turing aumentou quando teve a oportunidade de estudar com um dos grandes lógicos do século XX, Alfred Tarski, um polonês que se viu retido em Harvard pelo início da guerra, durante uma viagem feita aos Estados Unidos em 1939. Julia Robinson, porém, não queria perder de vista sua paixão pela teoria dos números. O décimo problema de Hilbert apresentava a combinação perfeita entre os dois assuntos: existe algum algoritmo – em termos de computação, um programa – que possa ser usado para demonstrar se uma equação possui soluções?

Graças ao trabalho de Gödel e Turing, estava ficando claro que, ao contrário da crença inicial de Hilbert, esse programa provavelmente não existiria. Robinson tinha certeza de que deveria haver uma maneira de explorar o traçado aberto por Turing. Ela compreendeu que cada máquina de Turing gerava uma sequência de números. Por exemplo, poderíamos montar uma máquina para gerar uma lista dos números quadrados 1, 4, 9, 16, ..., e uma outra para gerar os primos. Um dos passos da solução de Turing para o problema da decisão de Hilbert havia sido provar que não existia nenhum programa capaz de determinar se, dada uma máquina de Turing e um número, esse número estaria entre os resultados da máquina. Julia Robinson buscava uma conexão entre equações e máquinas de Turing. Ela acreditava que cada máquina de Turing correspondia a uma equação específica.

Se essa conexão existisse, Julia Robinson tinha a esperança de que, ao perguntar se um número estava entre os resultados de uma máquina de Turing específica, estaríamos de fato perguntando se a equação correspondente àquela máquina tinha uma solução. Assim, se fosse possível estabelecer essa conexão, ela estaria em terreno conhecido. Se houvesse um programa para testar equações em busca de soluções, como Hilbert esperava ao propor seu décimo problema, o mesmo programa poderia ser usado, através da conexão ainda hipotética de Julia Robinson entre equações e máquinas de Turing, para verificar quais números seriam resultados das máquinas de Turing. Mas Turing demonstrara que esse programa – capaz de decidir sobre os resultados de máquinas de Turing – não existia. Portanto, não poderia haver um programa capaz de decidir quais equações tinham soluções. A resposta ao décimo problema de Hilbert seria "não".

Julia Robinson dedicou-se então a entender por que cada máquina de Turing teria sua própria equação. Ela queria encontrar uma equação cujas soluções estivessem conectadas à sequência de números emitida pela máquina de Turing. Ficou bastante animada com a questão que se havia proposto. "Na matemática, geralmente temos uma equação e queremos encontrar sua solução. Neste caso, recebíamos uma dada solução e tínhamos que encontrar a equação. Gostei daquilo." Enquanto os anos passavam, o interesse iniciado em 1948 se transformou em obsessão. Após ficar doente aos nove anos de idade, os médicos previram que seu coração estaria enfraquecido a tal ponto que Julia Robinson talvez não vivesse além dos 40. Em seus aniversários, "quando chegava a hora de soprar as velas do bolo, eu sempre desejava, ano após ano, que o décimo problema fosse solucionado – não era necessário que eu o solucionasse, apenas que fosse resolvido. Eu não suportaria morrer sem saber a resposta".

A cada ano que passava, ela fazia maiores progressos. À sua jornada se juntaram outros dois matemáticos, Martin Davis e Hilary Putnam. No final dos anos 1960, eles haviam reduzido o problema a algo mais simples. Em vez de buscar as equações para todas as máquinas de Turing, descobriram que, se encontrassem a equação de uma sequência específica de números, teriam provado o palpite de Julia Robinson. Foi uma conquista notável. Tudo se resumia a encontrar a equação para essa sequência de números em particular. Toda sua teoria dependia agora de que conseguissem confirmar a existência de um único tijolo de sua parede matemática. Se descobrissem que essa sequência não tinha sua própria equação de Robinson, então aquela parede, que haviam passado tanto tempo construindo, entraria inteiramente em colapso.

Havia cada vez mais dúvidas para saber se a abordagem de Julia Robinson para o décimo problema de Hilbert estaria correta. Muitos matemáticos se queixavam de que ela se desviava do rumo original. Então, subitamente, em 15 de fevereiro de 1970, Julia recebeu o telefonema de um colega que acabava de voltar de uma conferência na Sibéria. Ele assistira a uma palestra muito inovadora, que seria do interesse dela. Um matemático russo de 22 anos, chamado Yuri Matijasevich, encontrara a última peça do quebra-cabeça, resolvendo o décimo problema de Hilbert. Ele havia demonstrado a existência de uma equação que geraria a sequência conforme previsto por Julia Robinson. Essa era a peça da qual dependia toda a abordagem que ela construíra.

A solução para o décimo problema de Hilbert estava completa: não existia um programa capaz de decidir se as equações tinham soluções.

"Naquele ano, quando fui soprar as velas de meu bolo, parei e prendi a respiração, percebendo que, de repente, o pedido que havia feito por tantos anos havia realmente acontecido." Julia percebeu que a solução estivera o tempo todo a um palmo de seu nariz, mas foi necessário que Matijasevich a vislumbrasse. "Há muitas coisas que estão como que jogadas na areia, e não as vemos até que outra pessoa recolha uma delas. Então todos conseguimos vê-la", explicou. Ela escreveu a Matijasevich, parabenizando-o: "Estou especialmente contente em pensar que, quando fiz a conjectura, você ainda era apenas um bebê, e tive que esperar até que você crescesse."

É notável que a matemática tenha a capacidade de unir pessoas ao longo de fronteiras políticas e históricas. Apesar das dificuldades impostas pela Guerra Fria, esses matemáticos dos Estados Unidos e da Rússia formaram uma forte amizade, baseada na obsessão pelo problema inspirado por Hilbert. Julia Robinson descreveu essa estranha ligação entre matemáticos como "uma nação própria, que não distingue origens geográficas, raça, credo, sexo, idade ou mesmo tempo (os matemáticos do passado e do futuro também são nossos colegas), todos dedicados à mais bela das artes e ciências".

Matijasevich e Julia Robinson também discutiram sobre o crédito pela prova, mas não para engrandecimento próprio – ao contrário, ambos insistiam que o outro havia feito a parte mais difícil. É verdade que, como Matijasevich foi quem colocou a última peça do quebra-cabeça, a solução para o décimo problema de Hilbert geralmente lhe é atribuída. Na verdade, é claro que muitos matemáticos contribuíram para a longa jornada desde o anúncio de Hilbert em 1900 até a solução final, 70 anos depois.

Embora o problema tenha sido resolvido negativamente – ou seja, não havia um programa que pudesse ser usado para determinar se qualquer equação tinha soluções –, houve uma compensação. Robinson provou estar certa ao acreditar que listas de números geradas por máquinas de Turing poderiam ser descritas por equações. Os matemáticos sabiam que havia uma máquina de Turing que gerava a lista de números primos. Assim, graças ao trabalho de Robinson e Matijasevich, em teoria, deveria haver uma fórmula que pudesse gerar todos os primos.

No entanto, seria possível encontrar essa fórmula? Em 1971, Matijasevich desenvolveu um método explícito para chegar até ela, mas não seguiu em frente até a resposta. A primeira fórmula explícita descrita em detalhes usava 26 variáveis, de A a Z, e foi descoberta em 1976:

$$(K+2)\{1-[WZ+H+J-Q]2-[(GK+2G+K+1)(H+J)+H-Z]^2-[2N+P+Q+Z-E]^2-[16(K+1)^3(K+2)(N+1)^2+1-F^2]^2-[E^3(E+2)(A+1)^2+1-O^2]^2-[(A^2-1)Y^2+1-X^2]^2-[16R^2Y^4(A^2-1)+1-U^2]^2-[((A+U^2(U^2-A))^2-1)\times(N+4DY)^2+1-(X+CU)^2]^2-[N+L+V-Y]^2-[(A^2-1)L^2+1-M^2]^2-[AI+K+1-L-I]^2-[P+L(A-N-1)+B(2AN+2A-N^2-2N-2)-M]^2-[Q+Y(A-P-1)+S(2AP+2A-P^2-2P-2)-X]^2-[Z+PL(A-P)T(2AP-P^2-1)-PM]^2\}$$

Essa fórmula funciona como um programa de computador. Alteramos aleatoriamente as letras A, ..., Z por números, e então usamos a fórmula para realizar um cálculo sobre esses números; por exemplo, poderíamos escolher $A = 1, B = 2, ..., Z = 26$. Se a resposta for maior que zero, o resultado do cálculo será primo. Podemos repetir o processo, associando diferentes escolhas de números para as letras e refazendo o cálculo. Ao passarmos sistematicamente por todas as escolhas possíveis de números para as letras A, ..., Z, teremos a garantia de produzir todos os números primos. A fórmula não deixa passar nenhum primo: sempre existe uma maneira de escolher os números A, ..., Z de modo que a equação gere o primo em questão. Só existe um pequeno detalhe: algumas escolhas de A, ..., Z geram uma resposta negativa, e simplesmente temos que ignorá-las. Nossa escolha de $A = 1, B = 2, ..., Z = 26$, por exemplo, é uma das que devemos varrer para debaixo do tapete.

Não era esse o Cálice Sagrado no final da jornada — a descoberta desse polinômio extraordinário que gera os primos? Se essa equação houvesse sido encontrada nos tempos de Euler, certamente teria sido uma grande notícia. Euler descobrira uma equação que realmente gerava muitos primos, mas era bastante pessimista sobre a possibilidade de encontrar uma fórmula para produzir todos os primos. Porém, desde a época de Euler, os matemáticos se afastaram do mero estudo de equações, passando a adotar a crença de Riemann na importância das estruturas e temas subjacentes que atravessam o mundo matemático. Os exploradores matemáticos atuais estão ocupados em mapear as vias de passagem para novos mundos. A descoberta dessa equação dos números primos foi um resultado nascido na era errada. Para a nova geração de matemáticos, a equação era como a investigação extremamente técnica de uma terra explorada há muitos anos, e agora abandonada. Os matemáticos ficaram bastante surpresos com a existência dessa equação, mas Riemann havia deslocado o estudo dos primos para um plano diferente. Uma sinfonia clássica no estilo de Mozart que fosse escrita e interpretada na época de Shostakovich não teria impressionado as plateias, mesmo que atingisse a perfeição estilística.

Na verdade, a fraca recepção à equação miraculosa não se deveu apenas à nova estética matemática. A verdade é que ela era praticamente inútil. A maior parte dos valores da equação são negativos. Mesmo no plano teórico, carece relativamente de significado. Julia Robinson e Matijasevich demonstraram que qualquer lista de números gerada por uma máquina de Turing terá uma equação como essa; assim, nesse sentido, não há nada de especial em relação aos primos frente a qualquer outra lista de números. Muitas pessoas compartilharam esse ponto de vista na época. Quando alguém falou ao matemático russo Yu. V. Linnik do resultado de Matijasevich sobre os primos, ele respondeu: "É maravilhoso. Provavelmente aprenderemos, em breve, muitas coisas novas sobre os primos." Quando lhe explicaram como o resultado havia sido provado e que aquilo se aplicava a qualquer sequência de números, ele retirou seu entusiasmo anterior: "É uma pena. Provavelmente não aprenderemos nada de novo sobre os primos."

Embora a existência de uma equação como essa seja universalmente verdadeira para qualquer sequência de números, nada nos diz de específico sobre os primos. É isso que torna a interpretação de Riemann ainda mais intrigante. A existência da paisagem de Riemann e das notas criadas a partir de cada ponto no nível do mar são uma música exclusiva dos primos. Não encontraremos essa estrutura harmônica subjacente a nenhuma outra sequência de números.

Enquanto Julia Robinson acabava com o décimo problema de Hilbert, um de seus amigos em Standford dizimava a crença de Hilbert de que, na matemática, não existia o incognoscível. Em 1962, ainda estudante, Paul Cohen perguntara a seus professores de Stanford, de maneira bastante arrogante, qual dos problemas de Hilbert o faria famoso se conseguisse resolvê-lo. Eles pensaram um pouco, e então lhe disseram que o primeiro era o mais importante. Em termos simples, era como perguntar quantos números existiam. Para encabeçar sua lista, Hilbert havia escolhido a questão de Cantor sobre diferentes infinitudes. Existe algum conjunto infinito de números cujo tamanho seja maior que a série de todas as frações, porém não grande o suficiente para ser pareado com todos os números reais – incluindo os irracionais, como π, $\sqrt{2}$ ou qualquer número com expansão decimal infinita?

Hilbert provavelmente se revirou no túmulo quando Cohen voltou, um ano depois, com a solução: ambas as respostas eram possíveis! Cohen provara que aquela, a mais básica das perguntas, era uma das sentenças improváveis de Gödel. Assim acabava a esperança de que somente problemas obscuros não pudessem ser provados. Cohen demonstrou que era impossível provar, com base nos axiomas que utilizamos atualmente na matemática, que existe uma série de números cujo tamanho se encontra estritamente entre o número de frações e o de números reais; da mesma forma, é impossível provar que essa série não existe. Na verdade, ele conseguiu construir dois mundos matemáticos diferentes que satisfaziam os axiomas usados na matemática. Em um deles, a resposta à pergunta de Cantor era "sim"; no outro, "não".

Algumas pessoas comparam o resultado de Cohen à compreensão de Gauss de que existem diferentes geometrias, não apenas aquela do mundo físico ao nosso redor. Num certo sentido, isso é verdade. Contudo, a questão é que os matemáticos têm um forte instinto sobre o que os números representam. Realmente, os axiomas usados para provar coisas sobre os números também podem ser satisfeitos por outros números, "sobrenaturais". Ainda assim, a maioria dos matemáticos acredita que a questão de Cantor possui apenas uma resposta verdadeira para os números com os quais construímos nosso edifício matemático. Julia Robinson resumiu a reação da maioria dos matemáticos à prova de Cohen quando exclamou, em uma carta que lhe escreveu: "Pelo amor de Deus, só existe uma *teoria dos números verdadeira*! Essa é a minha religião." Mas riscou a última frase antes de enviar a carta a Cohen.

O trabalho pioneiro de Cohen, por mais desconcertante que fosse para a ortodoxia matemática, lhe valeu uma medalha Fields. Após a descoberta admirável de que não é possível determinar a resposta para a questão de Cantor com base nos axiomas clássicos da matemática, Cohen decidiu passar para o problema que considerava o segundo maior desafio da lista de Hilbert: a hipótese de Riemann. Cohen foi um dos poucos matemáticos a admitir que estava trabalhando ativamente nesse problema notoriamente difícil. Porém, até agora, o problema resistiu firmemente a seu ataque.

É intrigante notar que a hipótese de Riemann se encontra em uma categoria diferente que a questão de Cantor. Se Cohen tiver o mesmo êxito e provar que a hipótese de Riemann é insolúvel a partir dos axiomas da matemática, terá demonstrado que a hipótese é de fato verdadeira! Se for insolúvel, será também falsa, e não poderemos prová-lo, ou então será verdadeira, e não poderemos prová-lo. Mas se for falsa, deve haver um zero fora da linha crítica, que poderemos usar para *provar* sua falsidade. Não poderá ser falsa sem que consigamos provar sua falsidade. Portanto, a hipótese de Riemann só poderá ser insolúvel se for verdadeira, sem que seja possível encontrar uma prova de que todos os zeros estão na linha crítica. Turing foi um dos primeiros a vislumbrar a possibilidade de uma confirmação tão estranha da hipótese de Riemann. No entanto, poucas pessoas acreditam que artifícios lógicos dessa natureza poderão ser usados para solucionar o oitavo problema de Hilbert.

Os computadores da mente desempenharam um papel fundamental em nosso entendimento do mundo matemático, graças à máquina universal de Turing. Porém, a segunda metade do século XX seria dominada pelas máquinas físicas que ele tentou construir. As coisas mudaram, favorecendo os computadores feitos de válvulas, cabos e finalmente silício, e não de neurônios e memórias infinitas. Em todo o mundo foram construídas máquinas que permitiriam aos matemáticos observar profundamente o universo dos números.

9 A era dos computadores: da mente ao *desktop*

Façamos um desafio: aposto que aquele que provar a hipótese de Riemann fará isso sem o uso de computador.

Gerhard Frey, inventor da ligação fundamental entre o último teorema de Fermat e as curvas elípticas

Após deixar a escola, a maior parte das pessoas só ouve falar em números primos ao ler notícias recorrentes sobre grandes computadores que fizeram a última descoberta do maior número primo conhecido. O recorte de jornal que Julia Robinson guardou com tanto cuidado, com o título ENCONTRADO MAIOR NÚMERO, demonstra que, mesmo na década de 1930, até as descobertas incorretas chegavam às notícias. Graças à prova de Euclides de que existe um número infinito de primos, esse tema jornalístico jamais se esgotará. No final da Segunda Guerra Mundial, o maior número primo conhecido tinha 39 algarismos, recorde mantido desde 1876, quando foi descoberto. Hoje, o maior primo tem mais de um milhão de algarismos. Para imprimir esse número seriam necessárias mais páginas que as deste livro, e vários meses para poder lê-lo em voz alta. Conseguimos atingir essas alturas impressionantes graças ao computador. Em Bletchley, Turing já pensava no modo de utilizar suas máquinas para quebrar novos recordes de números primos.

Embora a máquina teórica universal de Turing fosse dotada de memória infinita para armazenar informações, as máquinas que construiu com Newman após a guerra, em Manchester, só conseguiam se lembrar de dados muito limitados. Só era possível realizar cálculos que não exigissem muita memória. Por exemplo, para gerar a sequência de Fibonacci (1, 1, 2, 3, 5, 8, 13, ...) bastava memorizar os últimos dois números da sequência, o que não causava grandes complicações aos computadores. Turing conhecia um truque inteligente, desenvolvido pelo caçula da família Lehmer, para encontrar os primos especiais tornados famosos por Marin Mersenne, o monge do século XVII. Turing percebeu que o teste de Lehmer não exigiria muita memória, da mesma forma que o cálculo dos números de Fibonacci. A busca pelos primos de Mersenne seria a tarefa perfeita para as máquinas concebidas por Turing.

Mersenne teve a ideia de gerar números primos multiplicando o número 2 por si mesmo diversas vezes, e então subtraindo 1. Por exemplo, $2 \times 2 \times 2 - 1 = 7$, que é um número primo. O monge notou que, para que $2^n - 1$ tivesse alguma chance de ser primo, o *N* escolhido também teria que ser primo. Ainda assim, percebeu que isso não garantia que $2^n - 1$ seria primo. $2^{11} - 1$ não é primo, embora 11 seja. Mersenne fez a previsão de que

2, 3, 5, 7, 13, 19, 31, 67, 127, 257

seriam as únicas escolhas até 257 para as quais $2^N - 1$ seria um número primo.

Um número do tamanho de 2^{257} é tão grande que a mente humana não teria a menor possibilidade de verificar a afirmação de Mersenne. Talvez por isso ele se sentisse seguro ao fazer uma afirmação tão ousada. Mersenne acreditava que "todo o tempo do mundo não seria suficiente para determinar se esses números são primos". O monge escolheu seus números com base na prova de Euclides de que há uma infinidade de primos. Escolha um número como 2^n, divisível por muitos outros números, e então afaste-se 1 unidade, na esperança de torná-lo indivisível.

Embora isso não nos desse a garantia de encontrar primos, a intuição de Mersenne sobre esses números estava certa em um aspecto. Por estarem tão próximos ao número 2^N, extremamente divisível, há uma maneira muito eficiente de verificar se são primos ou não. O método foi criado em 1876, quando o matemático francês Édouard Lucas descobriu o modo de confirmar que Mersenne estava certo ao afirmar que 2^{127} era primo. Seu número de 39 algarismos se manteve como o maior primo conhecido até o advento da era dos computadores. Equipado com seu novo método, Lucas conseguiu revelar a verdadeira natureza da lista de "primos" de Mersenne. Ao gerar a sequência de números para os quais $2^n - 1$ é primo, o monge cometeu vários equívocos: esqueceu-se dos números 61, 89 e 107 e incluiu erroneamente 67. Mas $2^{257} - 1$ ainda estava fora do alcance de Lucas.

A intuição mística de Mersenne não passava de adivinhação cega. A reputação de Mersenne pode ter sido abalada, mas seu nome ainda vive como o pai dos grandes primos. Os primos recordistas que aparecem nas notícias são invariavelmente um número de Mersenne. Embora Lucas tenha conseguido confirmar que $2^{67} - 1$ não era primo, seu método não lhe permitia decompor esse número em seus blocos de construção primos. Como veremos, a fatoração de números ainda é um problema extremamente difícil, sendo um dos componentes principais dos modernos sistemas criptográficos de segurança, sucessores do código Enigma, que Turing decifrou com seus Bombes em Bletchley.

Turing não era o único interessado em primos e computadores. Como Robinson descobriu quando criança ao ouvir notícias pelo rádio, a ideia de usar máquinas para explorar os números primos também fascinava a família Lehmer. Na virada do século, o Sr. Lehmer já havia produzido uma tabela de primos até 10.017.000. (Desde então, ninguém publicou uma tabela de primos maior que essa.) Seu filho fez uma contribuição mais teórica. Em 1930, com apenas 25 anos, descobriu um refinamento da ideia de Lucas para testar se os números de Mersenne eram ou não primos.

Para provar que um número de Mersenne é primo, ou seja, indivisível por qualquer número menor, Lehmer mostrou que poderíamos virar o problema de cabeça para baixo. O número de Mersenne $2^n - 1$ será primo somente quando $2^n - 1$ *dividir* um segundo número, chamado de número de Lucas-Lehmer e denotado por L_n. Esses números são formados, como os de Fibonacci, por números anteriores na sequência. Para obter L_n temos que elevar ao quadrado o número anterior, L_{n-1}, e subtrair 2:

$$L_n = (L_{n-1})^2 - 2$$

O teste segue em frente — quando $n = 3$, o número de Lucas-Lehmer correspondente é $L_3 = 14$. A partir de então, a sequência continua com $L_4 = 194$ e $L_5 = 37.634$. A grande vantagem desse teste é o fato de só precisarmos gerar o número L_n e testar se o número de Mersenne $2^n - 1$ o divide, uma tarefa computacionalmente simples. Por exemplo, como $2^5 - 1 = 31$ divide o número de Lucas-Lehmer $L_5 = 37.634$, o número de Mersenne $2^5 - 1$ é primo. Esse teste simples permitiu a Lehmer terminar a lista de Mersenne e provar que o monge errou ao afirmar que $2^{257} - 1$ era primo.

Como fizeram Lucas e Lehmer para descobrir o teste para os primos de Mersenne? Essa não é uma ideia muito óbvia. O tipo de achado é bem diferente do vislumbre súbito da hipótese de Riemann ou da descoberta de Gauss sobre uma conexão entre primos e logaritmos. O teste de Lucas-Lehmer não é um padrão que surge a partir de experimentos ou de observação numérica. Eles o encontraram brincando com o significado do fato de $2^n - 1$ ser primo, revirando continuamente essa assertiva como se fosse um cubo mágico, até que as cores subitamente se encontrassem de uma nova maneira. Cada volta é como uma etapa da prova. Ao contrário dos teoremas nos quais o destino está claro desde o início, o teste de Lucas-Lehmer surgiu, em última análise, acompanhando a prova sem saber muito bem aonde levava. Lucas começou a revirar o cubo, mas Lehmer conseguiu levá-lo à forma simples atualmente utilizada.

Enquanto decifrava os códigos do Enigma alemão em Bletchley, Turing discutia com seus colegas o potencial das máquinas, como os Bombes que haviam construído, para encontrar grandes números primos. Graças ao método desenvolvido por Lucas e Lehmer, é fácil testar se os números de Mersenne são primos. O método se adequava perfeitamente à automatização por computador, mas o esforço de guerra varreu depressa as ideias de Turing para segundo plano. Após a guerra, porém, Turing e Newman puderam retornar à ideia de encontrar mais primos de Mersenne. Seria um teste perfeito para a máquina que se propunham construir no laboratório de pesquisa de Manchester. A capacidade de armazenamento da máquina era ínfima, mas o método de Lucas-Lehmer para determinar primos não utilizaria muita memória em cada estágio. Para calcular o n-ésimo número de Lucas-Lehmer, bastava que o computador se lembrasse de qual havia sido o $(n - 1)$ésimo número.

Turing não tivera sorte com os zeros de Riemann, e as coisas não melhoraram quando se concentrou nos primos de Mersenne. Seu computador de Manchester não conseguiu ultrapassar o primo recordista há 70 anos, $2^{127} - 1$. O seguinte primo de Mersenne não surgiria até $2^{521} - 1$, que se encontrava um pouco além do alcance da máquina de Turing. Por uma estranha volta do destino, foi o marido de Julia Robinson, Raphael, quem anunciou a descoberta do novo primo recorde. Ele conseguiu, de alguma forma, o manual da máquina construída por Derrick Lehmer em Los Angeles. Nessa época, Lehmer já abandonara as marchas e correntes de bicicleta da máquina que utilizara antes da guerra. Ele era agora diretor do Instituto de Análise Numérica do Escritório Nacional de Padrões, e criou uma máquina chamada Standards Western Automatic Computer (SWAC). Do conforto de seu escritório em Berkeley, sem jamais haver posto os olhos na máquina, Raphael escreveu um programa que funcionaria no SWAC, buscando primos de Mersenne. Em 30 de janeiro de 1952, o computador descobriu os primeiros números primos situados além da capacidade computacional da mente humana. Poucas horas mais tarde de estabelecer o recorde $2^{521} - 1$, o SWAC emitiu um novo grande primo, $2^{607} - 1$. Um ano depois, Raphael Robinson quebrou o próprio recorde outras três vezes. O maior número primo era agora $2^{2.281} - 1$.

A busca por grandes primos passou a ser dominada por pessoas com acesso a grandes computadores. Até meados dos anos 1990, os novos recordes foram estabelecidos pelos computadores Cray, os gigantes do mundo da informática. A Cray Reserch, fundada em 1971, explorou o fato de que um computador não precisa terminar uma operação antes de iniciar a seguinte. Essa ideia simples esteve por trás da criação de máquinas consideradas, durante décadas, as calculadoras mais rápidas do mundo. Desde os anos 1980, a máquina Cray localizada no Laboratório Lawrence Livermore, na Califórnia, sob a cuidadosa vigilância de Paul Gage e David Slowinski, estabeleceu muitos recordes e ganhou a mídia. Em 1996, foi anunciado seu sétimo primo recorde, $2^{1.257.787} - 1$, um número com 378.632 algarismos.

Entretanto, as coisas mudaram recentemente, favorecendo os competidores menores. Como na vitória de Davi sobre Golias, os recordes estão sendo conquistados por humildes computadores pessoais. E qual foi a atiradeira que lhes permitiu desafiar os computadores Cray? A internet. Com a força combinada de inúmeros computadores pequenos trabalhando em rede, essa colônia de máquinas ganhou força para procurar grandes primos. Essa não foi a primeira vez a se usar a internet para que o amador fizesse ciência de verdade. A astronomia foi muito beneficiada quando instituiu a milhares de astrônomos amadores seu pequeno pedaço de céu noturno para explorar; a internet forneceu a rede para coordenar esse esforço astronômico. Inspirado no êxito dos astrônomos, um programador norte-americano, George Woltman, publicou um programa na internet que, uma vez instalado, atribui a cada computador uma parte ínfima do universo interminável de números. Em vez de dirigir seus telescópios ao céu noturno em busca de uma supernova, os cientistas amadores usam o tempo livre de seus computadores para sondar a galáxia de números em busca de novos primos recorde.

A busca não é isenta de perigos. Um dos recrutas de Woltman trabalhava para uma companhia telefônica dos Estados Unidos, e convocou a ajuda de 2.585 computadores da empresa em busca de primos de Mersenne. A empresa suspeitou que havia algo de errado quando os computadores de Phoenix passaram a levar cinco minutos, em vez de cinco segundos, para obter números de telefone. Quando o FBI finalmente localizou a fonte da demora, o empregado admitiu: "Todo aquele poder computacional acabou sendo tentador demais para mim." A empresa telefônica demonstrou pouca empatia pelo impulso científico do empregado, e o demitiu.

A primeira descoberta de um novo primo de Mersenne por esse bando de caçadores pela internet ocorreu poucos meses depois do anúncio da Cray, em 1996. Joel Armengaud, um programador de computadores que reside em Paris, acertou na loteria com o pequeno conjunto de números que minava para o projeto de Woltman. Para a mídia, a descoberta ocorreu muito pouco tempo após a anterior. Quando contatei o *Times* perguntando-lhes sobre o último grande primo, disseram-me que só contariam essa história uma vez a cada dois anos. Slowinski e Gage, os gêmeos Cray, haviam conseguido nivelar a oferta e a demanda com descobertas feitas aproximadamente a cada dois anos desde 1979.

Mas não se tratou apenas de descobrir novos primos – essas descobertas marcaram um ponto de mudança no papel do computador na busca por primos, algo que a revista *Wired*, dedicada à internet, não deixou passar despercebido. A revista publicou um artigo sobre o que é atualmente conhecido por *Great internet Mersenne Prime Search*, ou Gimps. Woltman já conseguiu envolver mais de 200 mil computadores de todo o mundo, criando assim, na prática, uma gigantesca máquina de processamento paralelo. Isso não significa que os figurões que possuem Crays estejam fora do páreo. Eles agora são parceiros equivalentes, verificando as descobertas dos pequeninos.

Em 2002, a busca por primos de Mersenne já tivera cinco felizes vencedores. A descoberta de Paris foi seguida por uma na Inglaterra e uma terceira na Califórnia. Porém, a sorte grande foi tirada por Nayan Hajratwala, de Plymouth, Michigan, em junho de 1999. Seu primo, $2^{6.972.593} - 1$, contém 2.098.960 algarismos e foi o primeiro a ultrapassar o marco de um milhão de dígitos. Além da conquista simbólica, a descoberta lhe valeu um prêmio em dinheiro de 50 mil dólares, concedido pela Electronic Frontier Foundation. Essa organização da Califórnia é a autoproclamada protetora das liberdades civis dos Netizens – os "cidadãos da internet", ou seus usuários. Se você ficou entusiasmado com o sucesso de Hajratwala, saiba que a Fundação ainda tem meio milhão de dólares em dinheiro para premiar as descobertas de novos grandes primos – o próximo marco a bater é o de 10 milhões de algarismos. O primo de Hajratwala foi suplantado em novembro de 2001 pelo estudante canadense Michael Cameron, que usou seu PC para provar que $2^{13.466.917} - 1$, um número com mais de 4 milhões de algarismos, era primo. Os matemáticos acreditam que existam infinitos desses primos especiais de Mersenne ainda por descobrir.

O computador – a morte da matemática?

Se o computador consegue contar melhor que nós, ele não tornará o matemático desnecessário? Felizmente, não. Em vez de marcar o fim da matemática, esse fato ressalta a verdadeira diferença entre o matemático, que é um artista criativo, e o computador, uma calculadora maçante. O computador é certamente um aliado novo e poderoso na navegação do mundo matemático, e um robusto xerpa em nossa escalada ao monte Riemann, mas nunca poderá substituir o matemático. Embora o computador possa suplantar o matemático em qualquer cálculo finito, não tem a imaginação (até agora) para abarcar uma imagem infinita e desmascarar a estrutura e os padrões subjacentes à matemática.

Por exemplo, a busca computadorizada por grandes primos melhora de alguma forma nosso entendimento sobre eles? Podemos conseguir cantar notas cada vez mais agudas, mas a música permanece oculta. Euclides já nos assegurou que sempre haverá primos maiores por encontrar. Não se sabe, porém, se sempre encontraremos primos entre os números especiais de Mersenne. O trigésimo nono primo de Mersenne, descoberto por Michael Cameron, talvez tenha sido o último. Quando falei com Paul Erdös, ele classificou a tarefa de provar que existem infinitos primos de Mersenne como um dos maiores problemas não resolvidos da teoria dos números. Geralmente, acredita-se que existam infinitas escolhas de n que tornam $2^n - 1$ primo, mas é muito pouco provável que um computador seja capaz de demonstrar esse fato.

Isso não quer dizer que os computadores não possam provar coisas. Dada uma série de axiomas e regras de dedução, podemos programar um computador para que emita teoremas matemáticos. O problema é que, assim como um macaco na frente de uma máquina de escrever, o computador não conseguirá distinguir teoremas gaussianos de somas da escola primária. O matemático desenvolveu as faculdades críticas para diferenciar os teoremas importantes dos irrelevantes. A sensibilidade estética da mente matemática está ajustada para apreciar as provas que representam belas composições e evitar provas feias. Embora a prova feia tenha a mesma validade, a elegância sempre foi reconhecida como um critério importante no mapeamento do melhor caminho pelo mundo matemático.

O primeiro uso bem-sucedido do computador na prova de um teorema esteve relacionado a um desafio chamado de problema das quatro cores, inicialmente uma curiosidade de amadores. A questão trata de algo que todos provavelmente descobrimos quando crianças: se quisermos colorir um mapa de modo que países vizinhos nunca tenham a mesma cor, sempre conseguimos fazê-lo usando apenas quatro cores. Por mais criativas que sejam nossas reconstruções das fronteiras nacionais, o mapa da Europa nunca parece precisar de mais cores. As atuais fronteiras da França, Alemanha, Bélgica e Luxemburgo provam que precisamos de no mínimo quatro cores:

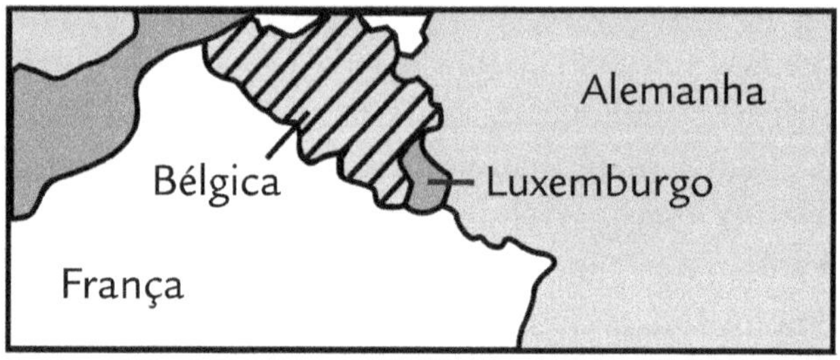

São necessárias no mínimo quatro cores para colorir este mapa, de modo que países vizinhos não compartilhem a mesma cor

Mas você conseguiria provar que quatro cores são suficientes para qualquer mapa?

A questão foi lançada pela primeira vez em 1852, quando um estudante de direito, Francis Guthrie, escreveu a seu irmão, um matemático de University College, em Londres, perguntando-lhe se alguém já havia provado que quatro cores sempre seriam suficientes. É verdade que, na época, poucas pessoas consideravam essa questão importante. Diversos matemáticos menores tentaram fornecer uma prova a Guthrie. Porém, como a prova continuava obscura, o problema foi se elevando gradualmente na escala de habilidade matemática. Até Hermann Minkowski, o melhor amigo de Hilbert em Göttingen, foi instigado pela questão. O problema das quatro cores surgiu durante um curso promovido por Minkowski. "Este teorema ainda não foi provado, mas somente matemáticos de terceira categoria se ocuparam com ele", anunciou. "Acredito poder prová-lo." Minkowski passou muitas aulas remexendo ideias no quadro-negro. Certa manhã, ao entrar na sala de aula, ouviu-se um trovão. "Os céus estão enfurecidos com minha arrogância", concluiu. "Minha prova não funciona."

Quanto mais pessoas tentavam e falhavam, mais o problema crescia em estatura, em especial por ser apresentado de forma tão simples. Todas as tentativas de prová-lo falharam até 1976, mais de 100 anos depois da carta de Guthrie ao irmão. Dois matemáticos, Kenneth Appel e Wolfgang Haken, da Universidade de Illinois, demonstraram que em vez da tarefa infactível de colorir a infinidade de mapas possíveis, o problema poderia ser reduzido à análise de 1.500 mapas básicos diferentes. Foi uma descoberta crucial. Era como descobrir uma tabela periódica cartográfica de mapas elementares, a partir dos quais poderiam ser gerados todos os demais. Mas para verificar à mão cada um desses mapas "atômicos", mesmo que houvessem começado já em 1976, Appel e Haken os estariam colorindo até hoje. Em vez disso, pela primeira vez foi usado um computador para completar a prova. Foram necessárias 1.200 horas de computação, mas finalmente obteve-se a resposta de que sim, todos os mapas podiam ser coloridos com quatro cores. A engenhosidade humana de provar que só era necessário considerar esses 1.500 mapas básicos para entender todos os demais, associada à força bruta do computador, confirmou o que Guthrie conjecturou em 1852: nenhum mapa precisa de mais de quatro cores.

Saber que o teorema das quatro cores é verdadeiro não tem qualquer utilidade prática. Não houve um suspiro coletivo de alívio entre cartógrafos ao ouvirem a notícia de que não precisariam sair para comprar um quinto frasco de tinta. Os matemáticos não esperavam ansiosamente a confirmação do resultado para poderem explorar questões além desse problema. O que havia do outro lado da solução simplesmente não instigava muita investigação. Não era a hipótese de Riemann, com milhares de resultados dependentes de sua prova. O problema das quatro cores foi significativo por ilustrar que ainda não compreendíamos o espaço bidimensional o suficiente como para solucioná-lo. Enquanto permanecia sem solução, incitava os matemáticos a buscar uma compreensão mais profunda sobre o espaço ao nosso redor. É por isso que a prova de Appel e Haken foi insatisfatória para muitos. O computador nos forneceu uma resposta que não aprofundava nossa compreensão.

Houve um debate caloroso para saber se a prova de Appel e Haken para o problema das quatro cores, com o auxílio do computador, abarcava o verdadeiro espírito de uma "prova". Muitos se sentiram desconcertados com a participação do computador, embora quase todos soubessem que essa prova tinha maior possibilidade de estar certa que grande parte das provas feitas por pessoas. As provas não deveriam gerar novos entendimentos? "Uma prova matemática deveria se assemelhar a uma constelação simples e delineada, e não a uma Via Láctea espalhada", gostava de declarar Hardy. A prova computadorizada do problema das quatro cores recorreu ao mapeamento trabalhoso do caos celeste, em vez de oferecer um entendimento profundo sobre o motivo pelo qual o céu tem esse aspecto.

A prova auxiliada pelo computador ressaltou que o prazer da matemática não advém apenas do resultado final. Não lemos histórias de suspense matemático somente para descobrir quem era o culpado. O prazer surge ao vermos como as sinuosidades da trama se desdobram, preparando o momento da revelação. A prova de Appel e Haken para o problema das quatro cores nos privou da sensação de "Ah! Agora entendo!", que buscamos ao ler textos matemáticos. Gostamos de participar do momento de "eureca" que o criador da prova sentiu ao descobri-la. Ainda haverá décadas de debates sobre a possibilidade de os computadores sentirem emoções, mas a prova do problema das quatro cores certamente nos privou da oportunidade de compartilhar qualquer exultação que o computador possa ter sentido.

Sensibilidades estéticas à parte, o computador continuou servindo à comunidade matemática na prova de teoremas. Sempre que um problema é reduzido à verificação de um número finito de coisas, o computador pode ajudar, e costuma fazê-lo. Assim, o computador poderá nos ajudar em nossa ascensão até a hipótese de Riemann? Ao final da Segunda Guerra Mundial, na época em que Hardy morreu, suspeitava-se que a hipótese de Riemann poderia ser falsa. Como Turing percebeu, se for falsa, um computador poderá ajudar. As máquinas podem ser programadas para buscar zeros, até encontrarem algum fora da linha. Mas se a hipótese for verdadeira, o computador será inútil na tentativa de provar que esse número infinito de zeros se localiza exatamente sobre a linha. O melhor que pode fazer é fornecer cada vez mais evidências para dar apoio a nossa fé no palpite de Riemann.

O computador também satisfez outra necessidade. Após a morte de Hardy, os matemáticos chegaram a uma espécie de impasse. Os avanços teóricos sobre a hipótese de Riemann se esgotaram. Parecia que, usando todas as técnicas disponíveis, Hardy, Littlewood e Selberg haviam obtido os melhores resultados possíveis sobre a localização dos pontos no nível do mar na paisagem de Riemann. Eles haviam extraído dessas técnicas tudo o que poderiam nos fornecer. A maior parte dos matemáticos concordava em que eram necessárias novas ideias para que conseguíssemos nos aproximar de uma prova da hipótese de Riemann. Na ausência de novas ideias, o computador deu a impressão de avanço. Mas foi apenas uma impressão — a participação do computador encobria a notável falta de progresso em relação à hipótese de Riemann. A computação se tornou um substituto para o pensamento, uma distração para a mente, convencendo-nos de que estávamos fazendo algo de importante, quando na verdade estávamos parados frente a um muro intransponível.

Zagier, o mosqueteiro matemático

A fórmula secreta descoberta por Siegel em 1932, perdida entre as anotações não publicadas de Riemann, permitia calcular com precisão e eficácia a localização dos zeros da paisagem de Riemann. Turing tentou acelerar o cálculo usando seu complexo sistema de engrenagens, mas foram necessárias máquinas mais modernas para efetivar o potencial pleno da fórmula. Uma vez programada em um computador, a fórmula permitiu a exploração de regiões antes inimagináveis na paisagem zeta. Nos anos 1960, quando a humanidade começava a explorar o Universo distante com naves espaciais não tripuladas, os matemáticos passaram a enviar computadores para calcular as regiões mais remotas da paisagem de Riemann.

Quanto mais ao norte os matemáticos seguiam em busca de zeros, mais observações recolhiam. Mas para que serviriam essas observações? Quantos zeros teríamos de encontrar sobre a linha até podermos confiar na validade da hipótese de Riemann? O problema era que, como Littlewood havia provado, na matemática, as observações experimentais raramente nos permitem ter qualquer certeza. É por isso que muitos descartam o uso do computador como um instrumento útil para explorar a hipótese de Riemann. Entretanto, uma surpresa oculta começaria a convencer até os mais céticos de que havia uma boa probabilidade de que a hipótese de Riemann fosse verdadeira.

No início da década de 1970, um matemático se situava à frente desse pequeno bando de céticos. Don Zagier é uma das pessoas mais enérgicas do atual circuito matemático, uma figura marcante que caminha pelos corredores do Instituto Max Planck de Matemática de Bonn, a resposta alemã ao Instituto de Estudos Avançados de Princeton. Como um mosqueteiro matemático, Zagier brande seu intelecto afiado, pronto para abater qualquer problema que cruze seu caminho. Seu entusiasmo e energia frente à matemática são como um arrebatador furacão de ideias, apresentadas em uma voz exaltada e a uma velocidade estonteante. Ele aborda os assuntos ludicamente, e tem sempre à mão um quebra-cabeça matemático para temperar o almoço no Instituto de Bonn.

Zagier ficava exasperado com o anseio de algumas pessoas em acreditar na hipótese de Riemann com base em questões puramente estéticas, ignorando a escassez de verdadeiras evidências que a corroborassem. A fé na hipótese se baseava provavelmente em pouco mais que uma reverência pela simplicidade e beleza da matemática. Um zero fora da linha seria uma

Don Zagier, professor do Instituto de Matemática Max Planck, em Bonn

mancha nessa bela paisagem. Cada zero contribuía com uma nota para a música dos números primos. Enrico Bombieri expressou da seguinte maneira o significado de uma eventual refutação da hipótese de Riemann: "Suponha que você vai a um concerto e assiste aos músicos que tocam juntos, de forma muito harmoniosa. Então, de repente, surge uma grande tuba, tocando uma nota muito alta que abate todo o resto." A beleza do mundo matemático é tão abundante que não conseguimos – não ousamos – acreditar que a natureza escolheria um universo discordante no qual a hipótese de Riemann fosse falsa.

Enquanto Zagier era o principal cético da época, Bombieri representava o crente arquetípico na hipótese de Riemann. No início dos anos 1970, Bombieri ainda não havia se mudado para o Instituto de Princeton, trabalhando como professor em sua Itália natal. Segundo a explicação de Zagier, "para Bombieri, a validade da hipótese de Riemann é uma questão de fé absoluta. Ele acredita religiosamente em sua verdade – caso contrário, o mundo inteiro estaria errado". Bombieri explica: "Quando eu estava por terminar o colégio, estudei muitos filósofos medievais. Um deles, Guilherme de Ockham, sugeria a ideia de que quando temos que escolher entre duas explicações, devemos sempre optar pela mais simples. Esse princípio, conhecido como a navalha de Ockham, elimina o mais difícil e escolhe o simples." Para Bombieri, um zero fora da linha seria como um instrumento de orquestra "que abate todo o resto – uma situação esteticamente desagradável. Como seguidor de Guilherme de Ockham, eu rejeito essa conclusão, portanto aceito a verdade da hipótese de Riemann".

Os ânimos se acirraram quando Bombieri visitou o Instituto de Bonn, e uma discussão à mesa chegou até a hipótese de Riemann. Zagier, o eterno aventureiro matemático, teve a chance de desafiar Bombieri para um duelo: "Eu lhe disse, durante o chá, que ainda não havia indícios suficientes para me convencer. Portanto, estava disposto a fazer uma aposta em dinheiro contra ela, de igual para igual. Eu não achava que fosse necessariamente falsa, mas estava disposto a bancar o advogado do diabo."

Bombieri respondeu: "Bem, é claro que estou disposto a aceitar essa aposta", e Zagier percebeu que fora tolo em oferecer uma aposta de igual para igual – Bombieri tinha tanta fé que aceitaria uma aposta de um bilhão para um. Então, concordaram quanto ao valor da aposta: duas garrafas de um Bordeaux muito bom, escolhido pelo vencedor.

"Queríamos que a aposta fosse decidida enquanto ainda estivéssemos vivos", explica Zagier. "Porém, havia uma boa chance de que ainda não estivesse decidida quando fôssemos para o túmulo. Não queríamos determinar um limite de tempo, de modo que a aposta caducasse após dez anos. Isso parecia uma tolice. O que têm a ver dez anos com a hipótese de Riemann? Queríamos algo mais matemático."

Assim, Zagier fez uma proposta. Embora a máquina de Turing houvesse parado de funcionar após calcular os primeiros 1.104 zeros, Derrick Lehmer foi mais bem-sucedido em 1956. Suas máquinas na Califórnia verificaram que os primeiros 25.000 zeros estavam sobre a linha. No início dos anos 1970, um famoso cálculo confirmou que os primeiros três milhões e meio de zeros estavam realmente sobre a linha. A prova foi um feito fantástico que explorou técnicas teóricas brilhantes, impelindo os cálculos até os limites absolutos da tecnologia de computação disponível na época. Segundo a explicação de Zagier:

> Então eu disse: tudo bem, até agora já foram computados três milhões de zeros, mas ainda não estou convencido, apesar de que a maior parte das pessoas diria *o que é que você quer, ... meu Deus, três milhões de zeros.* Quase todos diriam *o que vai mudar, qual é a diferença, três milhões, ... três trilhões.* É isso o que estou tentando

> te dizer. Não é esse o caso. Com três milhões eu ainda não estava convencido. Queria ter feito a aposta um pouco antes, porque já estava começando a me convencer. Eu queria ter feito a aposta aos 200 mil, porque nesse ponto não havia absolutamente nenhum motivo para acreditar na hipótese de Riemann. Na verdade, quando você analisa os dados aos 200 mil zeros, são totalmente inúteis. Essencialmente não tinha nenhum indício. Três milhões está começando a ficar interessante.

Mas Zagier reconheceu que 300 milhões de zeros representavam um divisor de águas importante. Havia razões teóricas pelas quais os primeiros milhares de zeros tinham de estar sobre a linha mística de Riemann. Porém, ao avançarmos mais ao norte, as razões por que os primeiros zeros deveriam estar sobre a linha começavam a ser contrabalançadas por outras, ainda mais fortes, segundo as quais os zeros deveriam começar a se desviar da linha. Zagier percebeu que, após 300 milhões de zeros, seria um milagre se os zeros não fossem empurrados para fora da linha.

Zagier baseou sua análise em um gráfico que registrava o comportamento do gradiente nas colinas e vales ao longo da linha crítica de Riemann. O gráfico de Zagier representava uma nova perspectiva a partir da qual era possível observar a seção transversal da paisagem de Riemann ao longo da linha crítica. Esse gráfico era interessante por facilitar uma nova interpretação da hipótese de Riemann. Se o gráfico cruzar em algum momento a linha crítica de Riemann, deverá haver um zero fora da linha nessa região, tornando a hipótese falsa. No início, o gráfico não está sequer próximo à linha crítica, e de fato se afasta dela. Porém, à medida que seguimos cada vez mais ao norte, o gráfico começa a descer, aproximando-se da linha crítica. De vez em quando o gráfico de Zagier tenta irromper pela linha crítica, mas a figura da página seguinte ilustra que algo parece impedi-lo de cruzá-la.

Assim, quanto mais ao norte, parece mais provável que o gráfico possa cruzar a linha crítica. Zagier sabia que a primeira fraqueza verdadeira ocorria aproximadamente após 300 milhões de zeros. Essa região da linha crítica seria o verdadeiro teste. Após chegarmos a um ponto tão ao norte, se o gráfico ainda não houvesse cruzado a linha crítica, deveria realmente haver um motivo para isso. E esse motivo, segundo o raciocínio de Zagier, seria o fato de que a hipótese de Riemann era verdadeira. É por isso que Zagier determinou o limite de 300 milhões de zeros para a aposta. Bombieri venceria a aposta se fosse encontrada uma prova ou se fossem calculados 300 milhões de zeros sem que fosse encontrado nenhum contraexemplo.

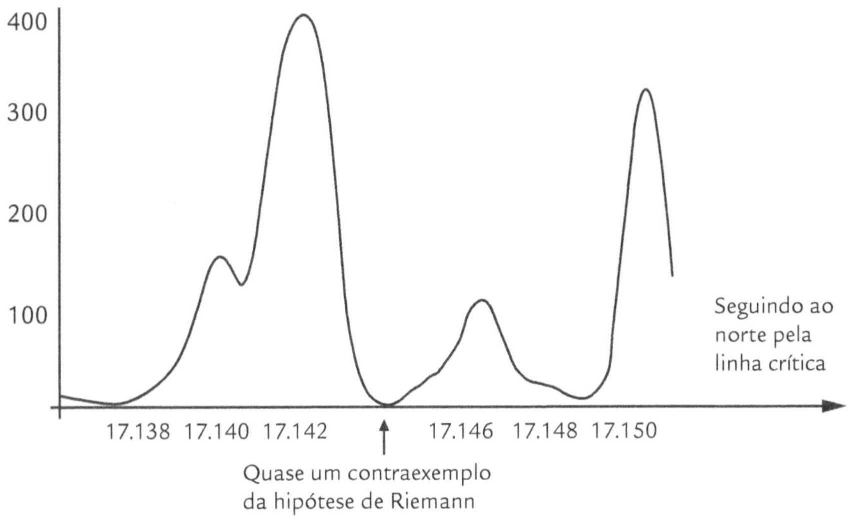

Gráfico auxiliar de Zagier – a hipótese de Riemann será falsa se o gráfico cruzar o eixo horizontal

Zagier sabia que os computadores dos anos 1970 ainda não tinham potência suficiente para explorar essa região da linha crítica de Riemann. Os computadores já haviam conseguido calcular três milhões e meio de zeros. Zagier estimou, considerando o crescimento da tecnologia de informática da época, que poderiam passar até 30 anos até que fossem calculados 300 milhões de zeros. Mas ele não contava com a revolução informática que estava prestes a acontecer.

Durante cinco anos, nada ocorreu. Os computadores se tornaram lentamente mais potentes, mas o trabalho para computar o dobro de zeros ou, pior ainda, 100 vezes mais zeros, era tão grande que ninguém se dispunha a fazê-lo. Afinal, nessa questão não fazia sentido gastar uma enorme quantidade de energia apenas para duplicar a quantidade de observações. Mas então, cinco anos depois, os computadores se tornaram subitamente muito mais rápidos, e duas equipes empreenderam o desafio de explorar essa nova potência para calcular mais zeros. Uma equipe trabalhava em Amsterdam, dirigida por Herman te Riele, e a outra na Austrália, liderada por Richard Brent.

Brent foi o primeiro a anunciar, em 1978, que os primeiros 75 milhões estavam precisamente sobre a linha. Então, a equipe de Amsterdam uniu suas forças às de Brent, e após um ano de trabalho produziram um grande artigo, escrito cuidadosamente e muito bem apresentado, com cada coisa em seu lugar. E eles haviam calculado... 200 milhões! Zagier brinca:

> Respirei aliviado, porque era um projeto muito grande. Graças a Deus, tive a sorte de que eles parassem aos 200 milhões. Eles obviamente poderiam ter seguido até os 300 milhões, mas graças a Deus não o fizeram. Eu teria agora uma trégua de muitos anos. Eles não seguiriam em frente só por mais 50%. As pessoas iriam esperar até conseguirem chegar a um bilhão. Portanto, passariam muitos anos. Infelizmente, eu não contava com meu grande amigo Hendrik Lenstra, que sabia da aposta e estava em Amsterdam.

Lenstra conversou com Te Riele e perguntou: "Por que vocês pararam aos 200 milhões? Se forem até 300 milhões, Don Zagier vai perder uma aposta." Então, a equipe seguiu até os 300 milhões. Naturalmente, não encontraram nenhum zero fora da linha, portanto Zagier teve que pagar. Assim, levou as duas garrafas a Bombieri, que dividiu a primeira com ele. Zagier gosta de lembrar que provavelmente foi a garrafa mais cara que já bebeu, porque

> ... 200 milhões não tinham nenhuma relação com minha aposta. Eles haviam feito aquilo independentemente. Mas os últimos cem milhões só foram computados na época porque ficaram sabendo da aposta. Foram necessárias milhares de horas de processamento para calcular os 100 milhões adicionais. O custo de uma hora de CPU, na época, era de 700 dólares. Como eles os computaram apenas para que eu perdesse a aposta e tivesse que pagar as duas garrafas de vinho, eu digo que essas garrafas custaram 350 mil dólares cada – e isso é muito mais que a mais cara garrafa de vinho já vendida num leilão.

Porém, para Zagier, o mais importante era que as evidências agora davam um suporte avassalador à hipótese. O computador, como ferramenta de cálculo, era finalmente potente o necessário para navegar tão ao norte da paisagem zeta de Riemann como para testar qualquer possibilidade de se encontrar um contraexemplo. Apesar das diversas tentativas do gráfico auxiliar de Zagier de irromper pela linha crítica de Riemann, estava claro que alguma coisa funcionava como uma força repulsiva que o impedia de cruzar a linha. E qual era a razão? A hipótese de Riemann.

"É isso o que me faz acreditar tão firmemente na hipótese de Riemann", admite agora Zagier. Ele compara o papel do computador ao de um acelerador de partículas usado para dar apoio à física teórica. Os físicos possuem agora um modelo da constituição da matéria, mas para testar esse modelo é necessária energia suficiente para decompor o átomo. Para Zagier, 300 milhões de zeros eram, finalmente, energia suficiente para testar se a hipótese de Riemann teria uma boa chance de ser verdadeira.

> Acredito que, com isto, tenhamos evidências 100% convincentes de que há alguma coisa impedindo o gráfico de cruzar, e não consigo imaginar outro fator responsável por isso além do fato de que a hipótese de Riemann seja realmente verdadeira. E agora acredito tão firmemente na hipótese de Riemann quanto Bombieri, não *a priori*, por ser uma coisa tão bela e elegante, ou devido à existência de Deus, mas graças a essas evidências.

Um dos membros da equipe de Te Riele em Amsterdam, Jan van de Lune, já está aposentado. No entanto, os matemáticos nunca perdem totalmente o interesse pela matemática, mesmo após abandonarem seus trabalhos. Usando o programa que a equipe havia explorado décadas antes, ele já confirmou, usando os três PCs que tem em casa, que os primeiros 6,3 bilhões de zeros obedecem à hipótese de Riemann. Por mais que os computadores continuem calculando, não há nenhuma chance de que encontrem uma prova dessa maneira. Porém, se houver um zero fora da linha, o computador certamente terá o potencial de expor a hipótese de Riemann como pura fantasia.

É aí que o computador encontra sua verdadeira utilidade – como um destruidor de conjecturas. Na década de 1980, os cálculos de zeros foram usados para derrubar um parente próximo da hipótese de Riemann, conhecido como a conjectura de Mertens. Porém, os cálculos não foram feitos no conforto de um departamento de matemática. Ao contrário, o interesse se voltou para cálculos de zeros vindos de uma fonte bastante inesperada: a companhia telefônica AT&T.

Odlyzko, o maestro dos cálculos em Nova Jersey

No coração de Nova Jersey, próximo à pacata cidade de Florham Park, uma fonte inesperada de talentos matemáticos se desenvolve sob o resguardo comercial dos laboratórios de pesquisa da AT&T. Ao entrar nesse edifício podemos nos confundir, acreditando estar no departamento de matemática de uma universidade. Mas essa é a casa de uma grande empresa de telecomunicações. A origem do laboratório data dos anos 1920, quando foram criados os AT&T Bell Labs. Turing passou algum tempo no Laboratório

Bell de Nova York durante a guerra, envolvido em um projeto para criar um sistema de criptografia de voz que permitisse que Washington e Londres se comunicassem por telefone com segurança. Turing dizia que seus tempos no Laboratório Bell haviam sido mais interessantes que Princeton, mas talvez isso se devesse à vida noturna do Village, em Manhattan. Erdös visitava frequentemente a unidade de Nova Jersey em suas peregrinações matemáticas.

Com a explosão tecnológica da indústria de telecomunicações nos anos 1960, ficou claro que, para continuar na liderança, a AT&T precisaria de conhecimentos matemáticos cada vez mais sofisticados. Após a rápida expansão das universidades durante essa década, os anos 1970 contrastaram por serem anos de escassez para os matemáticos que buscavam empregos acadêmicos. Ao expandir suas instalações de pesquisa, a AT&T conseguiu atrair parte desse excesso. Embora, em última análise, a esperança fosse de que a pesquisa rendesse inovações tecnológicas, também permitiu-se aos matemáticos que continuassem seguindo suas paixões matemáticas. Parece altruísta, mas na verdade foi um bom negócio: o monopólio que a AT&T detinha nos anos 1970 fez com que fossem impostas certas restrições sobre o modo como a empresa gastava seus lucros. Investir no laboratório de pesquisa foi uma maneira inteligente encontrada para absorver parte dos lucros.

Independentemente das razões por trás da jogada da AT&T, a matemática tem muito a agradecer. Alguns dos mais interessantes avanços teóricos se originaram de ideias que partiram de seu laboratório. É uma mistura fascinante entre a academia e o mundo ríspido dos negócios. Ao visitar o laboratório para falar com seus matemáticos, presenciei imediatamente essa mistura. Frente à tarefa de maximizar as ofertas da AT&T em um leilão de bandas de telefone celular, diversos matemáticos apresentavam, durante um almoço de negócios, um modelo teórico que forneceria à empresa a melhor estratégia para negociar o complexo processo de ofertas. Para os matemáticos, poderia ser uma estratégia para vencer um jogo de xadrez, e não para gastar milhões de dólares da empresa. Mas as duas tinham muito em comum.

Até 2001, o chefe do laboratório de pesquisa era Andrew Odlyzko. Natural da Polônia, Odlyzko ainda conserva um sotaque do Leste Europeu, forte porém agradável. O tempo que passou no setor comercial o transformou em um excelente comunicador de ideias matemáticas difíceis. Sua atitude comprometida e acolhedora estimula os ouvintes a acompanhá-lo em sua jornada matemática. No entanto, é muito preciso e sempre adota a postura do matemático rigoroso: nenhuma etapa deve deixar espaço para ambiguidades. O interesse de Odlyzko pela função zeta cresceu durante seu doutorado no MIT, sob a supervisão de Harold Stark. Um dos problemas que analisava exigia que conhecesse o mais precisamente possível a localização dos primeiros zeros da paisagem zeta.

Cálculos de alta precisão são exatamente o tipo de coisa que um computador faz muito melhor que um ser humano. Pouco depois de entrar para os laboratórios Bell da AT&T, Odlyzko fez sua descoberta. Em 1978, o laboratório comprou seu primeiro supercomputador – um Cray 1. Era o primeiro Cray a pertencer a uma empresa privada, e não ao governo ou a uma universidade. Como a AT&T era uma organização comercial, em que cada processo era controlado por contabilidades e orçamentos, todos os departamentos tinham de pagar pelo tempo de utilização do *mainframe*. Entretanto, passou algum tempo até que adquirissem as habilidades para programar o Cray, e no início ele foi pouco utilizado. Portanto, o setor de informática decidiu oferecer períodos grátis de cinco horas para a utilização do Cray, destinados a projetos científicos relevantes que não tivessem financiamento.

Andrew Odlyzko, chefe do laboratório de pesquisas da AT&T até 2001

Odlyzko não pôde resistir a essa oportunidade de explorar a potência do Cray. Assim, contatou as equipes de Amsterdam e da Austrália que haviam provado que os primeiros 300 milhões de zeros estavam sobre a linha. Elas teriam localizado com precisão as posições desses zeros ao longo da linha crítica de Riemann? Nenhuma das duas havia feito esse cálculo. As equipes se concentraram em provar que a coordenada leste-oeste de cada zero era $\frac{1}{2}$, conforme a previsão de Riemann. Não se preocuparam muito com a localização norte-sul exata.

Odlyzko solicitou a utilização de tempo no Cray para determinar a localização exata do primeiro milhão de zeros. A AT&T concordou, e durante décadas Odlyzko tem utilizado qualquer tempo livre disponível no computador da empresa para calcular cada vez mais zeros. Esses cálculos não são apenas um exercício de computação. Seu supervisor, Stark, aplicou o conhecimento obtido sobre a localização dos primeiros zeros para provar uma das conjecturas de Gauss sobre a fatoração de certas séries de números imaginários. Odlyzko, por outro lado, empregou a localização precisa dos primeiros 2.000 zeros para refutar uma conjectura que esteve presente no circuito matemático desde o início do século XX: a conjectura de Mertens. Para demolir essa conjectura, Odlyzko contou com o apoio de Te Riele, de Amsterdam, o matemático que fez com que Zagier perdesse a aposta ao provar que os primeiros 300 milhões de zeros estavam sobre a linha crítica. A conjectura de Mertens é muito próxima à hipótese de Riemann, e sua refutação mostrou aos matemáticos que se a hipótese de Riemann for verdadeira, será por muito pouco.

É mais fácil entender a conjectura de Mertens como uma variação do jogo de lançar a moeda dos números primos. A moeda de Mertens cai em cara na N-ésima jogada se N for formado por um número par de blocos de construção primos. Por exemplo, o resultado é cara para $N = 15$, uma vez que 15 é o produto de dois primos, 3 e 5. Se, por outro lado, N for formado por um número ímpar de primos, por exemplo $N = 105 = 3 \times 5 \times 7$, o resultado é coroa. Porém, existe uma terceira possibilidade. Se N usar algum dos blocos de construção duas vezes, o resultado é contado como um zero: 12, por exemplo, é formado por dois 2 e um 3 ($12 = 2 \times 2 \times 3$), portanto seu resultado é zero. Pense no zero como uma moeda que caiu de lado, ou fora de vista. Mertens fez uma conjectura sobre o comportamento dessa moeda à medida que N aumenta de tamanho. É muito semelhante à hipótese de Riemann, que afirma que a moeda dos números primos não é viciada. Mas a conjectura de Mertens era ligeiramente mais forte que a de Riemann na previsão dos primos. Ela previa que o erro seria ligeiramente menor do que o que esperaríamos de uma moeda honesta. Se a conjectura fosse verdadeira, a hipótese de Riemann também o seria – mas não vice-versa.

Em 1897, Mertens produziu tabelas de cálculos até $N = 10.000$ para dar apoio a sua conjectura. Nos anos 1970, as observações experimentais já haviam chegado a um bilhão. Porém, como demonstrou Littlewood, dados experimentais de alguns bilhões não são nada. Havia um ceticismo crescente quanto à possibilidade de que a conjectura de Mertens fosse realmente verdadeira. Foi necessário que Odlyzko e Te Riele calculassem precisamente os primeiros 2.000 zeros, até 100 casas decimais, para finalmente refutar a conjectura de Mertens. Além disso, como mais um aviso para os que se impressionam facilmente com observações numéricas experimentais, Odlyzko e Te Riele estimaram que, mesmo que Mertens houvesse analisado os lançamentos da moeda até 10^{30}, sua conjectura ainda pareceria ser verdadeira.

Os computadores de Odlyzko na AT&T continuaram a ajudar os matemáticos na jornada para desvendar os mistérios dos primos, mas não foi uma via de mão única – os números primos estão fazendo atualmente sua própria contribuição à era da informática, em eterna expansão. Nos anos 1970, os primos se tornaram a chave, literalmente, para garantir a privacidade da comunicação eletrônica. Hardy sempre se orgulhou da inutilidade da matemática, e especialmente da teoria dos números, para o mundo real:

> A "verdadeira" matemática dos "verdadeiros" matemáticos, a matemática de Fermat e Euler e Gauss e Abel e Riemann, é quase inteiramente "inútil" (e isto vale tanto para a matemática "aplicada" quanto para a "pura"). Não é possível justificar a vida de qualquer matemático profissional genuíno com base na "utilidade" de seu trabalho.

Hardy não poderia estar mais equivocado. A matemática de Fermat, Gauss e Riemann seria posta em uso no coração do mundo comercial. É por isso que a AT&T recrutou ainda mais matemáticos durante os anos 1980 e 1990. A segurança da aldeia eletrônica depende inteiramente de nossa compreensão sobre os números primos.

10 Decifrando números e códigos

Se Gauss estivesse vivo hoje, seria um *hacker*.
Peter Sarnak, professor da Universidade de Princeton

Em 1903, Frank Nelson Cole, professor de matemática da Universidade de Columbia, em Nova York, deu uma palestra curiosa em um encontro da Sociedade Norte-Americana de Matemática. Sem dizer uma palavra, escreveu um dos números de Mersenne em um quadro-negro e, no quadro ao lado, escreveu a multiplicação de dois números menores. No meio, colocou um sinal de "igual", e então se sentou.

$$2^{67} - 1 = 193.707.721 \times 761.838.257.287$$

A plateia ficou em pé e aplaudiu – uma efusão rara em uma sala cheia de matemáticos. Mas seria tão difícil multiplicar dois números, mesmo para matemáticos da virada do século? Na verdade, Cole havia feito o oposto. Já se sabia desde 1876 que $2^{67} - 1$, um número de Mersenne de 20 algarismos, não era primo, sendo o produto de dois números menores. Porém, ninguém sabia quais eram esses números. Cole precisou gastar as tardes de domingo durante três anos seguidos para "decifrar" os dois componentes primos desse número.

A plateia de Cole em 1903 não foi a única a apreciar o feito. Em 2000, um espetáculo teatral esotérico do circuito alternativo, chamado *O teorema das cinco meninas histéricas*, homenageou seu cálculo, fazendo com que uma das meninas decifrasse o número de Cole. Os números primos são um tema recorrente nessa peça, que trata da viagem de uma família de matemáticos para o litoral. O pai lamenta que a filha atinja a maturidade, não porque terá idade suficiente para fugir com o namorado, mas porque 17 é um número primo, enquanto 18 pode ser dividido por outros *quatro* números!

Mais de dois mil anos atrás, os gregos provaram que todos os números podem ser expressos como um produto de primos. Desde então, os matemáticos têm tido dificuldade em encontrar um método rápido e eficiente para descobrir quais foram os números primos usados para gerar outros números. Ainda não temos um correspondente matemático da espectroscopia, que diz aos químicos quais elementos da tabela periódica formam um composto químico. A descoberta de um homólogo matemático conseguiria decifrar os constituintes primos de qualquer número e renderia a seu criador muito mais que o mérito acadêmico.

Em 1903, o cálculo de Cole foi considerado uma curiosidade matemática interessante – a ovação que recebeu foi em reconhecimento a seu extraordinário trabalho braçal, e não a qualquer importância intrínseca do problema. Esse tipo de decomposição de números não é mais um passatempo de domingo à tarde; ao contrário, encontra-se no centro da moderna decifração de códigos. Os matemáticos encontraram uma maneira de conectar o difícil problema da fatoração de números aos códigos que protegem as finanças do mundo na internet. Essa tarefa aparentemente inocente é tão difícil de realizar em números de 100 algarismos que os bancos e o comércio eletrônico depositam a segurança de suas transações financeiras no tempo inviavelmente longo necessário – hoje – para encontrar os fatores primos. Ao mesmo tempo, esses novos códigos matemáticos foram usados para resolver um problema que atormentava o mundo da criptografia.

O nascimento da criptografia na internet

Desde que aprendemos a nos comunicar, tivemos a necessidade de enviar mensagens secretas. Para impedir que informações importantes caíssem nas mãos erradas, nossos ancestrais inventaram maneiras cada vez mais perspicazes de dissimular o conteúdo de uma mensagem. Um dos primeiros métodos usados para esconder mensagens foi idealizado pelo exército espartano, mais de 2.500 anos atrás. Tanto o emissor quanto o receptor da mensagem possuíam cilindros com dimensões exatamente iguais, chamados de cítalas. Para codificar uma mensagem, o emissor primeiro enrolava uma pequena faixa de pergaminho ao redor da cítala, de modo que se espiralasse pelo cilindro. Então, escrevia a mensagem sobre o pergaminho, ao longo do comprimento da cítala. Uma vez desenrolado o pergaminho, o texto ficava incompreensível. Somente ao ser novamente enrolado em um cilindro idêntico, a mensagem reaparecia. Desde então, sucessivas gerações desenvolveram métodos criptográficos cada vez mais sofisticados. O mais avançado método mecânico de codificação era a máquina Enigma, usada pelas forças alemãs durante a Segunda Guerra Mundial.

Antes de 1977, quem quisesse enviar uma mensagem secreta depararia com um problema essencial. Antes que o comunicado fosse transmitido, o emissor e o receptor teriam de se encontrar para decidir qual cifra – o método de codificação – usariam. Os generais espartanos, por exemplo, precisavam concordar sobre as dimensões da cítala. Mesmo com a máquina Enigma, produzida em série, Berlim tinha que enviar agentes para fornecer aos capitães dos barcos U e aos comandantes dos tanques os livros que descreviam as configurações da máquina para codificar as mensagens de cada dia. Naturalmente, se um inimigo pusesse as mãos no livro de códigos, o jogo terminava.

Imagine a logística de usar um sistema de criptografia como esse para fazer negócios pela internet. Antes que pudéssemos enviar nossos dados bancários com segurança, teríamos de receber cartas confidenciais da empresa que organiza cada página virtual em que quiséssemos fazer compras, dizendo-nos como codificar os detalhes. Dado o enorme tráfego da internet, haveria uma grande chance de que muitas dessas cartas fossem interceptadas. Tornou-se necessário desenvolver um sistema de criptografia adequado para a era emergente de rápida comunicação global. Assim como ocorreu em Bletchley Park na decifração do Enigma durante a guerra, os matemáticos seriam outra vez os responsáveis pelo invento de uma nova geração de códigos que tirariam a criptografia dos romances de espionagem e a levariam para a aldeia global. Esses códigos matemáticos foram a base para a criação do que é chamado de *criptografia de chave pública.*

Pense em codificação e decodificação como algo parecido a trancar e destrancar uma porta. Em uma porta comum, a mesma chave é usada tanto para abri-la como para fechá-la. Na máquina Enigma, as configurações usadas para codificar uma mensagem eram as mesmas que aquelas para decodificá-la. A configuração – chamada de *chave* – deve ser mantida secreta. Quanto maior a distância entre o receptor e o emissor, mais difícil se torna o trabalho logístico de enviar a chave usada para trancar e destrancar a mensagem. Suponha que um espião-chefe queira receber relatórios confidenciais de diversos agentes de campo, mas não queira que eles consigam ler as mensagens uns dos outros. Seria necessário fornecer chaves diferentes a cada agente. Agora, substitua alguns poucos agentes por milhões de ávidos consumidores na internet. Uma operação nessa escala, embora não impossível, seria um pesadelo logístico. Em primeiro lugar, um cliente que visitasse uma página virtual não poderia fazer um pedido imediatamente, pois teria de esperar pela entrega de uma chave de codificação segura. A aldeia global seria na verdade uma sala de espera global.

O sistema de criptografia de chave pública é como uma porta com duas chaves diferentes: a chave *A* tranca a porta, mas uma chave diferente, *B*, a destranca. Então, não é mais necessário manter qualquer confidencialidade em relação à chave *A*. Distribuir cópias dela não compromete a segurança. Agora, imagine que essa porta guarda a entrada da seção segura da página virtual de uma empresa. A empresa pode distribuir livremente a chave *A* para qualquer visitante da página que queira enviar uma mensagem segura, como o número de um cartão de crédito. Embora todos usem a mesma chave para codificar seus dados – trancando a porta e protegendo o segredo –, ninguém consegue ler as mensagens codificadas dos demais. Na verdade, uma vez codificados os dados, os clientes não conseguem mais lê-los, mesmo que sejam os seus próprios. Somente a empresa que administra a página virtual possui a chave *B*, usada para destrancar a porta e ler os números dos cartões de crédito.

A criptografia de chave pública foi proposta inicialmente em 1976, em um artigo seminal escrito por dois matemáticos da Universidade de Stanford, na Califórnia, Whit Diffie e Martin Hellman. A dupla desencadeou o surgimento de uma contracultura do mundo criptográfico, que passaria a desafiar o monopólio das agências governamentais sobre a criptografia. Diffie, em especial, era o típico filho dos anos 1960, com cabelos longos e uma atitude rebelde. Os dois apoiavam a ideia de que a criptografia não deveria ser um assunto discutido apenas entre portas fechadas no governo, mas que suas ideias deviam se tornar públicas para beneficiar a todos. Muito depois, soube-se que um sistema como esse fora proposto por diversas agências governamentais, mas em vez de ser anunciada em uma publicação, a proposta foi marcada como confidencial e escondida.

O artigo do grupo de Stanford, chamado "Novos caminhos na criptografia", prenunciou uma nova era da codificação e da segurança eletrônica. A criptografia de chave pública, com suas duas chaves, parecia excelente em teoria. Mas seria possível colocá-la em prática e criar um código que funcionasse dessa maneira? Após muitos anos de tentativas, alguns criptógrafos começaram a duvidar de que fosse possível criar esse sistema de chaves. Temia-se que o modelo acadêmico não conseguisse se sustentar no mundo real da espionagem.

RSA, o trio do MIT

Uma das muitas pessoas inspiradas pelo artigo de Diffie e Hellman foi Ron Rivest, do Instituto de Tecnologia de Massachusetts (MIT). Ao contrário do estilo rebelde de Diffie e Hellman, Rivest é um homem que se atém às convenções. É reservado e fala suavemente, respondendo de maneira comedida às demandas do mundo ao seu redor. Na época em que leu o artigo "Novos caminhos na criptografia", sua ambição era se tornar parte do corpo acadêmico. Rivest sonhava com o magistério e com teoremas, e não com espiões e códigos. Ele não fazia ideia de que ao ler esse artigo seria lançado em uma jornada que o levaria a um dos sistemas criptográficos mais poderosos e comercialmente bem-sucedidos já criados.

Rivest entrara para o departamento de ciência da computação do MIT em 1974, após fazer pesquisa em Stanford e Paris. Como Turing, interessava-se pela interação entre a teoria abstrata e máquinas reais. Em Stanford, passara algum tempo criando robôs inteligentes, mas sua mente voltava-se para o lado mais teórico da ciência da computação.

Na época de Turing, a principal pergunta da computação, inspirada pelo segundo e o décimo problemas de Hilbert, era saber se, em teoria, existiam programas para resolver certos tipos de problemas. Turing demonstrou que nenhum programa poderia decidir quais verdades matemáticas teriam provas ou não. Na década de 1970, uma questão teórica diferente agitava o mundo da ciência da computação. Suponha que de fato exista um programa para resolver um problema matemático específico. Seria possível calcular o tempo que o programa levaria para resolver o problema? Essa era uma questão obviamente importante caso se desejasse implementar o programa. Exigia uma análise altamente teórica, mas ainda assim enraizada no mundo real. Essa combinação representava o desafio perfeito para Rivest. Ele abandonou seus robôs em Stanford e se mudou para o MIT, para pesquisar o tema emergente da complexidade computacional.

"Certo dia, um estudante de pós-graduação me passou um artigo e disse: 'Isto aqui pode lhe interessar'", relembra Rivest. Era o artigo de Diffie e Hellman, que o fascinou imediatamente. "Ele delineava uma visão ampla do que era a criptografia e do que se poderia tornar. Bastava vislumbrar uma ideia." O artigo reunia todos os interesses de Rivest: computação, lógica e matemática. Era um problema com claras implicações práticas no mundo real, mas que também tinha ligações diretas com as preocupações teóricas que tanto ocupavam o pensamento de Rivest. "O que nos preocupa na criptografia é distinguir os problemas simples dos complicados", explica. "Essa era a questão essencial da ciência da computação." Para que não fosse fácil quebrar um determinado código, ele teria de se basear em um problema matemático cuja solução fosse difícil de calcular.

Rivest se dedicou a criar um sistema de criptografia de chave pública explorando todo tipo de problema que os computadores sabidamente levariam um longo tempo para resolver. Ele também precisava de alguém para testar suas ideias. O MIT já começava a romper os moldes das universidades tradicionais, afrouxando as fronteiras entre os departamentos na esperança de incentivar as interações disciplinares. Rivest, um cientista da computação, trabalhava no mesmo pavimento que integrantes do departamento de matemática. Em escritórios próximos havia dois matemáticos, Leonard Adleman e Adi Shamir.

Embora mais sociável que Rivest, Adleman era um estudioso clássico, com ideias loucas e maravilhosas sobre coisas que não pareciam ter muita relação com a realidade. Adleman se lembra quando entrou no escritório de Rivest certa manhã: "Ron estava lá, sentado, com um artigo. 'Você viu este negócio de Stanford sobre cripto, código secreto, codificação, blablablá.' ... Minha reação foi: 'Isso é ótimo, Ron, mas tenho uma coisa importante para discutir. Não estou nem aí. ' Mas Ron ficou muito interessado por aquilo." Adleman estava mais preocupado com o mundo abstrato de Gauss e Euler. O que o interessava era decifrar o último teorema de Fermat, e não algum tema da moda como a criptografia.

Rivest encontrou mais receptividade ao final do corredor, no escritório de Adi Shamir, um matemático israelense que visitava o MIT. Juntos, Shamir e Rivest começaram a buscar ideias que pudessem usar para implementar o sonho de Diffie e Hellman. Embora Adleman não estivesse muito interessado, era difícil ignorar a obsessão de Rivest e Shamir pelo problema. "Todas as vezes que eu entrava no escritório, estavam falando no assunto. Quase todos os sistemas que inventavam eram péssimos, e como eu estava por ali, participava das discussões, para ver se o que propunham naquele dia fazia algum sentido."

Enquanto exploravam os diversos problemas matemáticos "difíceis", seus sistemas criptográficos embrionários começaram a usar mais ideias da teoria dos números. Agora estavam falando a língua de Adleman: "Como essa era minha especialidade, eu poderia ser mais útil analisando seus sistemas – e quase sempre os descartando." Ele achou que Rivest e Shamir tinham encontrado o que buscavam quando lhe propuseram um sistema que parecia muito seguro. No entanto, depois de uma noite em claro trabalhando com toda a teoria dos números que conhecia, Adleman conseguiu descobrir o modo de decifrar o código. "A coisa foi em frente. Saíamos de viagem para esquiar, e na subida não falávamos de outra coisa. ... Mesmo enquanto subíamos para o alto das montanhas pelo teleférico, não falávamos de outra coisa..."

O grande avanço ocorreu numa noite em que os três foram convidados para jantar na casa de um aluno para celebrar a noite da Páscoa judaica. Adleman não bebe, mas conta que Rivest estava bastante entusiasmado com o vinho de Seder.

Adleman chegou em casa à meia-noite. Pouco depois, o telefone tocou. Era Rivest. "Tive outra ideia..." Adleman escutou atentamente. "Ron, acho que desta vez você conseguiu. Desta vez acho que está certo." Eles vinham pensando há algum tempo no difícil problema de fatorar números. Não havia boas propostas de programas que conseguissem decompor números em seus blocos de construção primos. O problema parecia ser do tipo que buscavam. Sob a influência do vinho do Seder, Rivest vislumbrou a maneira de programar esse problema em seu novo código. Rivest recorda: "No início, parecia estar no caminho certo. Mas a experiência nos dizia que o que a princípio parece certo ainda pode desmoronar. Então, deixei aquilo de lado até a manhã seguinte."

Já tarde na manhã seguinte, quando Adleman chegou ao departamento do MIT, Rivest o saudou com um manuscrito com os nomes de Adleman, Rivest e Shamir estampados no topo. Ao ler o trabalho, reconheceu o que Rivest lhe dissera na noite anterior, ao telefone. "Então eu falei a Ron: 'Tire meu nome disso, este trabalho é seu,' e discutimos sobre se meu nome teria de aparecer no artigo." Adleman concordou em pensar no assunto. Naquele momento, achou que aquilo provavelmente não tinha importância alguma, pois o artigo seria sua publicação mais desconhecida. Mas então lembrou-se do sistema de criptografia que passou a noite inteira testando. Ele os havia salvado de publicar um código inseguro que os deixaria completamente desmoralizados. "Então, fui falar com Ron: 'Coloque-me como terceiro da lista.' E foi assim que se tornou RSA."

Rivest decidiu que eles deveriam descobrir se a fatoração era realmente tão difícil. "O problema da fatoração era uma forma de arte obscura naquela época. Havia pouca literatura sobre o assunto. Era difícil fazer boas estimativas sobre o tempo que os algoritmos já propostos levariam para resolvê-lo." Um dos especialistas no assunto era Martin Gardner, um dos grandes responsáveis pela popularização mundial da matemática. Gardner ficou intrigado com a proposta de Rivest e perguntou se poderia publicar um artigo sobre aquela ideia em sua coluna regular na *Scientific American.*

A reação ao artigo de Gardner finalmente convenceu Adleman de que eles estavam lidando com algo grande:

> Naquele verão, fui a uma livraria em Berkeley. Um cliente e o balconista estavam conversando, e o cliente dizia, "Você viu aquela cripto-não-sei-o-quê da *Scientific American?*" Então eu falei, "Ei, eu participei daquilo." E o rapaz virou para mim e perguntou, "Posso pegar um autógrafo?" Quantas vezes alguém nos pede um autógrafo? Nunca. Caramba, o que foi isso?... Talvez tenha algo grande aqui!

Na matéria, Gardner dizia que os três matemáticos enviariam uma cópia de seu artigo a qualquer pessoa que lhes mandasse um envelope selado. "Quando voltei ao MIT, havia milhares, literalmente milhares de cartas do mundo inteiro, até da Segurança Nacional da Bulgária, blablablá."

O trio começou a ouvir que ficaria rico. Corriam os anos 1970, ninguém ainda pensava no comércio eletrônico, mas as pessoas entenderam a força daquelas ideias. Adleman achou que o dinheiro começaria a entrar em poucos meses, e foi logo comprar um pequeno carro esporte vermelho, para celebrar. Bombieri não foi o único matemático a receber um carro veloz como prêmio por seu sucesso matemático.

No fim das contas, o carro de Adleman foi pago com parcelas de seu salário regular no MIT. Passou algum tempo até que as agências de segurança e o mundo dos negócios entendessem plenamente o quanto o RSA era seguro e forte. Enquanto Adleman acelerava seu carro vermelho pensando em Fermat, Rivest foi quem considerou as implicações de sua proposta no mundo real:

> Achávamos que o sistema poderia ter algum potencial no comércio. Fomos para o escritório de patentes do MIT e tentamos descobrir se alguma empresa poderia estar interessada em comercializar o produto. Mas realmente não havia mercado para aquilo no início dos anos 1980. Naquele estágio, havia muito pouco interesse. O mundo ainda não estava bem conectado. As pessoas não tinham computadores nos escritórios.

Os principais interessados foram, naturalmente, as agências de segurança. "Elas ficaram muito preocupadas com o desenvolvimento de toda aquela tecnologia", conta Rivest. "Fizeram todo o possível para que nossa proposta não se desenvolvesse muito rapidamente." Ao que tudo indicava, a mesma ideia fora proposta a portas fechadas no mundo da inteligência. Mas as agências de segurança não tinham muita certeza sobre se deveriam colocar as vidas de agentes nas mãos de uns poucos matemáticos que diziam que era difícil decifrar números. Ansgar Heuser, do BSI, a Agência de Segurança Nacional alemã, lembra que nos anos 1980 considerou-se pôr em prática o RSA. Perguntaram se os matemáticos do Ocidente eram melhores que os russos em teoria dos números. Como a resposta foi "não", a ideia foi arquivada. Mas na década seguinte o RSA demonstrou seu valor, não somente protegendo as vidas de espiões, mas também o mundo público dos negócios.

Um truque de cartas criptográfico

Atualmente, a maior parte das transações feitas pela internet é resguardada pela criptografia RSA. É notável observar que a matemática que possibilita um sistema de criptografia de chave pública desse tipo remete às calculadoras-relógio de Gauss e a um teorema provado por um dos heróis de Adleman, Pierre de Fermat, conhecido como pequeno teorema de Fermat.

Já estamos familiarizados com a adição nas calculadoras-relógio de Gauss, ao trabalharmos com o tempo em um relógio de 12 horas. Sabemos que quatro horas depois das nove será uma hora. O princípio da adição em uma calculadora-relógio é simples: some os números e descubra o resto após a divisão por 12. A notação deste cálculo, semelhante à de Gauss há 200 anos, é feita da seguinte forma:

$$4 + 9 = 1 \text{ (módulo 12)}$$

Para multiplicar ou elevar um número a alguma potência em uma calculadora-relógio de Gauss o sistema é o mesmo: calcular o resultado em uma calculadora convencional e obter o resto após a divisão por 12.

Gauss percebeu que não era necessário utilizar apenas relógios convencionais de 12 horas. Mesmo antes que Gauss formulasse explicitamente o conceito de aritmética do relógio, Fermat fez uma descoberta fundamental, conhecida como seu pequeno teorema, sobre uma calculadora-relógio com um número *primo* de horas, que chamamos de p. Se tomarmos um número nessa calculadora e o elevarmos à potência p, sempre obteremos o número com o qual começamos. Por exemplo, em um relógio com 5 horas, ao multiplicar 2 por si mesmo 5 vezes obteremos 32, que resulta em 2 horas nessa calculadora com 5 horas. Aparentemente, cada vez que Fermat fazia uma multiplicação por 2, o ponteiro de relógio traçava um certo padrão. Após 5 deslocamentos, o ponteiro havia voltado à posição original, pronto para repetir o padrão.

Potência de 2	2^1	2^2	2^3	2^4	2^5	2^6	2^7	2^8	2^9	2^{10}
Em uma calculadora comum	2	4	8	16	32	64	128	256	512	1.024
Em uma calculadora-relógio com 5 horas	2	4	3	1	2	4	3	1	2	4

Se tomarmos um relógio com 13 horas e repetirmos o processo com potências de 3, desde 3^1, 3^2, ... até 3^{13}, obteremos:

3, 9, 1, 3, 9, 1, 3, 9, 1, 3, 9, 1, 3

Desta vez, o ponteiro não precisou passar por todas as horas do relógio, mas ainda assim gerou um padrão repetitivo que nos levou de volta às 3 horas após multiplicar 3 por si mesmo 13 vezes. Qualquer que fosse a escolha de Fermat para o primo p, a mesma magia parecia ocorrer. Expresso na notação de Gauss para a aritmética do relógio, ou modular, Fermat descobriu que, para qualquer número p e qualquer tempo x em um relógio com p horas,

$$x^p = x \text{ (módulo } p)$$

A descoberta de Fermat é o tipo de coisa que deixa um matemático inquieto. O que há de especial nos números primos para gerar uma magia dessas? Não satisfeito com a observação experimental, Fermat queria uma prova de que, para qualquer número primo que escolhesse em seu relógio, os primos não o decepcionariam.

Desta vez, foi em uma carta que escreveu a um amigo em 1640, Bernard Frenicle de Bessy, e não na margem de um livro, que Fermat declarou haver encontrado uma prova – mas assim como em seu último teorema, a prova era muito longa para ser descrita no pouco espaço disponível. Apesar de haver prometido enviá-la a Frenicle, Gauss não deixou que o mundo a conhecesse. Tivemos de esperar outros 100 anos para que fosse redescoberta. Em 1736, Leonhard Euler descobriu por que o ponteiro dos relógios de números primos de Fermat sempre voltava ao ponto de partida depois que a hora era multiplicada por si mesma um número primo de vezes. Euler também conseguiu generalizar a descoberta de Fermat para relógios com N horas, em que $N = p \times q$ é o produto de dois primos, p e q. Euler descobriu que nesses relógios, o padrão se repetiria após $(p - 1) \times (q - 1) + 1$ etapas.

A descoberta de Fermat sobre a magia dos relógios de números primos e a generalização de Euler foram os temas que passavam pela cabeça de Rivest quando parou para pensar, ao final da noite, após o saboroso jantar de Seder. Rivest percebeu que poderia usar o pequeno teorema de Fermat como a chave para o código matemático que faria com que o número de um cartão de crédito desaparecesse, e depois ressurgisse magicamente.

O processo de codificar o número de um cartão de crédito é como a primeira parte de um truque de cartas. Mas não é um baralho comum: o número de cartas é tão grande que precisaríamos de mais de 100 algarismos para escrevê-lo. O número do cartão de crédito do cliente é uma dessas cartas. O cliente coloca o cartão de crédito no topo do baralho. A página da internet o embaralha, para que sua localização pareça estar completamente perdida. Qualquer *hacker* se veria frente à tarefa impossível de extrair aquela carta específica do meio do baralho misturado. A empresa, porém, conhece um truque inteligente. Graças ao pequeno teorema de Fermat, é possível fazer com que o cartão de crédito reapareça no topo do baralho após ser novamente embaralhado um certo número de vezes. A segunda vez em que o baralho é misturado representa a chave secreta, conhecida somente pela empresa que dirige a página da internet.

A matemática usada por Rivest para criar esse truque criptográfico é bastante simples. As cartas são embaralhadas por meio de um cálculo matemático. Quando um cliente faz um pedido na página da internet, o computador utiliza o número de seu cartão de crédito para realizar um cálculo. O cálculo é fácil de fazer, mas quase impossível de desfazer sem que se conheça a chave secreta. Isso ocorre porque o cálculo não é feito em uma calculadora convencional, em sim em uma calculadora-relógio de Gauss.

A empresa da internet diz a seus clientes, ao fazerem um pedido na página, quantas horas devem usar na calculadora-relógio. Ela decide o número de horas que utilizará escolhendo inicialmente dois grandes números primos, p e q, cada um com cerca de 60 algarismos. Então, multiplica esses primos, encontrando um terceiro número, $N = p \times q$. O número de horas do relógio será enorme, de até 120 algarismos. Todos os clientes usarão o mesmo relógio para codificar o número de seus cartões de crédito. A segurança do código permite que a empresa use o mesmo relógio durante meses até que precise pensar em trocar o número de horas do relógio.

A escolha do número de horas da calculadora-relógio da página é o primeiro passo na escolha da chave pública. Embora o número N seja divulgado, os dois primos p e q são mantidos em segredo. Esses números são os dois ingredientes da chave usada para decifrar o número de cartão de crédito criptografado.

A seguir, cada cliente recebe um segundo número, E, chamado de número de codificação. Esse número E é o mesmo para todos, e é público, assim como o número N de horas no relógio. Para codificar o número do cartão de crédito, C, o cliente o eleva à potência E na calculadora-relógio pública da página da internet. (Pense no número E como a quantidade de vezes que o mágico embaralha as cartas para esconder aquela que você escolheu.) O resultado, na notação de Gauss, é C^E (módulo N).

O que torna esse sistema tão seguro? Afinal, qualquer *hacker* pode ver o número do cartão de crédito codificado viajando pelo espaço cibernético e pode procurar a chave pública da empresa, formada pela calculadora-relógio de N horas e pela instrução de elevar o número do cartão de crédito à potência E. Para decifrar esse código, tudo o que o *hacker* tem que fazer é encontrar um número que, quando multiplicado E vezes na calculadora-relógio de N horas, forneça o número do cartão de crédito codificado. Porém, isso é muito difícil. O modo como as potências são computadas em uma calculadora-relógio é um detalhe adicional. Em uma calculadora convencional, a resposta cresce em proporção ao número de vezes que multiplicamos o número do cartão de crédito por si mesmo. Isso não ocorre na calculadora-relógio.

Nela, perdemos de vista rapidamente o ponto de partida, pois o tamanho da resposta não tem relação com o lugar de onde começamos. O *hacker* fica completamente perdido após embaralharmos as cartas E vezes.

E se o *hacker* tentasse verificar todas as horas possíveis na calculadora-relógio? Sem chance. Atualmente, os criptógrafos utilizam relógios nos quais N, o número de horas, tem mais de cem algarismos – em outras palavras, há mais horas no relógio do que o número de átomos do universo. (Por outro lado, o número de codificação E geralmente é relativamente pequeno.) Se o problema é insolúvel, como é possível que a empresa da internet recupere o número do cartão de crédito do cliente?

Rivest sabia que o pequeno teorema de Fermat assegurava a existência de um número mágico de decodificação, D. Quando a empresa multiplica o número codificado do cartão de crédito D vezes por si mesmo, o número original do cartão de crédito reaparece. A mesma ideia é usada por mágicos em truques de cartas. Após embaralhá-las um certo número de vezes, a ordem das cartas parece ser completamente aleatória, mas o mágico sabe que, ao embaralhá-las mais algumas vezes, voltarão à ordem inicial. Por exemplo, no embaralhamento perfeito – em que o baralho é dividido igualmente, e então é misturada uma carta de cada vez – são necessárias oito voltas para que o baralho retorne à posição original. Naturalmente, a arte do mágico está em ser capaz de embaralhar as cartas perfeitamente oito vezes seguidas. Fermat descobriu o análogo, em relógios, do número de embaralhamentos perfeitos necessário para que um baralho de 52 cartas retorne a sua ordem inicial. Esse truque de Fermat foi o que Rivest explorou para decodificar mensagens no RSA.

Embora o baralho de cartas com o número de um cartão de crédito tenha sido embaralhado diversas vezes pela página da internet para que desaparecesse, a empresa sabe que, ao embaralhá-lo outras D vezes, ele reaparecerá, por uma mágica matemática, no topo da pilha. Mas só é possível descobrir o número D conhecendo-se os primos secretos p e q. Rivest usou a generalização do pequeno teorema de Fermat, descoberta por Euler, que funciona em calculadoras-relógio construídas a partir de dois primos, em vez de um. Euler demonstrou que, nessas calculadoras, o padrão se repete após embaralharmos as cartas $(p-1)\times(q-1)+1$ vezes. Assim, só é possível descobrir quanto tempo é necessário para que o padrão se repita no relógio com $N=p\times q$ horas conhecendo-se os primos p e q. Saber quais são esses dois primos se torna, portanto, a chave para descobrir os segredos do RSA. O número de voltas necessário para recuperar o cartão de crédito perdido só é conhecido pela empresa da internet, que mantém os números primos p e q em segredo absoluto.

Embora os dois números p e q sejam confidenciais, seu produto $N=p\times q$ foi divulgado. Assim, a segurança do código RSA de Rivest depende da dificuldade da tarefa de fatorar o número N. Um *hacker* enfrenta o mesmo problema que ocupou o professor Cole no início do século passado: encontrar os dois blocos de construção primos do número N.

O desafio do RSA 129

Para convencer o mundo dos negócios de que o problema da fatoração tinha uma história respeitável, o trio do MIT citava as palavras de Gauss, um dos gigantes da matemática, sobre a fatoração: "A dignidade da própria ciência parece exigir que todos os meios possíveis sejam explorados na solução de um problema tão inteligente e tão aclamado." Embora Gauss reconhecesse a importância do problema da fatoração, não fez nenhum progresso em sua solução. Se Gauss tentou resolvê-lo e falhou, a segurança corporativa certamente estaria assegurada nas mãos do RSA.

Apesar do "aval" de Gauss para o sistema RSA, o problema da fatoração de grandes números sempre fora uma questão marginal da matemática, antes de estar ligado ao novo código. A maioria dos matemáticos tinha pouco interesse pelas minúcias da fatoração de números. Que importava se era necessário todo o tempo do universo para encontrar os blocos de construção primos de grandes números? Isso certamente não tinha qualquer importância teórica. Porém, com a descoberta de Rivest, Shamir e Adleman, o problema da fatoração assumiu um significado muito maior do que o que tinha na época de Cole.

Então, qual é o grau de dificuldade de se decompor um número em seus constituintes primos? Cole não tinha acesso a computadores eletrônicos, portanto precisou gastar muitos domingos até deparar com 193.707.721 ou 761.838.257.287, os dois blocos que formam o número de Mersenne $2^{67} - 1$. Equipados com nossos computadores, não poderíamos verificar um número após o outro até que encontrássemos aquele que divide o número que estamos tentando decifrar? O problema é que, para decompor um número com mais de cem algarismos, é necessário verificar mais números que a quantidade de partículas no universo visível.

Com tantos números para verificar, Rivest, Shamir e Adleman estavam suficientemente confiantes para lançar um desafio: decifrar um número com 129 algarismos que haviam criado a partir de dois primos. O número, juntamente com uma mensagem em código, foi publicado no artigo de Martin Gardner da *Scientific American*, que despertou a atenção mundial para o código. Eles ainda não eram os milionários que se tornariam, portanto ofereceram um prêmio de apenas 100 dólares para quem desmascarasse os dois primos usados para gerar o número chamado de "RSA 129". No artigo, estimaram que seriam necessários cerca de 40 quadrilhões de anos para decifrar o RSA 129. Logo perceberam que haviam cometido um pequeno deslize aritmético nessa estimativa. Ainda assim, com as técnicas de fatoração de números disponíveis na época, o processo levaria milhares de anos.

O RSA parecia ser a realização dos sonhos de qualquer criador de códigos: um sistema indefectível. Com tantos primos para verificar, a confiança na infalibilidade do código parecia justificada. Porém, os alemães haviam acreditado que o Enigma era invencível, pois tinha mais combinações que o número de estrelas no Universo – mas os matemáticos de Bletchley demonstraram que nem sempre podemos depositar toda nossa fé em grandes números.

O desafio do RSA fora lançado. Os matemáticos de todo o mundo, que não costumam recusar desafios, se puseram a trabalhar no tema. Nos anos seguintes, começaram a conceber planos cada vez mais astutos para descobrir os dois primos secretos de Rivest, Shamir e Adleman. Em vez de 40 quadrilhões de anos, como o MIT havia estimado, o número foi finalmente decifrado em meros 17 anos. Ainda assim, é tempo suficiente para que a data de validade de um cartão de crédito codificado com o RSA 129 já tenha passado há muito tempo. Contudo, resta a dúvida de quanto tempo passará até que surja um matemático com ideias que transformarão esses dezessete anos em dezessete minutos.

Novos truques na manga

A interação entre a criptografia e a matemática aproximou os matemáticos de uma nova cultura, mais ligada às ciências experimentais e práticas. Essa cultura não era apreciada desde que a escola alemã do século XIX tomou o bastão dos matemáticos da França revolucionária. Os franceses enxergavam sua disciplina como uma ferramenta prática, um meio para atingir um objetivo, enquanto Wilhelm von Humboldt acreditava na busca do conhecimento como um fim em si mesmo. Os teóricos ainda ligados à tradição alemã se apressaram em condenar o estudo de métodos para a fatoração de números, que, nas palavras de Hendrik Lenstra, era como "um porco num canteiro de rosas". Ao contrário da procura de provas categóricas, essa busca por primos era vista como um trabalho menor, de pouca importância matemática. No entanto, à medida que o RSA se tornava comercialmente mais importante, foi impossível ignorar as implicações práticas de se encontrar uma técnica eficiente para desvendar os blocos de construção primos de grandes números. Aos poucos, outros matemáticos foram atraídos para o desafio de decifrar o RSA 129. O progresso final não se deveu tanto ao desenvolvimento de computadores mais rápidos, e sim a avanços teóricos inesperados. Os novos problemas que resultaram dessas incursões criptográficas levaram ao desenvolvimento de uma matemática profunda e difícil.

Um dos matemáticos atraídos por esse tema emergente foi Carl Pomerance. Pomerance gosta de dividir seu tempo entre os corredores acadêmicos da Universidade da Geórgia e o ambiente comercial dos Laboratórios Bell de

Murray Hill, em Nova Jersey. Como matemático, nunca perdeu o amor que tinha na infância por brincar com números e buscar novas conexões entre eles. Paul Erdös se interessou pelo trabalho de Pomerance ao ler um de seus artigos, que tratava da numerologia dos placares de beisebol. Instigado por uma questão curiosa levantada no artigo, Erdös foi visitar Pomerance na Geórgia, iniciando uma colaboração que geraria mais de 20 artigos conjuntos.

A fatoração de números fascinava Pomerance desde que tivera que fatorar o número 8.051 em uma competição de matemática no colégio. Havia um limite de tempo de cinco minutos, e nos anos 1960 não existiam calculadoras de bolso. Embora a aritmética mental de Pomerance fosse excelente, ele decidiu buscar primeiro uma via rápida para a solução, em vez de testar um número após o outro. "Eu gastei cerca de dois minutos buscando uma maneira mais inteligente, mas fiquei preocupado por estar gastando muito tempo. Então, já atrasado, comecei a fazer a divisão por tentativas, eu havia realmente gastado muito tempo, e perdi a disputa."

O fracasso na decomposição de 8.051 estimulou Pomerance a empreender uma jornada, que duraria toda sua vida, em busca de uma maneira rápida de fatorar números. Ele acabou por descobrir o truque que o professor da escola tinha em mente. Antes de 1977, a maneira mais inteligente de decompor números ainda pertencia, por incrível que pareça, ao homem cujo pequeno teorema fora o catalisador da invenção do código RSA de números primos. O método de fatoração de Fermat é uma maneira rápida de fatorar determinados tipos de números, explorando-se uma álgebra simples. Usando o método de Fermat, Pomerance levou apenas alguns segundos para decompor 8.051 em 83 × 97. Fermat, que adorava a ideia de códigos secretos, provavelmente teria ficado fascinado ao ver seu trabalho no centro da geração e decifração de códigos, cerca de três séculos depois.

Quando Pomerance ouviu falar do desafio de Rivest, Shamir e Adleman, soube imediatamente que decompor o número de 129 algarismos seria a maneira de exorcizar as memórias de seu fracasso infantil. No início da década de 1980, Pomerance percebeu que havia uma maneira de explorar o método da fatoração de Fermat. Implementando o método em diversas calculadoras-relógio diferentes, obteria uma poderosa máquina de fatoração. O que estava em jogo agora não era apenas o resultado de uma competição escolar de matemática. Sua nova descoberta, chamada de *crivo quadrático*, tinha implicações muito sérias para o mundo emergente da segurança na internet.

O crivo quadrático de Pomerance funciona utilizando o método de fatoração de Fermat, mas alterna continuamente a calculadora-relógio usada para tentar decompor o número. O método é semelhante ao crivo de Erastótenes, a técnica inventada pelo bibliotecário de Alexandria, que criva os primos tomando-os um a um e então eliminando todos os seus múltiplos.

Assim, passando os números por crivos de diferentes tamanhos, os não primos são eliminados sem que precisem ser considerados individualmente. Na abordagem de Pomerance, os crivos de primos são substituídos por números variáveis de horas nas calculadoras-relógio. Os cálculos realizados em cada calculadora-relógio separada forneciam a Pomerance mais informações sobre possíveis fatores. Quanto mais calculadoras pudessem ser usadas, mais próximo ele chegava à decomposição de um número em seus constituintes primos.

O teste final da ideia foi colocá-la em prática frente ao desafio do RSA 129. Porém, nos anos 1980, esse número ainda parecia muito fora do alcance da máquina de fatoração de Pomerance. No início da década de 1990, ele recebeu auxílio na forma da internet. Dois matemáticos, Arjen Lenstra e Mark Manasse, perceberam que a internet seria o aliado perfeito para que o crivo quadrático enfrentasse o RSA 129. A beleza do método de Pomerance estava em que a carga de trabalho podia ser dividida entre muitos computadores diferentes. A internet havia sido empregada para encontrar primos de Mersenne, dando-se a cada computador uma tarefa diferente. Manasse e Lenstra notaram que, agora, poderiam usar a internet para coordenar um ataque sobre o RSA 129. Cada computador receberia diferentes calculadoras, que utilizaria no crivo. Subitamente, a internet – que deveria ser protegida por esses códigos – estava sendo utilizada para ajudar a quebrar o desafio do RSA 129.

Lenstra e Manasse colocaram o crivo quadrático de Pomerance na internet e pediram a ajuda de voluntários. Em abril de 1994, anunciaram que o RSA 129 havia sido derrubado. Combinando muitas centenas de computadores pessoais ao longo de 24 países, o RSA 129 foi decifrado após oito meses de tempo real em um projeto liderado por Derek Atkins, do MIT, Michael Graff, da Universidade do Estado de Iowa, Paul Leylan, da Universidade de Oxford, e Arjen Lenstra. Até duas máquinas de fax se juntaram ao projeto – enquanto não transmitiam mensagens, ajudavam a procurar os dois números primos de 65 e 64 algarismos. O projeto usou 524.339 calculadoras-relógio diferentes.

No final dos anos 1990, Rivest, Shamir e Adleman fizeram uma nova série de desafios. No final de 2002, o menor deles ainda não decifrado era um número com 160 algarismos. As finanças do trio melhoraram desde

1977, portanto agora é possível ganhar 10 mil dólares pela decomposição de um número RSA. Rivest se desfez dos primos que usou para gerar os números desses desafios, portanto ninguém conhece realmente as respostas até que os números sejam decifrados. A RSA Security considera 10 mil dólares um pequeno preço a pagar para se manter à frente do melhor bando de decifradores de números da atualidade. Cada vez que um novo recorde é estabelecido, a RSA simplesmente orienta as empresas a aumentar o tamanho dos primos.

O crivo quadrático de Pomerance foi suplantado por um novo sistema, chamado de crivo dos corpos numéricos. Ele é responsável pelo recorde atual, conquistado ao se decompor o RSA 155, o que foi realizado por uma rede de matemáticos que opera sob o nome messiânico de Kabalah. O RSA 155 foi um importante avanço psicológico. Em meados dos anos 1980, quando as agências de segurança ainda começavam a considerar a ideia de usar o RSA, esse nível de complexidade era considerado suficiente para a segurança de computadores. Ansgar Heuser, do BSI, a agência de segurança alemã, admitiu em uma conferência sobre criptografia em Essen que, se houvessem seguido em frente na época, "estaríamos no meio de um desastre". A RSA Security recomenda atualmente relógios em que *N*, o número de horas, tenha no mínimo 230 algarismos. Mas para agências como o BSI, que precisam de segurança de longo prazo para proteger seus agentes, já são recomendados relógios com mais de 600 dígitos.

Olhos tapados

O crivo de corpo numérico aparece rapidamente no filme de Hollywood *Quebra de sigilo*. Robert Redford está sentado assistindo à palestra de um jovem matemático sobre a decomposição de números muito grandes: "O crivo dos corpos numéricos é o melhor método disponível atualmente. Existe a possibilidade intrigante de uma abordagem muito mais elegante. ... Mas talvez, apenas talvez, exista um atalho."

Como era de se esperar, um garoto-prodígio, interpretado por Donal Logue, descobriu esse método, "um progresso de proporções gaussianas", e o conectou a uma pequena caixa que, evidentemente, cai nas mãos do perverso vilão do filme, interpretado por Ben Kingsley. A trama é tão mirabolante que a maior parte dos espectadores deve supor que aquilo jamais poderia ocorrer no mundo real. Porém, quando surgem os créditos do filme, pode-se ler "Consultor matemático: Len Adleman", o "A" do RSA. O próprio Adleman admite que não podemos garantir se uma situação como essa não ocorrerá. Larry Lascar, que escreveu *Quebra de sigilo*, *Reencarnação* e *Jogos de guerra*, procurou Adleman para ter certeza de que a matemática do filme estava correta. "Gostei de Larry e seu desejo de verossimilhança, portanto concordei. Larry me ofereceu dinheiro, mas fiz uma contraoferta – eu participaria se minha mulher Lori pudesse conhecer Robert Redford."

O mundo dos negócios está bem preparado para uma descoberta acadêmica como essa? Alguns estão melhor que outros, mas de modo geral a maioria está com os olhos tapados. Se perguntarmos às empresas e às agências de segurança do governo, as respostas são um pouco preocupantes. Estes são comentários que registrei no circuito criptográfico:

> "Nós cumprimos as exigências do governo, não nos preocupamos com nada além disso."
>
> "Se formos derrubados, ao menos muitas outras pessoas cairão conosco."
>
> "Com sorte já estarei aposentado quando um avanço matemático como esse ocorrer, então não será problema meu."
>
> "Nós trabalhamos com o princípio da esperança – por agora, ninguém espera um avanço excepcional."
>
> "Ninguém pode dar garantias. Nós simplesmente não esperamos que isso ocorra."

Quando apresento seminários para empresas sobre segurança na internet, gosto de oferecer meu próprio desafio RSA: uma garrafa de champanhe para a primeira pessoa que descobrir dois números primos cujo produto seja 126.619. As diferentes respostas que obtive após três seminários para banqueiros de diferentes partes do planeta revelaram interessantes diferenças culturais na atitude do mundo das finanças em relação à segurança. Em Veneza, o desafio e a matemática por trás dos códigos não despertou nenhum interesse entre os banqueiros europeus, e eu fiquei falando com as paredes. Ao contrário dos banqueiros da Europa, que em geral têm formação em ciências humanas, a comunidade banqueira do Extremo Oriente possui uma formação científica muito melhor. No final da apresentação, em Bali, um homem se levantou com os dois primos e pediu o champanhe. Ficou claro que ali a matemática e sua implementação no comércio era muito mais apreciada que entre os colegas europeus.

Porém, a apresentação nos Estados Unidos foi a mais reveladora. Quinze minutos após a apresentação, ao voltar para minha sala, recebi três telefonemas com soluções corretas. Dois dos banqueiros norte-americanos haviam se conectado à internet, baixado programas para a decifração de códigos e testado o número 126.619. O terceiro foi muito reticente sobre o método que usou, e tive fortes suspeitas de que ele copiou dos outros dois.

O mundo dos negócios depositou sua confiança em uma área da matemática que poucos se dedicaram a examinar por conta própria. Na verdade, a ameaça mais imediata à segurança dos negócios no dia a dia na internet tem mais chance de ser causada por um gerenciamento descuidado, em que informações vitais de uma página virtual deixem de ser criptografadas. Como qualquer sistema criptográfico, o RSA está sujeito às imperfeições humanas. Durante a Segunda Guerra Mundial, os Aliados se beneficiaram de diversos erros básicos cometidos por operadores alemães, o que os ajudou a decifrar o Enigma. Da mesma forma, o RSA pode ser enfraquecido por operadores que escolham números muito fáceis de decifrar. Se quisermos descobrir códigos, provavelmente será melhor comprar computadores de segunda mão do que tentar obter doutorado em um departamento de matemática pura. A quantidade de informações confidenciais abandonadas em máquinas ultrapassadas é assustadora. Oferecer um simples suborno a alguém que guarde chaves secretas pode ser muito mais vantajoso que patrocinar uma equipe de matemáticos para decifrar números. Bruce Schneier comenta no livro *Applied Cryptography*: "É muito mais fácil encontrar falhas em pessoas que em sistemas criptográficos."

Porém, essas brechas de segurança, apesar de sérias para a empresa envolvida, não representam qualquer ameaça para toda a estrutura dos negócios da internet. É isso o que torna filmes como *Quebra de sigilo* interessantes. Embora a probabilidade de uma grande descoberta nas técnicas para decifrar números seja pequena, o risco existe, e o resultado seria mundialmente devastador. Ela se tornaria o Y2K do comércio eletrônico, derrubando todo o sistema de e-mails. Nós *acreditamos* que seja inerentemente difícil decompor números, mas não conseguimos prová-lo. Se pudéssemos provar que é impossível encontrar um programa rápido para fatorar números, muitos executivos se sentiriam mais tranquilos. Obviamente, é difícil provar que algo assim não existe.

A complexidade da decomposição de números não decorre de uma matemática particularmente difícil, e sim do gigantesco palheiro do qual é preciso retirar as duas agulhas. Há muitos outros problemas que compartilham essa analogia com o "palheiro". Por exemplo, embora todos os mapas possam ser coloridos com quatro cores, como podemos afirmar, dado um mapa particular, que poderíamos colori-lo usando apenas três cores? A única maneira de descobrir seria investigar exaustivamente todas as combinações possíveis até que, com sorte, encontremos um mapa que só precise de três cores.

Um dos problemas do milênio de Landon T. Clay, conhecido como *P versus NP*, levanta uma questão interessante sobre essas questões. Se a complexidade de um problema como fatorar números ou colorir mapas surge do enorme tamanho do palheiro que deve ser investigado, poderia sempre haver um método eficiente de encontrar a agulha? Nosso palpite é que a resposta para a questão do *P versus NP* seja "não". Há alguns problemas inerentemente complexos, que nem mesmo as técnicas de pirataria de um Gauss contemporâneo poderiam esquivar. Porém, se a resposta for "sim", então, nas palavras de Rivest, "seria uma catástrofe para a comunidade criptográfica". A maioria dos sistemas criptográficos, incluindo o RSA, lida com problemas relacionados a grandes palheiros. Uma resposta positiva a esse problema do milênio significaria que realmente existe uma maneira rápida de decifrar números – nós apenas ainda não a encontramos!

Não é de surpreender que as empresas não estejam extremamente preocupadas com a obsessão dos matemáticos por construir nosso edifício teórico sobre fundações 100% seguras. A decomposição de números tem se mantido difícil pelos últimos milênios, portanto o mundo dos negócios não vê problemas em construir o shopping center da internet sobre uma fundação que é 99,99% segura. A maioria dos matemáticos acredita que a decomposição de números possua uma dificuldade inerente em termos computacionais. Contudo, ninguém pode prever os avanços que ocorrerão nas próximas décadas. Afinal, o RSA 129 parecia seguro cerca de 20 anos atrás.

Um dos principais motivos pelos quais a fatoração de números é tão difícil é a aleatoriedade dos primos. Como a hipótese de Riemann busca entender a fonte do comportamento rebelde desses números, uma prova poderia fornecer novas concepções. Em 1900, ao descrever a hipótese de Riemann, Hilbert enfatizou que sua solução teria o potencial de desvendar muitos outros segredos sobre os números. Tendo em vista o papel central da hipótese de Riemann em nossa compreensão dos primos, os matemáticos passaram a especular que a prova, se algum dia for encontrada, poderia revelar novas maneiras de decifrar números. É por isso que as empresas estão começando a se interessar pelo avanço do mundo obscuro da pesquisa sobre números primos. Há um outro motivo pelo qual o comércio está em particular interessado na hipótese de Riemann. Antes de poderem usar o código RSA, as empresas da internet devem, em primeiro lugar, conseguir encontrar dois números primos com 60 algarismos. Se a hipótese de Riemann for verdadeira, haverá uma maneira rápida de descobrir os primos usados para gerar os códigos RSA, dos quais a segurança do comércio eletrônico depende em nossos dias.

À caça de grandes primos

Com o ritmo cada vez mais acelerado da internet e a consequente demanda por números primos sempre maiores, a prova de Euclides de que os primos nunca se esgotarão adquiriu subitamente um significado comercial inesperado. Se os primos são um grupamento tão desordenado, como farão as empresas para encontrar esses números tão grandes? Pode haver uma quantidade infinita de primos, mas à medida que a contagem aumenta eles se tornam mais diluídos. Se há cada vez menos primos ao contarmos números maiores, haverá primos suficientes com cerca de 60 algarismos para que todas as pessoas do mundo possam ter dois deles, para fazer sua própria chave privada? E mesmo que existam, talvez sejam *apenas* alguns poucos a mais que o suficiente; nesse caso, haveria uma grande chance de que duas pessoas recebessem o mesmo par.

Felizmente, a natureza foi caridosa com o mundo do comércio eletrônico. O teorema dos números primos de Gauss determina que a quantidade de primos com 60 algarismos é de aproximadamente 10^{60} dividido pelo logaritmo de 10^{60}. Ou seja, existem suficientes primos com 60 algarismos para que cada átomo da Terra tenha seu próprio par de primos. E não é só isso – a chance de ganhar na loteria é maior que a probabilidade de que dois átomos diferentes recebam o mesmo par de primos.

Assim, há primos bastantes para seguirmos em frente, mas como podemos ter certeza de que um número é primo? Como vimos, já é bastante difícil encontrar os constituintes primos de um número não primo. Se um número candidato for primo, não será duas vezes mais difícil descobrir esse fato? Afinal, isso significa demonstrar que nenhum número menor divide o candidato.

Na verdade, determinar se um número é realmente primo não é algo tão complicado como poderia parecer. Existe um teste rápido para descobrir se um número não é primo, mesmo que não se encontrem seus constituintes primos. É por isso que Cole sabia, como o resto do mundo matemático por cerca de 27 anos antes que ele anunciasse seu cálculo, que o número que estava tentando decompor não era primo. Esse teste não ajuda muito na previsão da distribuição dos primos, que está no centro da hipótese de Riemann. Mas como o método nos diz se qualquer número em particular é primo, permite que escutemos notas individuais da música, embora não nos ajude a apreciar a melodia geral contida na hipótese de Riemann.

A origem desse teste é o pequeno teorema de Fermat, explorado por Rivest naquela noite após o vinho da Páscoa, quando encontrou o RSA. Fermat descobriu que se tomasse um número de uma calculadora-relógio com um número primo de horas, p, e o elevasse à potência p, sempre obteria o número com o qual havia começado. Euler percebeu que o pequeno teorema de Fermat poderia ser usado para provar que um número *não é* primo. Por exemplo, ao multiplicarmos 2 por si mesmo 6 vezes em um relógio com 6 horas, obtemos o resultado de 4 horas. Se 6 fosse primo, teríamos retornado ao número 2. Assim, o pequeno teorema de Fermat nos diz que 6 não pode ser um número primo – caso contrário, seria um contraexemplo do teorema.

Se quisermos saber se um número p é primo, escolhemos uma calculadora-relógio com p horas. Começamos a testar diferentes horários para saber se, ao elevar a hora à potência p, retornamos ao horário em que havíamos começado. Sempre que isso não ocorrer, podemos descartar esse número, certos de que não é um número primo. Todas as vezes que encontrarmos uma hora que satisfaça o teste de Fermat, ainda não teremos provado que p é primo. Aquela hora do relógio, por assim dizer, apenas depõe a favor da hipótese de que p é primo.

Por que é melhor testar horas no relógio do que verificar se cada número menor que p divide p? A questão é que quando p é reprovado no teste de Fermat, o faz com bastante consistência. Mais da metade dos números do relógio são reprovados no teste, demonstrando que p não é primo. Portanto, o fato de haver tantas maneiras de provar que esse número não é primo é um avanço importante. O método é muito diferente do teste de divisão passo a passo, no qual todos os número são verificados para que se descubra se um deles é fator de p. Se p for o produto de, digamos, dois primos, somente esses dois primos poderão provar que p não é primo no teste da divisão. Todos os demais números serão inúteis. Para que o teste da divisão funcione, é preciso acertar em cheio.

Em um de seus muitos trabalhos conjuntos, Erdös estimou (embora não tenha provado rigorosamente) que, para testar se algum número menor que 10^{150} é primo, encontrar um único horário do relógio que seja aprovado pelo teste de Fermat já significa que a chance de que esse número não seja primo é de apenas 1 em 10^{43}. O autor de *The Book of Prime Number Records*, Paulo Ribenboim, diz que uma loja que vendesse números primos poderia tranquilamente expor seus produtos com o anúncio "satisfação garantida ou seu dinheiro de volta", sem ter muito medo de ir à falência.

Ao longo dos séculos, os matemáticos refinaram o teste de Fermat. Nos anos 1980, dois matemáticos, Gary Miller e Michael Rabin, desenvolveram finalmente uma variação que garantiria, após poucos testes, que um número é primo. Mas o teste de Miller-Rabin traz pequenas entrelinhas matemáticas: para números realmente grandes, só funciona se a hipótese de Riemann for provada. (Para ser mais preciso, seria necessária uma ligeira generalização da hipótese de Riemann.) Essa é provavelmente uma das coisas mais importantes que sabidamente se escondem atrás do monte Riemann. Se conseguirmos provar a hipótese de Riemann e sua generalização, então, além de ganharmos um milhão de dólares, teríamos assegurado que o teste de Miller-Rabin é um método fácil e eficiente para provar se um número é primo ou não.

Em agosto de 2002, três matemáticos indianos, Manindra Agrawal, Neeraj Kayal e Nitin Saxena, do Instituto Indiano de Tecnologia de Kanpur, criaram uma alternativa ao teste de Miller-Rabin. Era um pouquinho mais lenta, porém evitava a necessidade de pressupor a validade da hipótese de Riemann. Esse teste foi uma surpresa completamente inesperada para a comunidade dos números primos. Vinte e quatro horas após o anúncio feito em Kanpur, 30 mil pessoas de todo o mundo – incluindo Carl Pomerance – já haviam baixado o artigo pela internet. O teste era direto o bastante para que Pomerance pudesse apresentar os detalhes a seus colegas em um seminário naquela mesma tarde. Ele descreveu o método como "admiravelmente engenhoso". O espírito de Ramanujan ainda arde com força na Índia, e os três matemáticos não temeram desafiar os meios tradicionais de se testar se um número é primo. Sua história fortalece a crença de que algum dia surgirá um matemático desconhecido com uma ideia que resolva enfim a hipótese de Riemann, o maior dos problemas sobre os números primos.

A natureza foi muito bondosa com a comunidade criptográfica. Ela forneceu uma maneira rápida e fácil de produzir os primos com os quais é gerada a criptografia da internet, mas escondeu qualquer maneira rápida de decompor números nos primos que os formam. Mas por quanto tempo a natureza continuará do lado do criptógrafo?

O futuro é elíptico

A aplicação da teoria dos números primos a um problema tão impactante para o mundo dos negócios elevou de modo significativo o prestígio da matemática. Quando alguém questiona a utilidade de se financiar uma área de pesquisa tão esotérica quanto a teoria dos números, ressaltar o papel dos primos no RSA se tornou um recurso muito poderoso. Timothy Gowers, um ganhador da medalha Fields, usou esse mesmo exemplo para justificar a utilidade da matemática em sua palestra "A importância da matemática" durante o anúncio dos prêmios do milênio de Clay.

Antes do surgimento da nova criptografia, havia uma grande pressão entre matemáticos para a invenção de uma aplicação tão destacada da matemática abstrata, que capturasse de imediato a atenção das pessoas. Foi um grande alívio para a disciplina, que veio no momento exato. É quase certo que qualquer solicitação de financiamento para pesquisa em teoria dos números conterá em alguma parte a frase "pode haver implicações criptográficas". A verdade é que a matemática por trás da criptografia RSA não é tão profunda. Poucos matemáticos comparariam a tarefa de decifrar números ao prospecto de desvendar algum mistério antigo, como a hipótese de Riemann.

Embora as soluções da hipótese de Riemann e do problema do *P versus NP* pudessem ter implicações para o RSA, o Y2K do comércio eletrônico quase foi gerado por um outro problema do milênio. No início de 1999, logo se espalharam rumores de que uma questão conhecida por conjectura de Birch-Swinnerton-Dyer, um problema sobre coisas chamadas curvas elípticas, poderia expor o calcanhar de aquiles da segurança na internet.

Em janeiro de 1999, o jornal *The Times* publicou um artigo de primeira página com a manchete ADOLESCENTE DECIFRA CÓDIGO DE E-MAIL. Essa conquista valeu à adolescente irlandesa Sarah Flannery o primeiro prêmio de uma competição de ciências, mas prometia recompensas muito mais lucrativas. Havia uma foto da menina na frente de um impressionante quadro-negro repleto de anotações matemáticas; a legenda dizia "Sarah Flannery, 16, impressionou os jurados com sua compreensão da criptografia. Seu trabalho foi descrito como 'brilhante'". Tendo em vista o quanto a internet depende de "códigos de e-mail", o artigo chamou a atenção da mídia e do público. Uma leitura mais aprofundada revelava que a "decifração" da manchete não se referia a um novo ataque contra a segurança do RSA, mas à solução de um problema prático que atormenta a implementação desse sistema.

Para codificar e decodificar um cartão de crédito através do RSA, o número é multiplicado por si mesmo muitas vezes em uma calculadora-relógio cujo número de horas possui muitas centenas de algarismos. Cálculos com números tão grandes levam, de fato, um tempo bastante longo para serem realizados por um computador. A maior parte das páginas da internet solicita outras informações além dos detalhes do cartão de crédito, e o RSA é usado para determinar uma chave privada que será usada pelo computador e pela página para codificar todos esses dados. As chaves privadas, compartilhadas pelo emissor e pelo receptor, permitem uma codificação muito mais rápida que as chaves RSA públicas.

Se você estiver fazendo compras pela internet do conforto de sua casa, usando um computador pessoal com muita memória e um processador rápido, nem se dará conta do tempo necessário para codificar o número de seu cartão de crédito. Porém, cada vez mais acessamos a internet de lugares distantes de casa. Telefones celulares, *palmtops* e outros aparelhos portáteis que surgirão nos próximos anos também são capazes de navegar pela rede. A tecnologia conhecida como 3G (de terceira geração) permite que esses aparelhos se comuniquem com a internet. Mas quando é preciso codificar o número de um cartão de crédito em um *palmtop* após uma manhã de compras pela internet, a potência desse pequeno computador portátil é exigida ao máximo.

Telefones celulares e *palmtops* não são projetados para realizar grandes cálculos. Possuem muito menos memória e processadores mais lentos que os dos computadores de escritório. Além disso, os aparelhos móveis transmitem informações através de bandas muito mais estreitas que aquelas utilizadas em linhas telefônicas ou cabos. Portanto, é importante reduzir ao máximo a quantidade de dados a serem transmitidos. Os números cada vez maiores necessários para que o RSA possa se manter à frente dos computadores progressivamente mais rápidos usados para decifrar códigos tornam esse sistema inadequado à capacidade limitada dos aparelhos portáteis.

Os criptógrafos vêm buscando, há algum tempo, um novo sistema de criptografia de chave pública que disponha de toda a segurança e capacidade do RSA, mas que seja menor e mais rápido. Em 1999, o *Times* e o resto da mídia se entusiasmaram com a possibilidade de que Sarah Flannery, a menina de 16 anos de idade, houvesse inventado um sistema como esse. O código de Flannery era muito mais rápido, mas após seis meses de seu anúncio alguém detectou uma fraqueza que o tornava inseguro. Essa história é um alerta saudável para o mundo dos negócios, onde muitos esperavam lucrar com o novo código de Flannery. Em sua defesa, podemos dizer que a menina nunca alegou que o código fosse seguro. A segurança só pode ser demonstrada pelo tempo e pelos testes – coisas que a mídia não valoriza muito. No fim, o que acelerava o código acabava por revelar muitos de seus segredos.

Há pouco tempo surgiu um rival para o RSA, que começa a corresponder aos desafios do mundo da comunicação sem fios ou do comércio portátil. Os novos códigos não se baseiam em números primos, mas em algo mais exótico: *curvas elípticas*. Essas curvas são definidas por tipos especiais de equações, e se encontram no centro da prova de Andrew Wiles do último teorema de Fermat. Já penetraram no mundo criptográfico como parte de um novo método para decompor depressa números em seus constituintes primos. Parece haver uma regra tácita segundo a qual os decifradores de códigos devolvem a seus criadores um código ainda melhor. Neal Koblitz, da Universidade de Washington, em Seattle, estava estudando esse método de decifração de códigos quando se deu conta de que as curvas elípticas poderiam ser usadas também para criar códigos. Koblitz promoveu a ideia de criptografia com curvas elípticas em meados dos anos 1980. Ao mesmo tempo, Victor Miller, de Ramapo College, em Nova Jersey, também descobriu o modo de criar um código a partir de curvas elípticas. Embora mais complicados que o RSA, os códigos baseados em curvas elípticas não precisam de chaves numéricas tão grandes – e é isso o que os torna perfeitos para o comércio móvel.

Apesar de haver sido atraído para o mundo dos negócios por criar uma criptografia adequada aos aparelhos móveis, o coração de Koblitz ainda se encontra no mundo da pura teoria dos números de Hardy. Sendo um matemático veterano neste circuito, Koblitz ainda mantém seu entusiasmo infantil pela matemática, que foi despertado por uma sequência imprevista de eventos.

> Quando eu tinha seis anos, minha família passou um ano em Baroda, na Índia. A matemática ensinada lá era de um nível mais elevado que nas escolas norte-americanas. No ano seguinte, quando voltei aos Estados Unidos, estava tão à frente de meus colegas que minha professora acreditou, equivocadamente, que eu tivesse um talento especial para a matemática. Como outras noções erradas que os professores adotam, essa crença equivocada acabou por se tornar uma profecia autorrealizável. Graças ao estímulo que recebi após retornar da Índia, fui colocado no caminho que me levaria à matemática.

Os primeiros anos de Koblitz na Índia não apenas contribuíram para seu desenvolvimento matemático, mas também despertaram sua percepção da injustiça social no mundo. Depois de adulto, Koblitz participou de missões matemáticas para o Vietnã e para a América Central. Um de seus muitos livros sobre teoria dos números e criptografia é dedicado "à memória dos estudantes do Vietnã, Nicarágua e El Salvador, que perderam suas vidas na luta contra a agressão dos Estados Unidos". Os lucros são usados para comprar livros para a população desses três países.

Em questões mais domésticas, Koblitz se ressente das restrições que a NSA, a Agência de Segurança Nacional dos Estados Unidos, mantém sobre essa área da matemática. Atualmente, é necessário obter autorização da NSA para poder publicar certos trabalhos sobre teoria dos números, mesmo nos jornais matemáticos mais desconhecidos. Graças às novas ideias de Koblitz, as curvas elípticas se juntaram aos primos na "lista restrita" de pesquisas que o governo deseja monitorar.

Rivest, Shamir e Adleman usaram calculadoras-relógio de Gauss para embaralhar números de cartão de crédito. Agora, Koblitz propunha que perdêssemos nossos cartões em alguma parte dessas estranhas curvas elípticas. Em vez de multiplicar as horas do relógio, Koblitz queria explorar uma estranha multiplicação que poderia ser definida por pontos dessas curvas.

A beleza da poesia caldeia

Inicialmente, a RSA se sentiu bastante ameaçada com a chegada do novo código. Foi um desafio a seu monopólio sobre a criptografia na internet. A ansiedade da RSA chegou ao máximo em 1999, quando abriu uma página virtual chamada ECC Central. Lá havia citações de importantes matemáticos e criptógrafos, que lançavam dúvidas sobre a segurança das curvas elípticas. Alguns argumentavam que a fatoração de números tinha uma tradição mais longa, que remontava a Gauss, e que, se Gauss não conseguira fazê-lo, a segurança estaria garantida. Outros diziam que a estrutura das curvas elípticas seria tão rica que permitiria aos *hackers* estabelecer uma base a partir da qual poderiam atacar o problema. A criptografia era então muito nova para se saber se o conhecimento que tínhamos sobre curvas elípticas seria suficiente para decifrar um código com chaves tão pequenas. Afinal, o código de Sarah Flannery só resistiu a seis meses de análise.

A equipe da RSA também observou que, ao falar com banqueiros sobre o que sustenta a segurança de suas transações de bilhões de dólares, não é tão difícil explicar o problema da fatoração de números. Mas se começarmos a escrever $y^2 = x^3 + ...$, o ouvinte se torna rapidamente sonolento. Certicom, o principal proponente da criptografia por curvas elípticas, rebate as críticas, dizendo que ao final dos cursos que ministram sobre segurança financeira, os banqueiros já sabem brincar tranquilamente com pontos em curvas elípticas.

No entanto, o que mais irritou o time das curvas elípticas foi um comentário feito por Ron Rivest, o "R" da RSA: "Tentar avaliar a segurança de um sistema criptográfico por curvas elípticas é mais ou menos como tentar avaliar um poema caldeu descoberto recentemente."

Neal Koblitz dava aulas sobre curvas elípticas em Berkeley na época em que foi lançada a página virtual da ECC Central. Ele nunca havia ouvido falar em poesia caldeia, portanto correu para a biblioteca da universidade para pesquisá-la. Lá, descobriu que os caldeus eram um povo semítico ancestral que governou o sul da Babilônia entre 625 e 539 a.C. "Sua poesia era realmente genial", diz ele. Então, mandou fazer camisetas com o desenho de uma curva elíptica e a frase EU AMO POESIA CALDEIA estampada logo acima, e as distribuiu em suas palestras.

Até agora, a criptografia por curvas elípticas tem resistido ao teste do tempo e foi adotada pelos padrões governamentais. Telefones celulares, *palmtops* e cartões eletrônicos já implementam essa nova criptografia. O número do cartão de crédito é movimentado ao redor das curvas elípticas, escondendo suas pegadas no processo. Embora tenha sido projetada originalmente para pequenos aparelhos móveis, a criptografia por curvas elípticas está se tornando o método de segurança preferencial em sistemas maiores. A BSI, a agência de segurança alemã, admite abertamente que as vidas de seus agentes já foram depositadas na segurança das curvas elípticas. Nossas próprias vidas logo serão postas nas mãos dessas curvas, sempre que viajarmos de avião. As curvas elípticas serão utilizadas para proteger a segurança dos sistemas de controle de tráfego aéreo ao redor do mundo. A RSA mais tarde fechou a página da ECC Central, e agora faz suas próprias pesquisas com o objetivo de implementar a criptografia de curvas elípticas juntamente com seu sistema RSA.

Porém, no verão de 1998, o medo de que a estrutura adicional contida nas curvas elípticas pudesse representar uma fraqueza criptográfica assombrou aqueles que haviam investido na segurança prometida pelo novo sistema. Poucos meses antes, Neal Koblitz havia declarado ter certeza de que a conjectura de Birch-Swinnerton-Dyer, um dos maiores problemas não resolvidos sobre curvas elípticas, jamais teria implicações sobre o uso das curvas elípticas na criptografia. Porém, como ocorrera com a citação de Hardy de que a teoria dos números nunca encontraria utilidade, a previsão de Koblitz teve repercussões desagradáveis. Na verdade, a declaração instigante de Koblitz pode ter sido o incentivo para que Joseph Silverman, da Universidade de Brown, propusesse um ataque baseado na heurística da conjectura de Birch-Swinnerton-Dyer.

Essa conjectura é um dos sete problemas do milênio. Ela propõe uma maneira de determinar se a equação de uma curva elíptica tem um número finito ou infinito de soluções. Em 1960, dois matemáticos ingleses, Bryan Birch e sir Peter Swinnerton-Dyer, conjecturaram que a resposta se encontrava em uma paisagem imaginária semelhante àquela descoberta por Riemann. Graças a sua conjectura, Birch e Swinnerton-Dyer são (para os matemáticos) dois nomes tão indissociáveis quanto de Laurel e Hardy [o Gordo e o Magro], embora muitos tenham acreditado erroneamente que eram três os matemáticos por trás da conjectura – Birch, Swinnerton e Dyer. Birch, com sua maneira desajeitada, faz o papel de Stan Laurel (Magro), enquanto Swinnerton-Dyer representa o sisudo Oliver Hardy (Gordo).

Riemann descobrira a passagem que conecta os primos à paisagem zeta. Outro matemático de Göttingen, Helmut Hasse, sugeriu que cada curva elíptica teria sua própria paisagem imaginária. Hasse foi uma figura bastante controvertida na história da matemática alemã. Durante a destruição perpetrada por Hitler no Departamento de Matemática da Universidade de Göttingen, Hasse foi indicado pelos nazistas para assumir a diretoria do departamento. A simpatia de Hasse pelo nazismo, combinada a suas habilidades matemáticas, o tornou um candidato adequado aos olhos dos oficiais e matemáticos alemães que esperavam preservar a tradição de Göttingen.

A comunidade matemática tem opiniões muito variadas sobre Hasse. Poucos perdoam suas escolhas políticas. Ele chegou a escrever ao governo, em 1937, pedindo que um de seus ancestrais judeus fosse apagado dos registros, para que ele pudesse se filiar ao Partido Nazista. Carl Ludwig Siegel conta de quando voltou de uma viagem, em 1938, e viu "Hasse pela primeira vez usando a insígnia do partido nazista! Não consigo entender como um homem inteligente e responsável poderia fazer algo assim". Apesar de sua visão política, as concepções matemáticas de Hasse provaram ser muito mais sensatas. Seu nome foi imortalizado nas funções zeta de Hasse, responsáveis pela construção das paisagens que contêm os segredos das soluções para as equações das curvas elípticas.

Riemann conseguiu demonstrar o modo de construir a paisagem completa que cobria o mapa de números imaginários, mas Hasse não pôde fazer o mesmo com as paisagens elípticas. Para cada curva elíptica, conseguia construir uma parte da paisagem associada, mas depois de um certo ponto ele se via frente a uma crista que corria de norte a sul, e não dispunha de técnicas para atravessá-la. De fato, foi a solução de Wiles para o último teorema de Fermat o que finalmente demonstrou a forma de cruzar essa fronteira e mapear o resto da paisagem.

Porém, anos antes que soubéssemos se havia qualquer paisagem além dessa crista, Birch e Swinnerton-Dyer já faziam conjecturas sobre o que essa paisagem hipotética poderia nos dizer. Eles previram que deveria haver um ponto em cada paisagem que contivesse o segredo para determinar se a curva elíptica utilizada para construir aquela paisagem específica tinha infinitas soluções ou não. O truque estava em medir a altura da paisagem no ponto acima do número 1. Se a paisagem estivesse no nível do mar nesse ponto, a curva elíptica teria infinitas soluções fracionais. Se, por outro lado, a paisagem não estivesse no nível do mar, deveria haver um número finito de soluções fracionais. Se a conjectura de Birch-Swinnerton-Dyer for verdadeira, e esse ponto de cada paisagem realmente guardar o segredo das soluções das curvas elípticas, será outro exemplo marcante da força das paisagens imaginárias.

Embora Birch e Swinnerton-Dyer fossem motivados por considerações teóricas, sua conjectura foi em grande parte o resultado de experimentações com curvas elípticas particulares. Birch lembra-se do momento "eureca" que teve quando tudo se encaixou. Ele brincava com os números que surgiam de seus cálculos. "Aconteceu enquanto eu estava hospedado em um charmoso hotel na Floresta Negra, na Alemanha. Plotei os números que obtive, e vejam só, havia uma dúzia de pontos dispostos em quatro retas paralelas. ... Maravilhoso!" O padrão daquelas retas indicava que havia alguma relação intensa que forçava os pontos a se alinharem. "A partir daquele ponto, ficou absolutamente claro que havia algo de especial ali. Procurei Peter e lhe disse, 'Ei, veja isto!'" E, como se essa fosse mais uma das confusões em que Birch os colocava, "Peter respondeu: 'Eu lhe disse' – como sempre diz."

Desde que foi proposta, nos anos 1960, alcançou-se um progresso significativo sobre esta conjectura. Tanto Wiles quanto Zagier deram importantes contribuições, mas ainda há um grande caminho pela frente. A importância dessa conjectura foi ilustrada por sua escolha como um dos problemas do milênio. É o único problema do milênio ao qual tem sido dedicado trabalho contínuo em direção a uma solução. Contudo, Birch acredita que passará um longo tempo até que alguém reivindique o prêmio de Clay. Ainda assim, a conjectura de Birch-Swinnerton-Dyer se tornou praticamente um passaporte, não para o milhão oferecido por Clay, mas para os milhões de dólares que dependem da segurança dos códigos da internet.

Os códigos baseados em curvas elípticas confiam na dificuldade de se encontrar soluções para certos problemas aritméticos. Joseph Silverman percebeu que a heurística da conjectura de Birch-Swinnerton-Dyer poderia lhe dar uma maneira de revirar o problema criptográfico, revelando indicações sobre como procurar as soluções. Era certamente uma aposta arriscada, e ele próprio admite que duvidou da eficiência dessa abordagem. Mas nenhum dos especialistas da área poderia descartar com segurança a possibilidade de que ela levasse a um dos programas rápidos que os *hackers* procuram.

Silverman poderia ter revelado publicamente sua abordagem: a mídia teria entrado em frenesi, a RSA se encheria de presunção, as ações da Certicom teriam colapsado, e as curvas elípticas nunca se recuperariam da aparente insegurança, mesmo que o ataque fosse repelido. No entanto, decidiu atuar de maneira mais acadêmica. Enviou a Koblitz um e-mail com sua proposta, três semanas antes da conferência em que apresentaria um artigo com suas ideias.

Koblitz devia viajar no final da semana para Waterloo, no Canadá, onde fica a matriz da Certicom. Os diretores da empresa logo começaram a enviar faxes, à espera de uma solução rápida ou de uma explicação acerca da falha da abordagem. "No princípio, eu não conseguia encontrar motivo pelo qual a proposta de Silverman não funcionaria." Koblitz gosta de acordar cedo nos dias em que vai viajar de avião, e sabia que teria que fazer alguma coisa para reconfortar seus amigos em Waterloo. Assim que embarcou, já estava convencido de que, se o ataque de Silverman tivesse êxito, também poderia ser usado para derrubar a RSA. Portanto, se eles fossem derrubados, a RSA cairia com eles.

"Foi um momento aterrorizante", relembra Koblitz. "Enviei um e-mail a Silverman para lhe dizer que, em momentos como esse, me sentia grato por ser um matemático, e não um empresário. Começamos a perceber que a vida é muito mais emocionante que os filmes." Silverman, porém, talvez não ficasse muito chateado ao ver o colapso da RSA. Ele fazia parte de uma equipe que desenvolvia uma nova criptografia, que leva o nome de NTRU. Eles hesitam um pouco em revelar o significado da sigla, mas acredita-se que signifique *Number Theorists RUs*. Ao contrário dos outros códigos, este não seria afetado pelo ataque de Silverman. Seria um alívio para as ações da NTRU.

Após duas semanas, Koblitz já havia analisado a estrutura especial das curvas elípticas o suficiente como para demonstrar que a proposta de Silverman ainda era computacionalmente inviável. A criptografia por curvas elípticas foi salva por um detalhe técnico chamado de função altura, algo que Koblitz chama hoje de "escudo dourado". Ela parece proteger os códigos não só da abordagem de Silverman, mas de uma bateria de outros ataques. Embora tenha havido pânico inicial, tudo retornou à calma acadêmica, e Koblitz ainda tem o prazer de apresentar sua palestra sobre toda essa saga, chamada "Como a matemática pura quase derrubou o comércio eletrônico". A história ressalta o modo como o progresso ocorrido nos recantos mais obscuros e abstratos do mundo matemático tem o potencial de colocar o mundo dos negócios de joelhos.

É por razões exatamente como essas que empresas como a AT&T e as agências nacionais de segurança sempre monitoram cuidadosamente o "mundo nobre e limpo" da teoria dos números. Durante as décadas de 1980 e 1990, o diretor da AT&T, Andrew Odlyzko, começou a direcionar os supercomputadores da empresa para regiões da paisagem de Riemann nunca antes contempladas. Você poderia perguntar qual é a importância desses cálculos. Se não esperamos encontrar um contraexemplo da hipótese de Riemann, por que gastar tanta energia e tanto dinheiro da AT&T para calcular zeros? O interesse de Odlyzko foi despertado ao ouvir falar de estranhas previsões teóricas, feitas pelo matemático norte-americano Hugh Montgomery, sobre os zeros muito distantes ao longo da linha mística de Riemann. Odlyzko se deu conta de que, se as previsões estivessem corretas, estaríamos perto de desvendar uma das mais estranhas e inesperadas reviravoltas na história dos primos.

11 De zeros ordenados ao caos quântico

A verdadeira viagem de descoberta não está em procurar novas paisagens, mas em adquirir novos olhos.
Marcel Proust, *Em busca do tempo perdido*

Como é a disposição dos pontos no nível do mar na paisagem zeta ao longo da linha mágica de Riemann? Parecia uma questão insana, mas Hugh Montgomery não teve a intenção de fazê-la. A maioria das pessoas a considerava disparatada, em primeiro lugar porque ninguém havia provado ainda que os pontos estavam de fato sobre a linha. Porém, os surpreendentes padrões que Montgomery descobriu após fazer a pergunta são, até agora, os melhores indícios sobre o local onde devemos buscar uma solução para a hipótese de Riemann. Antes de mais nada, Montgomery se fez essa pergunta porque ela o ajudava a entender uma questão que não tinha absolutamente relação com esta, e que o intrigava desde sua pós-graduação. Ele havia perambulado por uma região aparentemente distante do mundo matemático, tentando deixar sua marca, quando, como Alice, deparou de modo inesperado com uma passagem secreta e se viu em uma paisagem misteriosa, que resultou ser exatamente a de Riemann.

Montgomery não está entre os matemáticos que vestem camisetas, calças jeans e sandálias; ao contrário, é muito elegante, e invariavelmente se apresenta de terno e gravata. Suas roupas refletem a atitude discreta e controlada que adota em sua vida de matemático. Embora tenha nascido nos Estados Unidos, decidiu fazer seu doutorado em Cambridge, na Inglaterra, onde desfrutava a pompa da vida universitária. Quando jovem, Montgomery floresceu como matemático graças a um experimento educacional dos anos 1960, que buscava ensinar matemática a crianças na escola. O objetivo não era transmitir o cânone matemático tradicional, sem explicar como se havia chegado àquelas descobertas, e sim apreender o verdadeiro espírito do profissional matemático. Montgomery e seus contemporâneos aprenderam os axiomas básicos e foram incentivados a deduzir o cânone por conta própria. Equipados apenas com as regras da dedução, deveriam reconstruir o edifício matemático por si mesmos, em vez de apenas apreciar o monumento como turistas. Foi assim que Montgomery começou sua carreira:

> Tive muita sorte, porque isso me despertou para a matemática. Já na escola secundária, entendi o que significava ser um matemático. O problema com o curso era a necessidade de treinar novamente os professores, para que conseguissem ministrá-lo. Tive a sorte de assistir aulas com um dos criadores do sistema. Embora só tenha sido ensinado a poucos alunos, o método gerou um número surpreendente de profissionais matemáticos.

Na escola, Montgomery adorava explorar as propriedades dos números, sobretudo os primos. No entanto, também descobriu que se sabia muito pouco sobre eles. Haveria infinitos primos gêmeos, como 17 e 19, ou 1.000.037 e 1.000.039? Todo número par seria a soma de dois primos, como Goldbach havia conjecturado? Montgomery teve de esperar até a pós-graduação em Cambridge para ouvir falar do maior de todos os problemas sobre os primos: a hipótese de Riemann. Porém, foi outro o problema que atraiu sua atenção ao ser enfeitiçado pela grande tradição matemática de Cambridge.

Montgomery chegou a Cambridge no final dos anos 1960 e encontrou ali um ambiente festivo. O Departamento de Matemática celebrava uma descoberta relacionada a um problema proposto pelo grande Gauss. Alan Baker, um membro de Trinity College, havia feito um avanço significativo na difícil questão da fatoração de números imaginários. Gauss havia escrito extensamente sobre esse problema em seu *Disquisitiones Arithmeticae.* Para números comuns, digamos 140, existe uma única série de blocos de construção primos, neste caso 2, 2, 5 e 7. Não existe outra série de primos que possamos multiplicar para obter 140. Os números imaginários, porém, não se comportam tão bem. Gauss ficou chocado ao descobrir que às vezes havia mais de uma maneira de gerar um número imaginário a partir de blocos de construção primos.

Montgomery conseguiu se aproveitar do entusiasmo produzido pela solução de Baker para o problema de Gauss. Ele acreditou que poderia deixar sua marca na matemática estendendo as ideias de Baker para outros problemas propostos por Gauss. Seria difícil ultrapassar Baker, mas Montgomery estava confiante. Assim, passou a estudar muito, absorvendo o máximo que podia da teoria dos números. Não havia ambiente melhor que aquele. Cambridge, com sua longa tradição fortalecida por Hardy e Littlewood, era um excelente lugar para absorver novas ideias. Montgomery aprendeu que Hardy e Littlewood haviam feito algumas conjecturas fascinantes sobre a frequência dos primos gêmeos, que tanto o intrigavam na escola.

Ele também conheceu os teoremas desconcertantes de Gödel. Na escola, Montgomery descobrira o modo como o edifício matemático fora construído pela dedução de teoremas a partir de uma série aceita de axiomas. De acordo com Gödel, no entanto, aquela técnica não funcionaria para alguns problemas. Aparentemente, havia conjecturas sobre os números que jamais poderiam ser provadas a partir dos axiomas que Montgomery aprendera durante a escola. O que ocorreria se não houvesse provas para um dos problemas sobre os primos que estava tentando derrubar? Ele poderia passar a vida inteira à caça de um fantasma.

Para ampliar seus horizontes além das torres e pátios de Cambridge, Montgomery decidiu passar um ano no Instituto de Estudos Avançados de Princeton. Lá, teve a chance de expressar suas preocupações sobre a tentativa de provar o improvável. Segundo um costume local, todos os visitantes do Instituto, sejam iniciantes ou veteranos, eram convidados a almoçar com o diretor. Quando este lhe perguntou sobre sua área de trabalho, Montgomery disse que estava há algum tempo interessado na conjectura dos primos gêmeos, mas tinha de admitir que os teoremas de Gödel o perturbavam. A resposta do diretor ao jovem Montgomery foi preocupante: "Bem, por que não perguntamos a Gödel?" – e Gödel foi chamado para dar sua opinião. Para a tristeza de Montgomery, Gödel não pôde assegurá-lo de que seria possível provar algo como a conjectura dos primos gêmeos a partir dos axiomas correntes da teoria dos números.

O próprio Gödel levantara tais preocupações em relação à hipótese de Riemann: talvez os axiomas que formavam as fundações do edifício matemático não fossem suficientemente amplos para dar suporte à prova necessária, e, nesse caso, poderíamos continuar construindo em alturas cada vez maiores, sem jamais encontrar uma conexão com a hipótese. Porém, Gödel ofereceu algum consolo. Ele acreditava que nenhuma conjectura genuinamente interessante poderia ser inalcançável. Bastava encontrar uma nova pedra fundamental para estender a base do edifício. Somente voltando às fundações da disciplina e tentando ampliá-las seríamos capazes de prosseguir a construção até encontrar a prova desejada. Se a conjectura fosse realmente interessante – se seu resultado fosse uma extensão natural do que já fora provado –, então, segundo Gödel, sempre seria possível encontrar uma pedra que também se encaixasse naturalmente nas fundações existentes, permitindo provar a conjectura. Gödel havia provado que isso sempre deixaria outras conjecturas desamparadas, mas a evolução contínua das fundações axiomáticas da matemática mantinha a perspectiva de que se apreenderiam cada vez mais problemas não resolvidos.

Montgomery voltou a Cambridge certo de que seu sonho de entender os mistérios do universo dos números não era completamente inútil. Assim, retornou ao problema de Gauss sobre a fatoração de números imaginários. Ele sabia, segundo o que lera, que as propriedades da paisagem de Riemann guardavam relações com as investigações de Gauss. No início do século XX, em particular, a hipótese de Riemann havia desempenhado um papel de certa forma paradoxal na prova de uma das conjecturas de Gauss sobre a fatoração de números imaginários – a chamada conjectura da classe numérica.

Em 1916, um matemático alemão, Erich Hecke, conseguiu provar que, se a hipótese de Riemann fosse verdadeira, a conjectura da classe numérica de Gauss também seria. Essa foi uma das muitas provas condicionais surgidas ao longo do século, que dependiam de que o monte Riemann fosse escalado para que conseguíssemos reivindicar os tesouros nele escondidos. Não podia receber oficialmente o título de "prova" até que a hipótese de Riemann fosse comprovada. O fato relativamente paradoxal que Montgomery descobriu sobre a conjectura da classe numérica de Gauss surgiu alguns anos depois. Três matemáticos, Max Deuring, Louis Mordell e Hans Heilbronn, conseguiram demonstrar que, se a hipótese de Riemann fosse falsa, isso também poderia ser usado para provar que a conjectura de Gauss sobre a fatoração de números imaginários estava correta. Nessa situação, era impossível "perder". De qualquer maneira, ficou demonstrado que Gauss estava certo em sua suposição sobre a fatoração. A prova incondicional da conjectura da classe numérica de Gauss, que combinava a prova de Hecke com a de Deuring, Mordell e Heilbronn, foi uma das mais estranhas aplicações da hipótese de Riemann.

Agora, Montgomery sabia como os zeros de Riemann seriam importantes para a abordagem de alguns dos problemas não resolvidos de Gauss sobre a fatoração de números imaginários. Ele tinha certeza de que poderia fazer algum progresso na extensão do aclamado trabalho de Baker, caso conseguisse demonstrar que os zeros gostam de se agrupar ao longo da linha crítica de Riemann. Sua crença de que cada zero seria rapidamente seguido por outro foi inspirada na conjectura dos primos gêmeos, que o fascinava há muito tempo. Seria possível demonstrar que os pontos no nível do mar podem estar muito próximos, como os primos gêmeos, que esperamos observar infinitamente? O agrupamento próximo de pontos no nível do mar teria implicações importantes para o problema da fatoração de números imaginários. Esse talvez pudesse ser o primeiro troféu de Montgomery, o tipo de prêmio que todos os estudantes recém-formados sonham em ganhar, deixando sua marca no brutal mundo acadêmico.

Montgomery apostava suas fichas na distribuição aleatória dos zeros ao longo da linha crítica de Riemann, que de alguma forma refletiria a distribuição aparentemente caótica dos primos ao longo da reta numérica. Afinal, se os primos parecem haver sido escolhidos pelo lançamento de uma moeda, era razoável acreditar que os zeros da função zeta também estariam distribuídos aleatoriamente. A aleatoriedade sempre cria agrupamentos; é por isso que os ônibus vêm em sequências de três, e os números ganhadores da loteria muitas vezes estão próximos uns dos outros. Montgomery esperava encontrar, dentro dessa distribuição aleatória, agrupamentos de zeros próximos. Enquanto marchasse para o norte ao longo da linha crítica, Montgomery esperava ver uma sucessão de levas de zeros, que poderia, então, usar para provar fatos relacionados à fatoração de números imaginários.

O problema era a escassez de indícios experimentais. Não havia sido calculado um número suficiente de zeros para que fosse possível observar diretamente qualquer agrupamento, portanto Montgomery teria que utilizar uma abordagem lateral. Na ausência de dados experimentais, haveria algum aspecto da teoria que previsse esse agrupamento? Montgomery, então, engendrou uma inversão intrigante do papel desempenhado de hábito pelos zeros. A fórmula explícita que Riemann descobrira, usando a paisagem zeta, expressava uma conexão direta entre os primos e os zeros. Ela deveria servir como uma forma de entender os primos pela investigação dos zeros. A estratégia de Montgomery consistiu em revirar a equação de cabeça para baixo. Ele usaria o conhecimento sobre os primos para deduzir o comportamento dos zeros ao longo da linha crítica de Riemann. Montgomery lembrou que Hardy e Littlewood haviam estimado a frequência com que os primos gêmeos deveriam ocorrer. Talvez fosse possível estender essa estimativa para o comportamento dos zeros. Porém, ao inserir a estimativa de Hardy e Littlewood na fórmula explícita de Riemann, para sua grande surpresa e frustração, ela mostrou que os zeros não estariam nada agrupados.

Montgomery passou a explorar mais detalhadamente essa previsão. Ela parecia dizer que, à medida que viajamos para o norte, ao longo da linha de Riemann, os zeros — ao contrário dos primos — na verdade se repelem. Montgomery logo percebeu que eles não gostavam nem um pouco de estar próximos uns dos outros. Ao contrário dos primos, os zeros não estariam de vez em quando acompanhados por outros zeros imediatamente próximos. De fato, a previsão de Montgomery sugeria que eles talvez estivessem dispostos de maneira completamente uniforme ao longo da linha de Riemann, ao contrário da distribuição aleatória que esperava encontrar.

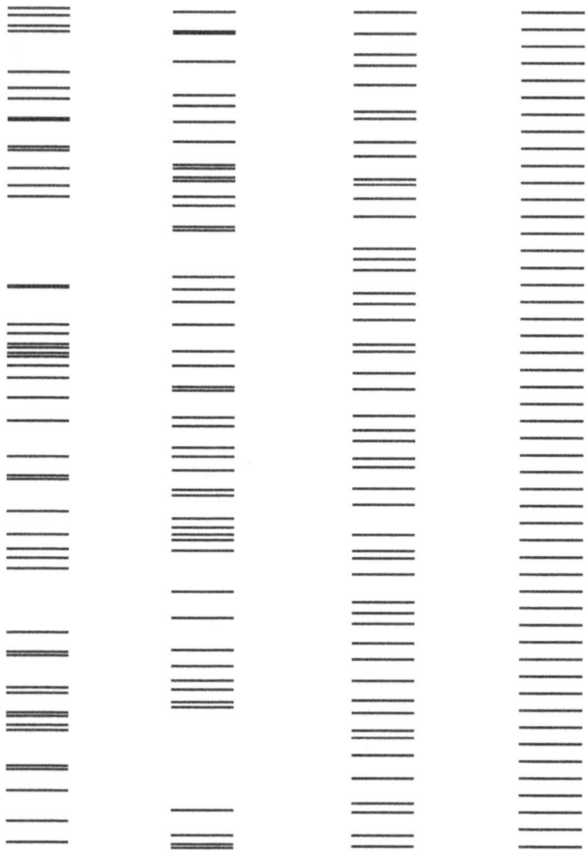

Espaçamento entre gotas de chuva aleatórias, primos e zeros de Riemann

Montgomery passou a buscar um modo de descrever sua previsão sobre o comportamento dos espaços entre os pontos ao nível do mar. Ele preparou o que é chamado de gráfico de correlações de pares para demonstrar a faixa de separação esperada entre os zeros (ver figura p.280). A curva era diferente de qualquer outra que Montgomery já houvesse visto. Em nada se parecia com o tipo de gráfico que obtemos quando plotamos diferenças entre, digamos, as alturas de um grupo aleatório de pessoas, gráfico que tem a forma clássica da curva em forma de sino de Gauss.

O gráfico de Montgomery registra quantos pares de zeros deveria haver em cada separação possível dos pares. A parte inicial do gráfico demonstra que os zeros não gostam de se agrupar, pois sua altura se mantém muito baixa. Montgomery acreditava que, à direita do gráfico, deveria surgir uma forma sinuosa que representava uma série estatística incomum. Ele não conseguiu provar que as distâncias entre os zeros se distribuiriam dessa forma, nem possuía cálculos suficientes sobre as posições dos zeros para testar experimentalmente a precisão de sua previsão. Montgomery propôs esse estranho gráfico baseado apenas na conjectura de Hardy e Littlewood sobre a frequência com que esperamos encontrar os primos gêmeos. Porém, ao contrário do que pensou de início, o gráfico não era tão original.

Como Montgomery esperava encontrar os zeros próximos uns aos outros, encarou seu trabalho como um certo fracasso. Ele planejara usar os agrupamentos de zeros na linha crítica de Riemann para responder a algumas das questões não resolvidas de Gauss sobre a fatoração de números imaginários. Mas ocorreu o oposto. Se sua nova conjectura estivesse certa, e os zeros gostassem de se repelir, ela diria muito pouco sobre suas ideias iniciais. Ainda assim, quando partimos em uma jornada, nem sempre sabemos onde vamos terminar. Durante a estada de Montgomery em Cambridge, Littlewood o aconselhou a "não ter medo de trabalhar em problemas difíceis, pois talvez acabe por solucionar algo interessante ao longo do caminho". Littlewood aprendeu esse princípio da pior maneira possível, quando, durante a pós-graduação, seu orientador lhe propôs inadvertidamente resolver a hipótese de Riemann.

Montgomery se deparou com essa distribuição inesperada dos espaços entre os zeros no final de 1971. Em março de 1972, defendeu sua tese de doutorado e foi aceito para trabalhar na Universidade de Michigan, onde é professor até hoje. Ele acreditava que sua perspectiva era genuinamente nova e interessante, mas ainda tinha grandes dúvidas. Sabia que Atle Selberg se

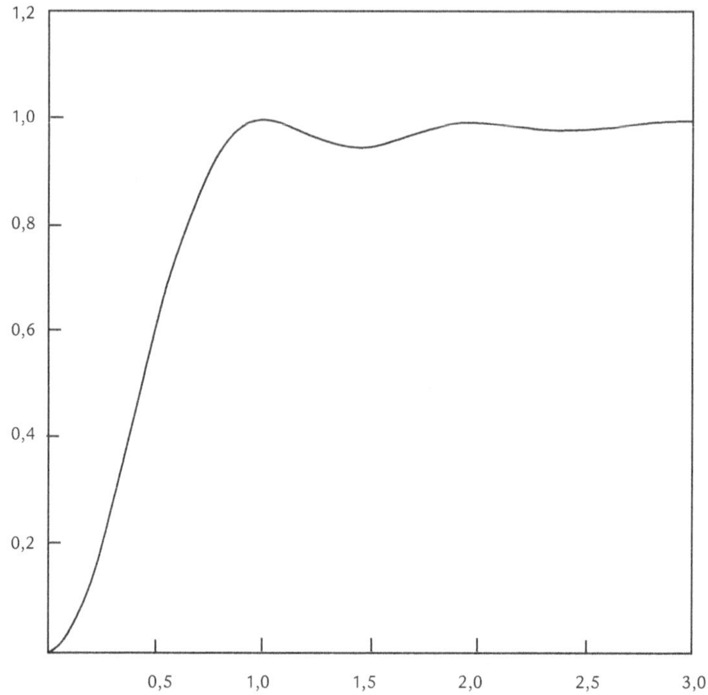

Gráfico de Montgomery. O eixo horizontal registra a distância entre pares de zeros, enquanto o eixo vertical mede o número de pares existente em cada distância

tornara uma espécie de Gauss atual. "Selberg tinha muitos trabalhos não publicados, e sempre existia o risco de que ele dissesse: 'Ah, sim, eu já sabia disso há muitos anos.'" Assim como os anúncios das novas descobertas de Legendre eram velhos resultados registrados por Gauss muitos anos atrás, em manuscritos não publicados, os matemáticos modernos frequentemente descobriam que Selberg os vencera em alguma questão. Após os problemas que teve ao interagir com Erdös na prova elementar do teorema dos números primos, Selberg passou a trabalhar muito isolado, e várias de suas ideias sobre a teoria dos números não eram publicadas.

Assim, ao seguir para uma conferência sobre a teoria dos números na primavera de 1972, Montgomery fez um desvio e passou por Princeton para mostrar sua descoberta a Selberg. Algo mais o inquietava: "Eu estava um pouco intrigado, pois achava que o que havia feito trazia alguma mensagem, mas eu não sabia qual era." Porém, a ajuda de que Montgomery precisava para interpretar a mensagem não viria de Selberg, mas de outro membro da máfia de Princeton.

Dyson, o príncipe-sapo da física

O físico inglês Freeman Dyson ficou famoso logo após a Segunda Guerra Mundial, defendendo as ideias do cientista independente Richard Feynman. Após se formar em Cambridge, Dyson ganhou uma bolsa para estudar física na Universidade de Cornell. Foi lá que conheceu o jovem Feynman, que estava desenvolvendo uma abordagem muito singular e pessoal da física quântica. A princípio, poucos deram atenção ao que Feynman tinha a dizer, pois não conseguiam entender a linguagem muito pessoal que usava. Dyson apreciou a força da perspectiva de Feynman e o ajudou a articular suas ideias revolucionárias de maneira mais clara. As ferramentas desenvolvidas por Feynman são hoje a base para a maior parte dos cálculos feitos pelos físicos de partículas. Se não fossem as técnicas interpretativas de Dyson, essas ferramentas poderiam ter se perdido para sempre.

A física não foi a primeira coisa a captar a imaginação de Dyson. Ele veio de uma família com forte tradição musical, mas com pouco interesse pela ciência. Na escola, porém, as melodias inebriantes da matemática encantaram o jovem Dyson. Ele ficou fascinado com a teoria de Ramanujan sobre as partições, depois de ganhar uma cópia de um dos livros de Hardy sobre a teoria dos números. "Nos 40 anos seguintes àquele belo dia, tenho retornado episodicamente ao jardim de Ramanujan. Todas as vezes que volto, encontro novos botões florescendo. Essa é a característica mais impressionante de Ramanujan. Ele descobriu outras tantas, e ainda deixou tantas outras em seu jardim para serem descobertas por outras pessoas."

Segundo Dyson, embora todos os cientistas gostem de explorar o mesmo terreno, eles podem ser classificados em dois grupos distintos: os pássaros e os sapos. Os pássaros voam alto sobre sua área e conseguem observar grandes conexões pela paisagem; os sapos passam o tempo saltando pela lama e nadando em um pequeno poço com o qual ficam muito familiarizados. A matemática era, em grande parte, uma disciplina para os pássaros, mas Dyson se via como um sapo, o que fez com que se voltasse para as preocupações mais práticas da física.

Seu êxito na promoção da física quântica de Feynman chamou a atenção do diretor do Instituto de Estudos Avançados, Robert Oppenheimer, o físico que liderou o programa nuclear dos Estados Unidos durante a Segunda Guerra Mundial. Dyson aceitou a proposta de Oppenheimer de assumir uma cadeira permanente no Instituto, em 1953. Embora seja uma figura modesta e tranquila, as opiniões diretas e sinceras de Dyson o ajudaram a ficar famoso fora dos círculos acadêmicos. Ele ficou conhecido por suas especulações sobre a possibilidade de haver civilizações extraterrestres. Dyson foi cultuado por um público fascinado pelo espaço sideral graças ao trabalho que fez, durante as décadas de 1950 e 1960, sobre o Projeto Orion, uma proposta para a construção de uma nave espacial capaz de levar seres humanos a Marte e Saturno.

Embora Montgomery houvesse passado o ano acadêmico de 1970-71 no Instituto, onde conheceu Gödel, tivera pouco contato com físicos. Ele se manteve ocupado com a grande quantidade de teóricos dos números de Princeton. Ainda assim, relembra: "Eu conhecia Dyson de vista, e nos cumprimentávamos e sorríamos, mas duvido que soubesse quem eu era. Eu o conhecia porque ele havia trabalhado, durante a Segunda Guerra Mundial, com questões da teoria dos números em Londres."

Antes de partir para uma conferência, Montgomery passou o dia em Princeton explicando suas ideias a Selberg e a outros teóricos dos números que visitavam o Instituto. Quando chegou a hora, interromperam a discussão para passar ao ritual mantido pela maioria dos departamentos de matemática, o chá da tarde. A hora do chá sempre foi um evento importante para o Instituto, pois permite que os membros de diferentes disciplinas troquem ideias. Montgomery estava conversando com um dos teóricos dos números que haviam escutado sua explicação, Sarvadaman Chowla. Este indiano era um aluno de Littlewood, viajara para os Estados Unidos quando sua terra natal, Lahore, se tornou parte do Paquistão, na fundação dos novos Estados do Paquistão e da Índia, em 1947. Chowla passou a visitar o Instituto regularmente, e seu bom humor e sua personalidade espirituosa lhe valeram a estima dos membros permanentes. Enquanto Chowla e Montgomery conversavam, o matemático indiano notou a presença de Dyson no outro lado da sala.

"Chowla disse: 'Você conhece Dyson?' Eu disse que não. 'Vou apresentá-lo a você', e eu disse novamente que não." Mas Chowla não é o tipo de gente que aceita um "não" como resposta – ele é a única pessoa que já conseguiu intimar Selberg a escrever um artigo conjunto. "Chowla foi muito insistente e me arrastou para apresentar-me a Dyson. Eu estava com vergonha de incomodá-lo, mas ele foi muito cordial e perguntou sobre minha área de trabalho." Montgomery começou a falar de suas ideias sobre o comportamento dos espaços entre pares de zeros, e assim que mencionou seu gráfico da distribuição dos espaços, os olhos de Dyson brilharam. "Mas esse é o mesmo comportamento da diferença entre os pares de autovalores de matrizes hermitianas aleatórias!"

Dyson explicou rapidamente a Montgomery que essa estranha matemática era usada pela física quântica para prever os níveis de energia no núcleo de um átomo pesado ao ser bombardeado por nêutrons de baixa energia. Dyson, que era um dos pioneiros nesse trabalho, indicou a Montgomery alguns dos experimentos que haviam sido feitos para registrar esses níveis de energia. Como previsto, quando Montgomery observou os espaços entre os níveis de energia no núcleo do érbio, o 68º elemento da tabela periódica, notou uma familiaridade impressionante. Se ele tomasse uma sequência de zeros da linha crítica de Riemann e a colocasse ao lado desses níveis de energia registrados experimentalmente, podia perceber em seguida que os dois eram misteriosamente semelhantes. Tanto os zeros quanto os níveis de energia estavam espaçados de maneira muito mais ordenada do que se houvessem sido escolhidos aleatoriamente.

Montgomery não conseguia acreditar naquilo. Os padrões que ele previra para a distribuição dos zeros eram os mesmos que os físicos quânticos estavam encontrando entre os níveis de energia dos núcleos de átomos pesados. Com padrões tão característicos, aquela forte semelhança não poderia ser uma coincidência. Lá estava a mensagem que Montgomery buscava: a matemática por trás dos níveis quânticos de energia dos núcleos pesados talvez fosse a mesma que determinava as localizações dos zeros de Riemann.

A matemática responsável por explicar esses níveis de energia remonta à revelação que incitou o desenvolvimento da física quântica durante o século XX. As partículas elementares, como os elétrons e fótons, possuem duas características em aparência contraditórias: por um lado, comportam-se exatamente como minúsculas bolas de bilhar. Porém, certos experimentos também revelaram um caráter diferente, que só pode ser explicado se essas "partículas" fundamentais forem tratadas como ondas. A física quântica nasceu das tentativas feitas pela ciência para explicar essa dupla personalidade subatômica, conhecida como dualidade onda-partícula.

Tambores quânticos

No início do século XX, surgiu a ideia do átomo como um minúsculo sistema solar formado por partículas indivisíveis. O Sol no centro desse mini-sistema solar foi chamado de núcleo; posteriormente, os físicos descobririam que esse núcleo era formado por outras partículas, denominadas prótons e nêutrons. Ao redor do núcleo orbitavam os elétrons, os planetas da estrutura atômica. Os avanços da teoria e dos experimentos logo forçaram os físicos a repensar esse modelo. Começou-se a perceber que o átomo não se comporta tanto como um sistema solar, e sim como um tambor. As vibrações que criamos ao golpear um tambor são formadas por certos padrões de onda básicos, cada um com uma frequência particular. Em teoria, existem infinitas frequências possíveis, e o som do tambor é, portanto, uma combinação dessas diversas frequências. Ao contrário dos harmônicos de uma corda de violino, o som do tambor é uma mistura muito mais complicada de frequências determinadas pela forma do tambor, a tensão do couro, a pressão externa do ar e outras influências. A complexidade dos diferentes padrões de onda produzidos por um tambor explica por que os instrumentos de percussão de uma orquestra não geram notas identificáveis.

Existe um modo de observar a complexidade das vibrações que formam o som de um tambor. Ernst Chladni, um cientista do século XVIII, desenvolveu um experimento que costumava apresentar nas cortes europeias. (Napoleão ficou particularmente fascinado por essa demonstração, e lhe deu um presente de seis mil francos.) Chladni pegou uma placa quadrada de metal para representar o tambor. Quando batia na placa, ouvia-se um som horrível, mas fazendo a placa vibrar cuidadosamente com o arco de um violino, Chladni conseguia diferenciar cada uma das frequências individuais. Ao cobrir a placa com uma fina camada de areia, mostrava à plateia os diferentes tipos de vibrações que ocorriam na placa em cada frequência básica. A areia se amontoava nas partes da placa que não estavam vibrando, e surgiam estranhos padrões. Todas as vezes que Chladni fazia a placa vibrar com uma nova batida de arco, aparecia um novo desenho na areia, indicando uma nova frequência.

Os físicos dos anos 1920 se deram conta de que a matemática que descrevia as frequências do som de um tambor também podia ser usada para prever os níveis de energia característicos nos quais os elétrons do átomo gostam de vibrar. As fronteiras do átomo são como as bordas do tambor: as forças do átomo controlam as vibrações das partículas subatômicas, assim como a tensão do couro do tambor ou a pressão do ar circundante governam as vibrações que geram seu som. Cada átomo é como uma das placas de Chladni. Os elétrons do átomo vibram apenas em padrões bem determinados, como aqueles que Chladni tornava visíveis. Quando um elétron é excitado, passa a vibrar em uma nova frequência, da mesma forma que os desenhos gerados por Chladni na areia de suas placas usando um arco de violino. Cada átomo diferente da tabela periódica tem sua série particular de frequências nas quais

Algumas das vibrações exóticas de uma placa de metal com a qual Chladni entretinha Napoleão

os elétrons em seu interior preferem vibrar. Essas frequências são as assinaturas individuais dos átomos, exploradas pelos espectroscopistas para identificar as espécies atômicas nas substâncias que investigam.

Uma teoria matemática havia sido desenvolvida para explicar os padrões – ou formas de onda – que surgem na superfície do tambor. A teoria remonta à *equação da onda* de Euler. Quando aplicada às propriedades físicas do tambor – seu formato, a tensão do couro, a pressão do ar circundante e assim por diante –, suas soluções nos fornecem as possíveis formas de onda. A física do átomo difere da física do tambor, pois envolve números imaginários. Para resolver as equações que ditam o comportamento do átomo, os físicos se viram obrigados a penetrar o mundo intangível dos números imaginários. E são eles que dão à física quântica seu estranho caráter probabilístico.

Em nosso mundo macroscópico do dia a dia, podemos fazer medições sem afetar o que estamos medindo. Quando usamos um cronômetro para avaliar atletas, não reduzimos sua velocidade; quando medimos o local em que um dardo cai, não alteramos a distância do arremesso. Como observadores, somos independentes do sistema que medimos. Mas as coisas são diferentes no mundo microscópico. Quando observamos um elétron, interagimos com ele, alterando seu comportamento.

A física quântica tenta explicar o que ocorre com a partícula antes que o observador se envolva. Enquanto o mundo quântico não está sendo observado por nós, em nosso mundo macroscópico, ele existe somente no mundo dos números imaginários. São eles que esclarecem as observações em aparência inexplicáveis segundo nossa perspectiva macroscópica. Por exemplo, aparentemente um elétron não observado pode estar em dois lugares ao mesmo tempo, ou vibrar em várias frequências ou níveis de energia. Quando observamos um evento no mundo quântico, é como se não estivéssemos vendo o evento em seu domínio natural – apenas uma sombra do evento projetada em nosso mundo "real" de números comuns. O ato da observação faz com que o mundo imaginário bidimensional colapse para a reta unidimensional dos números habituais. Antes que observemos um elétron, ele estará vibrando, como um tambor, em uma combinação de frequências diferentes. Mas quando o observamos, não é como se ouvíssemos um tambor, escutando todas as frequências ao mesmo tempo – ouvimos apenas o elétron vibrando em uma única frequência.

Duas das principais figuras responsáveis pelo mapeamento do novo mundo quântico foram os físicos de Göttingen Werner Heisenberg e Max Born. Do alto de seu escritório, Hilbert muitas vezes via Heisenberg e Born caminhando pelos gramados do lado de fora do Departamento de Matemática, absortos em discussão, concebendo o modelo atômico do século XX. Hilbert começou a ponderar se a localização dos zeros da paisagem de Riemann poderia ser explicada pela matemática das vibrações desenvolvida por Heisenberg para explicar os níveis de energia do átomo. Porém, havia pouca base para seguir em frente naquela época. As descobertas de Montgomery reviveram a ideia de Hilbert de que a melhor maneira para se compreender os zeros de Riemann viria da matemática dos tambores quânticos, criada por Born e Heisenberg para explicar os níveis de energia. A mistura de números imaginários e ondas gerou uma série característica de frequências, exclusiva dos tambores que se originavam na física quântica, e não em uma orquestra clássica. Porém, como Dyson explicaria a Montgomery durante aquele encontro no salão de Princeton, as frequências características que, em última análise, estariam mais afinadas com a localização dos zeros de Riemann viriam de alguns dos átomos mais complicados da orquestra quântica.

Ritmo fascinante

O primeiro átomo que os físicos quânticos conseguiram analisar foi o de hidrogênio. Um átomo de hidrogênio é um tipo de tambor muito simples: um elétron orbitando um próton. As equações que determinam as frequências ou níveis de energia do elétron e do próton são suficientemente simples para serem resolvidas com precisão. As frequências do elétron têm muito em comum com os harmônicos gerados por uma corda de violino. Embora os físicos quânticos tenham tido êxito ao lidarem com o hidrogênio, assim que avançaram pela tabela periódica descobriram que era impossível descrever o tambor matemático com precisão. Quanto maior o número de nêutrons e prótons no núcleo, e de elétrons orbitando-o, mais difícil se tornava a tarefa. Quando chegaram aos 92 prótons e 146 nêutrons que formam o núcleo do urânio-238, os físicos estavam perdidos. O problema mais difícil era determinar os possíveis níveis de energia do núcleo, o Sol no centro do sistema solar atômico. Descobrir o formato do tambor matemático que determinava os níveis de energia nucleares era complicado demais. Mesmo que se conseguisse determinar quais tambores matemáticos eram responsáveis pelos níveis de energia, os tambores seriam tão complexos que não haveria como determinar suas frequências.

Somente na década de 1950 foi encontrado um modo para se analisar uma situação tão complicada. Em vez de tentar descobrir os valores precisos de todos os diferentes níveis de energia, Eugene Wigner e Lev Landau decidiram, ao contrário, observar as estatísticas desses níveis. Eles fizeram com os níveis de energia o que Gauss fez com os primos. Gauss mudara o foco da investigação, abandonando a tentativa de prever precisamente quando surgiria um primo e passando a estimar, em média, quantos primos encontramos à medida que a contagem aumenta. Da mesma forma, Wigner e Landau propuseram um método mais compreensível para se abordar os níveis de energia atômicos. As estatísticas revelavam a chance de se encontrar, em alguma pequena região do espectro completo de frequências, os níveis de energia de um núcleo em particular.

O núcleo do urânio era tão complicado que havia uma enorme gama de equações possíveis para determinar os níveis de energia de acordo com o estado em que o urânio se encontrasse. Portanto, havia poucas esperanças de se conseguir avaliar as estatísticas desses níveis de energia, pois eles se alteravam amplamente com as mudanças do estado do núcleo. Como os níveis de energia eram determinados pela análise dos tambores quânticos, Wigner e Landau decidiram observar se as estatísticas das frequências variavam intensamente ao alterarmos o formato dos tambores. Por sorte, na maioria dos tambores, isso não ocorria. Wigner e Landau descobriram que, ao escolherem tambores quânticos de modo aleatório, as frequências específicas podiam se alterar, mas as estatísticas das frequências, não. As estatísticas da maioria dos tambores quânticos eram as mesmas, mas será que o núcleo de um átomo pesado se comportaria como o tambor quântico médio? Wigner e Landau acreditavam que não havia nada de especial nos tambores que descreviam especificamente, por exemplo, o núcleo de urânio – nada os tornava diferentes da maioria dos tambores quânticos.

Sua suposição foi precisa. Quando compararam as estatísticas dos níveis de energia de um tambor quântico aleatório com aquelas dos níveis de energia observados em experimentos, a correspondência foi excelente. Em particular, observaram que os espaços entre os níveis de energia do núcleo do urânio pareciam repelir uns aos outros. Foi por isso que Freeman Dyson ficou tão empolgado durante o encontro com Montgomery em Princeton – o gráfico que Montgomery lhe mostrou tinha a marca característica das estatísticas dos níveis de energia. Mas Montgomery havia descoberto esse estranho padrão em uma área aparentemente não relacionada da ciência.

A questão seguinte, portanto, era descobrir por que e como essas duas áreas – os níveis de energia e os zeros de Riemann – teriam qualquer relação uma com a outra. Montgomery ficara tão boquiaberto quanto um arqueólogo ao descobrir pinturas paleolíticas idênticas em cavernas situadas em lados opostos do mundo. Simplesmente deveria haver uma relação entre as duas. Montgomery diz que sua conversa com Dyson foi uma das coincidências mais fortuitas da história científica: "Minha presença exatamente naquele lugar foi algo totalmente inesperado." Desde Galileu e Newton, a física e a matemática sempre percorreram territórios semelhantes, mas ninguém poderia esperar que a teoria dos números de Riemann e a física quântica estivessem tão intimamente conectadas. A tentativa de Montgomery para entender a fatoração de números imaginários não rendera nenhum fruto, mas ele deparou com algo muito mais interessante. "Esse foi um dos melhores projetos fracassados que já houve," brinca Montgomery.

O que significavam, para a hipótese de Riemann, essas revelações feitas à mesa do chá de Princeton? Se os pontos no nível do mar da paisagem de Riemann podem ser explicados pela matemática dos níveis de energia da física, temos a perspectiva interessante de conseguir provar definitivamente por que os pontos no nível do mar se encontram em linha reta. Um zero fora da linha seria como um nível de energia imaginário, algo não permitido pelas equações da física quântica. Essa era a melhor esperança de se encontrar algum tipo de explicação para a hipótese de Riemann.

Embora fossem realizados experimentos para confirmar o modelo de níveis de energia de Wigner e Landau em grandes átomos, Montgomery ainda não possuía uma confirmação experimental de que os pontos no nível do mar da paisagem de Riemann estivessem fazendo o que a teoria previa. Ninguém realizara testes para avaliar se os zeros realmente se repeliam, como ele sugeria. O problema era que as regiões da paisagem de Riemann em que essas estatísticas tinham probabilidade de ocorrer estavam muito além do alcance computacional de Montgomery.

Em Cambridge, Montgomery entrara em contato com as descobertas de Littlewood sobre a grande distância que é preciso contar até que os números primos revelem sua face verdadeira. Apesar da prova teórica de Littlewood de que a fórmula de Gauss ocasionalmente subestimaria o número de primos, ninguém conseguira demonstrar este ponto de vista experimentalmente. Montgomery já se resignava a sofrer o mesmo destino. Fora necessário algum tempo para que os físicos experimentais construíssem aceleradores de partículas que gerassem energia suficiente para confirmar as previsões de Wigner e Landau. Montgomery temia que os matemáticos jamais conseguissem calcular números tão altos para testar se os zeros mais distantes da linha crítica fariam o que ele previa.

No entanto, Montgomery não contava com a potência computacional de Andrew Odlyzko e seu supercomputador Cray, localizado no laboratório de pesquisa da AT&T, no centro de Nova Jersey. Odlyzko ouviu falar da previsão de Montgomery sobre os espaços entre os zeros e sua relação com os tambores aleatórios subjacentes aos níveis de energia de núcleos pesados. Esse era exatamente o tipo de desafio que ele apreciava. Odlyzko começou a investigar zeros a uma distância de 10^{12} unidades ao longo da linha crítica de Riemann. Seria um feito computacional fantástico. Se imaginarmos que o centro do mapa da paisagem de Riemann se localiza em Nova Jersey, e representarmos cada unidade ao longo da linha crítica como a distância de um centímetro, Odlyzko estaria observando seções da linha crítica de Riemann 25 vezes mais distantes que a Lua. Depois que o supercomputador Cray investigara cerca de 100 mil zeros, Odlyzko pôde passar a analisar as estatísticas sobre os espaços entre eles. Em meados da década de 1980, já estava pronto para publicar os resultados de seus cálculos. Os zeros da paisagem de Riemann de fato mostravam algumas semelhanças com o espaçamento dos níveis de energia de átomos pesados, mas estava claro que a correspondência não era perfeita. Nenhum estatístico ficaria satisfeito com essa correlação. Será que Montgomery estava errado, ou seria necessário investigar regiões ainda mais ao norte?

Odlyzko, nada intimidado pela magnitude da tarefa, avançou mais 10^{20} passos ao norte. Nos termos de nosso mapa imaginário centrado em Nova Jersey, Odlyzko já estava explorando regiões a 100 anos-luz de casa, uma distância bem além de Vega, o sistema estelar do qual a mensagem de números primos foi transmitida em *Contacto*, de Carl Sagan. Em 1989, Odlyzko plotou as distâncias entre os zeros e as comparou à previsão de Montgomery. Desta vez, a correspondência era assombrosa. Tratava-se de evidências convincentes sobre um novo aspecto dos zeros. De uma distância de 10^{20}, nos enviavam uma mensagem muito clara, informando-nos que eram gerados por um tambor matemático complexo.

Mágica matemática

Quão significativa era a correspondência estatística descoberta por Andrew Odlyzko? Estatísticas como essas talvez pudessem ser duplicadas pelo uso de uma parte completamente não relacionada da matemática. Montgomery e Odlyzko estariam nos indicando a direção correta, ou nos enviavam a uma jornada completamente sem futuro?

Para responder essas indagações, o melhor a fazer é perguntar ao estatístico de Stanford, Persi Diaconis. Ele é um mestre em desmascarar fenômenos físicos, e ajudou a expor o "código da Bíblia" – que alegava haver descoberto mensagens secretas no antigo texto em hebraico –, revelando tratar-se de farsa. Ao ser apresentado aos dados de Riemann, Diaconis admitiu que seria difícil encontrar uma correspondência estatística melhor que aquela. "Dediquei toda minha vida à estatística, e nunca vi dados tão bem correlacionados." Diaconis sabe melhor que ninguém que aquilo que parece estar certo quando observado por um determinado ângulo deve ser examinado por todas as demais perspectivas, para termos a certeza de que nenhuma falha reveladora passou despercebida. Diaconis é um mestre nesse tipo de truque – antes da matemática, sua imaginação havia sido atraída pela mágica.

Quando criança, em Nova York, Diaconis fugia da escola e passava os dias em lojas de mágica. Sua destreza manual chamou a atenção de um dos maiores mágicos dos Estados Unidos, Dai Vernon. Diaconis se lembra de que Vernon, então com 68 anos, lhe ofereceu a chance de partir em turnê como seu assistente: "Vou viajar para Delaware amanhã, você não quer vir comigo?" O jovem Diaconis, de 14 anos de idade, arrumou sua mala e partiu, sem contar nada aos pais, passando os dois anos seguintes viajando pelo país:

> Éramos como Oliver Twist e Fagin. A comunidade de mágicos oferece muito apoio. Não se trata de festivais decadentes, nada disso, são amadores de classe média alta. Os mágicos são fascinados por apostadores. Eu e Vernon procurávamos apostadores desonestos, e se ouvíssemos falar de um esquimó que conseguisse roubar no baralho usando luvas, partíamos para o Alasca – era esse tipo de aventura. Foi só o que fizemos durante dois anos, seguindo sem destino. Como lidávamos com apostadores, sempre se falava nas chances de cada aposta, e eu fiquei fascinado por probabilidade e quis aprender mais sobre aquilo.

Em suas viagens, Diaconis começou a ler sobre a matemática da probabilidade. Novamente, foi a intervenção casual de um livro em particular que ajudou a estimular a carreira de um dos matemáticos mais fascinantes de nossa geração. Ele ganhou o livro de William Feller sobre probabilidade, *An Introduction to Probability Theory and its Applications*, um dos volumes universitários essenciais sobre o assunto. Como não sabia cálculo, Diaconis não pôde ir muito longe. Assim, resolveu que a única maneira de progredir seria se matricular em um curso noturno no City College, em Nova York. Diaconis foi fisgado pela matemática, e após dois anos e meio se formou e desejou prestar provas para tentar uma vaga na universidade. Harvard resolveu dar uma chance a esse aluno exótico, que nunca mais olhou para trás.

Diaconis se mantém fiel a suas raízes de mágico, e admite haver muito em comum entre as duas artes.

> O modo como faço matemática é muito semelhante à mágica. Em ambas as áreas há um problema a resolver, sob certas restrições. Na matemática, existem as limitações de um argumento racional e das ferramentas que temos disponíveis, e, na mágica, trata-se de usar nossas ferramentas e destreza manual

para provocar um certo efeito sem que a plateia saiba o que estamos fazendo. O processo intelectual de resolver problemas nas duas áreas é praticamente o mesmo. Uma diferença entre a mágica e a matemática é a competição. Na matemática, a competição é muito mais acirrada.

Como estatístico, o interesse de Diaconis está em determinar se algo é aleatório ou não. Ele apareceu na primeira página do *New York Times* por analisar o embaralhamento de cartas. Segundo Diaconis, o jogador médio precisa embaralhar as cartas sete vezes para deixá-las em ordem aleatória. Mas isso ocorre quando as cartas são embaralhadas pelo jogador médio. As coisas mudam de figura se forem embaralhadas com as mãos mágicas de Diaconis. Muitos de seus truques dependem da técnica de embaralhar as cartas com perfeição. Ele sabe que, ao embaralhá-las oito vezes seguidas, elas retornam à ordem original, embora a plateia esteja convencida de que estão em ordem aleatória. Ele percebe com muita facilidade se um grupo de cartas embaralhadas foi "preparado". Diaconis ficou tão famoso por detectar padrões onde outros só viam o caos que está empregado em Las Vegas para verificar se as máquinas de embaralhamento eletrônico não dão nenhuma vantagem ao apostador perspicaz.

Diaconis ficou em particular intrigado quando os teóricos dos números começaram a anunciar as alegações de Montgomery e Odlyzko de que os zeros da paisagem de Riemann se pareciam com a frequência de algum tambor aleatório. Se havia alguém capaz de detectar um embuste, esse alguém era ele. "Então, liguei para Andrew e lhe disse que queria alguns zeros, e ele separou cerca de 50.000 só para mim, começando ao redor de 10^{20}." Diaconis experimentou um novo teste que havia descoberto enquanto trabalhava com a codificação de chamadas telefônicas na AT&T. "Fiz todos os testes que pude, e eles correspondiam perfeitamente à previsão", conta. Essas eram evidências ainda mais convincentes de que os zeros surgiam das batidas de um tambor matemático aleatório, cujas frequências se comportavam como os níveis de energia da física quântica. Para Diaconis, as conexões entre os primos e os níveis de energia não são nenhum ardil malicioso da natureza, mas mágica genuína.

Após as descobertas, essas novas estatísticas começaram a surgir em toda parte: núcleos pesados, zeros da função zeta de Riemann, sequenciamento de DNA, propriedades do vidro. O mais curioso, talvez, seja a descoberta de Diaconis de que essas estatísticas poderiam ajudar a responder outro problema sem solução: com que frequência podemos esperar vencer um jogo de paciência?

Em um dos jogos de paciência mais comuns, são distribuídas sete pilhas de cartas, uma carta na primeira pilha, duas na segunda e sete na última. A carta de cima de cada pilha é virada. As demais cartas são compradas em grupos de três. É permitido colocar cada carta exposta sobre outra se a carta a ser colocada for de cor diferente, e um número abaixo da carta sobre a qual será posta. Assim, por exemplo, um sete vermelho pode ser posto sobre um oito preto, e um valete preto sobre uma dama vermelha. Quando surgem ases, são colocados ao lado, e as sequências de cada naipe são formadas sobre eles até que todas as cartas sejam retiradas da mesa.

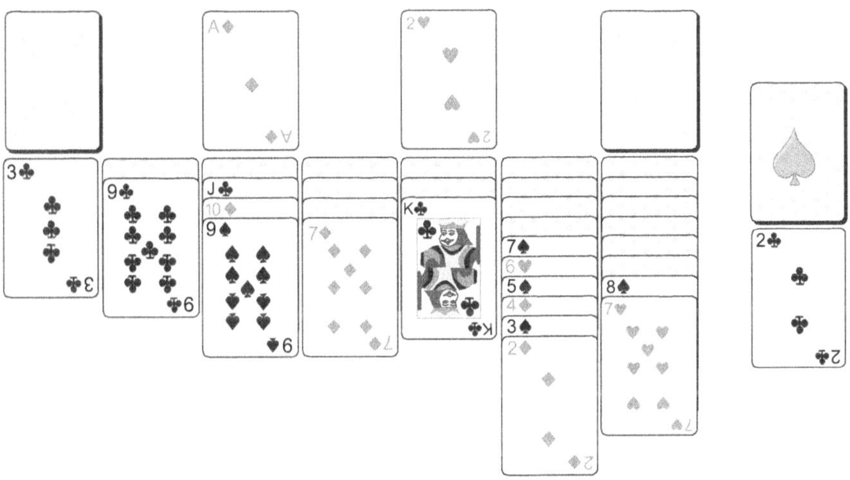

Um dos jogos mais populares de paciência – ainda um mistério para os matemáticos

O jogo tem muitas variantes. Em Las Vegas, pode-se comprar um maço de cartas por 52 dólares e, em vez de reutilizar o baralho restante após comprar todas as cartas de três em três, é permitido comprar as cartas uma a uma, mas sem reutilizar o baralho ao final. Para cada carta colocada sobre os ases, o cassino paga cinco dólares.

Embora essa paciência já seja jogada desde cerca de 1780, e seja conhecida por quase todas as pessoas que possuem um computador, ninguém sabe qual a proporção média de vitórias. Considerando-se que é possível ganhar cinco dólares por carta em Las Vegas, seria interessante saber quais são as chances de ganhar. Até mesmo um jogo aparentemente tão simples como esse possui muitas complicações, a ponto de impedir Diaconis de calcular uma taxa média de vitórias. No entanto, com os dados que ele coletou ao longo dos anos, parece ser possível limpar todas as cartas em cerca de 15% das vezes. Mas Diaconis adoraria poder prová-lo.

Uma estratégia comum para a resolução de problemas matemáticos é começar com um problema mais fácil. Diaconis analisou uma versão muito mais simples do jogo de paciência e ficou maravilhado ao perceber que a frequência de vitórias nesse jogo simplificado está baseada na teoria das frequências daqueles mesmos tambores matemáticos aleatórios. Apesar de seu progresso, Diaconis acredita que ainda tenha um longo caminho pela frente até conseguir realizar uma análise integral do jogo de paciência mais complexo. Ele promete a seus alunos que conseguirão um lugar na primeira página do *New York Times* se tiverem êxito nessa tarefa. Apesar dessas conexões fascinantes com os tambores matemáticos aleatórios, as soluções do jogo de paciência e da hipótese de Riemann continuam escapando aos cientistas.

Bilhar quântico

Os teóricos dos números tentavam assimilar a estranha reviravolta provocada em sua disciplina desde que Montgomery tomou aquela xícara de chá com Dyson. Embora a análise de Montgomery parecesse indicar que a física dos tambores quânticos pudesse ser a fonte dos zeros de Riemann, não havia muitos outros dados para iluminar esse caminho. Onde se escondia o tambor mágico? A partir das estatísticas e dados já coletados, parecia ser de fato um tambor escolhido aleatoriamente. Isso não ajudaria muito na tentativa de encontrar o tambor específico responsável pelos zeros de Riemann. Quando essa estranha conexão foi investigada com maior profundidade, tornou-se claro que a conexão com a física quântica não era a única reviravolta surpreendente da história dos zeros de Riemann. Surgiu uma nova conexão, que ajudaria os matemáticos na busca pelo tambor.

Diaconis e outros estatísticos desenvolveram uma série de armas sofisticadas com as quais podiam testar qualquer proposição. O código da Bíblia parecia ser estatisticamente significativo porque seus proponentes faziam com que observássemos os dados sempre a partir do mesmo ângulo. O código só foi desmascarado quando exposto à pressão de outros testes. Embora os estudos de Diaconis não houvessem derrubado as previsões de Montgomery, Odlyzko, de seu escritório em Nova Jersey, começou a ficar preocupado com alguns de seus novos cálculos. Ele buscava um teste estatístico diferente para analisar se a conexão entre os zeros de Riemann e a física quântica se justificava, e percebeu o surgimento de algumas discrepâncias preocupantes nos dados relacionados aos zeros de Riemann.

Odlyzko observava o gráfico de uma medida estatística chamada de variância. Ele plotou o gráfico que correspondia aos zeros de Riemann e o comparou ao gráfico correspondente que surgia das frequências de um tambor quântico aleatório. Enquanto observava a evolução dos gráficos, percebeu que, embora a correspondência fosse inicialmente muito boa, os dados obtidos a partir dos zeros de repente se afastavam do gráfico previsto pelos tambores quânticos aleatórios. A primeira parte do gráfico ainda testava as estatísticas sobre a distância entre os zeros vizinhos. Mas quando Odlyzko analisou o desenvolvimento contínuo do gráfico, percebeu que começavam a surgir certas discrepâncias. À medida que o gráfico evoluía, não mais acompanhava as estatísticas das distâncias entre os zeros, como na primeira parte do gráfico, mas algo mais parecido a estatísticas dos espaços entre o N-ésimo e o $(N + 1000)$-ésimo zero. Num primeiro momento, Odlyzko pensou que pudesse haver cometido alguns erros computacionais, que estariam causando esse desvio. Na verdade, ele presenciava os primeiros indícios da influência da paisagem de Riemann sobre outro dos principais temas da ciência do século XX: a *teoria do caos*.

Assim como a física quântica, a teoria do caos conseguiu se estabelecer no centro da cultura popular. Nenhuma festa *rave* dos anos 1990 estava completa sem fractais projetados nas paredes. Apesar de sua aparente complexidade, os fractais são gerados por regras de aspecto muito trivial. A teoria do caos, como a matemática por trás dessas imagens, ajuda a explicar por que, embora as regras da natureza possam ser simples, a realidade que observamos é infinitamente complexa. O termo "caos" é usado quando um sistema dinâmico é muito sensível às condições iniciais. Se uma pequena alteração no modo como um experimento é montado resultar em uma enorme diferença no resultado, essa é a marca característica do caos.

Uma das manifestações da matemática do caos é o jogo de bilhar. Se jogarmos uma bola ao longo da mesa de bilhar, ela seguirá um trajeto determinado pelos ângulos com que bater nas bordas da mesa. O que nos interessa observar é o resultado ao alterarmos um pouquinho a direção inicial em que jogamos a bola. O caminho traçado será radicalmente diferente do anterior? A resposta depende da forma da mesa. Em uma mesa retangular convencional, o trajeto seguido pela bola não tem um comportamento caótico (ao contrário do que a maioria dos amadores poderia pensar). O trajeto é muito previsível, e uma pequena alteração na direção inicial da bola não o altera radicalmente. Porém, em uma mesa de bilhar que tenha a forma de um estádio de futebol, os caminhos das bolas terão características bem diferentes. Se lançarmos duas bolas em direções iniciais apenas ligeiramente diferentes, descobriremos que elas seguem caminhos distintos, que parecem não ter nenhuma relação um com o outro. Como pode ser observado na figura, a física de uma mesa em forma de estádio é caótica, ao contrário dos caminhos muito previsíveis de uma mesa retangular.

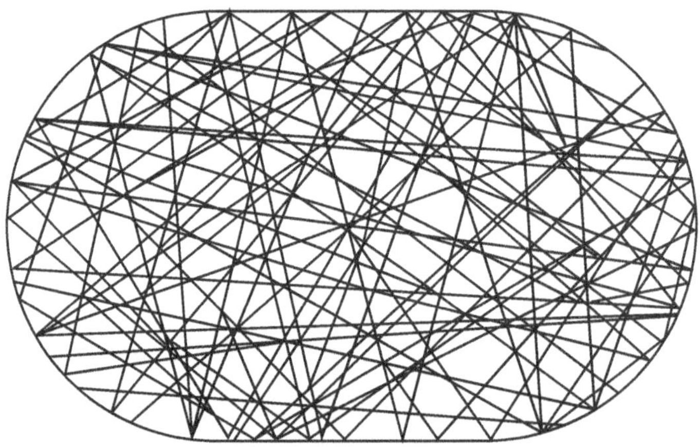

Movimentação caótica: as trajetórias descritas por bolas em uma mesa de bilhar em forma de estádio de futebol

Com o surgimento da matemática do caos durante os anos 1970, diversos físicos quânticos se interessaram pelas implicações que essa nova teoria teria sobre sua própria disciplina. Em especial, perguntaram-se o que ocorreria se jogássemos esse jogo de bilhar na escala atômica. Afinal, de uma certa perspectiva, os elétrons se comportavam de maneira bastante semelhante a bolas de bilhar microscópicas.

Utilizando um material semicondutor, do tipo que forma os chips de computador, é possível esculpir mesas de bilhar extremamente pequenas, de modo que centenas delas caibam na ponta de um alfinete. Os físicos passaram a explorar a movimentação de um elétron enquanto rebotava pela minúscula mesa. O elétron não está mais ligado a um átomo, ficando livre para se mover pelo semicondutor. Esse movimento é responsável pela transferência de dados pelo chip de computador. Mas o trajeto do elétron não é completamente desimpedido. Embora não orbite mais o núcleo de um átomo, o elétron está agora restrito pelas bordas da mesa. Os físicos estavam interessados no efeito provocado por mesas de diferentes formatos sobre o elétron, quando este se comportava como onda e também como partícula, da mesma forma que uma bola de bilhar. Assim como um elétron confinado a um átomo, o elétron livre vibra em certas frequências características enquanto descreve uma trajetória na minúscula mesa de bilhar.

Quando os físicos analisaram as estatísticas dos níveis de energia, descobriram variações que dependiam do tipo de trajeto, caótico ou regular, gerado pela mesa de bilhar. Se os elétrons fossem confinados a rebotar em uma região retangular, gerando trajetos regulares, e não caóticos, seus níveis de energia se distribuiriam de maneira bastante aleatória. Em particular, os níveis de energia estavam frequentemente bastante agrupados. Porém, as estatísticas eram bem diferentes quando os elétrons eram confinados a uma região em forma de estádio, na qual os trajetos são caóticos. Os níveis de energia não eram mais aleatórios, dispondo-se em um padrão muito mais uniforme, em que os níveis de energia não se posicionavam próximos uns dos outros.

Essa era mais uma manifestação da estranha repulsão dos níveis de energia. O bilhar quântico caótico criava os mesmos padrões observados nos níveis de energia de átomos pesados e também presenciados por Montgomery e Odlyzko nos zeros de Riemann. Esses níveis diferentes correspondiam muito bem às estatísticas de um tambor quântico aleatório. Porém, nem todas as medidas estatísticas correspondiam perfeitamente. Os físicos começaram a entender que as estatísticas da distância entre o N-ésimo e o (N + 1.000)-ésimo nível de energia dependiam do que estivéssemos fazendo: jogando bilhar quântico ou simplesmente medindo as frequências de um tambor quântico aleatório.

Um dos especialistas nesse coquetel entre o caos e a física quântica é sir Michael Berry, da Universidade de Bristol. Berry foi o primeiro a compreender que os desvios que Odlyzko notara entre os gráficos de variância dos zeros de Riemann e dos tambores quânticos aleatórios significavam que um sistema quântico caótico poderia oferecer o melhor modelo físico para o comportamento dos primos. Berry é uma figura carismática no circuito científico. Ele traz um ar de sofisticação para sua disciplina, algo que às vezes falta àqueles que vivem imersos no mundo da ciência. É um homem da Renascença, que gosta de citar os grandes nomes da literatura, assim como da ciência, para convencer os demais de sua visão de mundo. É especialista em encontrar a imagem perfeita para vislumbrarmos as complexidades das fórmulas matemáticas. Os matemáticos tiveram muita sorte ao recrutar esse cavaleiro inglês para tentar abordar a hipótese de Riemann.

Berry ficou fascinado com os números primos nos anos 1980, após ler um artigo da revista *Mathematical Intelligencer* intitulado "Os primeiros 50 milhões de números primos". O artigo foi escrito por Don Zagier, o mosqueteiro matemático do Instituto Max Planck que desafiara Bombieri em relação à hipótese de Riemann. Em vez de citar enfadonhamente milhões de números, Zagier descreveu o modo como os zeros da paisagem de Riemann poderiam ser usados para criar ondas que indicavam de modo mágico quantos primos poderíamos esperar à medida que a contagem aumentava. "Era um belo artigo. Os zeros de Riemann pareciam ser coisas maravilhosas." Berry ficou fascinado com a explicação física da descoberta de Riemann – a existência de música nos primos.

Como físico, Berry atribui ao tema dos números primos uma intuição física, ausente na maioria dos matemáticos. Os matemáticos podem passar tanto tempo em um mundo de construções mentais que se esquecem de todas as conexões entre o mundo matemático abstrato e a realidade física ao nosso redor. Riemann havia relacionado os primos a funções de ondas; para um físico como Berry, essas ondas não são somente música abstrata, mas podem ser traduzidas em sons físicos que qualquer pessoa é capaz de ouvir. Suas palestras sobre a hipótese de Riemann costumavam apresentar uma gravação da música de Riemann – um ruído branco grave e murmurante. Berry o descreve como "um tipo de música bastante pós-moderno, mas graças ao trabalho de Riemann, podemos dizer o que Bernard Shaw disse sobre Wagner: esta música é melhor do que soa".

O interesse de Berry pelos primos coincidiu com sua crescente compreensão das diferenças entre as estatísticas dos níveis de energia dos elétrons que jogam bilhar quântico e os níveis de energia de um tambor quântico aleatório. "Eu achei que poderia ser interessante rever a história dos zeros de Riemann e as ideias de Dyson à luz das novas conexões com o caos quântico." Será que as estatísticas especiais descobertas por Berry nos níveis de energia do bilhar quântico se refletiriam nas estatísticas dos zeros da paisagem zeta de Riemann? "Pensei que seria interessante analisar se os zeros realmente se comportavam dessa forma, e fiz alguns cálculos aproximados." Mas Berry não tinha dados suficientes. "Então ouvi falar de Odlyzko, que havia feito aqueles cálculos épicos. Eu lhe escrevi, e ele foi incrivelmente prestativo: explicou-me que andava um pouco preocupado porque os cálculos, além de um certo ponto, começavam a apresentar alguns desvios. Ele achou que deveria haver cometido algum erro nos cálculos."

Mas Odlyzko não possuía o olhar de um físico. Quando Berry comparou os zeros aos níveis de energia do bilhar quântico caótico, descobriu uma correspondência perfeita. As discrepâncias observadas por Odlyzko eram o primeiro sinal da diferença entre as estatísticas das frequências de um tambor quântico aleatório e os níveis de energia do bilhar quântico caótico. Odlyzko não estava a par desse novo sistema quântico caótico, mas Berry o reconheceu imediatamente:

> Foi um grande momento, pois aquilo estava correto. Para mim, eram evidências circunstanciais absolutamente convincentes de que, se pensarmos que a hipótese de Riemann é verdadeira, não teremos apenas um sistema quântico subjacente aos zeros de Riemann, e sim um sistema quântico com uma contrapartida clássica, moderadamente simples porém caótico. Foi um momento adorável. Podemos dizer que foi uma contribuição da mecânica quântica à teoria dos zeros de Riemann.

É curioso observar que, se o segredo dos números primos estiver em um jogo de bilhar quântico caótico, os primos serão representados pelos próprios trajetos especiais ao longo da mesa de bilhar. Alguns dos trajetos fazem com que a bola retorne ao ponto de partida após um certo número de viagens ao redor da mesa, e o padrão então se repete. Aparentemente, esses trajetos especiais são representações dos primos: cada trajeto corresponde a um primo, e quanto maior o trajeto antes da repetição, maior é o primo correspondente.

Essa nova ideia de Berry poderia terminar por unir três dos grandes temas da ciência: física quântica (a física das coisas muito pequenas), caos (a matemática da imprevisibilidade) e números primos (os átomos da aritmética). A ordem que Riemann esperava encontrar nos primos talvez acabe por ser descrita pelo caos quântico. Mais uma vez, os primos demonstram seu caráter enigmático. A aparente conexão entre as estatísticas dos zeros e dos níveis de energia convenceu muitos físicos a tentar buscar uma prova para a hipótese de Riemann. A fonte dos zeros pode, em última análise, se encontrar nas frequências de um tambor matemático; se assim for, os físicos quânticos serão as pessoas mais bem equipadas para localizar esses tambores. Suas vidas reverberam ao som de tambores.

Temos muitas evidências de que os zeros de Riemann são vibrações, mas não sabemos o que as causa. A fonte pode ser, em essência, matemática, sem um modelo físico. A matemática que explica os zeros pode ser a mesma que a do caos quântico, mas isso não implica em que a solução tenha necessariamente uma manifestação física. No entanto, Berry não pensa dessa forma. Ele acredita que, uma vez determinada a matemática, haverá um modelo físico correspondente cujos níveis de energia refletirão os zeros de Riemann. "Não tenho dúvidas de que alguém construirá esse modelo quando encontrar a fonte dos zeros." Será que ele já existe, oculto em algum lugar do Universo, esperando por ser descoberto? Os primos cósmicos que Ellie Arroway detectou no livro *Contacto*, de Carl Sagan, talvez não fossem, no fim das contas, um sinal de vida alienígena, somente as frequências emitidas pela vibração de alguma estrela de nêutrons. Conforme a explicação de Berry, "Há um princípio totalitário bem conhecido que diz que, sempre que as leis da física permitem a existência de um fenômeno, ele pode ser encontrado naturalmente em algum lugar. Guardo um ceticismo quanto a sua aplicação neste caso, mas com certeza haverá alguma maneira de engendrá-lo".

Assim como fizera Odlyzko com a AT&T, Berry e seu grupo de pesquisa aproveitaram por vários anos o apoio de outra grande empresa. Em Bristol, de sua maior unidade na Grã-Bretanha, a Hewlett-Packard solicitou a ajuda do grupo de pesquisa de Berry para pôr em prática a força da física quântica. A empresa sabia que qualquer progresso feito sobre a hipótese de Riemann teria o potencial de melhorar nossa compreensão sobre o jogo de bilhar quântico. E como as regras do bilhar quântico ajudam a determinar o comportamento dos circuitos de computador, com seus elétrons que trafegam pelos sulcos entalhados em chips de computadores, a empresa sabia da importância de se manter atualizada sobre o progresso feito pelos grandes jogadores de bilhar quântico que viviam na vizinhança.

42 – a resposta para a grande pergunta

Embora as grandes empresas como a AT&T e a Hewlett-Packard tenham sido forçadas a reduzir seu investimento nos primos, graças aos problemas econômicos vividos pelas grandes fortunas da indústria da informática, ainda há um grupo comercial disposto a arcar com as pesquisas sobre esse jogo aparentemente abstrato. A Fry Electronics é uma cadeia de cerca de 20 lojas enormes de aparelhos eletrônicos espalhadas pelo Oeste dos Estados Unidos, comercializando equipamentos de informática e novidades eletrônicas. O patrocínio da empresa não se compara ao de gigantes como a AT&T e a Hewlett-Packard. Porém, se você visitar a matriz da Fry Electronics em Palo Alto, na Califórnia, poderá ver, ao lado da entrada principal da loja, uma velha porta de metal com o cartaz do "Instituto Americano de Matemática".

O Instituto foi concebido por um dos diretores da empresa, John Fry. Ele e Brian Conrey estudaram matemática juntos na Universidade de Santa Clara. Enquanto Conrey ganhou seu lugar nos livros de recordes por provar a localização da maior porcentagem, até agora, de zeros sobre a linha de Riemann, Fry partiu para uma via mais comercial, mas nunca perdeu o interesse pela matemática. Durante a grande expansão da indústria de eletrônicos, Fry se perguntou se haveria alguma maneira de ajudar a disciplina. Ele já patrocinara uma equipe de futebol de salão, e então voltou suas ideias ao patrocínio de uma equipe matemática.

Fry contatou Conrey, e juntos desenvolveram um plano para tentar coordenar esforços para provar a hipótese de Riemann. Para lançar seu projeto, patrocinaram um encontro em Seattle, que seria realizado em 1996, no aniversário da prova do teorema dos números primos. Não se tratava apenas de fornecer o dinheiro — eles buscavam uma nova ética de colaboração. O prêmio de Riemann já era tão cobiçado que muitos relutavam em compartilhar até mesmo as ideias mais incipientes, por medo de que pudessem fornecer a peça fundamental que faltava ao quebra-cabeça de alguém. Conrey e Fry queriam romper esse ciclo que, para eles, não levaria a lugar algum. A ênfase das conferências e encontros deveria ser posta em compartilhar ideias que não necessariamente fossem dar resultados. Eles chegaram ao ponto de colocar matemáticos ao redor de uma mesa, como se estivessem traçando um plano de negócios.

Do encontro de Seattle surgiram os melhores indícios de que a hipótese de Riemann tem alguma relação com o caos quântico. As evidências se concretizaram depois que alguns dos matemáticos presentes expressaram sua preocupação pelo fato de a conexão se basear apenas na observação de que os dois gráficos pareciam indistinguíveis. Peter Sarnak foi um dos que manifestou um ceticismo saudável. Embora estivesse muito impressionado com todas as analogias entre o caos quântico e os zeros da função zeta de Riemann, ainda não estava convencido da existência de uma conexão genuína.

Sarnak é um dos principais nomes de Princeton, e foi confidente de Andrew Wiles durante seu ataque secreto sobre o último teorema de Fermat. O interesse de Sarnak pela hipótese de Riemann começou no meio da década de 1970, quando chegou da África do Sul para trabalhar com Paul Cohen na Universidade de Stanford, logo ao lado da Fry Electronics. Durante seus tempos de estudante, Sarnak se aproximou de Cohen pois se interessava pela lógica matemática. Cohen havia chocado o mundo em 1963, dez anos antes, ao empregar uma sequência perspicaz de argumentos lógicos para resolver o primeiro dos 23 problemas de Hilbert. Ao contrário da expectativa de Hilbert de que sua pergunta teria uma resposta do tipo "sim" ou "não", Cohen provou que poderíamos *escolher* qual resposta desejamos ter como verdadeira.

O sul-africano chegou a Stanford achando que seria posto para trabalhar sobre algum enigma lógico igualmente hostil. Mas Cohen havia voltado sua atenção a outro dos problemas de Hilbert, o oitavo. Não era fácil encontrar um sucessor para a solução do primeiro problema de Hilbert, e Cohen sentiu que a hipótese de Riemann lhe daria um pouco mais da emoção que havia experimentado. Ele compartilhou suas ideias sobre o problema com Sarnak, o que despertou sua obsessão pela teoria dos números, que manteria pelo resto da vida.

O entusiasmo de Sarnak pelo assunto é contagioso. Podemos notar sua energia e animação ao falar de matemática. Selberg, que admite já estar velho e não ouvir bem, diz que Sarnak é um dos poucos matemáticos de Princeton cuja voz consegue escutar com facilidade. Seu sotaque sul-africano ressoa por todo o departamento enquanto ele discorre fervorosamente sobre algum novo progresso feito no assunto. Houve um grande entusiasmo quando a física quântica adentrou as paredes sacrossantas da teoria dos números, mas Sarnak queria mais: haveria algum indício de que a descoberta de uma conexão entre os níveis de energia e os zeros levara a um progresso verdadeiro?

Essa relação pode ter sugerido onde devemos buscar uma explicação, mas não nos disse nada que já não soubéssemos. A conexão parecia se basear na forte correlação entre várias estatísticas. O fato de que duas imagens parecessem ser muito semelhantes não era o tipo de coisa que os teóricos dos números reconhecessem como evidências convincentes de uma ligação. Afinal de contas, os matemáticos ainda eram céticos quanto ao poder das imagens de revelar a verdade, ainda que Riemann tenha trazido a geometria para o centro das atenções.

Sarnak chegou ao encontro em Seattle com dúvidas quanto à possibilidade de que algo além de concepções matemáticas profundas pudesse revelar fatos significativos sobre a paisagem de Riemann. Após ouvir palestras sobre analogias entre os zeros de Riemann e os níveis de energia do bilhar quântico caótico, e ao presenciar a palestra de Berry sobre a música dos primos, Sarnak não aguentou mais. Era muito fascinante ver o surgimento das mesmas imagens nas duas áreas, mas quem poderia demonstrar alguma contribuição genuína para a teoria dos números possibilitada por essas conexões? Ele fez um desafio aos físicos quânticos: usar a analogia entre o caos quântico e os números primos para nos dizer algo que ainda não soubéssemos sobre a paisagem de Riemann – alguma coisa específica, que não pudesse ser escondida atrás de estatísticas. Como incentivo, ofereceu uma garrafa de um bom vinho.

Um dos antigos alunos de Berry, Jon Keating, ganhou a garrafa de Sarnak graças ao importante papel desempenhado por um número especial, 42. Se você se interessa por ficção popular, deve saber que o número 42 tem um significado especial. No livro de Douglas Adams, *The Hitch Hiker's Guide to the Galaxy*, Zaphod Beeblebrox descobre que 42 é a resposta para a grande questão da vida, do Universo e de tudo (embora não fique muito claro qual era a questão). Lewis Carroll, que também foi um matemático de Oxford na segunda metade do século XIX, era outro que gostava do número 42. No julgamento do Valete de Copas em *Alice no País das Maravilhas*, o Rei declara: "Regra 42. TODAS AS PESSOAS COM MAIS DE UM QUILÔMETRO E MEIO DE ALTURA DEVEM SE RETIRAR DA CORTE." Caroll utiliza o número várias vezes em sua obra. O Castor de *The Hunting of the Snark* chega com "42 caixas, cuidadosamente embaladas / Com seu nome pintado claramente em cada uma". O estranho é que o número estava prestes a entrar na história da hipótese de Riemann, ajudando a convencer os teóricos dos números mais céticos de que o caos quântico e os números primos eram dois lados da mesma moeda.

Ao ouvir falar da oferta da garrafa de vinho de Sarnak, Conrey apresentou aos físicos um desafio muito específico, como um caso-teste. Conrey tinha um gosto especial por esse desafio, porque estava relacionado a algo com que trabalhara por muitos anos, mas com muito pouco êxito. Sabia-se que a função zeta de Riemann possuía certos atributos, chamados de *momentos*, que deveriam gerar uma sequência de números. O problema era que os matemáticos tinham muito poucas indicações sobre como calcular efetivamente a sequência. Hardy e Littlewood haviam demonstrado que o primeiro número da sequência era 1. Na década de 1920, Albert Ingham, um dos alunos de Littlewood, provou que o número seguinte era 2. Isso não ajudava muito a estabelecer um padrão que facilitasse a exploração subsequente.

Antes do encontro em Seattle, Conrey havia trabalhado intensamente no problema do número seguinte em colaboração com um colega, Amit

Ghosh, que sugeriu que, para se chegar ao terceiro item da sequência, seria necessário um grande salto até o número 42. Para Conrey "era surpreendente que esse fosse o número seguinte. Isso indicava que havia ali algum grau de complexidade". Ninguém sabia como a sequência prosseguiria a partir de então. Conrey desafiou os físicos a explicar o número 42 nos termos da analogia com a física quântica. Conrey ressaltou: "42 é um número. Ou está presente, ou não está. Não é como ver apenas a proximidade da correspondência entre curvas."

Sem se intimidar, Jon Keating deixou Seattle e se pôs a trabalhar. O encontro havia sido tão bem-sucedido que Fry e Conrey decidiram organizar um outro. Ele ocorreu dois anos depois, no Instituto Schrödinger de Viena, que talvez fosse um local interessante, considerando-se a nova parceria surgida entre a teoria dos números e a física quântica, que Schrödinger ajudara a fundar.

Nesse meio tempo, Conrey havia unido forças a um outro matemático, Steve Gonek. Após um esforço enorme, extraindo tudo o que podiam de seus conhecimentos sobre a teoria dos números, encontraram uma proposição para o quarto número da sequência – 24.024. "Assim, tínhamos aquela sequência: 1, 2, 42, 24.024, ... Como os Dickens, tentamos adivinhar qual seria a sequência. Sabíamos que nosso método não progrediria mais porque nos fornecia uma resposta negativa para o número próximo da sequência." Sabia-se que todos os números da sequência eram maiores que zero. Conrey chegou a Viena pronto para falar por que acreditavam que o seguinte número da sequência seria 24.024.

"Keating chegou um pouco atrasado. Eu o vi na tarde em que ele faria sua apresentação. Havia visto o título da palestra, e me perguntei se ele teria conseguido. Assim que apareceu, fui lhe perguntar: 'Você encontrou o número?' Ele disse que sim, havia encontrado o 42." Na verdade, Keating e sua aluna de pós-graduação, Nina Snaith, haviam criado uma fórmula que gerava todos os números da sequência. "Então eu lhe falei do 24.024." Esse era o verdadeiro teste. A fórmula de Keating e Snaith corresponderia à estimativa de Conrey e Gonek quanto ao 24.024? Afinal, Keating sabia que deveria encontrar o 42, então poderia ter modificado sua fórmula para obter esse número. Este novo número, 24.024, era completamente novo para Keating, portanto ele não o poderia forjar.

"Logo antes que Jon fosse dar sua palestra, subimos a um dos quadros-negros do Instituto Schrödinger e calculamos o que sua fórmula previa para o quarto número da sequência." Eles cometeram vários erros aritméticos – os matemáticos às vezes não são muito bons em aritmética mental após anos de pensamento abstrato, que poucas vezes requer os uso das tabelas de multiplicação que aprendemos quando crianças. Então, afinal conseguiram consertar a aritmética. "Quando vimos o resultado, 24.024, foi simplesmente incrível", lembra Conrey. Alguns segundos depois, Keating correu para apresentar sua palestra, na qual sua fórmula com Snaith foi anunciada pela primeira vez, ainda deslumbrado pela correspondência com a estimativa de Conrey e Gonek. Keating descreveu a experiência no quadro-negro como "os segundos mais extasiantes da minha vida acadêmica".

Keating ficara nervoso com a ideia de se dirigir à elite dos teóricos dos números – lá estava ele, um físico, prestes a dar uma palestra sobre algo que eles haviam passado anos tentando entender. Mas a emoção de obter o 24.024 lhe deu a confiança necessária. Na plateia encontrava-se Selberg, a esta altura o avô da disciplina. No final da palestra, a plateia foi convidada a fazer perguntas. Selberg não tem o costume de fazer perguntas no final de palestras, e sim pronunciamentos do tipo "eu provei isso nos anos 1950", ou "tentei a mesma abordagem há 30 anos, mas ela não funciona". Keating se preparou para o inevitável. Mas Selberg começou a fazer uma pergunta atrás de outra, claramente encantado com a nova ideia. Somente depois que Keating respondeu com coragem todas as perguntas de Selberg, este fez um comentário: "Isso deve estar certo." Keating estivera à altura do desafio de Sarnak, dizendo aos matemáticos algo que eles não sabiam. Sarnak manteve a promessa, e lhe entregou a garrafa de vinho.

A força da analogia entre os zeros de Riemann e a física quântica tem dois aspectos. Em primeiro lugar, ela nos diz onde devemos procurar uma solução para a hipótese de Riemann. Em segundo, como Keating acabara de provar, pode prever outras propriedades da paisagem de Riemann. Segundo Berry, "a analogia não tem uma base matemática firme. Deve ser julgada por sua utilidade em nos sugerir coisas que os matemáticos possam provar. Não tenho vergonha alguma quanto a isso – como físico, mantenho-me fiel ao princípio de Feynman: 'Sabe-se muito mais do que o que já foi provado.'" Mesmos que os físicos não consigam encontrar um modelo físico que gere os zeros, os matemáticos consideram que existe uma boa possibilidade de que a hipótese de Riemann seja afinal provada por um físico. E foi isso o que tornou a brincadeira de 1º de abril de Bombieri, com a qual começamos nossa história, tão plausível.

A última reviravolta de Riemann

Os físicos acreditam que os zeros de Riemann se encontram em linha reta por se tratarem de frequências de algum tambor matemático. Um zero fora da linha corresponderia a uma frequência imaginária proibida pela teoria. Não é a primeira vez que um argumento assim é usado para solucionar um problema. Keating, Berry e outros físicos aprenderam, quando estudantes, um problema clássico da hidrodinâmica cuja solução depende de raciocínio semelhante. O problema trata de uma bola de líquido em rotação, cuja coesão é mantida pelas interações gravitacionais mútuas das partículas em seu interior. Por exemplo, uma estrela é uma bola giratória de gás, cuja coesão é mantida por sua própria gravidade. A questão é: o que ocorre com a bola de líquido se lhe dermos um pequeno impulso? O líquido oscilará por algum tempo e permanecerá intacto, ou será completamente destruído pelo impulso? A resposta depende da demonstração de por que certos números imaginários se encontram em uma linha reta. Caso se encontrem, a bola giratória de líquido permanecerá intacta. O motivo pelo qual esses números imaginários realmente se alinham está relacionado às ideias dos físicos quânticos sobre a prova da hipótese de Riemann. Quem descobriu essa solução? Quem usou a matemática das vibrações para forçar esses números imaginários a se disporem em linha reta? Ninguém menos que Bernhard Riemann.

Pouco após seu triunfo no Instituto Schrödinger, Keating visitaria Göttingen para discorrer sobre o uso das conexões com a física quântica para iluminar a hipótese de Riemann. A maioria dos matemáticos que passam por Göttingen reserva um momento para visitar a biblioteca e examinar as famosas anotações não publicadas de Riemann, seu *Nachlass*. Além da experiência tocante de estabelecer um laço com uma figura tão importante para a história da matemática, o *Nachlass* ainda contém muitos mistérios não resolvidos, guardados dentro das anotações ilegíveis de Riemann. Tornou-se a Pedra da Roseta da matemática.

Antes que Keating partisse para Göttingen, um de seus colegas do Departamento de Matemática, Philip Drazin, recomendou-lhe que observasse a parte do *Nachlass* em que Riemann soluciona o problema da hidrodinâmica. Embora a empregada de Riemann tenha destruído muitos de seus cadernos, o *Nachlass* ainda contém muitas riquezas, e foi dividido em várias seções que cobrem diferentes períodos da vida de Riemann e seus diversos interesses.

Na biblioteca de Göttingen, Keating solicitou as duas partes distintas do *Nachlass* que desejava consultar: uma que trata das ideias de Riemann sobre os zeros em sua paisagem zeta, e a segunda relacionada a seu trabalho com hidrodinâmica. Quando viu que somente uma pilha de papéis fora trazida do arquivo, Keating mencionou que havia pedido duas partes. O bibliotecário lhe disse que as duas "partes" eram as mesmas folhas de papel. Enquanto explorava as páginas, Keating descobriu maravilhado que Riemann desenvolvera sua prova sobre as bolas giratórias de líquido ao mesmo tempo que pensava sobre os pontos ao nível do mar em sua paisagem zeta. O mesmo método que os físicos propunham como a maneira de forçar os zeros a se alinhar havia sido usado por Riemann para responder o problema da hidrodinâmica. Ali, nas mãos de Keating, nas mesmas folhas de papel, estavam os pensamentos de Riemann sobre os dois problemas.

Novamente, o *Nachlass* revelou o quanto Riemann estava à frente de seu tempo. Ele não poderia deixar de reconhecer o significado de sua solução para o problema da dinâmica dos líquidos. Seu método havia demonstrado por que certos números imaginários, que emergiam de sua análise da bola de líquido, se encontravam todos em linha reta. Ao mesmo tempo, no mesmo pedaço de papel, Riemann tentava provar por que todos os zeros de sua paisagem zeta estavam sobre uma linha reta. No ano seguinte às suas descobertas sobre os primos e a hidrodinâmica, Riemann registrou suas ideias no pequeno livro preto que desapareceu dos arquivos, para desespero dos matemáticos. Com ele, sumiram as ideias de Riemann sobre a união entre dois temas da teoria dos números e da física.

Durante as décadas que se seguiram à morte de Riemann, a matemática e a física começaram a divergir. Embora Riemann gostasse de combinar as duas disciplinas, os cientistas perderam cada vez mais o interesse na correlação entre elas. A física e a matemática só voltaram a trabalhar lado a lado no século XX, e essa reunião pode levar à descoberta evasiva com a qual Riemann sonhava.

Embora essas conexões com a física fossem muito interessantes, diversos matemáticos ainda acreditavam na força de sua própria disciplina para resolver o enigma dos primos. Muitos concordavam com Sarnak, pensando que a solução para a hipótese de Riemann se encontraria no coração da matemática. A justificativa para acreditar que a matemática poderia responder sozinha à questão remonta aos anos 1940 e às atividades de um prisioneiro francês muito especial.

12 A última peça do quebra-cabeça

> O estudo da história da matemática deveria ser semelhante à análise musical de uma sinfonia. Temos diversos temas. Podemos observar o momento aproximado em que um tema surge pela primeira vez. Este, então, se mistura aos demais temas, e a arte do compositor está em lidar com todos eles simultaneamente. Às vezes, o violino toca um tema, a flauta outro, então se alternam, e a música prossegue. A história da matemática corre da mesma forma.
>
> **Andre Weil**, *Two Lectures on Number Theory, Past and Present*

Apesar de todo o entusiasmo gerado por um jogo de bilhar quântico que poderia explicar a hipótese de Riemann, muitos matemáticos continuaram céticos quanto à intrusão de físicos no mundo da teoria pura dos números. Boa parte dos matemáticos ainda confiava na força de sua própria disciplina para explicar por que os primos se comportam dessa maneira. A ideia de que o mesmo estilo de matemática pudesse ser responsável pelo fenômeno quântico e pelos primos era plausível, mas muitos achavam improvável que a intuição física pudesse ajudar a provar a hipótese de Riemann. Quando surgiu o comentário de que um dos mais bem-sucedidos arquitetos da teoria matemática pura voltara sua atenção para a hipótese de Riemann, essa autoconfiança dos matemáticos pareceu justificada. Alain Connes começou a dar palestras com suas ideias sobre uma solução, em meados da década de 1990. Muitos acreditaram que finalmente chegara a hora de provar a hipótese de Riemann.

A investida frontal de Connes sobre a hipótese de Riemann já era um fato notável por si mesmo. Selberg, por exemplo, admite que nunca tentou realmente provar a hipótese. Não faz sentido partirmos para uma batalha, diz ele, se não tivermos armas com que lutar. Ao comentar sua decisão de empreender esse desafio, Connes escreveu que, "segundo meu primeiro professor, Gustave Choquet, corremos o risco, ao enfrentarmos um famoso problema não resolvido, de sermos mais lembrados por nosso fracasso que por qualquer outra coisa. Após atingir certa idade, percebi que esperar 'em segurança' até que se atinja o objetivo de uma vida é uma alternativa igualmente derrotista".

Connes parece ter acesso a um potente arsenal de técnicas, que usou para desvendar mistérios de outros recantos da matemática. Ele criou um tema chamado de geometria não comutativa, anunciado como uma versão moderna da visão geométrica de Riemann, que teve um impacto significativo no caminho tomado pela matemática do século XIX. O trabalho de Riemann deitou as bases para os avanços de Einstein na teoria da relatividade; da mesma forma, a geometria não comutativa de Connes demonstrou ser uma linguagem poderosa para a compreensão do complexo mundo da física quântica.

A nova matemática criada por Connes é considerada um dos marcos da matemática do século XX, e lhe valeu uma medalha Fields em 1983. Porém, essa nova linguagem não é uma criação inteiramente original: trata-se, em parte, do ressurgimento de uma matemática francesa que começou a ser desenvolvida durante a Segunda Guerra Mundial. Enquanto o Instituto de Princeton florescia graças ao influxo de intelectuais que escapavam da perseguição na Europa, Connes era professor de um instituto francês criado nos anos 1950, que ajudaria a trazer Paris novamente ao centro do cenário matemático, uma posição perdida para Göttingen durante o reinado de Napoleão.

As ideias de Connes são parte de um movimento em direção a uma visão muito sofisticada e abstrata da disciplina. Nos últimos 50 anos, a própria linguagem com que a matemática se expressa sofreu um desvio evolutivo. Essa evolução ainda está ocorrendo, e muitos acreditam que, até o término desse processo, não teremos uma linguagem avançada o bastante para articular uma explicação para o comportamento dos primos conforme a previsão da hipótese de Riemann. Essa nova revolução matemática francesa se originou em uma cela de prisão durante a Segunda Guerra Mundial. Dessa cela emergiu uma nova linguagem matemática, que em pouco tempo demonstrou seu potencial para explorar paisagens como a que Riemann construíra para entender os primos.

Falando muitas línguas

Em 1940, Elie Cartan, diretor de um periódico francês de grande prestígio, *Comptes rendus*, recebeu um envelope endereçado em seu nome. Desde o início do século XIX, quando Cauchy publicou seus artigos épicos sobre a matemática dos números imaginários, *Comptes rendus* se tornou uma das principais publicações para o anúncio de resultados interessantes e originais. A encomenda intrigou Cartan, graças ao endereço do qual fora enviada: a prisão militar Bonne-Nouvelle, em Rouen. Se Cartan não tivesse reconhecido a caligrafia do envelope, poderia tê-lo deixado de lado, acreditando ser mais algum lunático que anunciava uma prova do último teorema de Fermat. A letra pertencia a um matemático chamado Andre Weil. O jovem Weil já firmara sua reputação como uma das principais estrelas matemáticas da França. Cartan sabia que valeria a pena ler qualquer coisa que viesse.

Quando abriu o envelope, seu espanto por receber uma carta vinda de uma prisão militar foi superado pela surpresa que teve ao ler seu conteúdo. Weil encontrara uma maneira de demonstrar por que os pontos no nível do mar de certas paisagens tendem a se posicionar em linha reta. Embora as técnicas não pudessem ser utilizadas na paisagem de Riemann, o fato de que funcionassem em outras paisagens já demonstrava, para Cartan, a importância daqueles resultados. Mais tarde, o teorema de Weil se tornou uma luz para orientar os matemáticos que buscavam uma prova para a hipótese de Riemann. A abordagem do próprio Connes deve muito às ideias concebidas por Weil na quietude de sua cela em Rouen.

A capacidade de Weil navegar algumas dessas paisagens, onde outros haviam falhado, remonta a seu antigo amor por línguas ancestrais, em especial o sânscrito. Ele acreditava que o desenvolvimento de novas ideias matemáticas caminhava lado a lado com o de formas sofisticadas de linguagem. Para Weil, não era qualquer surpresa o fato de que, na Índia, a invenção da gramática tenha precedido a criação da notação decimal e dos números negativos, e que a álgebra dos árabes tenha nascido a partir do desenvolvimento sofisticado da língua árabe durante a Idade Média.

As fortes habilidades linguísticas de Weil contribuíram para sua notável capacidade de criar uma nova linguagem matemática, que lhe permitiu articular sutilezas até então inexprimíveis. No entanto, sua obsessão por línguas, e particularmente seu amor pelo *Mahabharata*, o antigo texto sânscrito, acabaram por levar o jovem matemático à prisão, no início de 1940.

O talento matemático de Weil já era evidente desde a infância. Aos seis anos de idade, sua primeira professora comentou: "Não importa o que eu lhe ensine sobre essa disciplina, ele parece já sabê-lo." Sua mãe tinha certeza de que o estímulo intelectual que o menino recebia não poderia ser suficiente, pois ele era sempre o melhor aluno da classe. Ela procurou o diretor do colégio e insistiu para que o jovem Andre pulasse vários anos. O atônito diretor respondeu: "Senhora, é a primeira vez que uma mãe se queixa de que a posição do filho é muito alta." Graças a sua insistente mãe, Andre foi posto na classe o senhor Monbeig.

Monbeig tinha uma abordagem pedagógica pouco convencional, à qual Weil atribui seu desenvolvimento como matemático. Por exemplo, em vez de obrigar os alunos a memorizar a gramática, o professor desenvolveu um elaborado sistema pessoal de notação algébrica para revelar os padrões subjacentes. Mais tarde, quando Weil conheceu as ideias revolucionárias de Noam Chomsky sobre linguística, elas não lhe pareceram nada originais. Weil se deu conta de que "essa prática precoce com um simbolismo não-trivial deveria ter um grande valor educacional, especialmente para um futuro matemático".

Weil ficou apaixonado pela matemática, que se tornou sua obsessão. "Certa vez, quando caí e me machuquei, minha irmã Simone não sabia o que fazer – então correu e buscou meu livro de álgebra, para me confortar." O talento de Weil chamou a atenção de uma das grandes lendas da matemática francesa. Jacques Hadamard, que havia ficado famoso no início do século ao provar o teorema dos números primos de Gauss, incentivou Weil a se dedicar à matemática. Aos 16 anos, o rapaz entrou na École Normale Supérieure, uma das academias de Paris criadas durante a Revolução Francesa, onde iniciou sua educação matemática profissional.

Além de estudar matemática na École, Weil exercitou sua paixão por línguas ancestrais. Desse romance surgiria posteriormente um novo mundo matemático, mas na época Weil só queria conseguir ler a poesia épica da Antiguidade grega e indiana, no original. Um épico em particular se tornaria um grande companheiro durante sua vida: o *Bhagavad-Gita*, a "Canção de Deus" do *Mahabharata*. Em Paris, Weil passava boa parte do tempo aprendendo sânscrito enquanto trabalhava com matemática.

Weil acreditava que só era possível apreciar plenamente a beleza de qualquer texto, não apenas poemas épicos, lendo-se o original. Para ele, também na matemática deveríamos nos dedicar a ler os artigos originais dos mestres, sem nos fiarmos em relatos secundários de seu trabalho. "Eu tinha a convicção de que o que importava na história da humanidade eram as mentes verdadeiramente grandiosas, e que a única maneira de conhecê-las era pelo contato direto com seus trabalhos", escreveu em sua autobiografia, *The Apprenticeship of a Mathematician*. Foi assim que estudou o trabalho de Riemann. "Começar daquela maneira foi um golpe de sorte pelo qual serei eternamente grato." A hipótese de Riemann sobre a natureza dos primos seria uma grande inspiração na vida matemática de Weil.

Ao terminar suas provas na École, Weil ainda não chegara à idade do serviço militar obrigatório, portanto partiu para uma grande viagem matemática pela Europa. Ele cruzou todo o continente – Milão, Copenhague, Berlim, Estocolmo – assistindo a palestras e conversando com os pioneiros matemáticos da época. Em Göttingen, que ainda não havia sido tocada pelo expurgo acadêmico de Hitler, reuniu as ideias que formariam a base de sua tese de doutorado. Na casa de três dos mais eminentes matemáticos europeus – Gauss, Riemann e Hilbert –, Weil notou claramente que Paris perdera a reputação matemática de que gozara nos anos impetuosos de Fourier e Cauchy. Isso ocorrera, em parte, porque muitos dos promissores matemáticos franceses que poderiam ter ganhado experiência durante os anos 1930 morreram na Primeira Guerra Mundial. Perdera-se uma geração. Nos anos após a guerra, poucos dos grandes matemáticos alemães foram apresentar seus trabalhos em Paris, deixando a cidade faminta por novas ideias. O que aconteceria com a grande herança matemática francesa, que remontava a Fermat? Weil e outros jovens matemáticos decidiram tomar a tarefa nas próprias mãos.

Os jovens estudantes não tinham uma figura de referência ao redor da qual pudessem se agrupar, então inventaram uma: Nicolas Bourbaki. Sob esse pseudônimo, compilaram um registro coletivo do estado contemporâneo da matemática. O ethos que os orientava ilustra aquilo que torna a matemática tão singular entre as ciências. A matemática é um edifício construído sobre axiomas, no qual um teorema provado na Grécia Antiga continuará sendo um teorema na matemática do século XXI. O grupo Bourbaki empreendeu a exploração do estado atual do edifício, descrevendo-o de maneira abrangente na linguagem da matemática moderna. Inspirados pelo grande tratado de Euclides, que lançara as bases da matemática ocidental dois milênios antes, os jovens intitularam seu trabalho de *Éléments de mathématique*. Apesar dessa herança grega, era uma abordagem singularmente francesa. A ênfase estava em apresentar o maior contexto possível para cada resultado. Se isso significava perder de vista a questão específica que as técnicas desenvolvidas se dedicavam a responder, que assim fosse.

A escolha do nome de "Nicolas Bourbaki" – que na verdade se tratava de um general francês pouco conhecido – para liderar essa ofensiva matemática se originou de um ritual observado na École Normale ao princípio do século XX. Os alunos do primeiro ano passavam por uma cerimônia de iniciação, na qual um dos estudantes veteranos se fazia passar por um visitante estrangeiro, apresentando uma aula elaborada sobre teoremas matemáticos bem conhecidos. O professor cometia erros evidentes em algumas das provas apresentadas, que os calouros deveriam notar. Esses teoremas com erros eram atribuídos falsamente a generais franceses obscuros, e não aos verdadeiros autores.

Os encontros desses jovens escritores franceses eram sessões anárquicas e caóticas. Um de seus fundadores, Jean Dieudonne, contava que "certos estrangeiros, convidados como espectadores aos encontros do Bourbaki, sempre saíam com a impressão de se tratar de um agrupamento de loucos. Eles não conseguiam entender como aquelas pessoas, gritando — às vezes três ou quatro ao mesmo tempo —, poderiam ter qualquer ideia inteligente". Os membros do Bourbaki acreditavam que esse caráter anárquico era essencial para o funcionamento do projeto. Foi dessa luta para unificar o estado atual da matemática que surgiu a nova linguagem desenvolvida posteriormente por Weil.

A paixão de Weil por línguas antigas e literatura sânscrita levou a sua indicação, em 1930, para o cargo de professor na Universidade Islâmica de Aligarh, não muito longe de Nova Déli. Inicialmente, a universidade queria

Andre Weil (1906-98) em Aligarh, Índia, com Vijayaraghavan (perto de Weil) e dois estudantes, em 1931

que ele desse aulas sobre a civilização francesa, mas no último minuto ficou decidido que ele deveria ensinar matemática. Durante o tempo que passou na Índia, Weil conheceu Gandhi. Essa exposição à filosofia de Gandhi, juntamente com a leitura do *Gita*, teria graves consequências em seu retorno à Europa, que se preparava para a guerra. No *Gita*, Krishna aconselha Arjuna a agir conforme seu *dharma*, seu código pessoal de comportamento. Para Arjuna, que era da casta guerreira, isso significava lutar, apesar da devastação inevitável. Weil sentiu que seu *dharma* lhe dizia o oposto – corresponder a suas crenças pacifistas. Assim, decidiu que, se a guerra estourasse, evitaria a convocação para o Exército da França, escapando para um país neutro.

Durante o verão de 1939, Weil viajou com a esposa para a Finlândia. A esperança de que esse país lhe servisse como rota de fuga para os Estados Unidos resultou em um grande equívoco. Na noite de 23 de agosto de 1939, Stálin assinou o pacto nazi-soviético, que aliava a União Soviética à Alemanha. Em troca da neutralidade soviética, Hitler prometeu a Stálin caminho livre para a Estônia, Lituânia, Polônia Oriental e Finlândia. Quando a guerra irrompeu, em setembro de 1939, o governo finlandês sabia que não faltaria muito até que seu país também entrasse na guerra. Portanto, quaisquer ligações soviéticas seriam tratadas com a máxima suspeita. Assim, quando oficiais finlandeses depararam com cartas de um visitante francês enviadas a endereços soviéticos e cheias de equações incompreensíveis, concluíram rapidamente que o visitante trabalhava para o inimigo. Em dezembro de 1939, o francês foi preso e acusado de espionagem para Moscou. Na noite anterior a sua execução, o chefe de polícia participou de um jantar oficial e se viu sentado ao lado de um matemático da Universidade de Helsinki, Rolf Nevanlinna.

Durante o café, o chefe de polícia se pôs a conversar com Nevanlinna. "Amanhã executaremos um espião que diz conhecê-lo. Normalmente, eu não o incomodaria com algo tão trivial, mas, já que estamos aqui, agradeço a oportunidade de consultá-lo." "Qual é o nome do espião?", perguntou o professor. "Andre Weil", respondeu o chefe de polícia. Nevanlinna ficou perplexo. Ele recebera a visita de Weil e sua esposa durante o verão, em sua casa de campo à beira do lago. "É realmente necessário executá-lo?", perguntou. "Não seria possível escoltá-lo até a fronteira e deportá-lo?" "Bem, é uma possibilidade; eu não havia pensado nisso." Graças a esse encontro fortuito, Weil foi poupado da execução, e a matemática evitou a morte de um dos grandes nomes do século XX.

Em fevereiro de 1940, Weil havia retornado à França, mas padecia na cela de uma prisão em Rouen, esperando seu julgamento por deserção. Uma das vantagens da matemática é o fato de precisar de pouco equipamento além de papel, caneta e imaginação. A prisão forneceu os dois primeiros itens. Weil já possuía bastante do terceiro. Para Selberg, em sua Noruega natal, o isolamento imposto pelos anos da guerra foram perfeitos para a prática da matemática. Enquanto trabalhava como funcionário de um escritório na Índia, Ramanujan prosperou sem ter acesso a qualquer estudo formal. Um dos alunos de Hardy, Vijayaraghavan, que também fora colega de Weil na Índia, muitas vezes brincava com Weil, dizendo que "se eu pudesse passar seis meses ou um ano na prisão, é quase certo que conseguiria provar a hipótese de Riemann". Weil teve subitamente a chance de testar a teoria de Vijayaraghavan.

Riemann havia construído uma paisagem na qual os pontos no nível do mar detinham o segredo do comportamento dos primos. Para provar a hipótese de Riemann, Weil precisava demonstrar por que esses pontos se dispunham em linha reta. Assim, fez diversas tentativas de navegar a paisagem de Riemann, sem muito êxito. Porém, desde a descoberta de Riemann de uma passagem que conectava os primos à paisagem zeta, os matemáticos depararam com outras paisagens semelhantes, que ajudavam a explicar diferentes problemas da teoria dos números. Essas diversas paisagens, definidas por variantes da função zeta, eram tão poderosas que se tornaram uma obsessão entre matemáticos. Elas se transformaram em uma forma tão universal de resolver problemas da teoria dos números que Selberg, certa vez, declarou que deveria haver um tratado de não proliferação de funções zeta.

Enquanto explorava algumas dessas paisagens relacionadas, Weil descobriu um método que explicava por que os pontos ao nível do mar tendiam a se alinhar daquela forma. As paisagens em que Weil foi bem-sucedido não tinham qualquer relação com os números primos, mas continham a chave para a contagem do número de soluções apresentadas por equações como $y^2 = x^3 - x$, quando trabalhávamos com calculadoras-relógio de Gauss. Por exemplo, tomemos a equação acima e uma calculadora-relógio de cinco horas. Para x igual a 2 no lado direito da equação, obtemos $2^3 - 2 = 8 - 2 = 6$, que é 1 hora na calculadora-relógio de cinco horas. Da mesma forma, para y igual a 4 no outro lado, obtemos 16, que também é 1 hora na calculadora-relógio de cinco horas. Esse resultado, que podemos expressar por $(x, y) = (2, 4)$, é chamado de solução da equação, porque ambos os lados da equação são iguais quando calculados em uma calculadora-relógio de cinco horas. Existem, na verdade, sete escolhas diferentes para o par de números (x, y) que tornam a equação verdadeira:

$$(x, y) = (0, 0), (1, 0), (2, 1), (2, 4), (3, 2), (3, 3), (4, 0)$$

O que ocorrerá se escolhermos um outro relógio de números primos, contendo *p* horas? O número de escolhas que satisfaz a equação é aproximadamente igual a *p* – mas não exatamente. A estimativa logarítmica de Gauss para o número de primos flutua entre valores um pouco acima ou abaixo do verdadeiro número de primos; da mesma forma, o número *p* subestima ou superestima a verdadeira quantidade de soluções para a equação. De fato, Gauss foi o primeiro a provar – na última das anotações de seu diário matemático –, que o erro da estimativa para essa equação em particular não seria maior que duas vezes a raiz quadrada de *p*. Gauss usou métodos *ad hoc* que não funcionariam em outras equações. A beleza da prova de Weil estava em sua aplicação em qualquer equação construída a partir das variáveis *x* e *y*. Ao provar que os pontos ao nível do mar da paisagem zeta de cada equação estavam em linha reta, Weil generalizou a descoberta de Gauss de que o erro da estimativa não seria maior que, essencialmente, a raiz quadrada de *p*.

Apesar de não ter relação direta com a hipótese de Riemann para os primos, a prova de Weil foi um importante progresso psicológico. Com ela, descobriu-se uma maneira de demonstrar que os pontos ao nível do mar de paisagens construídas a partir de equações como $y^2 = x^3 - x$ sempre se localizam em linha reta. Cartan ficou entusiasmado ao abrir o envelope de Weil e ver a prova, porque pôde perceber que essas novas técnicas auxiliariam a compreensão da paisagem original de Riemann.

Weil havia dado os primeiros passos na direção de uma linguagem inteiramente nova, que nos ajudaria a compreender as soluções de equações. Uma escola de matemáticos italianos, situada em Roma e liderada por Francesco Severi e Guido Castelnuovo, já havia feito algo parecido, e Weil conheceu esse trabalho durante sua viagem pela Europa. Entretanto, as bases do trabalho italiano eram notavelmente instáveis, não sendo capazes de dar sustentação à matemática de que Weil precisava. As ideias de Weil se tornaram a fundação da disciplina que chamamos de geometria algébrica, situada no centro da prova do último teorema de Fermat.

Trabalhando com essa nova linguagem, Weil conseguiu construir, para cada equação, um tipo muito especial de tambor matemático. Esse tambor possuía um número finito de frequências, ao contrário das frequências infinitas de tambores físicos e dos infinitos níveis de energia da física quântica. As frequências do tambor de Weil marcavam com precisão as coordenadas dos pontos no nível do mar que correspondiam à equação. Porém, ainda havia um grande trabalho pela frente até que esses pontos pudessem ser agrupados em uma linha reta. Já não se tratava de frequências correspondentes a níveis de energia da física quântica, em que um zero fora da linha implicaria um nível imaginário de energia, algo proibido pela teoria física. Weil precisava de algo diferente para forçar os zeros a se agruparem em linha reta.

Sentado em sua cela, escutando o tambor que criara, Weil subitamente se deu conta de que já possuía a última peça do quebra-cabeça, que explicaria por que as frequências do tambor se agrupariam em linha reta. Durante a viagem que fez pela Europa após sua formatura, ele conhecera um teorema derivado pelo matemático italiano Guido Castelnuovo que seria crucial para forçar o alinhamento ordenado dos zeros dessas paisagens que contavam as soluções de equações. Se não fosse pelo progresso permitido pelo resultado de Castelnuovo, essas paisagens teriam permanecido tão inacessíveis quanto a de Riemann. Segundo Peter Sarnak, de Princeton, "a descoberta da prova de Weil foi uma espécie de milagre".

Weil fora parcialmente bem-sucedido na realização do sonho de Vijayaraghavan. Ele não chegou a decifrar a hipótese de Riemann para os primos, mas encontrou uma maneira de demonstrar que os pontos no nível do mar de paisagens relacionadas tendem a se agrupar em linha reta. Em 7 de abril de 1940, Weil escreveu a sua mulher Eveline, dizendo-lhe: "Meu trabalho matemático tem avançado para além de minhas esperanças mais inusitadas, o que me deixa até um pouco preocupado – se só trabalho tão bem em uma cela de prisão, terei que tratar de passar dois ou três meses trancado todos os anos?" Geralmente, Weil teria esperado antes de publicar algum resultado, mas o futuro era muito incerto para que pudesse arriscar qualquer atraso. Assim, preparou sua carta para *Comptes rendus* e a enviou a Elie Cartan.

Weil contou a sua mulher sobre o artigo que escreveu, dizendo: "Estou muito satisfeito com ele, especialmente pelo local onde foi escrito (deve haver sido o primeiro na história da matemática) e por ser uma boa maneira de fazer com que todos meus amigos pelo mundo saibam que ainda existo. E estou entusiasmado com a beleza de meus teoremas." Ao ler a carta, o filho de Elie Cartan, Henri, que também era matemático e amigo de Weil, lhe respondeu invejosamente: "Nem todos temos a chance de nos sentar e trabalhar sem sermos perturbados, como você..."

O sr. Cartan ficou muito satisfeito por publicar o artigo. Em 3 de maio de 1940, o período de encarceramento produtivo de Weil chegou ao fim. Cartan testemunhou no julgamento, que Weil descreveu como "uma comédia muito mal encenada". Weil foi sentenciado a cinco anos na prisão por deixar de se apresentar ao exército, mas a sentença seria suspensa se ele concordasse em servir em uma unidade de combate. Apesar da matemática que desenvolveu durante o tempo na prisão de Rouen, Weil concordou em seguir para o exército. Foi uma sábia decisão. Um mês depois, quando os alemães avançaram, todos os prisioneiros de Rouen foram executados pelos franceses, com a alegação de que isso aceleraria a retirada dos oficiais carcerários.

Usando um atestado médico falso que obteve na Inglaterra, Weil foi liberado em 1941, porque estava com pneumonia. Conseguiu vistos para viajar com sua família aos Estados Unidos, onde se encontrou com Siegel no Instituto de Estudos Avançados de Princeton. Os dois haviam ficado amigos durante a viagem de Weil pela Europa. Quando Siegel foi buscar as notas não publicadas de Riemann, descobrindo sua fórmula secreta para calcular os zeros, Weil o acompanhou. Siegel obviamente teve interesse em entender se o êxito de Weil na navegação de uma paisagem relacionada poderia ser estendido, auxiliando a compreender a paisagem original de Riemann.

Como Siegel, muitos acreditavam que a explicação para o funcionamento da prova de Weil em uma paisagem relacionada deveria fornecer indicações essenciais na busca pelo verdadeiro Cálice Sagrado da hipótese de Riemann. Durante anos, Weil tentou encontrar essa ligação evasiva com a paisagem criada por Riemann. Infelizmente, em liberdade, Weil nunca conseguiu igualar os êxitos que obteve como prisioneiro em Rouen. É possível perceber a melancolia de Weil, já mais velho, ao descrever seu desejo de reviver a emoção daquela primeira descoberta:

> Todo aquele que merece ser chamado de matemático experimentou ... o estado de exaltação lúcida no qual cada pensamento se segue ao anterior como por milagre ... essa sensação pode às vezes durar horas, ou até mesmo dias. Uma vez experimentada, ansiamos repeti-la, mas não é possível fazê-lo voluntariamente, a não ser, talvez, a partir de um trabalho obstinado...

Em uma entrevista para *La Science*, em 1979, perguntaram a Weil que teorema gostaria de ter provado. Ele respondeu que, "no passado, às vezes imaginava que, se conseguisse provar a hipótese de Riemann, formulada em 1859, eu a manteria em segredo para poder revelá-la somente na ocasião de seu centenário, em 1959". Contudo, apesar de todo seu esforço, não foi capaz de fazê-lo. "Desde 1959, sinto que estou bastante distante de consegui-lo; fui aos poucos desistindo, não sem um certo arrependimento."

Durante sua vida, Weil teve muito contato com Goro Shimura, um dos matemáticos japoneses que formularam a conjectura resolvida por Andrew Wiles, já mais velho no caminho para o último teorema de Fermat. Shimura conta que Weil certa vez lhe confessou que "gostaria de ver a hipótese de Riemann resolvida antes de morrer, mas isso é improvável". Shimura relembra uma conversa que tiveram sobre Charlie Chaplin. Quando jovem, Chaplin visitara uma cartomante que previra precisamente o que o futuro lhe reservava. Weil brincou melancolicamente: "Bem, em minha autobiografia eu poderia dizer que, quando jovem, uma cartomante me disse que eu nunca conseguiria resolver a hipótese de Riemann."

Embora o sonho de Weil de provar a hipótese de Riemann, ou ao menos de vê-la provada, não se tenha realizado, não há dúvidas de que seu trabalho foi muito significativo. A prova de Weil deu aos matemáticos alguma fé na possibilidade de conquistá-la. Isso também os ajudou a acreditar que a suposição de Riemann provavelmente estaria certa. Se os pontos ao nível do mar se alinhavam em uma outra paisagem zeta, havia a esperança de que também se alinhassem na paisagem dos primos. Além disso, Weil havia usado um estranho tambor matemático para navegar por essa paisagem muito antes que as conexões com o caos quântico nos indicassem que essa era uma boa maneira de buscar uma solução. Nas palavras de Peter Sarnak, "o resultado de Weil se tornou uma referência em nossa jornada para a hipótese de Riemann".

A nova linguagem matemática de Weil, a geometria algébrica, lhe permitiu articular sutilezas sobre soluções de equações que, até então, haviam sido impossíveis. Porém, se havia alguma esperança de estender as ideias de Weil para provar a hipótese de Riemann, estava claro que seriam necessários desenvolvimentos que superassem as fundações estabelecidas naquela cela em Rouen. Um outro matemático parisiense seria o responsável por dar vida à nova linguagem de Weil. O grande arquiteto que realizou essa tarefa foi um dos mais estranhos e revolucionários matemáticos do século XX – Alexandre Grothendieck.

Uma nova Revolução Francesa

Napoleão empreendeu sua revolução acadêmica com a criação de instituições como a École Polytechnique e a École Normale Supérieure. Contudo, a ênfase tão grande em uma matemática posta ao serviço do Estado fez com que Paris perdesse seu lugar de destaque para a cidade medieval de

Göttingen, onde se permitiu o florescimento da abordagem mais abstrata de Gauss e Riemann. Na segunda metade do século XX, aumentou o otimismo francês quanto à perspectiva de que Paris recuperasse sua posição como um dos grandes centros de atividade matemática.

Graças à iniciativa do industrial russo emigrado Leon Motchane, que era apaixonado pela ciência, e à orientação acadêmica de figuras-chave do grupo Bourbaki, decidiu-se criar um novo estabelecimento nos moldes do próspero Instituto de Estudos Avançados de Princeton. Ao contrário das academias de Napoleão, esse novo instituto não seria controlado pelo Estado. Fundado por iniciativa privada, o Institut des Hautes Études Scientifiques foi fundado em 1958. Seus edifícios eram protegidos pelos bosques de Bois-Marie, não muito longe de Paris. Com o passar dos anos, o instituto concretizou os sonhos de seus criadores. Marcel Boiteux, ex-presidente do Institut, descreveu-o como "um lar radioso, uma colmeia vibrante e um monastério, em que sementes plantadas profundamente germinam e crescem, maturando em seu próprio passo". Um dos primeiros professores indicados para o Institut foi uma jovem estrela matemática chamada Alexandre Grothendieck. Essa primeira semente floresceria de maneira espetacular.

Grothendieck é um matemático austero. Seu escritório no Institut era vazio, contendo apenas uma pintura a óleo com a imagem de seu pai. A pintura fora feita por um companheiro do pai em um dos campos em que foi confinado antes de ser mandado a Auschwitz, onde faleceu em 1942. Pode-se reconhecer, nos olhos de Grothendieck, a mesma expressão inflamada do homem na pintura – retratado com a cabeça raspada.

Embora não tenha conhecido o pai, a admiração com que sua mãe falava dele marcou Grothendieck profundamente. Certa vez, comentou que a carreira do pai havia sido a própria expressão dos espíritos revolucionários que correram pela Europa de 1900 a 1940: após ser um dos líderes da revolução bolchevique de outubro de 1917, passou aos confrontos armados com os nazistas nas ruas de Berlim, seguindo então para as milícias anarquistas durante a Guerra Civil Espanhola. Os nazistas finalmente se vingaram dele na França, onde foi entregue pelo Governo de Vichy, por ser judeu.

A revolução de Grothendieck não se deu no campo de batalha político, e sim no palco matemático. A partir dos esboços de Weil, desenvolveu uma nova linguagem matemática. As concepções de Riemann haviam sido um marco de mudança na matemática; da mesma forma, a linguagem geométrica e algébrica de Grothendieck criou uma dialética toda nova, que permitiu a articulação de ideias previamente inexprimíveis. Essa perspectiva original pode

Alexandre Grothendieck, professor no Institut des Hautes Études Scientifiques até 1970

ser comparada às novas paisagens que se abriram ao final do século XVIII, quando os matemáticos aceitaram afinal o conceito dos números imaginários. Contudo, não era fácil aprender a nova linguagem. O próprio Weil ficou um tanto desconcertado pelo novo mundo abstrato de Grothendieck.

O Institut des Hautes Études Scientifiques se tornou, no período pós-guerra, a casa natural do projeto Bourbaki, que ainda estava ocupado em produzir novos volumes de sua exploração enciclopédica da matemática moderna. Grothendieck se tornou um de seus principais contribuidores. Quando os membros veteranos do grupo atingiam os 50 anos de idade, retiravam-se do Bourbaki, e buscava-se sangue novo francês para preencher seus lugares. Acima de tudo, as publicações do Bourbaki ajudaram a restabelecer a França como o centro do mundo matemático. Muitos matemáticos chegaram a acreditar que Bourbaki fosse uma pessoa real, que até teria se candidatado a uma vaga na Sociedade Norte-Americana de Matemática.

Muitas pessoas de fora da França criticaram o efeito de Bourbaki sobre a matemática, alegando que havia sido seletivo no que decidira documentar. Opinava-se que ele havia esterilizado a pesquisa matemática, apresentando a disciplina como um produto acabado, e não como um organismo em evolução. Sua ênfase em temas mais gerais ignorava os aspectos peculiares, e frequentemente especiais, da disciplina. No entanto, Bourbaki acredita que seu projeto tenha sido mal interpretado. Os volumes que levam seu nome servem para confirmar a solidez da posição que ocupamos hoje. Seu objetivo é ser uma nova versão do *Elementos*, um equivalente moderno do trampolim que Euclides nos forneceu há dois milênios.

A velha guarda, formada pelos matemáticos em atividade antes da Segunda Guerra Mundial, começou a se queixar, pois não mais reconhecia a disciplina com que trabalharam por tantos anos. Siegel deu a seguinte opinião sobre um relato de seu próprio trabalho, exposto na nova linguagem:

> Detestei a maneira com que minha contribuição para a disciplina foi desfigurada e tornada ininteligível. Todo o estilo ... contradiz o senso de simplicidade e honestidade que admiramos nos trabalhos dos mestres da teoria dos números – Lagrange, Gauss ou, em menor escala, Hardy, Landau. O que vejo é um porco solto em um belo jardim, arrancando todas as flores e árvores.

Siegel era pessimista quanto ao futuro da matemática frente a tal abstração: "Temo que a matemática perecerá antes do fim do século se a atual tendência à abstração sem sentido – que chamo de teoria da série vazia – não for freada."

Muitos compartilhavam esse ponto de vista. Selberg descreveu da seguinte forma suas impressões após assistir a uma palestra que delineava um marco abstrato no qual a hipótese de Riemann poderia ser provada: "O que pensei foi que palestras como essa jamais seriam apresentadas antigamente. Precisamos de algo mais palpável, não bastam desejos e boas intenções." Na palestra foi proposto todo um marco de hipóteses abstratas. Se fosse possível enquadrar a linguagem na teoria dos primos, o palestrante teria conseguido provar a hipótese de Riemann. Porém, Selberg se queixa: "Ele não possuía nenhuma das hipóteses de que precisava. Essa provavelmente não é a maneira correta de se pensar a matemática. Devemos tentar começar com algo que podemos apreender e dominar. A palestra continha muitas coisas interessantes, mas é o exemplo de uma tendência que, na minha opinião, é muito perigosa."

Porém, para Grothendieck, toda aquela abstração não era um fim em si mesmo. Em sua opinião, essa revolução se tornara necessária devido às questões que a matemática tentava responder. Assim, escreveu diversas obras descrevendo a nova linguagem. Grothendieck apresentava sua visão de maneira messiânica, o que o fez atrair um séquito de discípulos jovens e fiéis. Sua produção foi enorme, cobrindo cerca de dez mil páginas. Quando um visitante se queixou do estado precário da biblioteca do Institut, ele respondeu: "Aqui não lemos livros – nós os escrevemos."

Gödel falara da necessidade de expandir as fundações da disciplina para que a hipótese de Riemann pudesse ser dominada. A nova linguagem revolucionária de Grothendieck era um primeiro passo exatamente nessa direção. Sua revolução solucionou muitos outros problemas, incluindo importantes conjecturas feitas por Weil relacionadas à contagem de soluções para equações; contudo, para sua frustração, a hipótese de Riemann permaneceu fora de alcance, apesar de todos os seus esforços.

De fato, o passado político do pai de Grothendieck foi, em última análise, responsável pelo seu fracasso na escalada do monte Riemann. Grothendieck fez o máximo possível para corresponder aos ideais políticos do pai. Assim, tornou-se pacifista obstinado, militando energicamente contra a tensão militar que crescia nos anos 1960. Ele se opunha à deteriorante situação política da Rússia – a tal ponto que, quando ganhou sua medalha Fields em 1966, em reconhecimento a seus avanços na geometria algébrica, recusou-se a viajar até Moscou para receber o prêmio, em protesto pela escalada militar soviética.

Tanto tempo explorando o mundo matemático provocou em Grothendieck uma certa ingenuidade política. Quando lhe foi mostrado o pôster de uma conferência patrocinada pela Otan, na qual ele seria o principal palestrante, perguntou inocentemente o que significava aquela sigla. Assim que soube tratar-se de uma organização militar, escreveu aos organizadores da conferência, ameaçando se retirar. (Os organizadores chegaram a recusar o dinheiro para mantê-lo na conferência.) Em 1967, Grothendieck deu um pequeno curso sobre geometria algébrica abstrata para uma plateia confusa na selva do Vietnã do Norte, de onde a Universidade de Hanói fora evacuada durante o bombardeio. Ele enxergava suas palestras, cheias de ideias herméticas, como um protesto contra a guerra que ardia logo ao lado.

Grothendieck ensinando no Institut des Hautes Études Scientifiques

A situação chegou ao ápice em 1970, quando Grothendieck soube que parte do financiamento privado do Institut vinha de fontes militares. Ele foi falar diretamente com o diretor, Leon Motchane, ameaçando abandonar a instituição. Motchane, que era um dos pilares de sustentação do Institut, não foi tão flexível quanto os organizadores da conferência ocorrida alguns anos antes. Grothendieck se manteve fiel a seus princípios, e se demitiu. Pessoas próximas a ele acreditam que a questão do financiamento militar talvez tenha sido usada como uma desculpa para escapar da gaiola dourada em que o Institut se transformara. Grothendieck sentia que havia se transformado em um mandachuva matemático do estabelecimento. Ele era mais feliz como um dissidente – detestava ficar do lado confortável das coisas. Além disso, tinha 42 de idade. O mito de que os matemáticos fazem seus melhores trabalhos até os 40 anos começava a preocupá-lo. O que ocorreria se o resto de sua vida matemática fosse desprovido de criatividade? Ele não era do tipo que vivia de glórias passadas. A ausência de progresso no mapeamento dos pontos no nível do mar o desiludia cada vez mais. Do conforto do Institut, Grothendieck não havia superado o trabalho de Weil, feito em uma cela de prisão. Quando deixou o Institut des Hautes Études Scientifiques, Grothendieck essencialmente abandonou a matemática.

Grothendieck começou a mudar de ramo. Montou um grupo chamado *Survive*, dedicado a questões antimilitares e ecológicas. Passou a praticar o budismo com muito fervor – talvez uma influência de seus ancestrais hassídicos. A amargura que sentia por não conseguir completar seu projeto matemático foi expressa em uma extraordinária autobiografia de mil páginas, na qual atacou violentamente tudo o que foi feito de seu legado matemático. Grothendieck não conseguia aceitar o fato de que seus discípulos matemáticos fossem agora os novos líderes da revolução inspirada por ele, e estivessem deixando suas próprias influências sobre a disciplina.

Atualmente, cerca de 30 anos após deixar o Institut, Grothendieck vive em um vilarejo remoto nos Pireneus. Segundo alguns matemáticos que o visitaram há alguns anos, "ele está obcecado pelo demônio, que enxerga em toda parte, destruindo a divina harmonia do mundo". Grothendieck responsabiliza o demônio, entre outras coisas, por alterar a velocidade da luz do agradável valor redondo de 300.000 km/s para o número "feio" de 299.887 km/s. Todos os matemáticos precisam de uma certa dose de loucura para se sentirem confortáveis em seu mundo. Grothendieck passou tantas horas explorando os recantos da matemática que simplesmente perdeu o caminho de volta.

Grothendieck não foi o único matemático que enlouqueceu tentando provar a hipótese de Riemann. No final dos anos 1950, após alguns êxitos iniciais, John Forbes Nash foi cativado pela perspectiva de provar a hipótese de Riemann. Segundo sua biografia, *Uma mente brilhante*, escrita por Sylvia Nasar, havia "boatos de que Nash se apaixonara por Cohen", que também estava enfrentando a hipótese de Riemann. Nash falou extensamente com Paul Cohen sobre suas ideias, mas este percebeu que elas não levariam a parte alguma. Certas pessoas acreditam que a rejeição de Cohen – tanto emocional quanto matemática – tenha contribuído para o subsequente declínio mental de Nash. Em 1959, ele foi convidado a apresentar suas ideias sobre uma solução da hipótese de Riemann, durante um encontro da Sociedade Norte-Americana de Matemática, realizado na Universidade de Columbia, em Nova York. Foi um desastre. A plateia observou estupefata e silenciosa enquanto Nash desvairava no palco, oferecendo uma série de argumentos descabidos que se propunham a provar a hipótese de Riemann. Grothendieck e Nash ilustram os perigos da obsessão matemática. (Diferentemente de Grothendieck, Nash conseguiu se recuperar e foi um dos ganhadores do Prêmio Nobel de Economia de 1994, pelos desenvolvimentos matemáticos que realizou na teoria dos jogos.)

Ao contrário do colapso psicológico sofrido por Grothendieck, sua estrutura matemática permanece firme. Muitos acreditam que certas ideias cruciais, ainda não descobertas, estenderão a revolução provocada por ele, desvendando finalmente os mistérios dos primos. Em meados da década de 1990, a comunidade matemática se alvoroçou com a notícia de que o sucessor de Grothendieck talvez houvesse aparecido.

Quem ri por último

A notícia de que Alain Connes estava trabalhando com a hipótese de Riemann causou grande surpresa. Esse professor do Institut des Hautes Études Scientifiques e do Collège de France é um peso-pesado da matemática, e sua reputação se iguala à de Grothendieck. A geometria não comutativa, sua invenção, realmente supera a geometria de Weil e Grothendieck. Como Grothendieck, Connes consegue distinguir estruturas onde outros só enxergam uma grande confusão.

Na matemática, "não comutativo" significa que o resultado de uma operação depende da ordem na qual ela é feita. Por exemplo, tire uma fotografia quadrada do rosto de alguém e coloque-a voltada para baixo. Primeiro, vire a foto para cima, da direita para a esquerda, e então rode-a 90° no sentido horário. Agora repita a experiência, mas faça a rotação antes de virar a foto (novamente, assegure-se de virar a foto da direita para a esquerda), e você notará que o rosto está apontado na direção oposta. A ordem em que as operações são realizadas altera o resultado. O mesmo princípio se encontra no centro de muitos mistérios da física quântica. O princípio da incerteza de Heisenberg afirma que nunca podemos saber precisamente a posição e o momento de uma partícula. O motivo matemático para essa incerteza é a importância da ordem na qual medimos a posição e o momento.

Connes levou a geometria algébrica de Weil e Grothendieck a regiões da matemática em que essas simetrias se rompem, revelando um mundo novo. Enquanto a maioria dos matemáticos passa a vida adquirindo um melhor entendimento da paisagem que observa a seu redor, uma vez a cada várias gerações surge um explorador que consegue partir para a descoberta de novos continentes. Connes é um desses exploradores.

Connes é completamente apaixonado por essas explorações. Seu amor pelo assunto remonta às primeiras vezes em que contemplou problemas matemáticos elementares, aos sete anos de idade. "Lembro-me claramente do intenso prazer que sentia ao entrar no estado especial de concentração que é necessário para se fazer matemática." Ele aparentemente nunca emergiu desse transe. Porém, apesar de tantas teorias e abstrações intimidantes, ainda retém um pouco da jovialidade infantil de quando tinha sete anos. Connes acredita que a matemática, mais que qualquer outra coisa, seja capaz de nos aproximar do conceito de verdade derradeira, e tem se dedicado à busca prazerosa por esse objetivo desde seus tempos de menino. Em suas palavras, como "a realidade matemática não pode ser localizada no espaço ou no tempo, confere – quando temos a sorte de desvendar uma de suas minúsculas porções – uma sensação extraordinária de prazer, graças ao sentido de atemporalidade que produz".

Na descrição de Connes, um matemático é uma pessoa sempre ativa, sempre em busca de um novo território por onde possa caminhar. Enquanto outras pessoas navegam por águas próximas a terras conhecidas, Connes abandona a paisagem matemática familiar e viaja por mares remotos, localizados muito além de nosso horizonte matemático atual. Sua capacidade de enxergar as conexões entre os primos e o mundo árido e abstrato da geometria não comutativa se deve, em grande parte, a seu talento em absorver as diferentes culturas matemáticas que conhece em suas viagens. Alguns matemáticos preferem empreender explorações em pares ou grupos. Suas habilidades combinadas podem ajudá-los a cruzar oceanos que não conseguiriam enfrentar sozinhos. Entretanto, Connes é do tipo de viajante que aprecia a solidão: "Se realmente queremos encontrar algo, é necessário estarmos sós."

A nova linguagem geométrica descoberta por Connes nasceu da geometria algébrica desenvolvida por Weil e Grothendieck. Estes matemáticos criaram um novo dicionário que podia ser usado para traduzir a geometria em álgebra. O dicionário revela seu potencial frente a problemas que, quando expressos na linguagem geométrica, são obscuros e misteriosos, mas quando traduzidos para a álgebra se tornam imediatamente transparentes. Foi assim que Weil conseguiu contar as soluções de equações e provar que os zeros da paisagem associada se encontravam em linha reta. Ele não teria chegado a parte alguma se tentasse entender as formas geométricas geradas por essas equações. Porém, com seu dicionário algébrico-geométrico, adquiriu os meios para compreendê-las.

A geometria de Weil solucionou questões sobre a teoria pura dos números; da mesma forma, as ideias de Connes permitiram descrever uma geometria que os cientistas que lidavam com a teoria das cordas e da física quântica estavam desesperados por construir. Os físicos do final do século XX suplicavam por uma nova geometria que fornecesse uma base para a teoria das cordas, proposta nos anos 1970 como uma possível solução para a incompatibilidade entre a física quântica e a relatividade. Connes estava intrigado, e começou a procurar essa geometria que, segundo os físicos, deveria existir. Ele percebeu que, mesmo sem ter uma imagem clara do lado físico da geometria, ainda poderia construir seu lado algébrico abstrato. Esse tipo de descoberta só poderia ter sido feita por alguém criado no mundo abstrato da matemática – a intuição física jamais teria levado até ela.

O estranho comportamento do mundo subatômico forçou Connes a descartar os caminhos tradicionalmente usados para entender a geometria convencional. Se a revolução geométrica de Riemann forneceu a Einstein a linguagem na qual poderia descrever a física das dimensões muito grandes, as ideias de Connes dão aos matemáticos a chance de penetrar na estranha geometria das pequenas dimensões. Graças a Connes, talvez consigamos ao menos decifrar a delicada estrutura do espaço.

Hugh Montgomery e Michael Berry haviam ressaltado a possível existência de uma conexão entre os primos e o caos quântico. A identificação perfeita da nova linguagem de Connes com a física quântica contribuiu para o crescente otimismo quanto à possibilidade de que ele desvendasse a hipótese de Riemann. Connes é o filho de um renascimento matemático francês que já criou novas técnicas para navegar paisagens zeta; isso talvez justifique a crença da comunidade matemática de que o fim está próximo. Finalmente, todas correntes parecem convergir.

Connes acredita haver identificado um espaço geométrico muito complexo, chamado de espaço não comutativo de classes de Adele, construído no mundo da álgebra. Para construir esse espaço, usou números estranhos descobertos no início do século XX, chamados de números p-ádicos. Existe uma família de números p-ádicos para cada primo, p. Connes acredita que, ao juntar todos esses números e observar o funcionamento da multiplicação nesse espaço muito singular, os zeros de Riemann deveriam surgir naturalmente como ressonâncias nesse espaço. Sua abordagem é um coquetel exótico de muitos dos ingredientes que surgiram ao longo dos séculos no estudo dos primos. Não é de surpreender, portanto, que os matemáticos acreditem que ele será bem-sucedido.

Além de ser um excelente matemático, Connes é uma pessoa performática e de grande carisma. Muitas pessoas ficam maravilhadas com suas apresentações sobre a hipótese de Riemann. Ao me sentar para ouvir uma de suas palestras, fiquei convencido de que o trabalho descrito levaria inevitavelmente a uma prova – ele fez o trabalho mais difícil, deixando apenas os retoques finais para os demais. Porém, embora Connes tenha em aparência encontrado a grande ideia que todos almejam, ele próprio reconhece que ainda resta muito trabalho pela frente. "O processo de verificação pode ser muito doloroso: ficamos terrivelmente temerosos de ter feito algo errado ... passamos por uma grande ansiedade, pois nunca sabemos se nossa intuição está certa – é um pouco como nos sonhos, onde a intuição muitas vezes demonstra estar errada."

Na primavera de 1997, Connes foi a Princeton para expor suas novas ideias aos grandes nomes da área: Bombieri, Selberg e Sarnak. Princeton ainda era a Meca imbatível da hipótese de Riemann, apesar dos esforços feitos por Paris para retomar sua dominância. Selberg se tornara o pai do problema – nenhuma ideia ganharia aprovação antes de ser avaliada pelo homem que passara meio século enfrentando os primos. Sarnak era o jovem talento cujo intelecto aguçado detectaria qualquer deficiência. Ele havia unido suas forças recentemente às de Nick Katz, também de Princeton, um dos maiores mestres na matemática desenvolvida por Weil e Grothendieck. Juntos, os dois provaram que as estranhas estatísticas dos tambores aleatórios que, segundo acreditamos, descrevem os zeros da paisagem de Riemann, estão com certeza presentes nas paisagens contempladas por Weil e Grothendieck. Katz tinha um olhar particularmente aguçado, e poucas coisas escapavam a sua visão penetrante. Alguns anos antes, Katz foi o responsável por encontrar o erro contido na primeira prova de Weil para o último teorema de Fermat.

Finalmente, lá estava Bombieri, em seu lugar de honra como o mestre maior da hipótese de Riemann. Bombieri ganhou sua medalha Fields ao obter o resultado mais significativo, até agora, sobre o erro entre o verdadeiro número de primos e a estimativa de Gauss – uma prova do que os matemáticos chamam de "hipótese média de Riemann". Na tranquilidade de seu escritório, com vista para o bosque que cerca o Instituto, Bombieri tem organizado todas as ideias que teve nos últimos anos, buscando um impulso final para a solução completa. Como Katz, Bombieri tem um olhar meticuloso. Sendo um filatelista dedicado, certa vez teve a chance de comprar um selo muito raro para sua coleção. Após analisá-lo com cuidado, descobriu três falhas. Assim, devolveu o selo ao vendedor, apontando apenas duas delas. Bombieri guardou para si a terceira das falhas sutis – para se proteger caso lhe ofereçam uma falsificação melhorada no futuro. Qualquer aspirante a uma prova da hipótese de Riemann será submetido a um exame também diligente.

Selberg, Sarnak, Katz, Bombieri: era uma banca formidável, mas Connes não estava nada intimidado. Com sua personalidade e a força de sua argumentação, estava perfeitamente preparado para enfrentar os grandes nomes de Princeton. Ele sabia que ainda não havia encontrado uma prova, mas tinha certeza de que sua perspectiva oferecia o melhor prospecto, até então, para se chegar a uma solução para a hipótese de Riemann, pois unia muitas das ideias que emergiram da física quântica e das concepções matemáticas de Weil e Grothendieck.

A máfia de Princeton admitiu que havia sido feito algum progresso, mas observou que ainda restavam problemas. Segundo Sarnak, Connes conseguira desenvolver as ideias que seu supervisor, Paul Cohen, lhe transmitira pouco após sua chegada a Stanford. A diferença era que Connes estava equipado com uma linguagem e técnicas mais novas e sofisticadas, que ajudaram a cristalizar as ideias de Cohen. No entanto, a abordagem de Connes tinha um problema: do modo como ele havia disposto as coisas, não parecia ser possível observar quaisquer pontos que porventura se localizassem fora da linha de Riemann. Como um mágico, Connes nos fazia observar somente os pontos sobre a linha – todos os pontos fora da linha haviam desaparecido em sua manga matemática.

"Connes hipnotiza a plateia", diz Sarnak. "É uma pessoa realmente convincente. Ele é encantador. Apontamos uma dificuldade em sua abordagem, e na próxima vez que o vemos ele diz: 'Você estava certo.' É assim que ele nos ganha com tanta facilidade." Mas então, explica Sarnak, Connes introduz rapidamente uma nova artimanha em seu argumento. Porém, Sarnak acredita que Connes ainda não tenha encontrado o tipo de mágica com que Weil conseguiu fazer seu grande progresso enquanto esteve na prisão, em 1940. Bombieri concorda: "Acredito que ainda seja necessária uma nova grande ideia."

Pouco após a palestra de Connes, Bombieri recebeu um e-mail enviado por um amigo, Doron Zeilberger, da Universidade de Temple, que aparentemente alegava haver descoberto certas propriedades fantásticas das ideias de Connes. Porém, Bombieri foi esperto, e se deu conta da data: 1º de abril. Para mostrar que havia entendido a piada, respondeu na mesma medida, aproveitando-se maldosamente do furor causado pelas contribuições de Connes na busca de padrões entre os primos: "A palestra de Alain Connes no IEA, na última quarta-feira, gerou um desenvolvimento fantástico..." Um jovem físico da plateia havia visto, "num relance", o modo de completar o projeto de Connes. A hipótese de Riemann era verdadeira. "Difundam esta notícia o máximo possível."

Zeilberger obedeceu, e uma semana depois o anúncio havia se espalhado até chegar ao boletim eletrônico do Congresso Internacional que ocorreria pouco depois, onde pôde ser lido por matemáticos do mundo inteiro. Passou algum tempo até que a emoção causada por Bombieri fosse aplacada. Ao voltar a Paris, Connes encontrou pessoas comentando a notícia. Embora a piada fosse sobre os físicos, ele aparentemente ficou bastante aborrecido.

A piada de 1º de abril de Bombieri parece haver marcado o fim do entusiasmo quanto ao trabalho de Connes sobre a hipótese de Riemann. Agora que a poeira baixou, boa parte da esperança de que as ideias de Connes pudessem resolver o segredo dos primos parece ter evaporado. Mesmo nesse mundo sofisticado da geometria não comutativa, os primos continuam evasivos. Muitos anos após a chegada de Connes ao circuito matemático, a Fortaleza Riemann ainda resiste. Naturalmente, ainda é possível que sua abordagem gere frutos – ela tem muitos pontos fortes. Porém, a sensação de que Connes teria aberto uma passagem fácil para a prova desapareceu. As muralhas que resguardam a hipótese de Riemann são agora vistas de outra forma, mas continuam tão impenetráveis quanto antes.

O próprio Connes é especulativo sobre o impasse. Quando foi anunciado o prêmio de um milhão de dólares para quem encontrasse uma solução para a hipótese de Riemann, ele disse: "Para mim, a matemática sempre foi a maior escola de humildade. O valor da matemática está na enorme dificuldade dos problemas, que são como os Himalaia da matemática. Será extremamente difícil alcançar o cume, e pode ser que tenhamos que pagar um preço. Mas a verdade é que, se atingirmos o topo, a vista lá de cima será fantástica." Ele não desistiu de sua jornada, e ainda espera encontrar a última grande ideia que completará a viagem. Connes almeja o momento maravilhoso da vida de todo matemático, no qual todas as peças se encaixam. "Quando o momento de iluminação ocorre, envolve as emoções de tal maneira que é impossível permanecer passivo ou indiferente. Nas raras ocasiões em que realmente o experimentei, não pude conter as lágrimas que brotaram em meus olhos."

Porém, ainda escutamos o estranho ritmo desses números: 2, 3, 5, 7, 11, 13, 17, 19, ... Os primos se estendem até os confins mais distantes do universo de números, sem nunca se esgotarem. São essenciais para a matemática – constituem os blocos de construção que dão origem a todo o resto. Seremos realmente obrigados a aceitar que, apesar de nosso desejo por ordem e explicações, esses números fundamentais permanecerão eternamente fora de nosso alcance?

Euclides provou que os primos nunca se esgotariam. Segundo Gauss, os primos seriam escolhidos aleatoriamente, como se fossem determinados pelo lançamento de uma moeda. Riemann foi sugado por uma passagem para uma paisagem imaginária, em que os primos se transformaram em música. Nessa paisagem, cada ponto no nível do mar emitia uma nota. Começava a busca pela interpretação do mapa do tesouro de Riemann e pela localização de todos os pontos ao nível do mar. Armado com uma fórmula que não revelou ao mundo, Riemann descobriu que, embora os primos parecessem caóticos, os pontos desse mapa estavam plenamente ordenados. Em vez de se espalharem por toda parte, agrupavam-se em uma linha reta. Riemann não conseguiu enxergar longe o suficiente como para dizer se isso sempre ocorreria, mas acreditava que sim. Nascia a hipótese de Riemann.

Se a hipótese de Riemann for verdadeira, nenhuma das notas se destacará em relação às demais; a orquestra que toca a música dos primos estará em perfeito equilíbrio. Isso explicaria por que não encontramos fortes padrões entre os primos. Um padrão corresponderia a um instrumento sobreposto aos demais. É como se cada instrumento tocasse seu próprio padrão – contudo, por se combinarem tão perfeitamente, os padrões cancelam uns aos outros, deixando somente o fluxo amorfo dos primos.

Se verdadeira, a hipótese de Riemann nos ajudará a entender por que os primos parecem haver sido selecionados pelo lançamento de uma moeda. Porém, o palpite de Riemann sobre os pontos no nível do mar talvez seja apenas uma miragem. É possível que, com a evolução da sinfonia, um determinado instrumento da orquestra dos primos comece a dominar a música. Talvez ainda haja padrões por descobrir nas regiões mais distantes da paisagem. A moeda dos números primos pode apresentar algum vício após ser jogada muitas vezes pela natureza, em seu processo de criação do universo matemático que habitamos. Como vimos, os números primos podem ser muito maliciosos, ocultando seu verdadeiro caráter.

Assim começou a jornada para confirmar a crença de Riemann em que todos os pontos nesse mapa do tesouro dos primos estavam em linha reta. Já cruzamos todo o mundo histórico e físico: a França revolucionária de Napoleão, a revolução neo-humanista na Alemanha – da grande Berlim às ruas medievais de Göttingen –, a estranha aliança entre Cambridge e a Índia, o isolamento da Noruega consumida pela guerra. Passamos pelo Novo Mundo, com uma academia fundada em Princeton para receber os bravos exploradores do Cálice de Riemann expulsos da Europa pela destruição da guerra, e chegamos finalmente à Paris moderna e a sua nova linguagem, falada pela primeira vez em uma cela de prisão e capaz de desequilibrar a mente de um de seus principais criadores.

A história dos primos se estende muito além do mundo matemático. Os avanços tecnológicos mudaram nossa maneira de fazer matemática. O computador, nascido em Bletchley Park, nos deu a capacidade de enxergar números que antigamente ficavam confinados no universo inobservável. A linguagem da física quântica permitiu aos matemáticos articular padrões e conexões que talvez nunca fossem descobertos sem essa fertilização cruzada entre as culturas científicas. Até mesmo o mundo corporativo, com a AT&T, a Hewlett-Packard e uma loja de eletrônicos da Califórnia, participou dessa história. O papel central dos primos na segurança dos computadores jogou esses números ao centro das atenções. Atualmente, os primos afetam as vidas de todos nós, pois protegem os segredos eletrônicos mundiais do olhar impertinente dos *hackers* da internet.

Apesar das muitas reviravoltas por que passaram, os números primos continuam evasivos. Sempre que os caçamos em um novo território, seja o mundo não comutativo de Connes ou o caos quântico de Berry, eles encontram novos esconderijos.

Muitos dos matemáticos que contribuíram para nosso entendimento dos primos foram recompensados com longas vidas. Após provarem o teorema dos números primos em 1896, Jacques Hadamard e Charles de la Vallée-Poussin viveram além dos 90 anos. As pessoas começaram a acreditar que a prova do teorema dos números primos os tornara imortais. Essa crença em uma relação entre a longevidade e os primos foi ainda mais fomentada por Atle Selberg e Paul Erdös, que após encontrarem a prova elementar alternativa do teorema dos números primos, nos anos 1940, viveram até os 80 anos. Os matemáticos brincam sobre uma nova conjectura: quem provar a hipótese de Riemann realmente se tornará imortal. Outra piada diz que alguém, em algum lugar, já conseguiu refutar a hipótese de Riemann, mas ninguém ficou sabendo disso porque o infeliz matemático morreu imediatamente.

A que distância ainda estamos de uma solução? Há opiniões diferentes quanto a essa questão. Andrew Odlyzko, que calculou uma enorme quantidade de pontos no nível do mar no mapa do tesouro de Riemann, acredita que não seja possível prever quando a encontraremos: "Pode ser na semana que vem, ou daqui a um século. O problema parece ser difícil. Duvido que venha a ser algo muito fácil, simplesmente porque muitos mestres no assunto já procuraram uma solução por tanto tempo, e com tanto empenho. Contudo, alguém poderia ter uma ideia brilhante na semana que vem." Para outros, ainda faltam pelo menos duas boas ideias para chegarmos a uma solução.

Hugh Montgomery acha que, graças ao resultado de sua conversa com o físico quântico Freeman Dyson durante o chá de Princeton, tenhamos completado uma boa parte da escalada até o cume do monte Riemann. Mas seu otimismo traz uma observação: "Já temos uma prova para a hipótese de Riemann, exceto por uma lacuna. Infelizmente, essa lacuna aparece logo no princípio." Montgomery ressalta que esse não é um bom lugar para se ter uma lacuna. Qualquer lacuna é fatal. Uma lacuna no meio nos diria que, pelo menos, fizemos algum progresso em nossa jornada. Porém, uma lacuna no início significa que, a menos que encontremos um caminho para atravessar o primeiro portão, o resto do caminho que delineamos até o cume do monte Riemann é inútil. "Ela produz um impasse na teoria, impedindo-nos de provar esse primeiro teorema."

Diversos matemáticos ainda têm muito medo de se aproximar desse problema tão difícil, apesar do incentivo de um milhão de dólares para a solução. Muitos grandes nomes tentaram e falharam: Riemann, Hilbert, Hardy, Selberg, Connes... Mas ainda existem pessoas com coragem para tentar, e os nomes a que devemos estar atentos no futuro incluem o alemão Christopher Deninger e o israelense Shai Haran.

Muitos acreditam que a hipótese de Riemann sobreviverá até seu bicentenário. Alguns acham que seu tempo chegou, e se já temos tantos indícios sobre o local onde devemos buscar uma solução, ela não poderá resistir por muito tempo. Certas pessoas acreditam que seu destino se encontra nas mãos de Gödel: ela será verdadeira, mas impossível de provar. Outros creem que seja falsa. Alguns acreditam que já a provaram, mas a ordem burocrática matemática não ousou abdicar de seu enigma. Outros enlouqueceram na busca por uma solução.

Talvez tenhamos ficado tão presos à perspectiva de Gauss e Riemann para observar os primos que estejamos deixando passar alguma outra maneira, mais simples, de compreender esses números enigmáticos. Gauss fez uma estimativa sobre o número de primos; Riemann previu que o erro da estimativa seria de, no máximo, a raiz quadrada de *N*; Littlewood demonstrou que não era possível melhorar essa estimativa. Talvez exista um ponto de vista alternativo que ninguém encontrou, porque ficamos muito ligados, culturalmente, a esse edifício construído por Gauss.

Como em um mistério policial, estivemos investigando os possíveis suspeitos matemáticos. Quem ou o quê dispôs os zeros sobre a linha crítica de Riemann? A cena do crime está repleta de indícios, há impressões digitais por toda parte, temos um retrato falado da solução – e ainda assim, a resposta é evasiva. Nosso consolo é que, mesmo que os primos jamais revelem seus segredos, estão nos levando a uma odisseia intelectual extraordinária. A importância que adquiriram se estende muito além de seu papel fundamental como os átomos da aritmética. Como descobrimos, os primos abriram portas entre áreas até então desconexas da matemática. Teoria dos números, geometria, análise, lógica, probabilidade, física quântica – todos esses temas foram agrupados em nossa jornada pela hipótese de Riemann. Além disso, essa busca deu um novo caráter à matemática. Ficamos maravilhados com tantas correlações extraordinárias: a matemática deixou de ser uma disciplina de padrões e passou a ser uma disciplina de conexões.

Essas ligações não existem apenas no mundo matemático. Os primos já foram considerados o mais abstrato dos conceitos, desprovido de qualquer significado fora da torre de marfim da disciplina. Muitos matemáticos, dentre os quais G.H. Hardy talvez seja o melhor exemplo, apreciavam examinar seus objetos de estudo em isolamento, sem se preocuparem com sua relevância para o mundo externo. Porém, os primos já não podem nos servir como uma fuga frente às pressões do mundo real, como o foram para Riemann e outros. Esses números são fundamentais para a segurança do mundo eletrônico moderno, e suas ressonâncias com a física quântica podem ter algo a nos dizer sobre a natureza do mundo físico.

Mesmo que consigamos provar a hipótese de Riemann, ainda restarão muitas outras questões e conjecturas esperando ansiosamente por sua vez, muitas outras partes interessantes da matemática aguardando a prova da hipótese para que possam ser lançadas. A solução será apenas um começo, a abertura de um território virgem, não mapeado. Nas palavras de Andrew Wiles, a prova da hipótese de Riemann nos permitirá navegar esse novo mundo da mesma forma que a solução do problema da longitude ajudou os exploradores do século XVIII a navegar o mundo físico.

Até lá, teremos que escutar, encantados, essa música matemática imprevisível, incapazes de dominar seus meandros. Os primos foram companheiros constantes em nossa exploração do mundo matemático, mas ainda são os mais enigmáticos entre todos os números. Apesar dos grandes esforços feitos pelas maiores mentes matemáticas na tentativa de explicar a modulação e a transformação dessa música mística, os primos ainda são um enigma sem resposta. Aguardamos a pessoa cujo nome viverá para sempre como o matemático que despertou a canção dos primos.

Referências bibliográficas

Muitos dos livros e artigos a seguir citados constituíram material importante para a elaboração deste livro. Recomendo qualquer obra da lista àqueles que estiverem interessados em se aprofundar no assunto. Não incluí na listagem qualquer material extremamente técnico cuja compreensão exija uma formação matemática, a menos que contivesse interessantes ideias não técnicas.

ALBERS, D.J. "Interview with Persi Diaconis". In Albers, D.J. e G.L. Alexanderson (org.). *Mathematical People: Profiles and Interviews.* Boston: Birkhauser, 1985, p.66-79.

ALEXANDERSON, G.L. "Interview with Paul Erdös". In Albers, D.J. e G.L. Alexanderson (org.). *Mathematical People: Profiles and Interviews.* Boston: Birkhauser, 1985, p.82-91.

BEILER, A.H. *Recreations in the Theory of Numbers: The Queen of Mathematics Entertains.* Nova York: Dover, 1964.

BELL, E.T. *Men of Mathematics.* Nova York: Simon & Schuster, 1937.

BERNDT, B.C. e R.A. RANKIN (org.). *Ramanujan: Letters and Commentary*, History of Mathematics. Providence: American Mathematical Society, vol.9, 1995.

___ (org.). *Ramanujan: Essays And Surveys,* History of Mathematics. Providence: American Mathematical Society, vol.22, 2001.

BOLLOBAS, B. (org.). *Littlewood's Miscellany.* Cambridge: Cambridge University Press, 1986.

BOURBAKI, N., *Elements of the History of Mathematics.* Berlin: Springer-Verlag, 1994.

BREUILLY, J. (org.). *Nineteenth-Century Germany: Politics, Culture and Society 1780-1918.* Londres: Arnold, 2001.

CALAPRICE, A. (org.). *The Expanded Quotable Einstein.* Princeton: Princeton University Press, 2000.

CAMPBELL, D.M. e J.C. HIGGINS (org.). *Mathematics: People, Problems, Results*, 2 vols. Belmont: Wadsworth International, 1984. [Inclui capítulos sobre Bourbaki, Gauss, Littlewood, Hardy, Hasse, a matemática de Cambridge, Hilbert e seus problemas, a natureza da prova e o teorema de Godel.]

CHANGEUX, J.-P. e A. CONNES. *Conversations on Mind, Matter, and Mathematics.* Princeton: Princeton University Press, 1995. [Editado e traduzido do original francês de 1989 por M.B. DeBevoise.]

CONNES, A. et al. *Triangles of Thoughts*. Providence: American Mathematical Society, 2001.

CONNES, A. "Noncommutative geometry and the Riemann zeta function". In Arnold, V. et al. (org.). *Mathematics: Frontiers and Perspectives*. Providence: American Mathematical Society, 2000, p.35-54.

DAVIS, M. *The Universal Computer: The Road from Leibniz to Turing*. Nova York: W.W. Norton, 2000.

DYSON, F. "A walk through Ramanujan's garden". In Andrews, G.E. et al. (org.). *Ramanujan Revisited*. Boston: Academic Press, 1988, p.7-28.

EDWARDS, H.M. *Riemann's Zeta Function, Pure and Applied Mathematics*. Nova York: Academic Press, vol.58, 1974. [Contém, no apêndice, uma tradução do artigo de dez páginas de Riemann sobre os primos, "Ober die Anzahl der Primzahlen unter einer gegebenen Grosse".]

FLANNERY, S. e D. FLANNERY. *In Code: A Mathematical Journey*. Londres: Profile Books, 2000.

GRAY, J.J. "Mathematics in Cambridge and beyond". In Mason, R. (org.). *Cambridge Minds*. Cambridge: Cambridge University Press, 1994. p.86-99.

___. *The Hilbert Challenge*. Oxford: Oxford University Press, 2000.

HARDY, G.H. *A Mathematician's Apology*. Cambridge: Cambridge University Press, 1940.

___. *Ramanujan. Twelve Lectures on Subjects Suggested by His Life and Work*. Cambridge: Cambridge University Press, 1940.

HODGES, A. *Alan Turing: The Enigma*. Nova York: Simon & Schuster, 1983.

HOFFMAN, P. *The Man Who Loved Only Numbers. The story of Paul Erdös and the Search for Mathematical Truth*. Londres: Fourth Estate, 1998.

KANIGEL, R. *The Man Who Knew Infinity: A Life of the Genius Ramanujan*. Nova York: Scribner's, 1991.

LAUGWITZ, D. *Bernhard Riemann, 1826-1866: Turning Points in the Conception of Mathematics*. Boston: Birkhauser, 1999.

LITTLEWOOD, J.E. *A Mathematician's Miscellany*. Londres: Methuen, 1953.

___. "The Riemann hypothesis". In Good, I.J. et al. (org.). *The Scientist Speculates: An Anthology of Partly-Baked Ideas*. Londres: Heinemann, 1962, p.390-91.

REID, C. *Julia. A Life in Mathematics*. Washington: Mathematical Association of America, 1996. [Com contribuições de Lisl Gaal, Martin Davis e Yuri Matijasevich.]

REID, C. *Hilbert*. Nova York: Springer, 1970.

REID, L.W. *The Elements of the Theory of Algebraic Numbers*. Nova York: Macmillan, 1910. [Com uma introdução de David Hilbert.]

RIBENBOIM, P. *The New Book of Prime Number Records*. Nova York: Springer, 1996.

SACKS, O. *The Man Who Mistook His Wife for a Hat*. Nova York: Simon & Schuster, 1985 (trad. bras. *O homem que confundiu sua mulher com um chapéu*, São Paulo, Companhia das Letras, 1997).

SAGAN, C. *Contact*. Nova York: Simon & Schuster, 1985 (trad. bras. *Contato*, São Paulo, Companhia das Letras, 1997).

SCHECHTER, B. *My Brain Is Open. The Mathematical Journeys of Paul Erdös*. Nova York: Simon & Schuster, 1998.

SCHNEIER, B. *Applied Cryptography*. Nova York: John Wiley, 2ª ed., 1996.

SELBERG, A. "Reflections around the Ramanujan centenary". In B.C. Berndt e R.A. Rankin (org.). *Ramanujan: Essays and Surveys*, History of Mathematics, vol.22. Providence: American Mathematical Society, 2001, p.203-13.

SINGH, S. *The Code Book*. Londres: Fourth Estate, 1999.

STRUIK, D.J. *A Concise History of Mathematic*. Nova York: Dover, 1948.

WEIL, A. *Number Theory: An Approach Through History from Hammurapi to Legendre*. Boston: Birkhauser, 1984.

___. *The Apprenticeship of a Mathematician*. Basileia: Birkhauser, 1992.

WILSON, R. *Four Colours Suffice: How the Map Problem Was Solved*. Londres: Allen Lane, 2002.

Periódicos

ALDOUS, D. e P. DIACONIS. "Longest increasing subsequences: from patience sorting to the Baik-Deift-Johansson theorem", *Bulletin of the American Mathematical Society*, vol.36, n.4, 1999, p.413-32.

BABAI, L. e al. "The mathematics of Paul Erdös", *Notices of the American Mathematical Society*, vol.45, n.1, 1998, p.19-31.

___ et al. "Paul Erdös (1913-1996)", *Notices of the American Mathematical Society*, vol.45, n.1, 1998, p.64-73.

BAMER, K. "Paul Wolfskehl and the Wolfskehl Prize", *Notices of the American Mathematical Society*, vol.44, n.10, 1997, p.1294-1303.

BERRY, M. "Quantum physics on the edge of chaos", *New Scientist*, 19 nov 1987, p.44-7.

BOMBIERI, E. "Prime territory: exploring the infinite landscape at the base of the number system", *The Sciences*, vol.32, n.5, 1992, p.30-6.

BOREL, A. "Twenty-five years with Nicolas Bourbaki, 1949-1973", *Notices of the American Mathematical Society*, vol.45, n.3, 1998, p.373-80.

___ et al. "Andre Weil (1906-1998)", *Notices of the American Mathematical Society*, vol.46, n.4, 1999, p.440-7.

CALINGER, R., "Leonhard Euler: the first St Petersburg years (1727-1741)", *Historia Mathematica*, vol.23, n.2, 1996, p.121-66.

CARTAN, H. "Andre Weil: memories of a long friendship", *Notices of the American Mathematical Society*, vol.46, n.6, 1999, p.633-6.

CARTIER, P. "A mad day's work: from Grothendieck to Connes and Kontsevich. The evolution of concepts of space and symmetry", *Bulletin of the American Mathematical Society*, vol.38, n.4, 2001, p.389-408.

COURANT, R. "Reminiscences from Hilbert's Gottingen", *The Mathematical Intelligencer*, vol.3, n.4, 1981, p.154-64.

DAVENPORT, H. "Reminiscences of conversations with Carl Ludwig Siegel. Edited by Mrs. Harold Davenport", *The Mathematical Intelligencer*, vol.7, n.2, 1985, p.76-9.

DAVIS, M. "Book review: logical dilemmas: the life and work of Kurt Godel and Godel: a life of logic", *Notices of the American Mathematical Society*, vol.48, n.8, 2001, p.807-13.

GARDNER, J.H. e R.J. WILSON. "Thomas Archer Hirst - Mathematician Xtravagant III. Göttingen and Berlin", *American Mathematical Monthly*, vol.100, n.7, 1993, p.619-25.

GOLDSTEIN, L.J. "A history of the prime number theorem", *American Mathematical Monthly*, vol.80, n.6, 1973, p.599-615.

HARDY, G.H. "Mr S. Ramanujan's mathematical work in England", *Journal of the Indian Mathematical Society*, vol.9, 1917, p.30-45.

___. "Obituary notice: S. Ramanujan", *Proceedings of the Londres Mathematical Society*, vol.19, 1921, p.xl-lviii.

___. "The theory of numbers", *Nature*, 16 set 1922, p.381-5.

___. "The case against the Mathematical Tripos", *Mathematical Gazette*, vol.13, 1926, p.61-71.

___. "An introduction to the theory of numbers", *Bulletin of the American Mathematical Society*, vol.35, 1929, p.778-818.

___. "Mathematical proof", *Mind*, vol.38, 1929, p.1-25.

___. "The Indian mathematician Ramanujan", *American Mathematical Monthly*, vol.44, n.3, 1937, p.137-55.

___. "Obituary notice: S. Landau", *Journal of the London Mathematical Society*, vol.13, 1938, p.302-10.

JACKSON, A. "The IHES at forty", *Notices of the American Mathematical Society*, vol.46, n.3, 1999, p.329-37.

___. "Interview with Henri Cartan", *Notices of the American Mathematical Society*, vol.46, n.7, 1999, p.782-8.

___. "Million-dollar mathematics prizes announced", *Notices of the American Mathematical Society*, vol.47, n.8, 2000, p.877-9.

KOBLITZ, N. "Mathematics under hardship conditions in the Third World", *Notices of the American Mathematical Society*, vol.38, n.9, 1991, p.1123-8.

KNAPP, A.W. "Andre Weil: a prologue", *Notices of the American Mathematical Society*, vol.46, n.4, 1999, p.434-9.

LANG, S. "Mordell's review, Siegel's letter to Mordell, Diophantine geometry, and 20th century mathematics", *Notices of the American Mathematical Society*, vol.42, n.3, 1995, p.339-50.

LESNIEWSKI, A. "Noncommutative geometry", *Notices of the American Mathematical Society*, vol.44, n.7, 1997, p.800-5.

MAC LANE, S. "Mathematics at Gottingen under the Nazis", *Notices of the American Mathematical Society*, vol.42, n.10, 1995, p.1134-8.

NEUENSCHWANDER, E. "A brief report on a number of recently discovered sets of notes on Riemann's lectures and on the transmission of the Riemann *Nachlass*, *Historia Mathematica*, vol.15, n.2, 1998, p.101-13.

POMERANCE, C. "A tale of two sieves", *Notices of the American Mathematical Society*, vol.43, n.12, 1996, p.1473-85 [artigo sobre a fatoração de números].

REID, C. "Being Julia Robinson's sister", *Notices of the American Mathematical Society*, vol.43, n.12, 1996, p.1486-92.

SCHAPPACHER, N. "Edmund Landau's Göttingen: from the life and death of a great mathematical center", *The Mathematical Intelligencer*, vol.13, n.4, 1991, p.12-18.

SEGAL, S.L. "Helmut Hasse in 1934", *Historia Mathematica*, vol.7, n.1, 1980, p.46-56.

SHIMURA, G. "Andre Weil as I knew him", *Notices of the American Mathematical Society*, vol.46, n.4, 1999, p.428-33.

WEIL, A. "Two lectures on number theory, past and present", *L'Enseignement Mathematique*, vol.20, n.2, 1974, p.87-110.

ZAGIER, D. "The first 50,000,000 prime numbers", *Mathematical Intelligencer*, vol.0, 1977, p.7-19. [Os matemáticos que fundaram este periódico consideraram adequado dar o número zero ao primeiro volume.]

Páginas na internet

Todos os artigos da lista acima dos periódicos *Notices of the American Mathematical Society* e *Bulletin of the American Mathematical Society* estão disponíveis on-line em http://www.ams.org/notices/ e http://www.ams.org/bull/

http://www.musicoftheprimes.com

Minha própria página na internet, que inclui atualizações que suplementam o livro.

http://www.claymath.org/
Uma descrição dos sete prêmios Clay, além de vídeos de apresentações de Connes, Wiles e do próprio Clay.
http://www.msri.org
A página do Instituto de Pesquisa de Ciências Matemáticas de Berkeley, que possui uma grande quantidade de vídeos, incluindo muitos dirigidos ao público geral.
http://www.rsasecurity.com/rsalabs/faq/ http://www.rsasecurity.com/rsalabs/challenges/
Aqui se encontram desafios criptográficos.
http://www.mersenne.org/prime.htm
Visite esta página para participar da Grande busca de primos de Mersenne pela internet.
http://www.eff.org
Informações sobre os prêmios da Electronic Frontier Foundation pela descoberta de grandes primos.
http://www.maths.ex.ac.ukl˜mwatkins/
Interessante fonte de citações e outros materiais relacionados aos números primos e à hipótese de Riemann.
http://www.certicom.com/research/ecc_chat_contents.html
Uma explicação sobre a criptografia de curvas elípticas, incluindo desafios criptográficos da Certicom.
http://www-groups.dcs.st-andrews.ac.uk/history
"The MacTutor History of Mathematics archive" – uma excelente fonte de informações sobre biografias matemáticas mantida pela Universidade de St Andrews.
http://www.phys.unsw.edu.au/music/
Uma página fascinante que explora as qualidades acústicas de diferentes instrumentos musicais, relacionando-as às placas de Ernst Chladni.
http://www.utm.edu/research/primes/
Boa fonte de informações sobre os números primos.
http://www.naturalsciences.be/expo/ishango/en/index.html
Uma oportunidade de ver o osso de Ishango.
http://www.turing.org.uk/
Página mantida por Andrew Hodhes, o biógrafo de Alan Turing.
http://www.salon.com/people/feature/1999/10109/dyson
"Freeman Dyson: frog prince of physics", artigo de Kristi Coale.

Créditos

- p.29, 51 e 145 Science Photo Library; p.46 SCALA, Florence; p.82 Universitätsbibliothek Göttingen; p.191 Cambridge University Library; p.230 Fotografia de Ingrid von Kruse, Freibildnerische Photographie; p.237 fotografia por cortesia de Andrew Odlyzko.

- Material de *Contacto*, de Carl Sagan: Copyright © 1985, 1986, 1987 por Carl Sagan. Reimpresso com a permissão de Simon & Schuster Adult Publishing Group e Orbit, uma divisão de Time Warner Books, UK.

- As citações de Julia Robinson na seção "Do caos da incerteza a uma equação para os primos", no Capítulo 8, foram retiradas de C. Reid, C., *Julia: A Life in Mathematics* (Washington, DC: Mathematical Association of America, 1996). As citações de Andre Weil na seção "Falando muitas línguas", no Capítulo 12, foram retiradas de A. Weil, *The Apprenticeship of a Mathematician* (Basel: Birkhauser, 1992). As citações de G.H. Hardy ao longo do livro foram retiradas de G.H. Hardy, *A Mathematician's Apology* (Cambridge: Cambridge University Press, 1940) e de outros artigos de Hardy citados nas referências bibliográficas.

O autor e o editor fizeram todos os esforços possíveis para encontrar os proprietários do copyright de imagens e material citados neste livro.

Agradecimentos

Muitos de meus colegas foram bastante generosos, oferecendo seu tempo e apoio. Desejo agradecer em especial às seguintes pessoas, que se dispuseram a me encontrar e conversar sobre suas ideias e pontos de vista: Leonard Adleman, sir Michael Berry, Bryan Birch, Enrico Bombieri, Richard Brent, Paula Cohen, Brian Conrey, Persi Diaconis, Gerhard Frey, Timothy Gowers, Fritz Grunewald, Shai Haran, Roger Heath-Brown, Jon Keating, Neal Koblitz, Jeff Lagarias, Arjen Lenstra, Hendrik Lenstra, Alfred Menezes, Hugh Montgomery, Andrew Odlyzko, Samuel Patterson, Ron Rivest, Zeev Rudnick, Peter Sarnak, Dan Segal, Atle Selberg, Peter Shor, Herman te Riele, Scott Vanstone e Don Zagier.

Quero agradecer particularmente a sir Michael Berry, que conheci na fila para cumprimentar o primeiro-ministro, na escadaria de sua residência oficial, em Downing Street, n.10, e que despertou minha atenção para a música contida nos números primos. O título deste livro foi inspirado nesse encontro.

Devo meus reconhecimentos a diversas pessoas que leram com cuidado as primeiras versões do manuscrito, parcial ou no todo: sir Michael Berry, Jeremy Butterfield, Bernard du Sautoy, Jeremy Gray, Fritz Grunewald, Roger Heath-Brown, Andrew Hodges, Jon Keating, Angus Macintyre, Dan Segal, Jim Semple e Eric Weinstein. Naturalmente, quaisquer erros que ainda existam no texto são de minha responsabilidade.

Também me favoreci de inúmeros livros, artigos e trabalhos que serviram como um valioso material de apoio. Muitas dessas fontes estão citadas nas referências bibliográficas. Gostaria de ressaltar em especial o periódico *Notices of the American Mathematical Society*, que publica continuamente artigos repletos de ideias maravilhosas sobre a matemática e sua comunidade de cientistas.

Contei com a grande cooperação de diversas instituições, que me auxiliaram durante a escrita deste livro, entre elas: Instituto Americano de Matemática, Certicom, Biblioteca Universitária de Göttingen, Laboratórios da AT&T de Florham Park, Instituto de Estudos Avançados de Princeton, Laboratórios da Hewlett-Packard de Bristol e Instituto Max Planck de Matemática de Bonn.

Fico muito contente em poder agradecer a todas as pessoas do mundo editorial que possibilitaram a realização deste livro: meu agente Antony Topping, da Greene & Heaton, que esteve ao meu lado desde a primeira ideia até a publicação final; Judith Murray, que nos apresentou; meus editores, Christopher Potter, Leo Hollis e Mitzi Angel, da Fourth Estate, e Tim Duggan, da HarperCollins; finalmente, meu copidesque, John Woodruff. Em especial, gostaria de agradecer a Leo, que passou tantas horas quebrando a cabeça pela quarta dimensão.

Não conseguiria escrever este livro sem o apoio da Royal Society. Participar do corpo de pesquisas desta sociedade me permitiu não somente seguir meus sonhos matemáticos, como também transmitir todo o entusiasmo que experimentei pelo caminho. A Royal Society não é somente uma conta de banco – eles se preocupam com aqueles que financiam. Seu apoio a meu projeto de levar a matemática às massas foi incalculável.

Também gostaria de demonstrar minha gratidão a muitas pessoas da mídia que correram corajosamente o risco de publicar e transmitir meus primeiros trabalhos sérios de matemática, e que se preocuparam em ajudar um matemático a escrever: Graham Patterson, Philippa Ingram e Anjana Ahuja, do *Times*; John Watkins e Peter Evans, da BBC; e Gerhart Friedlander, da Science Spectra. Também sou grato à NCR e à Milestone Pictures, pela chance de levar a matemática à comunidade de banqueiros.

Tornei-me matemático graças a um professor da escola secundária, o sr. Bailson, primeiro a me mostrar em sala de aula um pouco da música que havia por trás da aritmética. Devo muito à sua inspiração e às instituições que me ofereceram uma educação excepcional: Gillotts Comprehensive School, King James's 6th Form College e Wadham College, de Oxford.

Obrigado, Arsenal, por ganhar o bicampeonato enquanto eu escrevia este livro. O estádio de Highbury ajudou muito a aliviar as tensões depois das lutas com Riemann.

Desejo agradecer de forma mais pessoal a meus amigos e minha família, por seu apoio: meu pai, que me ajudou a compreender a força dos números; minha mãe, que me ajudou a entender a força das palavras; meus avós, especialmente Peter, que sempre me inspiraram; e minha companheira Shani, por tolerar um livro dentro de casa e por acreditar que eu conseguiria escrevê-lo. Meu maior agradecimento vai a meu filho, Tomer, pelas brincadeiras no final dos dias de trabalho – sem ele eu não sobreviveria à escrita deste livro.

Índice remissivo

Os números em *itálico* indicam legendas.